Wie kommt man darauf?

Merlin Carl

Wie kommt man darauf?

Einführung in das mathematische
Aufgabenlösen

Merlin Carl
Fachbereich Mathematik und Statistik
Universität Konstanz
Konstanz, Deutschland

ISBN 978-3-658-18249-6   ISBN 978-3-658-18250-2 (eBook)
DOI 10.1007/978-3-658-18250-2

Die Deutsche Nationalbibliothek verzeichnet diese Publikation in der Deutschen Nationalbibliografie; detaillierte bibliografische Daten sind im Internet über http://dnb.d-nb.de abrufbar.

Springer Spektrum

Planung: Ulrike Schmickler-Hirzebruch

Gedruckt auf säurefreiem und chlorfrei gebleichtem Papier.

Springer Spektrum ist Teil von Springer Nature
Die eingetragene Gesellschaft ist Springer Fachmedien Wiesbaden GmbH
Die Anschrift der Gesellschaft ist: Abraham-Lincoln-Str. 46, 65189 Wiesbaden, Germany

Vorwort

Das selbstständige Beweisen ist für viele Studierende der Hochschulmathematik eine
große Herausforderung. Kommen Beweisaufgaben auf Übungsblättern vor, werden sie
häufig einfach ausgelassen. Führt man dann etwa in den Übungsgruppen Lösungen vor,
ist auch für die, die dem Lösungsvorschlag problemlos folgen können, häufig die Frage:
„Wie kommt man darauf?".

Das vorliegende Buch ist der Versuch, diese Frage in einer für Studierende hilfreichen
Weise zu beantworten. Es richtet sich an Studierende der Mathematik und angrenzender
Gebiete (wie Physik oder Informatik), die im Studium bereits einige Vorkenntnisse in
linearer Algebra und Analysis erworben haben und lernen wollen, an mathematische Beweisaufgaben heranzugehen und erste selbstständige Erkundungsgänge auf dem Gebiet
der Mathematik zu unternehmen.

Dieses Buch ist die um einige Punkte und zahlreiche Aufgaben sowie Übungen er-
gänzte Darstellung eines Proseminars mit dem Thema „Strategien zum Aufgabenlösen",
das ich im Wintersemester 2015/2016 an der Universität Konstanz abgehalten habe. Das
Seminar hatte zum Ziel, Studierende der Mathematik in den ersten Semestern in das
selbstständige mathematische Aufgabenlösen einzuführen. Auf der Suche nach passen-
dem Arbeitsmaterial habe ich zahlreiche Aufgabensammlungen und Bücher zum Aufgabenlösen gesichtet, ohne indes etwas im Hinblick auf Zielsetzung und Zielpublikum für
meine Zwecke hundert Prozent passendes zu finden. Ein Großteil der Literatur legt den
Schwerpunkt auf Wettbewerbsmathematik, die sich in ihren Anforderungen deutlich von
der Hochschulmathematik unterscheidet, obwohl viele der dort verwendeten Prinzipien
wie Schubfachschlüsse, Extremal- oder Invarianzbetrachtungen auch im Hochschulbe-
reich relevant sind. Zu wichtigen Strategien wie der Betrachtung von Spezialfällen oder
Analogien war, mit Ausnahme von Kapitel II in G. Polyas ‚Induktion und Analogie in der
Mathematik' kaum systematisches Übungsmaterial zu finden. Auch Gebiete wie lineare Algebra oder Analysis werden zumeist nur wenig oder primär mit Wettbewerbsbezug
behandelt. So kam ich schließlich dabei heraus, Stoff und Beispiele aus einer Vielzahl
verstreuter Quellen, der mathematischen „Folklore" und eigenen Ideen, Varianten und
Verallgemeinerungen selbst zu gestalten, wobei sich die Klassiker von Polya bzw. Polya
und Szegö, „Schule des Denkens – vom Lösen mathematischer Probleme", „Induktion und
Analogie in der Mathematik", „Aufgaben und Lehrsätze aus der Analysis", Engels Stan-

dardwerk „Problem Solving Strategies", Larsons „Problem Solving Through Problems" und Grinbergs „Lösungsstrategien" als besonders fruchtbare Quellen für Strategien und Beispiele erwiesen. Da die Kombination der Themen und Beispiele, die sich dabei ergeben hat, ihren Zweck gut erfüllte, sich in den Bearbeitungen der Übungsaufgaben klare Lernfortschritte erkennen ließen, das Seminar unter reger Beteiligung der TeilnehmerInnen verlief und von diesen auch als hilfreich bewertet wurde, habe ich mich entschlossen, sie anderen sowohl zum Selbststudium wie auch als Grundlage ähnlicher Veranstaltungen zugänglich zu machen. Wie zu erwarten war, hat das länger gedauert, als ich erwartet hatte: Unvermeidlich ergaben sich bei der Arbeit zusätzliche Unterpunkte, Beispiele und Ergänzungen, so dass das vorliegende Buch nun sowohl thematisch als auch im Detailgrad über den Stoffumfang des Seminars hinausgeht. Dabei habe ich ein ausgewogenes Verhältnis zwischen speziellen Lösungsprinzipien (Schubfachprinzip, Induktion, Zornsches Lemma, . . .), allgemeinen heuristischen Strategien (Beobachtung, Analogie) sowie Anwendungen auf studienrelevante Gebiete (Zahlentheorie, Analysis, . . .) angestrebt. Mein Eindruck ist, dass es dadurch besonders für das Selbststudium geeigneter geworden ist.

Ein wichtiger Bestandteil des Buches sind die Aufgaben, an denen man sich im Anschluss an die Lektüre eines Kapitels versuchen sollte, um die Verwendung der vorgeführten Techniken einzuüben. Lösungen zu ausgewählten Aufgaben werden online auf der Homepage des Buches unter www.springer.com veröffentlicht. Interessierte finden dort außerdem zwei Tests, mit denen sie ihren Lernstand in Bezug auf Lösungsstrategien vor und nach Lektüre des Buches prüfen können sowie eine Reihe weiterer Aufgaben.

Ich danke Heike Carl und Eva-Maria Frittgen für die Durchsicht und einige Korrekturen zur Einleitung, Lothar Sebastian Krapp für die Durchsicht und zahlreiche hilfreiche Anmerkungen zu Kap. 3, 4 und 13 sowie Philipp Schlicht für die Durchsicht von Kap. 14. Weiter danke ich Frau Schmickler-Hirzebruch vom Springer-Verlag für die Betreuung bei der Arbeit an diesem Buch.

Schließlich möchte ich mich bei den TeilnehmerInnen meines Proseminars vom Wintersemester 2015/2016 bedanken, ohne deren lebendige Beteiligung, hilfreiche Anregungen und Fragen sowie konstruktive Rückmeldungen ich dieses Projekt wohl nicht in Angriff genommen hätte.

Konstanz, den 04.04.2017   Merlin Carl

Inhaltsverzeichnis

Einleitung

Wer von der Schule kommend ein Studium aufnimmt, zu dem einige Mathematikvorlesungen gehören, merkt rasch: Hochschulmathematik hat es mit Beweisen zu tun. Einerseits werden in den Vorlesungen Beweise vorgetragen, die verstanden werden sollen; andererseits werden auch von den Studierenden bald eigenständige Beweise verlangt. Eine Erwartung – oder Hoffnung – von Seiten der Lehrenden ist oft, dass die in den Vorlesungen vorgeführten Beweise dem Studierenden ein Bild davon vermitteln, wie Beweise funktionieren und dieser diese Kenntnis dann nutzen kann, um selbst welche zu führen. Allerdings lässt das bloße Vortragen fertiger Beweise auch den, der ihnen ohne Schwierigkeiten zu folgen vermag, oft in Bezug auf eine Frage mehr oder weniger ratlos zurück, die für das selbstständige Beweisen entscheidend ist: Wie kommt man darauf?

Auf diese Frage soll unser Buch eine Antwort geben. Es soll der Leserin bzw. dem Leser, der oder die zugleich MitdenkerIn und MitarbeiterIn ist, in das selbstständige mathematische Problemlösen, besonders das Beweisen, einführen und ihm zugleich Gelegenheit geben, diese Fähigkeit zu üben.

Man kann natürlich daran zweifeln, ob ein solcher Versuch gelingen kann: Das eigenständige Lösen ist ja gerade das Originelle, Kreative an der Mathematik, also das, wofür es keine Rezepte gibt – wie soll man da erklären können, wie es geht?

Die Erfahrung mit gezielten Maßnahmen zur Förderung des eigenständigen Problemlösens, wie Seminaren zum Aufgabenlösen, zeigt eindrucksvoll, dass das Lösen gelehrt und gelernt werden kann [vgl. dazu z. B. [S]].

Trotzdem ist der Einwand naheliegend. Um zu verstehen, wie dieses Buch sein Ziel dennoch erreichen will, lohnt es sich, kurz darauf zu schauen, was zum Aufgabenlösen dazu gehört.

© Springer Fachmedien Wiesbaden GmbH 2017
M. Carl, *Wie kommt man darauf?*, DOI 10.1007/978-3-658-18250-2_1

1

1.1 Lösen lernen?

In einer sehr lesenswerten Studie zum mathematischen Aufgabenlösen von A. Schoenfield ([S]) werden vier Komponenten benannt, die einen guten Aufgabenlöser ausmachen: Ressourcen, Heuristik, Kontrolle und Glaube.[1]

Die **Ressourcen** eines Aufgabenlösers sind sein Wissen über den jeweiligen mathematischen Gegenstandsbereich wie Analysis, Algebra, Geometrie, Zahlentheorie, Logik, Kombinatorik, Topologie etc. Dazu gehören die Kenntnis der zentralen Begriffe, Definitionen, Lehrsätze und Beweise des Gebietes. Die meisten Lehrbücher und Lehrveranstaltungen konzentrieren sich auf die Vermittlung von Ressourcen. Um Probleme in einem gewissen Gebiet zu lösen, ist eine Kenntnis des Gebietes natürlich unerlässlich. Aber auch sehr umfassende Kenntnisse allein garantieren noch nicht, dass man sie auch erfolgreich zum Lösen neuer Probleme einsetzen kann: Ein Keller voller Werkzeuge macht noch keinen Handwerker.

Unter **Heuristiken**[2] versteht man Methoden, um an Probleme heranzugehen und die Lösung zu suchen. Dazu zählen wir in der Mathematik insbesondere Techniken, um Beweise finden, Gegenstandsbereiche selbstständig zu untersuchen, Vermutungen aufzustellen und diese zu prüfen. Dazu gehört besonders auch die Kenntnis häufig auftretender Argumentationsstrategien. Wertvolle Erkenntnisse über Heuristik gibt es einige, insbesondere ist eine Reihe mächtiger und häufig sehr nützlicher Argumentations- und Beweissowie Untersuchungsstrategien bekannt. Wir erwähnen an dieser Stelle [E], [L], [Z] sowie die Werke von Polya ([P1], [P2], [PS]). Trotzdem spielt die Heuristik in der Lehre üblicherweise eine eher untergeordnete Rolle: Heuristische Prinzipien werden selten explizit in Veranstaltungen vermittelt und kommen auch in Lehrbüchern nur selten vor.

Auch wer über eine gute Kenntnis eines Themengebietes verfügt und eine Reihe von Lösungsstrategien und Herangehensweisen beherrscht, kommt damit noch nicht unbedingt zu einer Lösung: In der konkreten Arbeit an einem Problem muss man entscheiden, welche Strategie man einsetzt, wie lange man sie verfolgt, was man als Zeichen des Fortschritts ansieht und was als Hinweis, dass man nun besser etwas anderes versucht. Obwohl diese Strategien zur **Kontrolle** bzw. Steuerung der Lösungssuche für das erfolgreiche Aufgabenlösen sehr wichtig sind, ist recht wenig darüber bekannt.[3]

Womöglich lässt sich auch nicht viel allgemein gültiges dazu zu sagen; manche haben Erfolg, weil sie wissen, wann sie aufhören müssen und viele Probleme versuchen, bis sie eines lösen, andere, weil sie ein gewisses Problem mit großer Hartnäckigkeit verfolgen. Ihnen gegenüber stehen solche, die nie lange genug bei einer Sache bleiben, um etwas zuwege zu bringen und solche, die sich hoffnungslos in ein (noch) nicht lösbares Problem verrennen. Vermutlich ist es wichtig, dass es breite Vielfalt solcher Strategien gibt und es

---

[1] Unsere Darstellung der Komponenten und Kompetenzen ist angelehnt an Teil 1 von [S].
[2] Griechisch; übersetzt etwa „Regeln der Findungskunst".
[3] Polya hat in [P1] im Abschnitt „Zeichen des Fortschritts" einige Betrachtungen in dieser Richtung angestellt.

gibt nur wenig, was man allgemein empfehlen könnte, ohne diese Vielfalt zu zerstören. Und selbst wenn etwas dazu bekannt wäre, wäre es vermutlich schwer vermittelbar: Man muss es durch eigene Arbeitserfahrung selbst erwerben.

Unter „**Glaube**" schließlich verstehen wir hier mit Schoenfeld jemandes allgemeine Einstellung zur Mathematik, zum Aufgabenlösen, zu Beweisen und zu sich selbst. „Mathematik ist ein reines Spiel mit Zeichen", „Mathematik hat es mit den ewigen Gesetzen einer idealen Welt zu tun", „Mathematik muss konkret anwendbar sein", „Beweise sind im Grunde lästig, es geht um die Resultate", „Es geht im Grunde um Beweise, Resultate helfen nur, die Gedankengänge zu strukturieren", „Mathematisches Talent ist angeboren, entweder versteht man Mathematik sofort oder nie", „Mathematik ist erlernbar" etc. – jede dieser Einstellungen wird einen Einfluss darauf haben, wie jemand an mathematische Probleme herangeht und mit welchen er oder sie sich überhaupt näher beschäftigt. Mit allgemeinen Einstellungen zur Mathematik wie den ersten fünf dieser Beispiele befasst sich die Philosophie der Mathematik. Es gibt eine umfangreiche Literatur dazu, die viele spannende, anregende und tiefgründige Gedanken enthält. Allerdings ist es ein Unterschied, ob man eine solche Haltung theoretisch behauptet oder ihr als Arbeitseinstellung tatsächlich folgt. So interessant die Philosophie der Mathematik also ist, bezweifeln wir doch, dass sich das Problemlöseverhalten wesentlich dadurch verbessern lässt, dass man sich ausschließlich oder primär mit philosophischen Aspekten der Mathematik befasst. Die theoretischen Ansichten müssen praktisch in der Arbeitserfahrung verankert werden, wenn sie einen Beitrag zum Problemlöseverhalten leisten sollen. Als Begleitung zu intensiven eigenen Erfahrungen mit dem Aufgabenlösen kann es aber durchaus wertvoll sein, sich mit solchen Fragen zu beschäftigen. Der interessierten Leserin bzw. dem interessierten Leser empfehlen wir zum Einstieg [La], [B], [Sh].

Dieses Buch ist ein Heuristik-Buch. Es erläutert einige Strategien und Herangehensweisen, die beim Lösen mathematische Aufgaben oft nützlich sind und einer Vielzahl von mathematischen Beweisen zugrunde liegen. Eine Strategie ist allerdings kein Rezept. Die hier vorgestellten Strategien zu kennen hilft dabei, Lösungen zu suchen und die eigene Kreativität bei der Lösungssuche einzusetzen. Dadurch wird das Aufgabenlösen nicht zu einer mechanischen Angelegenheit, so wenig, wie etwa die Malerei dadurch „mechanisch" wird, dass man gewisse Maltechniken erlernt.

Die Strategien und das Anwenden von Strategien lehren wir anhand von Beispielen. Wir gehen dabei – in Anlehnung an die aus der Mathematikdidaktik bekannten 'Anforderungsbereiche' – davon aus, dass es bei der Beherrrschung eines Lösungsprinzips grob folgende Stufen gibt:

(1) Anwendungen verstehen: Wird das fragliche Prinzip in einem Beweis benutzt und explizit darauf hingewiesen, ist man in der Lage, diesen Schritt nachzuvollziehen.

(2) Anwendungen bemerken: Wird das fragliche Prinzip ohne expliziten Hinweis in einem Beweis benutzt, kann man den Schritt als Anwendung dieses Prinzips identifizieren: „Das ist ein Schubfachschluss", „Hier wurde gezeigt, dass etwas invariant ist", „Hier wird die Behauptung verallgemeinert betrachtet".

(3) Anwenden können, wenn darauf hingewiesen wird: Liegt eine Aufgabe vor, die durch eine einfache Anwendung des fraglichen Prinzips gelöst werden kann und wird ausdrücklich zur Anwendung dieses Prinzips aufgefordert, kann man die Anwendung durchführen und die Aufgabe damit lösen.

(4) Situationen selbstständig erkennen, in denen das Prinzip anwendbar ist: Man kennt einige Indikatoren dafür, dass es sinnvoll ist, ein gewisses Prinzip auszuprobieren und kann bei einer Aufgabe erkennen, ob diese vorliegen. Bei Allaussagen über natürliche Zahlen z. B. empfiehlt es sich, an vollständige Induktion zu denken. Auch ist man in der Lage, gezielt Hindernisse für die Anwendung des gewählten Lösungsprinzips zu beseitigen: Erlaubt eine Aufgabe die Anwendung eines Prinzips nicht unmittelbar, weil etwa einige Voraussetzungen nicht erfüllt sind, so kann man gezielt darauf hinarbeiten, die Situation so anzupassen, dass das Prinzip anwendbar wird. Ein gutes Beispiel ist die Vorarbeit zur Reduktion der Anzahl der Schubfächer im Abschnitt „Anwendungsfälle" in Kap. 3.

(5) Gezielt auf die Anwendung hinarbeiten: Schließlich sollte man in der Lage sein, Prinzipien nicht bloß passiv anzuwenden, sondern aktiv Situationen zu erzeugen, in denen sie anwendbar sind und die heuristischen Prinzipien als Leitlinien zur Konstruktion einer solchen Situation aufzufassen. Hierzu gehört etwa das Einführen von Hilfsobjekten, die zur Anwendung eines Prinzips erforderlich sind, wie etwa die Einführung eines natürlichzahligen Parameters in eine Beweissituation, um die Anwendung von vollständiger Induktion zu ermöglichen oder die gezielte Einführung von „Objekten" und „Schubfächern" in einer Problemsituation, die die Verwendung des Schubfachprinzips nahelegt. Im Buch nennen wir Anwendungen dieser Art oft „versteckte Anwendungen".

Die Stufen (3)–(5) gehören zum selbstständigen Lösen. Unsere Beispiele sind entsprechend so gewählt, dass im Allgemeinen für jedes Prinzip alle Stufen vorgeführt werden. Auch die Übungsaufgaben bewegen sich gemischt auf den Stufen (3)–(5).

Wir wollen uns darauf konzentrieren, Heuristik zu vermitteln und nicht Ressourcen. Die meisten unserer Beispiele sind daher inhaltlich gesehen „elementar": Sie setzen keine tieferen Mathematik-Kenntnisse voraus als Schulwissen und etwas einfache lineare Algebra bzw. Analysis. Zugleich sollen sie die Anwendung der jeweiligen Prinzipien möglichst deutlich erkennen lassen.

Die Strategien, die wir in diesem Buch behandeln, sind bekannt; man findet die meisten davon z. B. in [E] und [L], andere in [P1] oder [P2]. Auch die bei weitem überwiegende Zahl der Beispiele und Aufgaben, die wir behandeln, stammt nicht von uns. Dennoch soll dieses Buch nicht der bestehenden Literatur zum Aufgabenlösen lediglich einige weitere Seiten hinzuzufügen. Der Großteil der bestehenden Literatur konzentriert sich entweder auf Wettbewerbsmathematik – wie [E] – oder behandelt das Aufgabenlösen mehr theoretisch als praktisch (wie [P1], [P2]). Zudem gibt es nur wenige deutschsprachige Bücher zum Aufgabenlösen (lesenswerte Ausnahmen sind [G], [Gr], [M], [MBS], [MiCj], [MiC] sowie [P1], [P2], [PS]), was gerade für Anfängerstudenten eine zusätzliche Hürde darstellt. Auch Anwendungen der aufgezeigten Strategien auf klassische Bereiche der Hochschulmathematik wie lineare Algebra oder Analysis werden nur selten auf einem für

Einsteiger geeigneten Niveau behandelt. Dagegen war es unser Ziel, die hier behandelten Strategien so aufzubereiten, dass sie für Anfängerstudenten nützlich und ohne sprachliche Schwierigkeiten zugänglich sind.

Insbesondere begnügen wir uns nicht mit der Erwähnung eines allgemeinen Prinzips mit einigen Beispielen, sondern zeigen meist detailliert typische Anwendungsfälle und Varianten auf, denen man beim mathematischen Arbeiten häufig begegnen wird und geben Hinweise, wann es sich empfiehlt, ein gewisses Lösungsprinzip auszuprobieren. Die Erfahrung zeigt, dass dieses Vorgehen effektiver ist als lediglich allgemeine Prinzipien mit einer Anzahl kaum oder allenfalls nach Schwierigkeit sortierter Beispiele zu illustrieren (vgl. [S], Kap. 3).

Auch sind die meisten Lösungen zu unseren Beispielen keine Musterlösungen, sondern **heuristische Rekonstruktionen**, die etwa zeigen, wie man von der Entscheidung, eine gewisse Strategie (z. B. eine Verstärkung der Behauptung als Grundlage für einen Induktionsbeweis) auszuprobieren, gezielt auf deren Anwendung hinarbeitet, was Anzeichen dafür sind, dass man mit einem Ansatz auf dem richtigen Weg ist oder dafür, dass man gerade vermutlich eher in die Irre läuft – etc.

Diese Darstellungsweise unterscheidet sich von einer verbreiteten Art, wie Beweise in Lehrbüchern aufbereitet sind. Beweisdarstellungen in Lehrbüchern scheinen oft „vom Himmel zu fallen"; sie verbergen, wie die Lösung gefunden wurde. Die Lösungssuche selbst, die verschiedenen Phasen des Lösens wie die Suche nach Ansätzen und Ideen, die Planung oder das Ausprobieren (ggf. mit diversen Rückschlägen und Planänderungen) bleiben versteckt. Das ruft bisweilen den Eindruck hervor, mathematisches Beweisen bestünde darin, Satz für Satz eine fertige Lösung aufzuschreiben[4]. Wer diesem Eindruck unterliegt, wird entsprechend schnell bei Aufgaben kapitulieren, bei denen er oder sie die Lösung nicht gleich sieht. Sieht man sich häufiger zur Kapitulation gezwungen, ist die Versuchung groß, sich für mathematisch unbegabt zu halten und die Mathematik bzw. das Studium aufzugeben.

Im Gegensatz dazu bevorzugen wir in diesem Buch meist eine „heuristische" Darstellung, die die Lösungssuche darstellt und die Beweisschritte als strategische Entscheidungen einsichtig macht.[5] Insbesondere haben wir uns im Zweifel nicht für die „kürzeste" oder „elegantestes" Lösung eines Problems entschieden, sondern im Sinne einer heuristisch erhellenden Betrachtung gerne „Umwege" in Kauf genommen.

Zur Verdeutlichung des Unterschiedes der beiden Ansätze betrachten wir ein Beispiel:

Beispiel 1.1
Zeige: Die Funktion $x \mapsto x^2$ ist stetig.

---

[4] Dies wird eindrucksvoll in [S], besonders in Kapitel 9, anhand eines sechsstufigen Modells des Lösungsprozesses, bestehend aus den Phasen 'Lesen', 'Analysieren', 'Untersuchen', 'Planen', 'Ausführen' und 'Überprüfen', beobachtet und empirisch demonstriert.
[5] Den Unterschied zwischen beiden Darstellungsweisen und die Vorteile der heuristischen Darstellung verdanken wir der hervorragenden Erläuterung im Anhang von [La].

Eine typische Darstellung eines Beweises für diesen Satz könnte etwa so aussehen:

Lösung Zu zeigen ist, dass für jedes x und $\varepsilon > 0$ ein $\delta > 0$ so existiert, dass für alle y mit $|x - y| < \delta$ auch $|f(x) - f(y)| < \varepsilon$ gilt.

Zu $x \in \mathbb{R}$ und $\varepsilon > 0$ sei $\delta := \sqrt{x^2 + \varepsilon} - x$. Dann ist, für $|x - y| < \delta$: $|x^2 - y^2| \leq |x^2 - (x + (\sqrt{x^2 + \varepsilon} - x))^2| = |x^2 - \sqrt{x^2 + \varepsilon}^2| = |x^2 - (x^2 + \varepsilon)| = \varepsilon$, also ist δ wie gewünscht. $\square$

Das ist überzeugend, macht aber ratlos: Warum sollte man gerade $\delta = \sqrt{x^2 + \varepsilon} - x$ setzen? Warum nicht $\delta = \sqrt[3]{x^3 - 7\varepsilon}$? Oder so? Sicher, mit dieser Wahl von δ klappt es – aber wie soll man das am Anfang des Beweises schon wissen, was erst am Ende passiert? Man kann ja nicht in die Zukunft sehen! Entsprechend schwierig ist es, diesen überraschenderweise funktionierenden, aber „vom Himmel gefallenen" Ausdruck im Kopf zu behalten, wenn man sich den Beweis merken möchte. Auch wird man aus dieser Darstellung wenig lernen, was einem dabei helfen könnte, etwa die Stetigkeit der Funktion $x \mapsto 3^x + 5x + 9$ zu beweisen.

Betrachten wir nun den heuristischen Stil:

Lösung Gesucht ist ein δ so, dass $|x^2 - y^2| < \varepsilon$ für alle y mit $|x - y| < \delta$. Schreiben wir statt y einmal $x + \delta$ und rechnen das aus: Es ist $|x^2 - (x + \delta)^2| = |2x\delta + \delta^2|$, und das soll $< \varepsilon$ sein. Wir erhalten also die Ungleichung $|2x\delta + \delta^2| < \varepsilon$ bzw. $|2x\delta + \delta^2| - \varepsilon < 0$. Nehmen wir zunächst an, dass $2x\delta + \delta^2 > 0$, dann können wir die Betragsstriche einfach weglassen (der andere Fall funktioniert analog). Dann liefert die Lösungsformel für quadratische Gleichungen $\delta < \sqrt{x^2 + \varepsilon} - x$. Dieses δ ist also wie gewünscht – und es ist das δ von oben! $\square$

In dieser Form kann man den Beweis verstehen: Sie gibt eine Antwort auf die Frage „Wie kommt man darauf?". Man sieht, wie das δ zustande kommt, man kann ähnliche Beweise selbst führen. Und wenn man den Beweis wiedergeben möchte, muss man sich nur an die Strategie erinnern: Einsetzen und Auflösen. Der Term für δ ergibt sich dabei ganz von selbst. Die zweite Variante ist zwar etwas länger als die erste, enthält aber auch deutlich mehr Information.

In diesem Buch haben wir, besonders in den Strategiekapiteln 2 bis 8, überwiegend den heuristischen Stil gewählt und zielführende Gedankengänge beschrieben, in denen die Schritte nachvollziehbar motiviert ist – man sollte sehen, wie man an jeder Stelle der Beweissuche darauf kommt, eben das zu versuchen, was nun getan wird. Entsprechend sind die meisten Beispiele nicht bloß als Lösungsdarstellungen aufzufassen, sondern Einladungen zum Mitdenken: Wer das Buch optimal nutzen möchte, halte bei der Lektüre eines Beispiels möglichst oft inne und versuche, den nächsten Schritt zu raten. Optimal verstanden ist ein Beispiel erst dann, wenn jeder Schritt einem nicht nur richtig, sondern strategisch plausibel erscheint.

Allerdings ist auch eine heuristische Darstellung einer Lösung nicht das Gleiche wie eine vollständige Wiedergabe des ganzen Lösungsprozesses. An vielen Stellen eines Lösungsversuches ist mehr als eine Vorgehensweise erfolgversprechend, von denen die meisten sich oft als Irrwege erweisen werden. Manche Schritte erfordern langes Ausprobieren oder auch etwas Glück. Solche Irrwege und Phasen des Probierens sind in unserer Darstellung von Lösungswegen nicht enthalten. Auch die heuristische Darstellung ist also eine Verkürzung und Idealisierung der tatsächlichen Lösungssuche, und man sollte nicht überrascht oder gar entmutigt davon sein, dass es bei eigenen Lösungsversuchen nicht ähnlich rasch und stetig vorwärts geht.

1.2 Wozu Heuristik?

Eine Beherrschung der Heuristik ist, außer beim Aufgabenlösen, auch noch in zahlreichen anderen Hinsichten hilfreich:

- Beweise werden verständlicher, wenn man verstehen kann, wie sie gefunden wurde, was die Schritte motiviert; man kann sie sich dann auch besser merken, weil sie „einen Sinn ergeben"; wie man den Verlauf einer Schachparty besser versteht und besser im Gedächtnis behalten kann, wenn man selbst Schach spielt und die Ideen hinter den Zügen erraten kann. Durch die Beschäftigung mit der Heuristik gelangt man zu einem strategischen Blick auf Beweise; man gewöhnt sich daran, bei der Lektüre von Beweisen Fragen zu stellen wie: „Was ist die Grundidee?", „Was sind Zwischenergebnisse?", „Mit welcher Absicht werden sie eingeführt?". Heuristik hilft also nicht nur beim Lösen, sondern auch beim Lernen: Man kann Beweise viel besser verstehen und im Gedächtnis behalten, wenn man die in ihnen immer wieder auftauchenden Muster kennt und ihre Bestandteile strategisch zu deuten weiß.
- Auf diese Weise kommt man Beweisen „auf die Schliche". Daher kann man aus Beweisen auch strategisch mehr lernen, wenn man Heuristik beherrscht: Sie sind nicht bloße Zertifikate für die Wahrheit der Behauptung, die sie beweisen, sie lehren auch etwas darüber, wie man beweist.
- Ferner hilft die Kenntnis der in diesem Buch besprochenen Prinzipien auch dabei, eigene Beweise strukturiert und nachvollziehbar darzustellen. Wer sich mit Konzepten wie Invarianzen oder dem Schubfachprinzip vertraut gemacht hat, wird eigene Lösungen oft als Anwendung dieser Konzepte auffassen können, auch ohne sich ihrer beim Lösen ausdrücklich bedient zu haben. Auf diese Weise sind heuristische Prinzipien wertvolle Orientierungshilfe für das Aufschreiben von Lösungen. Als Beispiel sei hier die in Kap. 3 besprochene Möglichkeit erwähnt, iterierte Schubfachschlüsse durch das Königsche Lemma zu ersetzen.
- Zu guter Letzt: Wer Heuristik lernt, der lernt auch, Mathematik als „Baustelle" zu sehen statt als „Kristallpalast": und gewöhnt sich daran, Begriffe, Methoden und Theoreme

als Material zu sehen, dass gestaltet wurde und dass er/sie mitgestalten kann. Das Studium der Heuristik bereitet damit sowohl auf die mathematische Forschung als auch auf den Einsatz der Mathematik in Anwendungen vor.

1.3 Der Aufbau des Buches

In Kap. 2 erläutern wir einige allgemeine Herangehensweisen und kleine Strategien, die immer wieder auftauchen. Da die meisten davon vorwiegend in Verbindung mit anderen Strategien, aber selten für sich genommen ausreichend stark sind, um eine Aufgabe zu lösen, beschränken wir uns auf einige wenige Beispiele.

In den Kap. 3 bis 6 führen wir einige klassische und konkrete Lösungsprinzipien ein, nämlich u. a. Schubfachschlüsse, das Induktionsprinzip, Extremalbetrachtungen und die Suche nach Invarianzen. Wir legen dabei Wert auf eine für Anfängerstudenten zugängliche Darstellung, die die Anwendbarkeit in der Hochschulmathematik gerade auch der ersten Semester hervorhebt.

Kap. 7 und 8 behandeln zwei allgemeinere heuristische Prinzipien, nämlich Beobachtung und Mustererkennung sowie Analogiebetrachtungen. Wir hoffen, dass es uns hier gelungen ist, zu diesen sehr mächtigen, aber auch deutlich abstrakteren Lösungsprinzipien ein Übungsmaterial zu erarbeiten, das der Leserin bzw. dem Leser ein Bild von ihrer Wichtigkeit und Wirksamkeit verschafft.

Die Kap. 9 bis 13 sind jeweils auf gewisse mathematische Teilgebiete bezogen. Sie illustrieren, wie die zuvor eingeführten Prinzipien sich in den Gebieten Graphentheorie, Kombinatorik und Wahrscheinlichkeitsrechnung, Zahlentheorie, lineare Algebra und Analysis einsetzen lassen bzw. wie sie dort eingesetzt werden.

Das Kap. 14 über das Zornsche Lemma endlich gehört systematisch gesehen eigentlich zu den Lösungsprinzipien aus den Kap. 2 bis 8, also in den ersten Teil; da es aber eine deutlich fortgeschrittene Strategie darstellt und in den Kap. 9 bis 13 auch nicht verwendet wird, haben wir es ans Ende verschoben.

1.4 Die Übungsaufgaben

Unsere Prinzipien und Beispiele geben Hinweise darauf, wie man nach Lösungen suchen kann. Letztlich aber lernt man das Aufgabenlösen nur dadurch, dass man es immer wieder selbst versucht. Kurz: Ohne die Übungsaufgaben geht es nicht. Wer sich nicht ernsthaft und hartnäckig mit ihnen auseinander setzt, lernt allenfalls (Fragmente von) Theorien über das Lösen, aber nicht das Lösen selbst.

Die Aufgaben sind in jedem Kapitel so gewählt, dass sie mit dem in diesem Kapitel besprochenen Prinzip lösbar sind. Oft stehen sie in einem engen Zusammenhang mit einem der Beispiele oder mit anderen (Teil)aufgaben und erfordern eine Anpassung der Lösungsidee: Es empfiehlt sich also (und ist Teil der Übung), das jeweilige Kapitel aufmerksam nach Beispielen und Aufgaben durchzusehen, die der gerade in Angriff genommenen Aufgabe ähneln.

In jedem Kapitel werden mehrere Varianten einer Strategie behandelt, in einigen auch verschiedene verwandte Strategien. Zu jedem solchen Unterthema gibt es im Aufgabenteil auch passende Übungen. Wir haben aber bewusst darauf verzichtet, auch die Aufgaben diesen Unterthemen zuzuordnen: Herauszufinden, welche Strategie wo anzuwenden ist, ist ein wichtiger Teil des Aufgabenlösens!

1.5 Hinweise für Dozenten

Dieses Buch ist für Studierende der Mathematik jedes Semesters gedacht, mit einem Hauptaugenmerk auf den ersten Semestern. Es hat sich im Wesentlichen auf der Basis eines Seminars entwickelt, das ich im Wintersemester 2014/2015 an der Universität Konstanz abgehalten habe und eignet sich entsprechend als Grundlage für (Pro)seminare zum Aufgabenlösen.

Bewährt hat sich dabei folgender Veranstaltungsaufbau: Pro Sitzung wurde ein Kapitel behandelt. Die Seminarsitzungen dauerten jeweils 90 Minuten, von denen die erste Hälfte auf einen Vortrag entfiel, der das jeweilige Prinzip mit seinen wichtigsten Varianten zusammen mit einigen Beispielen vorstellte. In der zweiten Hälfte wurde gemeinsam, vom Dozenten durch Fragen und nötigenfalls durch Tipps moderiert, an der Tafel an weiteren Beispielaufgaben gearbeitet. Schließlich gab es zu jeder Seminarsitzung einen Übungszettel mit 3 bis 4 Aufgaben, die selbstständig bis zur nächsten Seminarsitzung zu bearbeiten und abzugeben waren. Bei der Korrektur der Übungen kam es weniger darauf an, ob die Aufgaben vollständig gelöst wurden, als vielmehr auf die zielgerichtete Beschäftigung mit ihnen. Daher waren auch „Lösungsprotokolle" von gescheiterten Lösungsversuchen, in denen erklärt wurde, was versucht wurde, warum ein Versuch fehlschlug, welche Möglichkeiten es gibt, die Schwierigkeiten zu überwinden etc. als Abgaben zulässig und ausdrücklich erwünscht.

Nun aber genug der einleitenden Worte. Es sind schon zu viele. Das Aufgabenlösen lernt man nur, indem man es immer wieder versucht – und es lohnt sich! Das mathematische Aufgabenlösen ist aufregend, spannend, anregend, und, mit anderen gemeinsam betrieben, verbindend. Ich wünsche allen Leserinnen und Lesern einen guten Einstieg!

▷   **Viel Erfolg und viel Freude!**

1.6   Zu den Quellen

Auf der Suche nach passenden Beispielen und Aufgaben für dieses Buch habe ich zahlreiche Aufgabensammlungen sowie Bücher und Internetseiten zum Aufgabenlösen gesichtet. Es ist selten möglich, den Ursprung einer Aufgabe ausfindig zu machen. Wo ich Beispiele oder Aufgaben aus einer vorhandenen Sammlung verwendet habe, habe ich daher die Sammlung zitiert und mich nicht wiederum bemüht, die Quelle der Sammlung zu ermitteln. (Die Quellenangaben bei Beispielen beziehen sich auf die Aufgabenstellung sowie auf die Lösungsidee. Wo ich aus einer Lösung besondere Anregungen für meine Darstellung gewonnen habe – besonders, aber nicht nur, hinsichtlich der heuristischen Konstruktion – ist dies gesondert vermerkt.) Zahlreiche der Aufgaben gehören überdies zur mathematischen „Folklore"[6]. Andere sind mir aus meiner langjährigen Beschäftigung mit mathematischen Aufgaben im Gedächtnis geblieben, ohne dass ich ihre Quelle noch ausfindig machen konnte[7]. Wieder andere habe ich mir selbst ausgedacht, wobei es gut möglich ist, dass andere die gleiche Idee vor mir hatten. In all diesen Fällen fehlt eine Quellenangabe, was keinen Anspruch auf Originalität darstellt, sondern nur anzeigt, dass ich auch nach einiger Recherche keine Quellen mehr gefunden habe. Für Hinweise, wo sich die unmarkierten Beispiele und Aufgaben finden, bin ich dankbar und werde sie beizeiten im Netz veröffentlichen.

Literatur

[B]   Brown, R.: Philosophy of Mathematics. A Contemporary Introduction to the World of Proofs and Pictures. Routledge New York and London (2008)

[E]   Engel, A.: Problem Solving Strategies. Springer, New York (1998)

[G]   Grinberg, N.: Lösungsstrategien. Mathematik für Nachdenker. Verlag Harri Deutsch Frankfurt (2011)

[Go]   Gowers, T.: What is the point of the mean value theorem? https://www.dpmms.cam.ac.uk/~wtg10/meanvalue.html. Zugegriffen: 11.04.2017

[Gr]   Grieser, D.: Mathematisches Problemlösen und Beweisen. Eine Entdeckungsreise in die Mathematik. Springer Spektrum Wiesbaden (2013)

[L]   Larson, L.: Problem-Solving Through Problems. Springer, New York (1983)

[La]   Lakatos, I.: Beweise und Widerlegungen. Vieweg, Braunschweig (1979)

[MBS]   Mason, J., Burton, L., Stacey, K.: Mathematisch Denken. Mathematik ist keine Hexerei. 4. Auflage. Oldenburg Verlag München Wien (2006)

---

[6] nämlich u. a. die Beispiele 2.3, 6.4, 7.1–2, 7.7, 8.4, 8.6, 9.3, 9.7, 9.9–10, 10.4–5, 10.11–13, 11.4–6, 12.1–2, 12.4–7, 12.10–15, 12.19, 12.21–27, 13.7–9, 13.13, 13.15–16, 13.20–21 und die Aufgaben 3.9–10, 4.1–3, 6.16, 7.21, 8.14, 9.2, 9.8, 9.10–12, 10.1–2, 10.9–14, 11.1–2, 11.7–8, 11.10, 12.1–2, 12.11–12, 12.14–18, 12.20–22, 12.25–29, 12.31, 12.33, 12.35, 13.1, 13.6–8, 13.14–19, 13.22, 13.25, 13.28, 13.31–32.

[7] U. a. die Beispiele 7.3, 11.7, 12.9, 12.12 und die Aufgaben 4.3, 4.16, 5.1, 7.5, 12.9, 12.37, 13.32, 14.3.

[MiCj] Meier, F. (Hrsg.): Mathe ist cool! – junior: Eine Sammlung mathematischer Probleme. Cornelsen Verlag (2003)

[M] Möller, H.: Elementare Zahlentheorie und Problemlösen. Kompass-Buch. https://wwwmath.uni-muenster.de/u/mollerh/data/ZtPP.pdf (2008). Zugegriffen 04.04.2017.

[MiC] Müller, E., Reeker, H.: Mathe ist cool!: Eine Sammlung mathematischer Probleme. Cornelsen Verlag (2001)

[P1] Polya, G.: Schule des Denkens. Vom Lösen mathematischer Probleme. Vierte Auflage. Francke Verlag Tübingen und Basel (1995)

[P2] Polya, G.: Mathematik und plausibles Schließen. Induktion und Analogie in der Mathematik. Zweite Auflage. Birkhäuser Verlag Basel und Stuttgart (1969)

[PS] Polya, G., Szegö, G.: Aufgaben und Lehrsätze aus der Analysis I und II. Vierte Auflage. Springer Heidelberg New York (1971)

[S] Schoenfeld, A.: Mathematical Problem Solving. Academic Press Inc. Orlando, Florida (1985)

[Sh] Shapiro, S.: Thinking about Mathematics: The Philosophy of Mathematics. Oxford University Press Oxford and New York (2000)

[Z] Zeitz, P.: The Art and Craft of Problem Solving. Wiley, New York (2006)

Hier listen wir einige heuristische Hinweise auf, die häufig bei Beweisschritten weiterhelfen, aber für sich allein selten stark genug sind, um Aufgaben alleine zu lösen. Der Aufgabentyp, um den es uns dabei hauptsächlich geht, sind Beweisaufgaben, in denen das Ziel darin besteht, aus gewissen Voraussetzungen bzw. Annahmen eine gewisse Folgerung zu ziehen. Wo die Begriffe „Voraussetzung" bzw. „Folgerung" im Folgenden auftauchen, sind sie in diesem Sinn zu verstehen. Wir begnügen uns daher mit wenigen kurzen Beispielen zur Illustration oder mit Verweisen auf andere Kapitel; im weiteren Text werden wir immer wieder (aber nicht jedesmal) darauf hinweisen, wo einer davon benutzt wurde.

Polyas heuristisches Standardwerk [P1] enthält eine gute tabellarische Zusammenfassung allgemeiner Herangehensweisen unter dem Titel „Wie sucht man die Lösung"; insbesondere stammen daher die Hinweise 1, 3, 4, 5, 6, 7, 9, 11 und 12. Für 11 vgl. auch [S], S. 112. Die Hinweise 2, 3, 8, 9 und 11 finden sich in [L].

2.1 Gehe auf die Definition zurück

Im Gegensatz zu alltagssprachlichen Begriffen, die wir mit ihren oft unscharfen Grenzen im Umgang erlernen, sind mathematische Begriffe durch präzise Definitionen gegeben. Es kann beim Lösen einer Aufgabe sehr hilfreich sein, einmal das Vorwissen über einen Gegenstandsbereich – wie Zahlentheorie, Algebra, Geometrie … hinten anzustellen und auf die Definition zurück zu gehen. Alleine dadurch werden viele Aufgaben deutlich einfacher – oder lösen sich sogar ganz auf.

Beispiel 2.1
Zeige: Es existieren unendlich viele natürliche Zahlen n so, dass $x^3 \equiv 2$ modulo n eine Lösung hat.

© Springer Fachmedien Wiesbaden GmbH 2017

M. Carl, *Wie kommt man darauf?*, DOI 10.1007/978-3-658-18250-2_2

Lösung An dieser Aufgabe haben schon einige gute Problemlöser mit einigem zahlentheoretischen und algebraischen Vorwissen eine Weile herum geknobelt, bis sie schließlich auf die Definition zurück gegangen sind:

Die Definition von $x^3 \equiv 2$ modulo n ist, dass n ein Teiler von $x^3 - 2$ ist. Jeder Teiler einer Zahl der Form $x^3 - 2$, insbesondere diese Zahlen selbst, sind also wie gewünscht. Was zunächst vielleicht wie ein schwieriges Problem aussieht, ist tatsächlich trivial. $\square$

2.2   Nimm das Gegenteil der zu beweisenden Aussage an

Das empfiehlt sich eigentlich immer. Versuche dann, die fragliche Aussage A mithilfe der neuen Annahme „nicht A" zu beweisen oder einen Widerspruch herbei zu führen. Wenn sich am Ende zeigt, dass die Voraussetzung „nicht A" nicht benötigt wurde, schadet es nichts, sie gemacht zu haben.

Anwendungsbeispiele für dieses Prinzip sind etwa die Beispiele 6.1, 6.3, 6.4, 6.5, 6.7 und 6.8.

2.3   Mache die gegebenen Daten so konkret wie möglich! Führe geeignete Bezeichnungen ein!

Mathematisch operieren und argumentieren können wir nur mit den Objekten, die wir als solche in unsere Betrachtung eingeführt haben. Gerade Anfänger scheuen sich oft, Objekte und Bezeichnungen einzuführen, die in der Aufgabenstellung nicht ausdrücklich enthalten sind. Dadurch wird die Lösungssuche erschwert und bisweilen blockiert. Wann immer die Beweissituation also ein gewisses Objekt nahelegt, sollte man eine Bezeichnung dafür einführen.

Insbesondere: Gehört eine Aussage der Form „Es gibt ein Objekt mit der Eigenschaft E" zu den Annahmen, oder hat man eine solche Behauptung bereits gezeigt, so wähle man eine Bezeichnung für ein solches Objekt. So eine Situation liegt auch dann vor, wenn man versucht, eine Aussage der Form „Alle x haben die Eigenschaft E" durch Widerspruch zu beweisen: In diesem Fall wähle man eine Bezeichnung für ein Gegenbeispiel.

In anderen Fällen sind Größen oder Objekte eher implizit nahe gelegt: Ist z. B. gegeben, dass X eine endliche Menge ist, so hat X eine gewisse natürliche Zahl n als Anzahl ihrer Elemente. Die Annahme „X ist endlich" legt also die Einführung einer Bezeichnung für ihre Größe nahe – oft ist es hilfreich, das auch zu tun.

Beispiel 2.2 ([Er] 2.3(1))
Zeige: Wenn das Quadrat einer quadratischen Matrix mit reellen Einträgen invertierbar ist, so auch die Matrix selbst.

Lösung **Führe geeignete Bezeichnungen ein!** Gegeben ist eine Matrix A so, dass A^2 invertierbar ist. **Mache die Daten so konkret wie möglich!** Nach Annahme ist A^2 invertierbar. Also existiert zu A^2 eine inverse Matrix – nennen wir sie B. Wir haben also $A^2 B = I$. Gesucht ist eine Matrix C so, dass $AC = I$.

Das ist nun einfach: Es ist $I = A^2 B = A(AB)$, also ist $C = AB$ wie gewünscht. □

2.4 Bringe die Daten in einen möglichst engen Zusammenhang

Wenn in der Voraussetzung einer Behauptung mehrere Objekte vorkommen, versuche, möglichst viele Verbindungen zwischen ihnen und zwischen ihnen und den in der zu beweisenden Folgerung vorkommenden Objekten zu finden. Versuche, gegebene Objekte und Annahmen in einen gemeinsamen Kontext einzubetten.

> **Beispiel 2.3 (vgl. [L], 6.2.5)**
> Ein Wanderer bricht am Montag um 10.00 in einem Ort A auf und kommt schließlich an seinem Zielort B an. Zwischendurch ändert er öfter seine Geschwindigkeit und macht Pausen. Tags darauf bricht er um 10.00 in B auf und wandert auf demselben Weg nach A zurück, wiederum mit Geschwindigkeitswechseln, Pausen etc. Zeige: Es gibt einen Punkt auf dem Weg, an dem er sich an beiden Tagen zur gleichen Uhrzeit befunden hat.

Lösung Wir versuchen, die beiden gegebenen Situationen – Montagswanderung und Dienstagswanderung – in einen gemeinsamen Kontext einzubetten und stellen uns dazu vor, dass der Wanderer am Dienstag tatsächlich ein zweiter Wanderer am Montag ist. Da diese beiden Wanderer denselben Weg von der gleichen Startzeit an in entgegengesetzte Richtungen durchlaufen, müssen sie einander begegnen. Ihr Treffpunkt ist offenbar wie gewünscht. □

Tauchen in der Formulierung der zu beweisenden Aussage mehrere Größen und Objekte auf, sollte man versuchen, einige von ihnen mithilfe der anderen darzustellen. Auf diese Weise verringert sich bisweilen die Anzahl der Objekte, die betrachtet werden müssen; in jedem Fall klärt sich die Beweissituation.

Ist man mit dem Versuch, einige der gegebenen Objekte bzw. Größen durch andere darzustellen, nicht erfolgreich, hilft es oft weiter, neue „Hilfsobjekte" zu konstruieren, in denen möglichst viele der gegebenen Objekte möglichst „nah" zusammenkommen. Besonders betrachtenswert sind dabei Hilfsobjekte, wenn sich mithilfe der gegebenen Annahmen etwas über sie folgern lässt oder wenn sich die gesuchte Folgerung als Eigenschaft des Objektes ausdrücken lässt. Wenn man z. B. zwei Zahlen oder zwei Funktionen vergleichen möchte (etwa eine Gleichheit oder eine Ungleichung zwischen ihnen zeigen möchte), so bietet es sich an, ihre Differenz (oder deren Betrag) oder ihren Quotienten zu betrachten. Oder: Wenn man einige gegebene Terme zu einem neuen Term aufsummieren kann, der sich gut faktorisieren lässt, sollte man sich diese Gelegenheit nicht entgehen lassen! Typische weitere Beispiel sind Hilflinien in der Geometrie.

Beispiel 2.4 ([E], Kap. 6, A1)
Es seien $a, b, c, d \in \mathbb{N}$. Zeige: Ist $(a - c)$ ein Teiler von $ab + cd$, so auch von $ad + bc$.

Lösung Eine Startschwierigkeit bei dieser Aufgabe ist sicherlich, dass die beiden Terme $ab + cd$ und $ad + bc$ isoliert herumstehen. Es ist nicht klar, wie man so aus dem einen Informationen über den anderen gewinnen soll.

Vielleicht hilft es, sie zu einem Term zusammenzubringen. Man könnte sie z. B. addieren, multiplizieren oder voneinander subtrahieren. Da es um Teilbarkeit durch eine Differenz geht, liegt es nahe, es erst einmal mit einer Subtraktion zu versuchen: Betrachten wir also $(ad + bc) - (ab + cd)$. Können wir etwas über die Teilbarkeit durch $(a - c)$ aussagen?

Allerdings! Umformen liefert $(ad + bc) - (ab + cd) = d(a - c) + b(c - a) = (a - c)(d - b)$ – was offenbar durch $(a - c)$ teilbar ist! Wenn aber $(ad + bc) - (ab + cd)$ und $(ab + cd)$ beide durch $(a - c)$ teilbar sind, so auch die Summe $[(ad + bc) - (ab + cd)] + (ab + cd) = ad + bc$, und das war zu zeigen. $\qquad\square$

Die Konstruktion geeigneter Hilfsobjekte erfordert bisweilen erhebliche Kreativität und Geschicklichkeit – es empfiehlt sich, sie an vielen Aufgaben zu üben.

2.5 Betrachte aussagenlogische Varianten

Eine allgemeinere Variante des vorletzten Hinweises. Man sollte stets einfache logische Varianten der betrachteten Aussage im Blick behalten; oft ist eine davon zugänglicher als die ursprüngliche Formulierung.

Insbesondere sollte man solchen Varianten den Vorrang geben, bei denen (1) die Voraussetzung viel konkrete Information enthält (z. B. die Existenz von Objekten mit gewissen Eigenschaften, für die sich dann Bezeichnungen einführen lassen – siehe den letzten Abschnitt), (2) man Sätze oder Strategien kennt, Aussagen zu beweisen, die der Folgerung ähneln und (3) man Sätze und Strategien kennt, deren Voraussetzungen den Voraussetzungen der gegebenen Aussage ähneln.

So lässt sich z. B. eine Aussage der Form „Aus A folgt B" oft einfacher in der Form „Aus $\neg B$ folgt $\neg A$" beweisen; oder in der Form „$\neg A$ oder B". Oder…

Beispiel 2.5 ([Mu])
Es sei n eine natürliche Zahl. Zeige: Ist n^2 gerade, so ist auch n gerade.

Lösung Die Annahme „n^2 ist gerade" lässt sich umformulieren zu „Es gibt eine natürliche Zahl m mit $n^2 = 2m$". Nun wollen wir sehen, dass n selbst von der gleichen Form ist. Leider scheint uns die Annahme nicht viel weiterzuhelfen. Aus Informationen über n^2 etwas über n abzuleiten, ist schwierig. Umgekehrt wäre es viel einfacher!

Wir betrachten also stattdessen eine logische Umformulierung, die eine Information über n als Annahme hat: „Ist n ungerade, so ist auch n^2 ungerade". Das ist nun leicht zu sehen: Ist n ungerade, so können wir es in der Form $(2k + 1)$ schreiben. Dann ist aber $n^2 = (2k + 1)^2 = 4k^2 + 4k + 1 = 2(2k^2 + 2k) + 1$, also ungerade. $\square$

Beispiel 2.6
Zeige: Ist p eine Primzahl, so ist p nicht die Differenz zweier vierter Potenzen.

Lösung Geht man die Aussage in der gegebenen Form an, ist man zunächst blockiert: Weder kennen wir Strategien noch Sätze, die eine Folgerung der Form „k ist keine Differenz zweier vierter Potenzen" erlauben.

Sätze mit einer Folgerung der Form „k ist keine Primzahl" gibt es hingegen einige: Jede Weise, k in zwei von 1 verschiedene natürlichzahlige Faktoren zu zerlegen, führt zum Ziel.

Betrachten wir also eine aussagenlogische Variante der Aussage, in der die Folgerung von der Form „k ist keine Primzahl" annimmt:

„Ist p die Differenz zweier vierter Potenzen, so ist p keine Primzahl."

Mache die gegebenen Daten so konkret wie möglich! Angenommen, p ist Differenz zweier vierter Potenzen; seien also $m, n \in \mathbb{N}$ mit $p = m^4 - n^4$. Da $p > 0$, ist $m \neq n$. Nach der dritten binomischen Formel ist $p = m^4 - n^4 = (m^2 + n^2)(m^2 - n^2)$. Es ist nicht schwer zu sehen, dass für $m \neq n$ beide Faktoren > 1 sind und ihr Produkt also keine Primzahl sein kann. $\square$

2.6 Suche nach führenden Spezialfällen

Ein „führender Spezialfall" einer allgemeinen Aussage A ist einer, von dem aus sich die Aussage in ihrer Allgemeinheit leicht einsehen lässt. Hat man einen führenden Spezialfall gefunden, kann man sich also auf diesen konzentrieren. In Beweistexten in Lehrbüchern erkennt man führende Spezialfälle an Formulierungen wie „wir können annehmen, dass", oder „ohne Beschränkung der Allgemeinheit" (OBdA).

Möchte man etwa Problem der Dreiecksgeometrie dadurch lösen, dass man das Dreieck in ein Koordinatensystem zeichnet und die fragliche Beziehung nachrechnet, kann man meistens annehmen, dass sich dabei eine Ecke des Dreiecks im Ursprung des Koordinatensystems befindet, da sich das Dreieck gewöhnlich beliebig verschieben lässt, ohne die für die Aufgabe wichtigen Eigenschaften zu verändern; ferner, dass sich eine weitere Ecke auf der x-Achse befindet, da sich das Dreieck gewöhnlich beliebig drehen lässt, ohne die für die Aufgabe wichtigen Eigenschaften zu verändern; und schließlich, dass diese zweite Ecke auf $(1, 0)$ liegt, da sich das Dreieck gewöhnlich um einen beliebigen (positiven) Faktor strecken oder stauchen lässt, ohne die für die Aufgabe wichtigen Eigenschaften zu verändern. Man kann also annehmen, dass die Ecken des Dreiecks $(0, 0)$, $(1, 0)$ und (x, y) sind und muss somit nur noch mit zwei Variablen rechnen und nicht mit sechs, was man müsste, wenn man alle drei Eckpunkte durch beliebige Koordinaten beschreiben wollte.

Ein weiteres Beispiel ist Aufgabe 8.5.

2.7 Sammle hilfreiche Sätze. Suche ähnliche Aufgaben

Gute Kandidaten für hilfreiche Sätze sind vor zunächst vor allem solche, die ähnliche Voraussetzungen wie die in der zu beweisenden Aussage gegebenen machen, eine ähnliche Folgerung haben wie die zu beweisende Aussage oder die Objekte betreffen, um die es in der zu beweisenden Aussage geht.

Solche Sätze lassen sich dann oft anwenden, um ein sinnvolles Zwischenziel für einen Beweis zu finden: Hat man einen Satz, der es einem erlaubt, aus den gegebenen Annahmen eine Folgerung F zu ziehen, kann man F als weitere Annahme verwenden. Hat man andererseits einen Satz, der es einem erlaubt, aus gewissen Annahmen A die Folgerung der zu beweisenden Aussage zu schließen, so kann man nun versuchen, aus den gegebenen Annahmen A abzuleiten. Sind sowohl die Voraussetzungen als auch die Folgerung eines bekannten Satzes denen der zu beweisenden Aussage ähnlich, kann man auch versuchen, ob die Beweisidee sich anpassen lässt.

Wir verzichten hier auf gesonderte Beispiele; jedes der folgenden Kapitel enthält sie in großer Zahl.

2.8 Mache eine Fallunterscheidung. Führe hilfreiche Zusatzannahmen ein

Vielleicht lässt eine Aufgabe sich leicht lösen, wenn man eine zusätzliche Annahme macht. In diesem Fall lohnt es sich, eine Fallunterscheidung einzuführen und die Aufgabe einmal mit dieser Annahme und einmal mit der Negation dieser Annahme zu betrachten. In beiden Fällen steht nun mehr Information zur Verfügung, die vielleicht hilfreich ist.

Beispiel 2.7
Zeige: Für jedes $n \in \mathbb{N}$ ist $n(n-1)$ gerade.

Lösung Wir unterscheiden 2 Fälle:

Fall 1: n ist gerade, etwa $n = 2m$. Dann ist auch $n(n-1) = 2m(n-1)$ gerade.

Fall 2: n ist ungerade, etwa $n = 2m+1$. Dann ist $n(n-1) = n(2m) = 2mn$ ebenfalls gerade.

In beiden Fällen ist die Folgerung trivial; zusammen lösen sie unser Problem. $\qquad\square$

2.9   Wenn möglich, stelle das Problem graphisch dar!

Eine graphische Darstellung ist bisweilen auch in Fällen möglich, in denen man es kaum erwarten würde – und dann für gewöhnlich sehr hilfreich. Das illustrieren die Beispiele 11.7 und 11.8 sowie die Aufgaben 11.3 und 11.8 sowie die Beispiele 13.1 und 13.2.

2.10   Forme geschickt um!

Viele Lösungen mathematischer Probleme bestehen zumindest teilweise aus Termumformungen. Wir sehen uns kurz einige wichtige Strategien für solche Schritte an, nämlich Substitution, Nullergänzung, Faktorisierung und Umordnung.

Substitution Oft lassen sich Terme erheblich vereinfachen, indem man (1) gewisse Teilterme durch eine einzige Variable ersetzt oder (2) einzelne Variablen durch Teilterme. Für beides empfehlen sich zunächst solche Teilterme, die im fraglichen Term mehrfach vorkommen oder für die der fragliche Term sich so umformen lässt, dass sie mehrfach vorkommen. Auf diese Weise kann man z. B. eine Reduktion des Grades eines polynomiellen Terms oder eine Reduktion der Anzahl der Variablen erreichen; in manchen Fällen kann man auf diese Weise auch dafür sorgen, dass der Term symmetrisch wird, d. h. sich bei Vertauschung zweier Variablen nicht ändert.

Beispiel 2.8
Finde alle reellen Zahlen x mit $(x^2 - 3x + 1)^2 + 2x^2 - 6x - 8 = 0$.

Lösung Lösen wir das Quadrat auf, erhalten wir eine Polynomgleichung vierten Grades – ein eher unangenehmer Gegner.

Sehen wir also zu, ob es nicht auch anders geht: Tatsächlich ist der „Restterm" $2x^2 - 6x - 8$ gerade das doppelte von dem quadrierten Term, verringert um 10. Daher bietet es sich an, eine Substitution vorzunehmen: Wir setzen $y := (x^2 - 3x + 1)$. Damit hat die Gleichung die Form $y^2 + 2y - 10 = 0$, was sich mit der Lösungsformel für quadratische Gleichungen leicht lösen lässt. Sind y_0 und y_1 die Lösungen, so müssen wir nun nur noch die quadratischen Gleichungen $x_2 - 3x + 1 = y_0$ und $x^2 - 3x + 1 = y_1$ lösen, um die Lösungen für die ursprüngliche Gleichung zu erhalten. $\qquad\square$

Nullergänzung Wenn ein gegebener Term T einem anderen Term T' ähnelt, mit dem man bereits umgehen kann, es aber in T' gegenüber T einige fehlende (oder zusätzliche) Summanden gibt, so füge sie zu T' hinzu und ziehe sie gleich wieder ab (bzw. ziehe sie ab und addiere sie sogleich wieder). Häufig lässt sich mit dem Term, der sich so ergibt, noch immer gut arbeiten.

Beispiel 2.9

Ein bekanntes Beispiel ist die quadratische Ergänzung: Sind die (reellen oder komplexen) Lösungen von $X^2 + aX + b = 0$ gesucht, so versuchen wir, der linken Seite durch einen Term der Form $(X + c)^2$ möglichst nahe zu kommen. Dazu wählen wir c so, dass der lineare Koeffizient von $(X + c)^2$ gleich a ist, also $2c = a$ oder $c = \frac{a}{2}$ gilt. Nun ist $(X + \frac{a}{2})^2 = X^2 + 2\frac{a}{2}X + \frac{a^2}{4} = X^2 + aX + \frac{a^2}{4}$. Bis auf den letzten Summanden sieht das $X^2 + aX + b$ recht ähnlich. Nun benutzen wir die Nullergänzung: Es ist $X^2 + aX + b = X^2 + aX + b + (\frac{a^2}{4} - \frac{a^2}{4}) = X^2 + aX + \frac{a^2}{4} + (b - \frac{a^2}{4}) = (X + \frac{a}{2})^2 + (b - \frac{a^2}{4})$. Das heißt: Es ist $X^2 + aX + b = 0$ genau dann, wenn $(X + \frac{a}{2})^2 + (b - \frac{a^2}{4}) = 0$ ist, also $(X + \frac{a}{2})^2 = \frac{a^2}{4} - b$ oder $X = \frac{a}{2} \pm \sqrt{\frac{a^2}{4} - b}$ – die Lösungsformel für die quadratische Gleichung.

Faktorisierung In vielen Zusammenhängen (z. B. wenn es um Nullstellen von Funktionen geht) ist es angenehmer, mit einem Produkt zu arbeiten als mit einer Summe. Wenn möglich, sollte man dann also versuchen, einen gegebenen Term zu faktorisieren, also als Produkt darzustellen.

Umordnen Gerade bei Summen oder Produkten beliebiger oder unendlicher Länge sollte man darauf achten, ob geeignete Zusammenfassungen von Summanden bzw. Faktoren nicht einfacher zu bearbeiten sind.

Beispiel 2.10

Ein sehr bekanntes Beispiel: Um die Summe $1 + 2 + \ldots + 2n + 1$ zu bestimmen, fassen wir den ersten und letzten, den zweiten und zweitletzten, den dritten und drittletzten etc. Summanden zusammen. Dann ist $1 + 2 + 3 + \ldots + 2n + 1 = (1+(2n+1))+(2+2n)+\ldots+(n+(n+1)) = (2n+1)+(2n+1)+\ldots+(2n+1)$, wobei wir n Summanden haben; in der Summe ergibt sich also $n(2n + 1)$.

Weitere Beispiele sind 12.26, 12.27 und Aufgabe 12.11.

2.11 Variiere die Aufgabe

Wenn die zu beweisende Aussage nicht direkt zugänglich ist, kann man sich ihr nähern, indem man Varianten betrachtet:

- Lasse einige Voraussetzungen der zu beweisenden Behauptung weg oder schwäche sie ab. Prüfe, ob die Behauptung noch stimmt. Auf diese Weise erfährt man etwas darüber, welche Voraussetzungen beim Beweis welche Bedeutung haben werden: Wird die Behauptung z. B. ohne eine gewisse Voraussetzung falsch, muss diese Voraussetzung im Beweis auf jeden Fall benutzt werden.
- Füge Voraussetzungen hinzu: Auf diese Weise erreicht man zwar nicht direkt das ursprüngliche Beweisziel, lernt aber etwas über das Problem und erledigt oft einen oder mehrere Spezialfälle. Außerdem hat man im Erfolgsfall die Negation der zusätzlichen Voraussetzung als weitere Annahme zur Verfügung; auf diese Weise gelangt man zu einer **Fallunterscheidung** (s. o.).
- Verstärke die Folgerung: Wie weit geht das, ehe du sie definitiv widerlegen kannst? Auf diese Weise werden die für den Beweis wichtigen Aspekte der Behauptung deutlich.
- Schwäche die Folgerung ab, bis du zu einer Aussage gelangst, die du beweisen kannst. Oft ist die Beweisstrategie dann zu einer für die stärkere Folgerung ausbaubar (vgl. dazu auch Kap. 8 zur Verallgemeinerung und Analogie).

2.12 Rekonstruiere Lösungen!

Streng genommen ist das keine Lösungsstrategie, sondern eine Strategie, um das Lösen zu lernen:

Wenn ein Beweis vorliegt, versuche, ihn heuristisch zu rekonstruieren: Was könnte einen auf die Idee gebracht haben, an einer Stelle des Beweises dies oder jenes zu versuchen? Wie hätte man darauf kommen können? Wenn dir dabei neue Lösungsideen kommen, suche nach anderen Situationen, in denen sie ebenfalls hilfreich sein könnten.

2.13 Literatur

[P1] enthält eine gute Zusammenfassung allgemeiner Herangehensweisen unter dem Titel „Wie sucht man die Lösung"; insbesondere stammen daher die Hinweise 1, 3, 4, 7, 9 und 11. Die Hinweise 2, 3, 8 und 9 werden auch in [L] erläutert. Empfehlenswert ist ferner die Darstellung in [Z].

Literatur

[E]   Engel, A.: Problem Solving Strategies. Springer, New York (1998)

[Er] Erdmann, J.: Exercises and Problems in Linear Algebra. http://web.pdx.edu/~erdman/ LINALG/Linalg_pdf.pdf. Zugegriffen: 11.04.2017

[L]   Larson, L.: Problem-Solving Through Problems. Springer, New York (1983)

[Mu] Bin Muhammad, R.: Proof by Contraposition. http://www.personal.kent.edu/~rmuhamma/ Philosophy/Logic/ProofTheory/proof_by_contradictionExamples.htm. Zugegriffen 04.04.2017

[P1] Polya, G.: Schule des Denkens. Vom Lösen mathematischer Probleme. Vierte Auflage. Francke Verlag Tübingen und Basel (1995)

[S]   Schoenfeld, A.: Mathematical Problem Solving. Academic Press Inc. Orlando, Florida (1985)

[Z]   Zeitz, P.: The Art and Craft of Problem Solving. Wiley, New York (2006)

Das Schubfachprinzip

3.1 Schubfachprinzip (Grundformulierung)

Das Schubfachprinzip ist ein elementares Lösungsprinzip, das in einer seiner zahlreichen Varianten einer großen Vielfalt an Beweisen zugrunde liegt. Wir betrachten einige dieser Formulierungen und Beispiele dazu.

> „Es sei n eine natürliche Zahl. Werden $n + 1$ Objekte auf n Schubfächer verteilt, so gibt es mindestens ein Schubfach, in dem mindestens zwei Dinge liegen."

Das Schubfachprinzip ist leicht zu begründen: Liegt in jedem der n Schubfächer höchstens ein Objekt und ist S_i die Anzahl der Objekte im i-ten Schubfach, so ist die Gesamtzahl der Objekte in allen Schubfächern zusammen offenbar $\sum_{i=1}^{n} S_i \leq \sum_{i=1}^{n} 1 = n < n + 1$, ein Widerspruch.

Das Schubfachprinzip (SFP) ist geeignet, um Existenzaussagen zu beweisen, besonders in Kontexten, in dem es um endliche Mengen geht.[1] Gerade bei Aussagen der Form „Unter k Objekten mit gewissen Eigenschaften E gibt es ein Objekt mit der Eigenschaft E'" sollte man das Schubfachprinzip als Lösungsprinzip ins Auge fassen.

Beispiel 3.1
Unter 27 Personen befinden sich stets 2, deren Vornamen den gleichen Anfangsbuchstaben haben.

Will man das Schubfachprinzip auf eine Aufgabe anwenden, so muss man sich vor allem für den Kontext geeignete Kandidaten für Schubfächer und Objekte überlegen. Das Schubfachprinzip kann hier als Ideengeber helfen und die Lösungssuche steuern, indem

---

[1] Vgl. z. B. [E], Kap. 4.

© Springer Fachmedien Wiesbaden GmbH 2017
M. Carl, *Wie kommt man darauf?*, DOI 10.1007/978-3-658-18250-2_3

es einen gezielt nach Schubfächern und Objekten in passender Zahl und mit passenden Eigenschaften suchen lässt.

> **Beispiel 3.2 ([E], Kap. 4, A24)**
> Unter $n + 1$ Zahlen aus dem Bereich $\{1, 2, \ldots, 2n\}$ sind stets zwei, die zueinander teilerfremd sind.

Lösung Die Formulierung ähnelt der des Schubfachprinzips, also versuchen wir einmal, es zum Beweis anzuwenden. Das Schubfachprinzip garantiert die Existenz von 2 Objekte im gleichen Schubfach, wenn $n + 1$ Objekte gegeben sind und n Schubfächer vorliegen. Es liegt nahe, als Objekte die $n + 1$ gegebenen Zahlen zu wählen. Wenn das Schubfachprinzip helfen soll, müssen wir also n (oder weniger) Schubfächer konstruieren. Zudem sollte garantiert sein, dass je zwei Objekte in einem Schubfach teilerfremd sind. Die $n + 1$ Zahlen sollen aus dem Bereich $\{1, \ldots, 2n\}$ gewählt werden. Wir versuchen also, $\{1, \ldots, 2n\}$ so in n Teilmengen zu zerlegen, dass in jeder Teilmenge alle Elemente zueinander teilerfremd sind. Wir müssen außerdem sehen, dass so eine Einteilung für jedes n funktioniert. Daher suchen wir zunächst einen möglichst einfachen Grund, aus dem zwei Zahlen a und b teilerfremd sind. Sicherlich ist jede natürliche Zahl m teilerfremd zu $m + 1$. Wir könnten also versuchen, $\{1, 2, \ldots, 2n\}$ in n Paare aufeinanderfolgender Zahlen aufzuteilen.

Das ist nun nicht mehr schwierig: Wir bilden die Schubfächer $\{1, 2\}, \{3, 4\}, \ldots, \{2n - 1, 2n\}$. Jede der $n + 1$ Zahlen liegt in genau einem davon, es sind aber nur n Fächer. Folglich muss eines der Fächer doppelt besetzt sein. Aber die Zahlen in jedem Fach folgen direkt aufeinander und sind mithin teilerfremd. $\qquad\square$

> **Beispiel 3.3 ([E], Kap. 4, E4)**
> Unter $n + 1$ Zahlen aus dem Bereich $\{1, \ldots, 2n\}$ sind stets zwei, von denen eine die andere teilt.

Lösung Wieder legt die Aufgabenstellung es sehr nahe, das Schubfachprinzip anzusetzen. Diesmal müssten wir also $\{1, 2, \ldots, 2n\}$ so in n Teilmengen aufteilen, dass von je zwei Elementen einer der Teilmengen eines das andere teilt. Das ist nicht ganz einfach. Wieder versuchen wir, einen möglichst einfachen Grund zu finden, aus dem eine Zahl eine andere teilt. Sicherlich ist jede natürliche Zahl a ein Teiler von $2a$. Vielleicht können wir $\{1, 2, \ldots, 2n\}$ in lauter Paare dieser Form zerlegen?

Leider nicht: $2n - 1$ z. B. ist nicht das Doppelte irgendeiner natürlichen Zahl und das Doppelte von $2n - 1$ liegt nicht mehr im Bereich $\{1, 2, \ldots, 2n\}$. Es gibt also kein Paar $\{a, 2a\} \subseteq \{1, \ldots, 2n\}$, das $2n - 1$ enthält. Wir könnten $2n - 1$ allenfalls alleine in ein Schubfach stecken. Wenn $2n - 1$ eine Primzahl ist, geht das auch nicht anders: Keine andere Zahl in $\{2, \ldots, 2n\}$ wäre dann ein Teiler oder ein Vielfaches von $2n - 1$. Das Gleiche gilt offenbar für jede ungerade Zahl zwischen n und $2n$.

Das ist ärgerlich. Wenn wir zu viele Zahlen in einzelne Schubfächer stecken, bekommen wir am Ende zu viele Schubfächer, um einen Schubfachschluss ziehen zu können. Aber vielleicht können wir diesen Effekt ausgleichen: Wenn andere Schubfächer mehr als 2 Elemente haben, kommen wir vielleicht doch mit n Schubfächern aus. Geht das?

Bisher ist unser Plan, a und $2a$ in einem Schubfach zusammenzufassen. Aber wenn $4a$ noch im Bereich $\{1, 2, \ldots, 2n\}$ liegt, können wir es doch mit hinein packen: Von je zwei Elementen von $\{a, 2a, 4a\}$ teilt auch eines das andere. Wenn a gerade ist, so gilt das Gleiche, wenn wir $\frac{a}{2}$ hinzufügen. Das bringt uns auf folgende Idee:

Der **ungerade** Anteil einer natürlichen Zahl n ist diejenige ungerade natürliche Zahl u, für die n in der Form $n = 2^i u$, $i \in \mathbb{N}_0$, darstellbar ist. Die Zahlen unterhalb von $2n$ haben ihre ungeraden Anteile unter den ungeraden Zahlen in $\{1, 2, \ldots, 2n\}$, davon gibt es gerade n. Von den $n + 1$ Zahlen müssen also nach dem SFP zwei den gleichen ungeraden Anteil haben. Diese beiden sind dann – für ein gewisses ungerades u sowie $i, j \in \mathbb{N}_0$ mit $i \neq j$ – von der Form $2^i u$ und $2^j u$. Offenbar teilt die kleinere die größere. $\qquad \square$

3.2 Schubfachprinzip (Allgemeine Form)

▷ „Es seien n und k natürliche Zahlen. Werden $kn + 1$ Dinge auf n Schubfächer verteilt, so gibt es mindestens ein Schubfach, in dem mindestens $k + 1$ Dinge liegen".

Auch diese Variante ist leicht zu begründen: Liegen in jedem der n Schubfächer höchstens k Objekte und ist S_i die Anzahl der Objekte im i-ten Schubfach, so ist die Gesamtzahl der Objekte allen Schubfächern zusammen offenbar $\sum_{i=1}^{n} S_i \leq \sum_{i=1}^{k} n = kn < kn + 1$, ein Widerspruch.

Beispiel 3.4
Unter 53 Personen befinden sich stets drei, deren Vornamen denselben Anfangsbuchstaben haben.

Lösung Das Alphabet hat 26 Buchstaben, und es ist $53 = 2 \cdot 26 + 1$, also folgt die Behauptung aus der allgemeinen Formulierung des Schubfachprinzips. $\qquad \square$

Auch in dieser Form kann das Schubfachprinzip helfen, die Lösungssuche zu steuern, indem man gezielt passende Objekte und Schubfächer konstruiert:

Beispiel 3.5 (vgl. [G], A2.6)
Auf einem $1\,\text{m} \times 1\,\text{m}$ größen quadratischen Tisch sind 101 unansehnliche, punktförmige Brandflecken. Die Tischdecke ist leider nach zu heißem Waschen auf ein Quadrat mit Seitenlänge $20\,\text{cm}$ eingeschrumpft. Zeige, dass man damit immerhin noch mindestens 5 der Flecken gleichzeitig verdecken kann.

Lösung Wieder ist die Aussage von der Form „Unter a Objekten sind b, so dass ..." und wir versuchen daher, das Schubfachprinzip zu benutzen. Da zum Schluss eine gewisse Anzahl von Brandflecken bedeckt sein sollen, liegt es nahe, als Objekte die Brandflecken zu betrachten. Die Schubfächer müssten dann so gewählt sein, dass alle Flecken in einem Schubfach mit unserem Tischdeckchen verdeckt werden können. Außerdem soll ein Schubfach mindestens 5 Flecken enthalten. Wenn wir die allgemeine Form des Schubfachprinzips anwenden wollen, muss die Anzahl n der Schubfächer so sein, dass $101 \geq 4n + 1$: Dann liegen in einem Schubfach mindestens 5 Dinge. Sicher wird die erste Bedingung umso leichter erfüllbar sein, je mehr Schubfächer wir bilden dürfen; wir lösen also $101 = 4n + 1$ auf und erhalten $n = 25$. Unser Ziel ist folglich, den Tisch in 25 Parzellen zu unterteilen, von denen jede durch ein Quadrat mit $20\,\text{cm}$ Seitenlänge vollständig bedeckt werden kann.

Das ist nun nicht mehr schwierig: Denkt man sich den Tisch als aus 25 Quadraten à $20\,\text{cm} \times 20\,\text{cm}$ zusammengesetzt, enthält nach der allgemeinen Form des SFP eines davon mindestens 5 der Flecken. $\qquad\qquad\qquad\qquad\qquad\qquad\qquad\qquad\qquad\qquad\qquad\square$

Hier kann man schön sehen, wie das Schubfachprinzip gezielt in die richtige Richtung lenken kann.

Beispiel 3.6 (vgl. [E], Kap. 4, A15)[2]
Einundzwanzig positive ganze Zahlen < 70 sind gegeben. Zeige: Unter ihren paarweisen Differenzen tritt mindestens ein Wert viermal auf.

Lösung Hier liegt es nahe, als Objekte der Größe nach geordnete Paare (a, b) mit $a < b$ der gegebenen Zahlen zu betrachten und als Schubfächer ihre Differenzen; wir ordnen ein Paar (a, b) mit $a < b$ in das Schubfach s ein, wenn $b - a = s$. Versuchen wir es einmal:

Aus 21 Zahlen kann man $\binom{21}{2} = \frac{21 \cdot 20}{2} = 210$ geordnete Paare (a, b) mit $a < b$ bilden. Da alle gegebenen Zahlen ≥ 1 und < 70 sind, sind ihre Differenzen alle ≤ 68. Es ist $3 \cdot 68 + 1 = 204 < 210$; nach der allgemeinen Formulierung des SFP gibt also ein

---

[2] Dort sind es allerdings nur zwanzig Zahlen, was die Sache schwieriger macht und eine neue Idee erfordert. Wer mag, versuche sich an dieser Verschärfung.

Schubfach, das mindestens $3 + 1 = 4$ Paare enthält, also eine Differenz, die mindestens viermal auftritt. $\qquad\square$

3.2.1 Schubfachprinzip (Allgemeinste Form)

Es gibt noch einige weitere verwandte Formulierungen, die deutlich allgemeiner sind; sie sind als Lösungsprinzipien zwar oft schwieriger anzuwenden, aber bisweilen sehr ergiebig.

▶ „In einer Menge von reellen Zahlen existiert mindestens ein Element, das mindestens so groß ist wie der Durchschnitt über alle Elemente und eines, das höchstens so groß ist."

▶ „Sind $x_1, \ldots, x_n$ und $y_1, \ldots, y_n$ reelle Zahlen mit $x_1 + x_2 + \ldots + x_n = y_1 + y_2 + \ldots + y_n$, so existiert ein $i \in \{1, 2, \ldots, n\}$ mit $x_i \leq y_i$ und ein $j \in \{1, 2, \ldots, n\}$ mit $x_j \geq y_j$."

Beispiel 3.7
In einem Raum seien n Personen, die einander jeweils einige Male die Hände geschüttelt haben. Dabei gibt es zu jedem $k \in \{1, 2, \ldots, \binom{n}{2}\}$ zwei Personen im Raum, die sich genau k mal die Hände geschüttelt haben. Zeige: Es gibt eine Person im Raum, die anderen Personen im Raum mindestens $\frac{(n-1)(n^2-n+2)}{4}$ Mal die Hand geschüttelt hat.

Lösung Jedes Händeschütteln wird von 2 Personen ausgeführt. Zusammen haben die Leute im Raum also $\sum_{i=1}^{\binom{n}{2}} 2i = 2 \sum_{i=1}^{\binom{n}{2}} i$ mal Hände geschüttelt. Nach der allgemeinsten Form des SFP muss also eine Person mindestens $\frac{1}{n} \cdot 2 \sum_{i=1}^{\binom{n}{2}} i$ Hände geschüttelt haben. Entwickeln der Summe und Vereinfachen liefert das Ergebnis. $\qquad\square$

Beispiel 3.8 ([MiC], Kap. 11, A5)[3]
Zeige: Jedes konvexe Polyeder hat eine Seitenfläche mit höchstens 5 Ecken.

Lösung Ein Polyeder hat eine endliche Anzahl an Seitenflächen, eine davon soll eine gewisse Eigenschaft haben. Die Form der Aussage lässt uns an das Schubfachprinzip denken. Allerdings ist hier überhaupt nicht klar, wie man es einsetzen kann.

---

[3] Vgl. Beispiel 9.5.

Sehen wir uns einmal ein paar Beispiele an. Sicherlich kann z. B. ein konvexes Polyeder nicht bloß **regelmäßige** Sechsecke als Seitenflächen haben: Denn bei einem regelmäßigen Sechseck hat jeder Innenwinkel eine Größe von 120°. Bei einem Polyeder stoßen an jeder Ecke mindestens drei Seitenflächen zusammen. Die Winkelsumme an jeder Ecke eines Polyeders mit lauter regelmäßigen Sechsecken als Seitenflächen betrüge also mindestens 360°; mehr als 360° kann diese Summe aber nicht betragen, und bei genau 360° ist die „Ecke" flach: Mit lauter solchen „Ecken" kann man kein Polyeder zu bilden, sondern allenfalls die Ebene pflastern! Bei regelmäßigen n-Ecken als Seitenflächen mit $n > 6$ werden die Innenwinkel entsprechend größer und die Winkelsumme an den Polyederecken ist erst recht zu groß.

Immerhin! Damit wissen wir:

▶   Kein konvexes Polyeder hat als Seitenflächen ausschließlich regelmäßige Polygone mit mindestens 6 Ecken.

Aber unsere Frage ist ja deutlich allgemeiner. Beliebige Sechsecke etwa können ja beliebig kleine Innenwinkel haben und daraus lassen sich dann auch anständige Polyederecken bilden. Allerdings liegt die Innenwinkel**summe** eines Sechsecks fest bei 720°. Wenn ein Winkel kleiner ist als 120°, muss ein anderer entsprechend größer sein. Es sieht so aus, als ob man auch bei beliebigen n-Ecken (mit $n \geq 6$) insgesamt „zu viel" Winkel hat, um ein Polyeder zu bilden.

Präziser ausgedrückt: So ein Polyeder hätte eine Ecke, bei der die Summe der Innenwinkel der anliegenden Polygonecken mindestens 360° beträgt. Jetzt haben wir genug Hinweise, um das Schubfachprinzip in seiner allgemeinsten Form einzusetzen:

Angenommen, ein konvexes Poyleder hat n Seitenflächen, die alle mehr als 5 Ecken haben. Es sei a_k die Anzahl der unter den Seitenflächen auftretenden k-Ecke. Nach Annahme ist $a_k = 0$ für $k \leq 5$ und $\sum_{k=6}^{\infty} a_k = n$. In einem konvexen k-Eck beträgt die Innenwinkelsumme $(k-2)180°$. Damit ist die Summe aller Innenwinkel aller Seitenflächen des Polyeders gleich $S := \sum_{k=6}^{\infty} a_k(k-2)180°$. Wie viele Ecken hat das Polyeder? Die Seitenflächen haben zusammen $\sum_{k=6}^{\infty} ka_k$ Ecken, von denen an jeder Polyederecke mindestens 3 zusammenstoßen. Das Polyeder hat also höchstens $\frac{\sum_{k=6}^{\infty} ka_k}{3}$ viele Ecken. Nach der allgemeinsten Formulierung des Schubfachprinzips existiert also eine Polyederecke so, dass die Summe der anliegenden Innenwinkel mindestens $\frac{S}{\left(\frac{\sum_{k=6}^{\infty} ka_k}{3}\right)}$ beträgt. Vereinfachen wir diesen Term zunächst ein wenig:

$$\frac{S}{\frac{\sum_{k=6}^{\infty} ka_k}{3}} = \frac{\sum_{k=6}^{\infty}(k-2)a_k 180°}{\frac{\sum_{k=6}^{\infty} ka_k}{3}} = 540° \frac{\sum_{k=6}^{\infty} ka_k}{\sum_{k=6}^{\infty} ka_k} - 6 \cdot 180° \cdot \frac{\sum_{k=6}^{\infty} a_k}{\sum_{k=6}^{\infty} ka_k}.$$

Nun ist aber offenbar $\frac{\sum_{k=6}^{\infty} a_k}{\sum_{k=6}^{\infty} ka_k} \leq \frac{1}{6}$, also ist $6 \cdot 180° \cdot \frac{\sum_{k=6}^{\infty} a_k}{\sum_{k=6}^{\infty} ka_k} \leq 180°$ und also ist $540° \frac{\sum_{k=6}^{\infty} ka_k}{\sum_{k=6}^{\infty} ka_k} - 6 \cdot 180° \cdot \frac{\sum_{k=6}^{\infty} a_k}{\sum_{k=6}^{\infty} ka_k} \geq 540° - 180° = 360°$. Also existiert eine Polyederecke, für die die Summe der anliegenden Innenwinkel größer oder gleich 360° ist, ein Widerspruch.   □

3.3 Schubfachprinzip (Unendliche Form)

▶ „Werden unendlich viele Dinge auf endlich viele Schubfächer verteilt, so existiert mindestens ein Schubfach, das unendlich viele Dinge enthält. Werden überabzählbar viele Dinge auf abzählbar viele Schubfächer verteilt, so existiert mindestens ein Schubfach, das überabzählbar viele Dinge enthält."

Beispiel 3.9 ([E], Kap. 4, S. 60, Bsp. 10)
Unter 11 unendlichen Dezimalzahlen sind zwei, die an unendlich vielen Stellen die gleiche Ziffer haben.

Lösung Es sei $i \in \mathbb{N}$ beliebig. Wir betrachten die i-te Dezimalstelle aller 11 Zahlen. Dann haben wir 11 i-te Stellen, an deren jeder eine von 10 Ziffern steht. Nach der Grundform des SFP sind also zwei dieser Ziffern gleich. Da i beliebig war, gilt für jedes i, dass zwei der i-ten Ziffern der 11 Zahlen gleich sind. Für jedes i gibt es also zwei natürliche Zahlen $k, j \in \{1, \ldots, 11\}$ mit $k \neq j$ so, dass die i-te Ziffer der k-ten Zahl gleich der i-ten Ziffer der j-ten Zahl ist. Es gibt aber nur $\binom{11}{2} = \frac{11 \cdot 10}{2} = 55$ solche Paare. Also muss für eines dieser Paare (k, j) für unendlich viele i gelten, dass die i-te Ziffer der k-ten Zahl gleich der i-ten Ziffer der j-ten Zahl ist – die k-te und die j-te Zahl sind also wie gefordert. $\square$

Beispiel 3.10 [4]
Es gibt eine reelle Zahl, die nicht Nullstelle eines (vom Nullpolynom verschiedenen) Polynoms mit rationalen Koeffizienten ist.

Lösung Wir nehmen vom Nullpolynom verschiedene Polynome mit rationalen Koeffizienten als Schubfächer und sortieren die reelle Zahl x in das Schubfach $p \in \mathbb{Q}[X]$, wenn $p(x) = 0$. Angenommen, dabei würden alle reellen Zahlen einsortiert. Nach der unendlichen Form des SFP wird dann ein Schubfach existieren, das überabzählbar viele Elemente hat, d. h. ein rationales Polynom mit überabzählbar vielen reellen Nullstellen. Ein vom Nullpolynom verschiedenes Polynom kann aber nur endlich viele Nullstellen haben. $\square$

3.4 Anwendungsfälle

Das häufigste Einsatzgebiet für das Schubfachprinzip sind Aussagen der Form 'Unter den Elementen der endlichen Menge A befinden sich einige, so dass ...', also Existenzaussagen über endlichen Mengen [[E], Kap. 4]. Wann immer eine solche Aussage zu beweisen ist, sollte man an das Schubfachprinzip denken (aber natürlich ohne daran zu kleben).

---

[4] Dieses ziemlich berühmte Beispiel stammt von G. Cantor, dem Begründer der Mengenlehre.

In der Praxis kann die Anwendung des Schubfachprinzips dadurch erschwert sein, dass für die Anwendbarkeit eine gewisse Vorarbeit erforderlich ist. Das haben wir schon in den vorigen Abschnitten gesehen. Wir führen hier einige typische Fälle für solche Vorarbeit auf und betrachten dazu noch jeweils einige Beispiele:

Fall I – Vorarbeit zur Reduktion der Anzahl der Schubfächer
Bisweilen legt eine Aufgabenstellung eine gewisse Wahl für die Schubfächer nahe, von denen es aber zu viele gibt, um das Schubfachprinzip anwenden zu können. In diesem Fall sollte man genauer untersuchen, ob tatsächlich alle vorgesehenen Schubfächer gleichzeitig besetzt sein können.

> **Beispiel 3.11 ([E], Kap. 4, E1)**
> Zeige: Auf jeder Party mit mehr als einem Teilnehmer gibt es zwei Teilnehmer, die auf der Party die gleiche Anzahl von Bekannten haben. (Wir gehen davon aus, dass Bekanntschaft eine symmetrische Relation und dass niemand sein eigener Bekannter ist.)

Lösung Hier liegt es nahe, die möglichen Anzahlen von Bekannten (0 bis $n-1$ auf einer Party mit n Teilnehmern) als Schubfächer zu wählen. Nun gibt es aber genau so viele Schubfächer wie Teilnehmer. Allerdings kann es (wegen der Symmetrie der Bekanntschaft) nicht sein, dass zugleich jemand auf der Party ist, der jeden Gast kennt (also $n-1$ Bekannte hat) und jemand, der keine Bekannten hat. Die Schubfächer 0 und $n-1$ können also nicht beide belegt sein. Damit ist die Anzahl der tatsächlich belegten Schubfächer höchstens $n-1$, und das Schubfachprinzip ist anwendbar.[5]　　□

Fall II – „Versteckte" Schubfächer
Wir haben schon oben ein Beispiel dafür gesehen, dass eine Aufgabe nicht unbedingt explizit einen Kandidaten für die Schubfächer erwähnen muss, damit das Schubfachprinzip anwendbar ist. Bisweilen muss man Schubfächer selbst passend konstruieren. Das Schubfachprinzip ist dann ein leitendes Prinzip, das die Lösungssuche steuert: Man überlegt sich zunächst, was die Schubfächer für Eigenschaften haben müssten und wie viele es sein müssten, damit ein Schubfachschluss das gewünschte Ergebnis bringt. Dann versucht man gezielt, solche Schubfächer zu konstruieren.

---

[5] Eine alternative (nicht ganz ernst gemeinte) „Lösung" zur Reduktion der Anzahl der Schubfächer, die einmal von Teilnehmern eines Problemlöseseminars vorgeschlagen wurde, ist die: „Wer keinen kennt, kann ja gehen."

Beispiel 3.12 ([E], Kap. 4, E8(a))

Auf eine Zielscheibe von der Form eines gleichseitigen Dreiecks mit der Seitenlänge 1 werden fünf Pfeile abgeschossen, die alle die Zielscheibe treffen. Zeige, dass unter den fünf Pfeilen zwei existieren, deren Abstand $\leq \frac{1}{2}$ ist.

Lösung Das ist eine Existenzaussage über endliche Mengen, weswegen wir versuchen, das Schubfachprinzip anzuwenden. Leider haben wir keine Schubfächer in der Aufgabenstellung, daher müssen wir selbst welche bauen: Wenn das Schubfachprinzip anwendbar sein soll, dann brauchen wir bei fünf Pfeilen offenbar 4 Schubfächer. Die Schubfächer sollten offenbar Mengen von Punkten aus dem gegebenen Dreieck sein. Außerdem dürfen keine zwei Punkte in einem Schubfach einen Abstand $> \frac{1}{2}$ haben.

Mit diesen Vorgaben ist die Lösung einfach: Wir teilen das Dreieck in vier gleichseitige Teildreiecke auf, indem wir die Seitenmitten verbinden. Es ist leicht zu sehen, dass in jedem Teildreieck je zwei Punkte einen Abstand $\leq \frac{1}{2}$ haben. Nach dem Schubfachprinzip müssen nun von den fünf Pfeilen mindestens 2 im gleichen Teildreieck landen. $\square$

Fall III – Sowohl die Schubfächer als auch die zu verteilenden Dinge sind „versteckt"

Das Schubfachprinzip kann auch in Fällen anwendbar sein, in denen die Aufgabenstellung weder gute Kandidaten für die Wahl Schubfächer noch für die Wahl der Objekte explizit enthält. Auch in solchen Fällen kann das Schubfachprinzip die gezielte Lösungssuche steuern; man überlege sich, welche Eigenschaften Objekte und Schubfächer haben müssen, damit das Schubfachprinzip die gewünschte Folgerung liefert und versuche dann, beides passend zu konstruieren.

Beispiel 3.13 ([AZ], Kap. 21, S. 156)

Gegeben sind n natürliche Zahlen $a_1, \ldots, a_n$. Zeige: Es existiert eine nichtleere Teilmenge $X \subseteq \{a_1, \ldots, a_n\} =: A$ so, dass die Summe über alle Elemente von X durch n teilbar ist.

Lösung Wieder haben wir eine Existenzaussage über endliche Mengen und denken an das Schubfachprinzip. Allerdings haben wir zunächst weder Schubfächer, noch wissen wir, welche „Dinge" wir verteilen sollten. Angesichts der Bedingung (Teilbarkeit durch n) liegt es nahe, einmal die Restklassen modulo n als Schubfächer auszuprobieren. Dann müssen wir die „Dinge" also so wählen, dass wir eine Menge der gewünschten Art erhalten, wenn zwei „Dinge" die gleiche Restklasse haben. Es liegt vielleicht nahe, als „Dinge" Teilmengen von A zu nehmen und eine Menge in die Restklasse der Summe ihrer Elemente modulo n einzuteilen. Teilmengen gibt es ja genug, nämlich 2^n. Allerdings hilft es nicht viel, wenn z. B. $\{a_1, a_2\}$ und $\{a_3, a_4, a_5\}$ in derselben Schublade landen: Wir wissen dann zwar, dass $(a_1 + a_2) - (a_3 + a_4 + a_5)$ durch n teilbar ist, aber das ist ja keine Summe von Elementen von A, sondern eine Differenz von solchen Summen. Jetzt fällt uns aber auf: Ist von den beiden Mengen eine eine Teilmenge der anderen, dann ist die Differenz die Summe über die Differenzmenge.

Können wir irgendwie dafür sorgen, dass wir sicher sein können, dass eine der Mengen eine Teilmenge der anderen ist?

Ja: Betrachte die n Mengen $\{a_1\}$, $\{a_1, a_2\}$, $\{a_1, a_2, a_3\}$, ..., $\{a_1, a_2, \ldots, a_n\}$. Von je zweien davon ist eine eine Teilmenge der anderen. Wenn wir sie aber auf n Restklassen verteilen sollen, können wir das Schubfachprinzip nicht anwenden. Zum Glück fällt uns Fall I ein! Können wir die Anzahl der Schubfächer irgendwie reduzieren? Sicher: Wenn die Summe über eine dieser Mengen bereits den Rest $0 \bmod n$ lässt, sind wir fertig. Wir können also annehmen, dass das Schubfach 0 unbesetzt bleibt. Dann bleiben nur noch $n - 1$ mögliche Restklassen übrig und das Schubfachprinzip ist anwendbar. $\square$

Fall IV
Manchmal liefert das Schubfachprinzip allein noch nicht die Lösung, ist aber ein wichtiger Teil davon: Man sollte sich anbietende Schubfachschlüsse immer ziehen, vielleicht erweisen sie sich als nützlich ...

Beispiel 3.14 ([E], Kap. 4, E12)
Auf einer Party mit 6 Gästen gibt es stets 3, die sich gegenseitig nicht kennen oder drei, die sich gegenseitig kennen.

Lösung Wieder eine Existenzaussage über endliche Mengen, also sind wir alarmiert, dass das Schubfachprinzip nützlich sein könnte. Greifen wir einen der Gäste, Fritz, heraus: Die verbleibenden 5 Gäste verteilen sich auf zwei Schubfächer, je nachdem, ob Fritz sie kennt oder nicht. Nun ist $5 = 2 \cdot 2 + 1$, die allgemeine Form des Schubfachprinzips sagt uns also, dass eines der beiden Schubfächer mindestens $2 + 1 = 3$ Gäste enthält. Nehmen wir OBdA mal an, dass Fritz diese 3 Gäste alle kennt (im anderen Fall läuft das Argument analog) und betrachten die drei Gäste, zusammen mit Fritz, genauer. Es fällt auf: Falls zwei der drei Gäste sich kennen, bilden sie zusammen mit Fritz drei Gäste, die alle einander kennen. Kennen sich hingegen keine zwei davon, bilden sie drei Gäste, von denen keiner einen der anderen kennt. In jedem Fall ist gezeigt, was zu zeigen war. $\square$

Bemerkung Im Kap. 9 über Graphentheorie werden wir sehen, wie sich aus der Verbindung von Schubfachprinzip und Induktion eine deutlich allgemeinere Aussage, der Satz von Ramsey, ergibt.

3.4.1 Weitere Beispiele

Beispiel 3.15

Es sei $(G, +)$ eine endliche Gruppe mit neutralem Element e, ferner $a \in G$. Zeige, dass für eine natürliche Zahl n gilt, dass $\underbrace{a + \ldots + a}_{n\times} = e$.

Lösung Wir betrachten als Objekte die Summen der Form $\underbrace{a + \ldots + a}_{n\times}$. Solche Summen gibt es unendlich viele. Der Wert jeder solchen Summe liegt aber in G, und G ist endlich. Nach dem Schubfachprinzip gibt es also ein $g \in G$ so, dass für unendlich viele natürliche Zahlen n gilt, dass $\underbrace{a + \ldots + a}_{n\times} = g$. Insbesondere gibt es zwei verschiedene solche natürliche Zahlen n_1 und n_2, wobei $n_1 < n_2$. Dann ist also $\underbrace{a + \ldots + a}_{n_1\times} = g = \underbrace{a + \ldots + a}_{n_2\times}$. Subtrahieren liefert $\underbrace{a + \ldots + a}_{n_2\times} - \underbrace{a + \ldots + a}_{n_1\times} = g - g = 0$; also ist $\underbrace{a + \ldots + a}_{(n_2-n_1)\times}$, d. h. $n_2 - n_1$ ist wie gewünscht. $\qquad\square$

Beispiel 3.16

Es sei A eine invertierbare $n \times n$-Matrix über einem endlichen Körper K. Zeige: Es existiert eine natürliche Zahl $k > 0$ mit $A^k = I_n$.

Lösung Wir können die Menge $\{A^i : i \in \mathbb{N}\}$ zusammen mit der Matrixmultiplikation als endliche Gruppe ansehen und Beispiel 3.15 anwenden.

Oder wir wenden das Schubfachprinzip direkt an: Die unendlich vielen Potenzen A^i mit $i \in \mathbb{N}$ nehmen alle einen der endlich vielen Werte in $K^{n \times n}$ an. Also existiert nach dem unendlichen Schubfachprinzip eine Matrix $B \in K^{n \times n}$ so, dass $A^k = B$ für unendlich viele verschiedene natürliche Zahlen k. Insbesondere gibt es dann natürliche Zahlen k_1, k_2 mit $k_1 < k_2$ so, dass $A^{k_1} = B = A^{k_2}$. A^{k_1} ist invertierbar mit Inversem $(A^{-1})^{k_1}$. Damit folgt $(A^{-1})^{k_1} A^{k_1} = (A^{-1})^{k_1} A^{k_2}$, also $I_n = A^{k_2-k_1}$. Da $k_1 < k_2$, ist $k_2 - k_1 > 0$ und damit wie gewünscht. $\qquad\square$

Beispiel 3.17 ([L], Bsp. 4.4.11)

Ein kommutativer Ring R mit Einselement 1 heißt nullteilerfrei (oder „Integritätsbereich"), falls für $a, b \in R \setminus \{0\}$ stets $ab \neq 0$ gilt. Zeige: Ist R ein endlicher nullteilerfreier, kommutativer Ring mit Einselement 1, so ist R ein Körper.

Lösung Wir haben die Existenz multiplikativer Inverser für von 0 verschiedene Elemente von R zu zeigen. Sei x ein solches Element. Wir wollen zeigen, dass x ein Inverses besitzt. Dabei wollen wir versuchen, das Schubfachprinzip anzuwenden.

Als Objekte bieten sich hier die Elemente rx von R mit $r \in R \setminus \{0\}$ an. Nach Annahme (Nullteilerfreiheit) sind diese allesamt von 0 verschieden. Wenn 1 unter ihnen vorkommt, hat x ein multiplikatives Inverses. Wenn nicht, dann sind das $|R| - 1$ viele Elemente von $R \setminus \{0, 1\}$; nach dem Schubfachprinzip müssen zwei von ihnen gleich sein. Hilft das weiter?

Mache die Daten so konkret wie möglich! Wir haben also $r_1, r_2 \in R \setminus \{0\}$ mit $r_1 x = r_2 x$, aber $r_1 \neq r_2$. Vielleicht hilft die Nullteilerfreiheit noch einmal weiter? In der Tat! Aus $r_1 x = r_2 x$ folgt durch Umstellen $r_1 x - r_2 x = 0$, also $(r_1 - r_2)x = 0$. Da R nullteilerfrei ist, ist also $r_1 - r_2 = 0$ oder $x = 0$; aber x ist nach Annahme von 0 verschieden und $r_1 - r_2 = 0$ würde $r_1 = r_2$ implizieren, was ebenfalls unserer Annahme widerspricht. Es kann also keine solchen r_1, r_2 geben und damit ist der Beweis beendet. $\square$

> **Beispiel 3.18 ([E], Kap. 4, E5)**
> Es seien a, b teilerfremde ganze Zahlen. Zeige: Es existieren ganze Zahlen k, l mit $ak + bl = 1$.

Lösung Dieser wichtige Satz lässt sich mit vielen Strategien angehen; wir kommen daher noch auf ihn zurück, u. a. im Induktionskapitel 4. Hier beweisen wir diesen wichtigen Satz aus der Zahlentheorie, der auch in der linearen Algebra eine große Rolle spielt, mit dem Schubfachprinzip.

Es lohnt sich, einige Umstellungen auszuprobieren. $ak + bl = 1$ ist äquivalent mit $ak - 1 = bl$. Es reicht also, ein k zu finden, so dass $ak - 1$ durch b teilbar ist; anders gesagt ein k so, dass ak bei Division durch b den Rest 1 lässt. Wir betrachten also einmal Vielfache von a modulo b: $0, a, 2a, 3a, \ldots$ Jedes davon hat einen gewissen Rest modulo b. Solche Reste gibt es b viele. Wir wollen zeigen, dass 1 darunter vorkommt. **Nimm an, die zu beweisende Behauptung wäre falsch.** Nehmen wir also an, 1 komme als Rest also nicht vor. Von den b vielen Resten werden also nur $b - 1$ tatsächlich von einer der Zahlen na mit $n \in \mathbb{N}_0$ angenommen.

Wir können mal einen Schubfachschluss versuchen, auch wenn wir noch nicht recht wissen, wo uns das hinführt: Unter den b Zahlen $0, a, 2a, \ldots, (b-1)a$ gibt es zwei, die modulo b den gleichen Rest lassen. **Mache die Daten so konkret wie möglich!** Seien $x, y \in \{0, \ldots, b-1\}$ so, dass $x < y$ und $xa \equiv ya \bmod b$. Ist das überhaupt möglich?

Gehe auf die Definition zurück! Nach Definition ist $xa \equiv ya \bmod b$ genau dann, wenn b ein Teiler von $ya - xa$ ist, also von $(y - x)a$. Nun sind a und b aber teilerfremd. Wenn b Teiler von $(y - x)a$ ist, so auch von $y - x$. Da $x < y$, ist $y - x > 0$. Da $y < b$ und $x > 0$, ist $y - x < b$. Damit ist $0 < y - x < b$ und b ein Teiler von $y - x$, ein Widerspruch! $\square$

Nutzen wir die Gelegenheit und bauen das ein wenig aus:

> **Beispiel 3.19**
> Es seien m und n teilerfremde natürliche Zahlen und $a, b \in \mathbb{Z}$ beliebig. Zeige: Es existiert ein $x \in \mathbb{N}$ so, dass $x \equiv a \pmod{m}$ und $x \equiv b \pmod{n}$.

Lösung Von x, a und b sind offenbar nur die Restklassen modulo m und n relevant. Es sieht also so aus, als hätten wir es mit einem Existenzbeweis über endlichen Mengen zu tun; daher denken wir an das Schubfachprinzip.

Als Schubfächer bieten sich Restklassen an, genauer: Paare von Restklassen. Nehmen wir als Schubfächer einmal alle Paare (z, y), wobei z ein Rest modulo m und y ein Rest modulo n ist. Wir wollen zeigen, dass alle diese Restklassen besetzt sind. Insgesamt gibt es mn solche Paare von Restklassen. Wenn wir einen Widerspruchsbeweis führen wollen, können wir annehmen, dass eines davon unbesetzt bleibt, also höchstens $mn - 1$ Schubfächer besetzt werden. Um das Schubfachprinzip anwenden zu können, sollten wir also mn verschiedene Objekte haben.

Als Objekte bieten sich zunächst natürliche Zahlen an. Betrachten wir einmal die natürlichen Zahlen $1, 2, \ldots, mn$. Das sind mn viele natürliche Zahlen; entweder wird also jedes Paar von Resten modulo m und n durch eine davon realisiert, oder das Schubfachprinzip garantiert die Existenz zweier natürlicher Zahlen $1 \leq x < y \leq ab$ so, dass beide das gleiche Restpaar realisieren, d. h. so, dass $x \equiv y \bmod m$ und $x \equiv y \bmod n$.

Kann der zweite Fall tatsächlich eintreten? **Gehe auf die Definition zurück!** $x \equiv y$ $\bmod m$ heißt $m \mid y - x$. $x \equiv y \bmod n$ heißt $n \mid y - x$. Da m und n teilerfremd sind, folgt daraus $mn \mid x - y$. Andererseits liegen x und y zwischen 1 und mn, also ist ihre Differenz positiv, aber echt kleiner als mn. $x - y$ ist also größer als 0 und kleiner als mn, wird aber von mn geteilt, ein Widerspruch. Also kann der zweite Fall nicht eintreten und das Restpaar (a, b) muss realisiert werden. $\qquad\square$

Diese letzte Anwendung des Schubfachprinzips als Teil eines Widerspruchsbeweises tritt häufiger auf: Hat man soviele Objekte wie Schubfächer und will man zeigen, dass jedes Schubfach besetzt ist, so versuche man zu zeigen, dass keines doppelt besetzt sein kann – das Schubfachprinzip liefert dann, dass jedes Schubfach besetzt sein muss. Wir formulieren diese wichtige Variante noch als eigenes Prinzip:

> **Beispiel 3.20**
> Es seien A und B endliche Mengen mit $|A| = |B|$, ferner $f : A \to B$ eine Funktion. Dann ist f injektiv genau dann, wenn f surjektiv ist.

Lösung Angenommen, f ist nicht surjektiv. Wir verwenden die Elemente von B als Schubfächer und ordnen ein Element a von A in das Schubfach $b \in B$ ein, wenn $f(a) = b$. Da f nicht surjektiv ist, werden höchstens $|B| - 1 = |A| - 1$ Schubfächer besetzt. Nach dem Schubfachprinzip wird also ein Schubfach doppelt besetzt, d. h. f ist nicht injektiv. Wir haben damit gezeigt: Ist f injektiv, so ist f surjektiv.

Angenommen nun, f ist nicht injektiv. Mache die Daten so konkret wie möglich! Es seien a_1, a_2 verschiedene Elemente von A so, dass $f(a_1) = f(a_2) = b$. Die von b verschiedenen $|B| - 1$ Elemente von B müssten jetzt Bilder der $|A| - 2$ vielen von a_1 und a_2 verschiedenen Elemente von A sein. Nach dem Schubfachprinzip müssten also zwei Elemente von $B \setminus \{b\}$ das gleiche Urbild unter f haben – aber f kann als Funktion jedes Element von A nur auf eines von B abbilden. $\square$

Dieses Prinzip haben wir z. B. auch in Beispiel 3.14 beim Beweis verwendet, dass endliche Integritätsbereiche Körper sind – siehe Aufgabe 3.7(a).

3.5 Das iterierte Schubfachprinzip und Königs Lemma

Häufig tritt das Schubfachprinzip in Situationen auf, in denen man es unendlich oft nacheinander anwenden muss. Auch dazu betrachten wir einige Beispiele:

Beispiel 3.21 ([C], Thm. 6)[6]
Es sei G der vollständige Graph mit den natürlichen Zahlen als Eckenmenge. Jede Kante von G werde nun in einer der Farben rot oder grün gefärbt. Zeige: Es existiert eine unendliche Menge $X \subseteq \mathbb{N}$ so, dass der zu X gehörige Teilgraph von G ausschließlich rote oder ausschließlich grüne Kanten hat.

Lösung Für $a < b$ sei $F(a, b)$ die Farbe von $\{a, b\}$. Nun ist 1 in G mit allen größeren natürlichen Zahlen verbunden, und jede Kante zwischen 1 und einer anderen natürlichen Zahl hat eine von zwei Farben; nach dem unendlichen Schubfachprinzip existiert also eine unendliche Teilmenge $X_1 \subseteq \mathbb{N}$ so, dass 1 mit allen Elementen von X_1 in derselben Farbe verbunden ist.

Ab jetzt betrachten wir nur noch Elemente von X_1. Sei x_1 das kleinste Element von X_1. x_1 ist mit jedem der unendlich vielen größeren Elemente von X_1 in einer von zwei Farben verbunden; nach dem unendlichen Schubfachprinzip existiert also eine unendliche Menge $X_2 \subseteq X_1$ so, dass x_1 mit allen Elementen von X_2 in derselben Farbe verbunden ist.

---

[6] Ein Graph G heißt vollständig, wenn je zwei seiner Ecken durch eine Kante verbunden sind. Für den Begriff des Graphen siehe Kapitel 9.

So können wir weitermachen: Für $j \in \mathbb{N}$ sei x_j das kleinste Element von X_j und X_{j+1} eine unendliche Teilmenge von X_j so, dass x_j mit allen Elementen von X_{j+1} in derselben Farbe verbunden ist.

Auf diese Weise erhalten wir eine unendliche Folge $(x_i : i \in \mathbb{N})$ natürlicher Zahlen. Diese Folge hat jetzt die Eigenschaft, dass jedes Element mit allen folgenden in derselben Farbe verbunden ist. Nennen wir ein Element x_j der Folge „rot", wenn es mit allen Folgengliedern x_k mit $k > j$ über eine rote Kante verbunden ist und „grün", wenn es mit allen Folgengliedern x_k mit $k > j$ über eine grüne Kante verbunden ist. Dann hat jedes dieser unendlich vielen Folgenglieder nun eine von zwei Farben. Noch einmal nach dem unendlichen Schubfachprinzip gibt es also eine unendliche Teilmenge Y der Folgenglieder, die alle dieselbe Farbe haben. Nehmen wir an, diese Farbe ist „rot" (wenn es „grün" ist, funktioniert das Argument genauso). Wenn nun x, y in Y liegen und $x < y$ ist, so ist die Kante zwischen x und y offenbar rot gefärbt; da das für alle x, $y \in Y$ gilt, ist Y jetzt wie gewünscht. $\qquad\square$

Beispiel 3.22

Es sei $X := (x_i : i \in \mathbb{N})$ eine unendliche Folge reeller Zahlen. Zeige: X enthält eine unendliche monoton steigende oder eine unendliche monoton fallende Teilfolge.

Lösung   Wir verwenden eine ähnliche Idee wie beim Beweis von Beispiel 3.21 und konstruieren zunächst eine Teilfolge $(z_i : i \in \mathbb{N})$, bei der jedes Glied entweder kleiner ist als alle folgenden oder größer als alle folgenden. Sei zunächst $z_0 := x_0$.

Nach dem unendlichen Schubfachprinzip existiert eine unendliche Menge $N_1 \subseteq \mathbb{N}$ so, dass z_0 größer ist als alle x_i mit $i \in N_1$ oder kleiner als alle x_i mit $i \in N_1$.

Sei i_1 das kleinste Element von N_1 und $z_1 = x_{i_1}$. Nach dem unendlichen Schubfachprinzip existiert eine unendliche Teilmenge N_2 von N_1 so, dass z_1 größer ist als alle x_i mit $i \in N_2$ oder kleiner als alle x_i mit $i \in N_2$.

So können wir weitermachen: Für $j \in \mathbb{N}$ sei i_j das kleinste Element von N_j und N_{j+1} eine unendliche Teilmenge von N_j so, dass x_{i_j} größer ist als alle Elemente von N_{j+1} oder kleiner ist als alle Elemente von N_{j+1}.

Auf diese Weise erhalten wir eine unendliche Folge $Z := (z_i : i \in \mathbb{N})$ reeller Zahlen. Diese Folge hat jetzt die Eigenschaft, dass jedes Element größer ist als alle folgenden oder kleiner als alle folgenden. Nennen wir ein Element z_j der Folge Z „groß", wenn es größer ist als alle späteren Folgenglieder und „klein", wenn es kleiner ist als alle späteren Folgenglieder. Noch einmal nach dem unendlichen Schubfachprinzip gibt es also eine unendliche Teilmenge Y der Folgenglieder, die alle „groß" oder alle „klein" sind. Nehmen wir an, die Elemente sind alle „klein" (wenn sie alle „groß" sind, funktioniert das Argument genauso). Wenn nun z_i und z_j in Y liegen und $i < j$ ist, so ist auch $z_i < z_j$ (da z_i ja „klein" ist). Da das für alle z_i, $z_j \in Y$ mit $i < j$ gilt, ist Y jetzt wie gewünscht. $\qquad\square$

In Situationen, in denen man das (unendliche) Schubfachprinzip in dieser Weise unendlich oft nacheinander anwenden muss, kann man häufig ein Lemma benutzen, dass als „Königs Lemma" bekannt ist, sowohl zum Lösen als auch zum Ausformulieren der Lösung.

Um Königs Lemma zu erläutern, benötigen wir zunächst den Begriff eines Baumes:[7]

Definition Es sei X eine Menge, $x \in X$. Ein Baum B auf X mit Wurzel x ist Menge von endlichen Folgen $(x, x_1, x_2, \ldots, x_n)$ von Elementen von X mit erstem Element x so, dass Folgendes gilt:

▶   Ist $(x, x_1, \ldots, x_n) \in B$ und $k < n$, so ist auch $(x, x_1, \ldots, x_k) \in B$.

Die Elemente von B heißen auch „Knoten" des Baumes. Sind $a = (x, x_1, \ldots, x_n)$ und $b = (x, x_1, \ldots, x_n, y)$ Elemente von B, so heißt b „direkter Nachfolger" von a. Ein Baum heißt „endlich verzweigt", wenn jeder Knoten nur endlich viele direkte Nachfolger hat.

Sind $a = (x, x_1, \ldots, x_n)$ und $b = (x, x_1, \ldots, x_n, y_1, \ldots, y_m)$ Elemente von B, so heißt b „Nachfolger" von a. Ist b kein direkter Nachfolger von a, so heißt b „indirekter Nachfolger" von a.

Ein unendlicher Zweig von B ist eine Folge $(b_i : i \in \mathbb{N})$ von Elementen von B so, dass b_{i+1} für alle $i \in \mathbb{N}$ ein direkter Nachfolger von b_i ist.

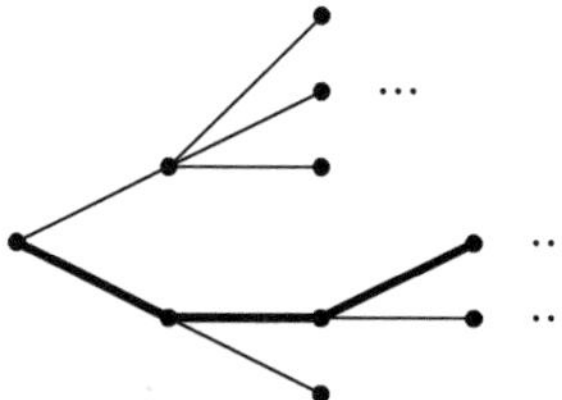

Ein endlich verzweigter Baum mit einem Zweig (fett markiert)

In Anwendungen von Königs Lemma hat man es meistens mit Bäumen zu tun, in denen jedes $x \in X$ nur an einer Stelle auftritt, d. h.: Gehören sowohl $(y_1, \ldots, y_k, x, \ldots, y_m)$ als auch $(z_1, \ldots, z_l, x, \ldots, z_n)$ zum Baum, so ist $k = l$ und $(y_1, \ldots, y_k) = (z_1, \ldots, z_l)$. In diesem Fall spricht man häufig von den Elementen von X als den Knoten des Baumes, kürzt also den Knoten $(y_1, \ldots, y_k, x)$ durch x ab.

Beispiel 3.23 ([Ka], Thm. 1.10; [F], Thm 2.7.2) (Königs Lemma)
Es sei B ein endlich verzweigter Baum mit unendlich vielen Knoten. Dann hat B einen unendlichen Zweig $(z_i : i \in \mathbb{N})$.

---

[7] Für die folgende Darstellung von Königs Lemma vgl. [Ka] sowie [F], Kap. 2.7.

Lösung Wir verwenden das iterierte Schubfachprinzip. Wir beginnen bei der Wurzel w und setzen $z_0 = w$. Nach Annahme hat w nur endlich viele direkte Nachfolger $n_1, \ldots, n_{k_0}$. Jeder Knoten in B ist indirekter Nachfolger eines der Knoten $n_1, \ldots, n_{k_0}$. Da B nach Annahme unendlich viele Knoten besitzt, hat einer der Knoten $n_1, \ldots, n_{k_0}$ nach dem unendlichen Schubfachprinzip also unendlich viele indirekte Nachfolger. Wir wählen einen davon, etwa n_{i_0}, und setzen $z_1 = n_{i_0}$.

Nun hat z_1 wieder nur endlich viele direkte, aber unendlich viele indirekte Nachfolger. Einer der direkten Nachfolger von w_1 hat also unendlich viele indirekte Nachfolger $n_1, \ldots, n_{k_1}$; einen solchen, n_{i_1}, wählen wir und setzen $z_2 = n_{i_1}$.

Offenbar können wir so weiter verfahren: Ist z_i so gewählt, dass z_i unendlich viele indirekte Nachfolger hat, so können wir von den endlich vielen direkten Nachfolgern einen wählen, der wiederum unendlich viele indirekte Nachfolger hat. Und auf diese Weise wird $(z_i : i \in \mathbb{N})$ ein unendlicher Zweig von B. $\qquad\square$

Dieses Beweisprinzip liegt einer ganzen Reihe wichtiger mathematischer Sätze zugrunde und ist eine wertvolle mathematische Lösungsstrategie. Wie beim Schubfachprinzip besteht die Kunst meist darin, die gegebenen Objekte so aufzufassen, dass Königs Lemma anwendbar wird, insbesondere also, den richtigen Baum zu definieren. Im folgenden Beispiel – wie auch den weiteren Anwendungen in Kap. 13 – könnte man natürlich auch das unendliche Schubfachprinzip iteriert anwenden; manchmal erlaubt einem Königs Lemma aber, systematischer auf eine Anwendung hinzuarbeiten. Es lohnt sich, beides zu versuchen! Wir behandeln ein Beispiel:

Beispiel 3.24 ([F], A 2.7.1)
Wir spielen folgendes Spiel: Zur Verfügung steht ein Vorrat an Murmeln, jede mit einer natürlichen Zahl versehen, zu jeder Zahl unbegrenzt viele. Anfangs liegt eine der Kugeln in einer Urne. In einem Zug darf man eine beliebige Murmel M aus der Urne entfernen und durch eine beliebige (endliche) Anzahl von Murmeln ersetzen, die alle eine kleinere Zahl tragen müssen als M. Zeige, dass die Urne irgendwann, unabhängig von der Spielweise, leer ist.

Lösung Wir konstruieren einen Baum B zu einem Spielverlauf wie folgt: Die Knoten von B besteht aus sämtlichen Murmeln, die im Verlauf des Spiels einmal in der Urne waren. Eine Murmel M_2 ist direkter Nachfolger einer Murmel M_1, wenn M_2 zu den Murmeln gehört, durch die M_1 in einem Spielzug ersetzt wurde. Insbesondere ist dann die Zahl auf M_2 kleiner als die auf M_1.[8] Da eine Murmel nur durch endlich viele andere ersetzt werden darf, ist B endlich verzweigt. Wenn ein Spielverlauf existiert, bei dem die Urne niemals leer ist, so kommen in diesem Spielverlauf unendlich viele verschiedene Murmeln vor.

---

[8] Beachte, dass verschiedene Murmeln die gleiche Zahl tragen können und trotzdem als verschiedene Murmeln betrachtet werden!

Damit ist das zugehörige B unendlich und hat also nach Königs Lemma einen unendlichen Zweig. Wenn man einen Zweig entlang geht, bilden die zu den Knoten gehörigen Markierungen aber eine streng monoton fallende Folge natürlicher Zahlen. Es gibt aber keine unendliche streng monoton fallende Folge natürlicher Zahlen, ein Widerspruch. $\square$

Zahlreiche Anwendungen findet Königs Lemma auch in der Analysis. Wir verweisen auf das Analysis-Kap. 13.

3.6 Aufgaben

3.6.1 Schubfachprinzip

Aufgabe 3.1[9] Zeige: Unter 9 Punkten in einem Dreieck mit Flächeninhalt 1 gibt es drei, die ein Dreieck mit Flächeninhalt $\leq \frac{1}{4}$ bilden.

Aufgabe 3.2 Es sei $X \subseteq \{1, \ldots, 37\}$.

(a) Zeige: Hat X mindestens 9 Elemente, so sind nicht alle Summen über Teilmengen von X voneinander verschieden.

(b) [vgl. [L], A2.6.12] Zeige: Hat X mindestens 8 Elemente, so sind nicht alle Summen über Teilmengen von X voneinander verschieden.

Aufgabe 3.3 (vgl. [G], A2.16) Es sei u eine natürliche Zahl, die weder durch 2 noch durch 5 teilbar ist. Zeige: Es existiert eine Zahl z, deren Dezimaldarstellung die Form $30303030 \ldots 03$ (also die einer alternierende Folge von Nullen und Dreien) hat und die von u geteilt wird.

Aufgabe 3.4

(a) Es sei p eine Primzahl, a eine natürliche Zahl, die von p nicht geteilt wird. Zeige: Es existiert ein $n \in \mathbb{N}$ mit $p | a^n - 1$.

(b) Es seien a, b teilerfremde natürliche Zahlen. Zeige: Es existiert ein $n \in \mathbb{N}$ mit $b | a^n - 1$.

(c) Es seien a, b ganze Zahlen mit größtem gemeinsamem Teiler z. Zeige: Es existieren ganze Zahlen k, l mit $ak + bl = z$.

Aufgabe 3.5

(a) Einundzwanzig positive ganze Zahlen < 105 sind gegeben. Zeige: Unter ihren paarweisen Differenzen tritt mindestens ein Wert dreimal auf.

Es sei nun X eine Menge positiver natürlicher Zahlen < 139 mit 34 Elementen.

---

[9] Vgl. http://www.cut-the-knot.org/do_you_know/pigeon.shtml, A45

(b) Zeige: Unter den Summen zweier verschiedener Elemente von X sind mindestens drei gleiche.

(c) Zeige: Unter den Summen dreier verschiedener Elemente von X sind mindestens vier gleiche.

Aufgabe 3.6 Es seien $k, n \geq 2$ natürliche Zahlen. Zeige: Unter $(n + 1)$ Zahlen aus der Menge $\{1, 2, \ldots, kn\}$ befinden sich zwei, deren größter gemeinsamer Teiler $\leq k - 1$ ist. (Tipp: Beispiel 3.2.)

Aufgabe 3.7 (vgl. [L], A4.4.11)
(a) Formuliere den Beweis von Beispiel 3.14 als Anwendung von Beispiel 3.17.
Ein Ring R erfüllt die *Kürzungsregel* wenn Folgendes gilt: Sind $a, b, c \in R$ mit $c \neq 0$ und ist $ac = bc$, so ist $a = b$.
(b) Finde einen endlichen Ring R, in dem die Kürzungsregel nicht gilt.
(c) Finde einen unendlichen, kommutativen Ring ohne Einselement, in dem die Kürzungsregel gilt.
(d) Zeige: Ist R ein endlicher, kommutativer Ring, in dem die Kürzungsregel gilt, so hat R ein Einselement.
(e) Zeige: Ist R ein endlicher, kommutativer Ring, in dem die Kürzungsregel gilt, so ist R ein Körper.[10]

Aufgabe 3.8 Es sei $n \in \mathbb{N}$. Auf eine Zielscheibe von der Form eines gleichseitigen Dreiecks mit der Seitenlänge 1 werden $4^n + 1$ Pfeile abgeschossen, die alle die Zielscheibe treffen. Zeige, dass unter den Pfeilen zwei existieren, deren Abstand $\leq \frac{1}{2^n}$ ist.

3.6.2 Königs Lemma

Aufgabe 3.9 (E. Zermelo) Zeige: In einem Zweipersonenspiel, in dem jeder Spieler bei jedem Zug nur endlich viele Zugmöglichkeiten hat, ist es entweder möglich, dass ein Spiel niemals endet, oder es gibt eine natürliche Zahl k so, dass jede Partie nach höchstens k Zügen endet.

Aufgabe 3.10 ([Di2], Prop. 8.2.1)[11] Es sei G ein unendlicher, zusammenhängender Graph, in dem jede Ecke endlichen Grad hat. Zeige, dass jede Ecke zu einem unendlichen Pfad gehört.

---

[10] Das Schubfachprinzip ist vermutlich nur in den Aufgabenteilen (d) und (e) hilfreich; (b) und (c) dienen zur Ergänzung.
[11] Für die graphentheoretischen Begriffe siehe Kap. 8.

Aufgabe 3.11 ([C], A2; [Ka], A1.17) Wenn G ein abzählbarer Graph ist, so dass jeder endliche Teilgraph von G mit 2 Farben so gefärbt werden kann, dass keine zwei Ecken gleicher Farbe verbunden sind, so kann auch G selbst so gefärbt werden.

Aufgabe 3.12 Es sei G ein endlicher oder abzählbar unendlicher Graph, in dem jede Ecke einen endlichen Grad hat. Zeige: Lassen sich in jedem endlichen Teilgraphen von G die Kanten so mit 4 Farben färben, dass kein einfarbiger Kreis entsteht, so auch im ganzen G. (Tipp: Ist G abzählbar unendlich, kann man annehmen, dass die Eckenmenge die Menge der natürlichen Zahlen ist.)

Aufgabe 3.13

(a) Unendlich viele leuchtfähige Knöpfe sind in einer Reihe $K_1, K_2, K_3, \ldots$ angeordnet; jeder ist mit endlich vielen anderen verbunden. Drückt man einen der Knöpfe, so wechseln alle mit ihm verbundenen ihren Zustand: Diejenigen, die derzeit leuchten, erlöschen, diejenigen, die derzeit nicht leuchten, fangen damit an. Anfangs leuchtet keiner der Knöpfe. Angenommen, es ist möglich, für jedes $n \in \mathbb{N}$ die ersten n Knöpfe $K_1, \ldots, K_n$ durch das Betätigen einer geeigneten Auswahl von Knöpfen zum Leuchten zu bringen. Zeige, dass es auch möglich ist, auf diese Weise alle Knöpfe zum Leuchten zu bringen.

(b) (Diese Aufgabe setzt grundlegende Kenntnisse der Aussagenlogik voraus.) Eine Menge S von aussagenlogischen Formen heißt „erfüllbar", falls die in den Elementen von S auftretenden aussagenlogischen Variablen so mit Wahrheitswerten belegt werden können, dass dadurch alle Elemente von S wahr werden. Zeige: Ist S unendlich, so ist S genau dann erfüllbar, wenn jede endliche Teilmenge von S erfüllbar ist.

(c) Siehst du eine direkte Verbindung zwischen (a) und (b)?

Aufgabe 3.14 Beweise die Aussage aus Beispielaufgabe 3.21 mit iterierter Anwendung des unendlichen Schubfachprinzips statt mit Königs Lemma.

3.6.3 Multiple Choice

Beantworte die folgenden Multiple-Choice-Fragen. In jedem Fall ist mindestens eine Antwort richtig und mindestens eine falsch. Es können aber mehrere Antworten richtig sein.

3.I) Verteilt man 27 Dinge auf 5 Schubfächer, gibt es mit Sicherheit mindestens ein Schubfach, in dem mindestens

(a) 2   (b) 5   (c) 6   (d) 4

Dinge liegen.

3.II) Wir wollen folgende Behauptung beweisen: „Unter $n+1$ positiven natürlichen Zahlen $a_1, \ldots, a_{n+1}$ echt unterhalb von $2n+1$ gibt es stets zwei (nicht notwendigerweise verschiedene), a und b, mit $a+b = 2n+1$".

Dazu teilen wir die Menge $\{1, 2, \ldots, 2n\}$ wie folgt in Schubfächer auf:

(a) $\{1, 2n\}, \{2, 2n-1\}, \{3, 2n-2\}, \ldots, \{n, n+1\}$.
(b) $\{1, 2\}, \{3, 4\}, \{5, 6\}, \{7, 8\}, \{9, 10\}, \ldots, \{2n-1, 2n\}$.
(c) $\{1, n+1\}, \{2, n+2\}, \{3, n+3\}, \ldots, \{n, 2n\}$.
(d) $\{1, 2, \ldots, n\}, \{n+1, \ldots, 2n\}$

Nach dem Schubfachprinzip befinden sich nun in einem Schubfach mindestens zwei der Zahlen $a_1, \ldots, a_{n+1}$, sagen wir a und b. Diese sind wie gewünscht.

3.III) Wir betrachten nun folgende Behauptung: „Unter n positiven natürlichen Zahlen echt unterhalb von $2n$ gibt es stets zwei, a und b, mit $a+b = 2n$". Nun wird die Strategie aus Aufgabe II) nicht mehr unmittelbar funktionieren, weil es

(a) nun zu viele Schubfächer gibt.
(b) nun zu wenige Schubfächer gibt.
(c) es keine Aufteilung von $\{1, 2, \ldots, 2n-1\}$ gibt, die der aus Aufgabe II) analog ist.
(d) $2n$ gerade ist.

Tatsächlich lässt sich der Beweis aber trotzdem durchführen, indem man bemerkt, dass

(a) nicht jedes Schubfach besetzt sein kann.
(b) einige Schubfächer auf drei- oder mehrfach belegt werden können.
(c) einige Zahlen in mehrere Schubfächer gehören.
(d) nicht jedes Schubfach mit zwei Elementen besetzt sein kann.

3.IV) Bei welcher der folgenden Aussagen wird sich das Schubfachprinzip im Beweis vermutlich als nützlich erweisen?

(a) Es gibt unendlich viele Primzahlen.
(b) In jedem rechtwinkligen Dreieck ist die Summe der Flächeninhalte der Quadrate über den Katheten gleich dem Flächeninhalt des Quadrats über der Hypotenuse.
(c) Auf einer Party mit 18 Teilnehmern gibt es stets 4, die sich alle gegenseitig kennen oder 4, die sich gegenseitig alle nicht kennen.
(d) Jede stetige Funktion $f : [0, 1] \to \mathbb{R}$ mit $f(0) = -1$ und $f(1) = 1$ hat eine Nullstelle.

3.V) In eine Schublade in einem stockfinsteren Zimmer liegen Hundesocken in vier verschiedenen Farben. Helga möchte ihren Hund Fifi gerne mit vier gleichfarbigen Socken an den Pfoten ausführen. Wie viele Socken muss sie mindestens aus der Schublade nehmen, damit sicher vier gleichfarbige darunter sind?

$$\text{(a) } 9 \quad \text{(b) } 17 \quad \text{(c) } 13 \quad \text{(d) } 4$$

3.7 Literatur und weitere Beispiele

Gute Darstellungen des Schubfachprinzips mit zahlreichen Beispielaufgaben findet sich in [E] bzw. [Z]. Eine Darstellung von Königs Lemma mit Anwendungen findet sich in [C].

Weitere Beispiele: 9.5, 9.6, 9.7, 9.8, 12,7, 12.8, 12.9, 12.10, 12.11, 12.12, 13.9, 13.10, 13.11, 13.12, Aufgaben 9.4, 9.5, 12.5, 13.22, 13.23, 13.26, 13.27.

Literatur

[A]   Amann, F.: Mathematik im Wettbewerb. Klett, Stuttgart (1993)

[AZ]   Aigner, M., Ziegler, G.: Das BUCH der Beweise. Springer, Berlin Heidelberg (2002)

[C]   Caicedo, A.: Teaching Blog, Post 502. https://caicedoteaching.wordpress.com/2009/08/24/502-konigs-lemma/ (2012). Zugegriffen: 01.03.2017

[Di2] Diestel, R.: Graph Theory. Springer, Heidelberg (2016)

[E]   Engel, A.: Problem Solving Strategies. Springer, New York (1998)

[F]   Fitting, M.: First-Order Logic and Automated Theorem Proving. Second Edition. Springer (1996)

[G]   Grinberg, N.: Lösungsstrategien. Mathematik für Nachdenker. Verlag Harri Deutsch, Frankfurt (2011)

[Ka]   Kaye, R.: The Mathematics of Logic. A Guide to Completeness Theorems and their Applications. Cambridge University Press, New York (2007)

[L]   Larson, L.: Problem-Solving Through Problems. Springer, New York (1983)

[MiC] Müller, E., Reeker, H.: Mathe ist cool!: Eine Sammlung mathematischer Probleme. Cornelsen Verlag (2001)

[Z]   Zeitz, P.: The Art and Craft of Problem Solving. Wiley, New York (2006)

Das Induktionsprinzip

4

4.1 Das Induktionsprinzip

Das Induktionsprinzip ist ein zentrales Beweisprinzip für Allaussagen über natürliche Zahlen – und Aussagen, die sich als solche auffassen lassen. In diesem Kapitel betrachten wir Varianten und Anwendungsbeispiele.

4.1.1 Klassische Induktion

Die Grundformulierung der vollständigen Induktion ist so bekannt, dass wir sie nur kurz erwähnen und durch ein Beispiel illustrieren, um sie von den folgenden Varianten abzuheben:

▶ **Vollständige Induktion** (Grundformulierung): Es sei A eine Behauptung über natürliche Zahlen, so dass $A(1)$ gilt und so, dass aus $A(n)$ schon $A(n+1)$ folgt. Dann gilt $A(k)$ für alle $k \in \mathbb{N}$.

Beispiel 4.1
Zeige: Für alle $n \in \mathbb{N}$ ist $\sum_{i=1}^{n} i = \frac{n(n+1)}{2}$.

Lösung Zunächst gilt $\sum_{i=1}^{1} i = 1 = \frac{1 \cdot 2}{2}$, die Behauptung stimmt also für $n = 1$.

Gilt nun $\sum_{i=1}^{n} i = \frac{n(n+1)}{2}$, so folgt $\sum_{i=1}^{n+1} i = \sum_{i=1}^{n} i + (n+1) = \frac{n(n+1)}{2} + (n+1) = \frac{(n+1)(n+2)}{2}$, also gilt die Behauptung für $n+1$, wenn sie für n gilt.

Nach dem Prinzip der vollständigen Induktion gilt die Behauptung damit für alle natürlichen Zahlen. $\qquad\square$

© Springer Fachmedien Wiesbaden GmbH 2017

M. Carl, *Wie kommt man darauf?*, DOI 10.1007/978-3-658-18250-2_4

4.1.2 Starke Induktion

Bisweilen ist die Annahme, dass eine Behauptung A für die natürliche Zahl n gilt, zu schwach um den Induktionsschritt nach $(n + 1)$ zu tragen. Dieses Problem wird beim starken Induktionsprinzip vermieden:

▶ **Starke Induktion**: Es sei A eine Behauptung, die auf 1 zutrifft und so, dass für $n \in \mathbb{N}$ aus $A(1), \ldots, A(n)$ schon $A(n + 1)$ folgt. Dann gilt A für alle $n \in \mathbb{N}$.

Beispiel 4.2
Zeige, dass jede natürliche Zahl n sich als Summe paarweise verschiedener Potenzen von 2 mit Exponenten in $\mathbb{N}_0$ darstellen lässt (dabei sind auch Darstellungen zugelassen, die aus nur einem Summanden bestehen).

Lösung Bei einer Allaussage über natürliche Zahlen denken wir an Induktion. Allerdings ist es nicht leicht zu sehen, wie einem die Darstellbarkeit von n dabei helfen soll, die Darstellbarkeit von $(n + 1)$ zu beweisen. Wir arbeiten daher mit starker Induktion.

$n = 1$ lässt sich mit dem einen Summanden 2^0 darstellen.

Sei nun $n > 1$. Dann existiert ein $k \in \mathbb{N}$ mit $2^k \leq n < 2^{k+1}$. Wir betrachten nun die Zahl $n' = n - 2^k$. Nach Induktionsannahme ist $n - 2^k$ als Summe paarweise verschiedener Potenzen von 2 darstellbar. Da $2^k + 2^k = 2^{k+1} > n$, kann 2^k in der Darstellung von n' nicht auftreten. Daher erhalten wir eine weitere Summe paarweise verschiedener Potenzen von 2, wenn wir der Darstellung von n' noch den Summanden 2^k hinzufügen; dadurch erhalten wir aber eine Darstellung der gewünschten Form für n. □

4.1.3 Mehrdimensionale Induktion

Auch Allaussagen über zwei oder mehr natürliche Zahlen lassen sich mit einer Variante der vollständigen Induktion beweisen. Hat man es etwa mit einer Behauptung zu tun, dass $A(m, n)$ für alle natürlichen Zahlen m und n gilt, so gibt es zwei Möglichkeiten:

(1) Man definiert aus m und n eine einzige neue Induktionsvariable und arbeitet mit dieser; eine Wahl, die häufig funktioniert, ist etwa Induktion über $m + n$.

(2) „Geschachtelte" Induktion: Man zeigt zunächst mit einer Induktion, dass $A(1, n)$ für alle $n \in \mathbb{N}$ gilt; anschließend zeigt man, dass für alle $k, n \in \mathbb{N}$ aus $A(k, n)$ schon $A(k + 1, n)$ folgt.

Beispiel 4.3
Es seien $k \leq n \in \mathbb{N}$. Zeige, dass $k + (k + 1) + \ldots + n = \frac{n(n+1)}{2} - \frac{k(k-1)}{2}$.

Lösung Wir zeigen zunächst induktiv, dass $1 + 2 + \ldots + n = \frac{n(n+1)}{2} - \frac{1 \cdot 0}{2} = \frac{n(n+1)}{2}$: Das Argument haben wir im ersten Abschnitt dieses Kapitels gegeben.

Wir zeigen nun: Gilt $k + (k+1) + \ldots + n = \frac{n(n+1)}{2} - \frac{k(k-1)}{2}$ und ist $k < n$, so gilt auch $(k+1) + \ldots + n = \frac{n(n+1)}{2} - \frac{(k+1)k}{2}$: Es ist $(k+1) + \ldots + n = (k + (k+1) + \ldots + n) - k = \frac{n(n+1)}{2} - \frac{k(k-1)}{2} - k = \frac{n(n+1)}{2} - \frac{k(k-1)+2k}{2} = \frac{n(n+1)}{2} - \frac{k(k+1)}{2}$, wie gewünscht.

Damit ist die Behauptung nach dem Prinzip der mehrdimensionalen Induktion für alle $k \leq n \in \mathbb{N}$ bewiesen. $\qquad\qquad\qquad\qquad\qquad\qquad\qquad\qquad\qquad\qquad\square$

Hier haben wir die zweite Variante angewendet. Die erste funktioniert ebenfalls (Aufgabe 15)!

Natürlich kann man das Prinzip der mehrdimensionalen Induktion nicht nur in Situation mit zwei Induktionsvariablen anwenden, sondern auch in solchen mit drei oder noch mehr. Solche Fälle treten allerdings nicht sonderlich häufig auf.

4.1.4   Induktion und Rekursion

Eine rekursive Definition, z. B. für eine Folge $(X_i : i \in \mathbb{N})$, legt zunächst das „Startobjekt" X_1 fest und definiert dann X_{n+1} in Abhängigkeit von $X_1, \ldots, X_n$. Ein typisches Beispiel für eine rekursiv definierte Folge ist die Fibonaccifolge (s.u.). Das Induktionsprinzip ist für die Behandlung rekursiv definierter Folgen besonders gut geeignet.

Viele Aufgaben lassen sich dadurch lösen, dass man zuerst eine geeignete Rekursion aufstellt, dann eine explizite (nichtrekursive) Bildungsregel rät und diese induktiv beweist.[1]

> **Beispiel 4.4 (Die Türme von Hanoi) (Vgl. z. B. [L], A2.5.1)**
> Gegeben sind drei gleichgroße Stäbe sowie n kreisförmige Scheiben mit paarweise verschiedenen Durchmessern. Jeder Ring hat in der Mitte ein Loch, durch das die Stäbe genau hindurch passen. Zu Beginn liegen die Scheiben der Größe nach geordnet auf Stab 1 mit der größten Scheibe zuunterst. In einem Zug darf die oberste Scheibe von einem beliebigen Stab entfernt und auf einen anderen gesteckt werden. Allerdings darf dabei nie eine größere auf einer kleineren Scheibe zu liegen kommen. Ziel ist es, alle Scheiben auf Stab 3 zu versetzen. Wie viele Züge braucht man dafür mindestens?

---

[1] Wir kommen auf diese wichtige Lösungsstrategie im Kap. 7 über Beobachtung und Mustererkennung zurück.

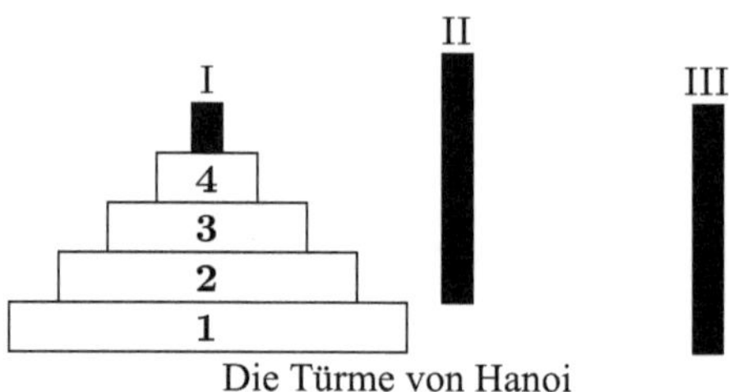

Die Türme von Hanoi

Lösung Es sei Z_n die nötige Zugzahl bei n Scheiben. Um den ganzen Turm vom ersten auf den dritten Stab zu versetzen, muss insbesondere die unterste (und größte) Scheibe bewegt werden. Das ist nur möglich, wenn sich alle anderen Scheiben auf dem zweiten Stab befinden. Man wird also mindestens folgende Operationen ausführen müssen:

(1) Den Turm vom ersten Stab bis auf die unterste Scheibe auf den zweiten Stab versetzen.

(2) Die unterste Scheibe vom ersten auf den dritten Stab versetzen.

(3) Die $(n-1)$ Scheiben vom zweiten auf den dritten Stab versetzen.

Für (1) und (3) brauchen wir jeweils Z_{n-1} viele Züge, für (2) einen. Insgesamt benötigen wir also mindestens $2Z_{n-1} + 1$ viele Züge; andererseits ist nach den Bewegungen (1)–(3) die Versetzung des Turmes abgeschlossen, also sind $2Z_{n-1} + 1$ Züge auch ausreichend. Folglich ist $Z_n = 2Z_{n-1} + 1$. Offenbar ist $Z_1 = 1$. Wir haben eine rekursive Vorschrift für Z_n gefunden!

Um einen expliziten Ausdruck für Z_n zu finden, sehen wir uns einmal die ersten Werte von Z_n an, die wir aus der Bildungsvorschrift erhalten: $Z_1 = 1$, $Z_2 = 3$, $Z_3 = 7$, $Z_4 = 15$. Anscheinend ist $Z_n = 2^n - 1$. Das können wir nun noch rasch induktiv beweisen:

Zum einen ist $Z_1 = 1 = 2^1 - 1$, zum anderen $Z_{n+1} = 2Z_n + 1 = 2(2^n - 1) + 1 = 2^{n+1} - 2 + 1 = 2^{n+1} - 1$. $\qquad\qquad\square$

4.1.5 Induktion in anderer Reihenfolge

Das Induktionsprinzip legt einen nicht darauf fest, die natürlichen Zahlen in ihrer üblichen Reihenfolge zu betrachten: Kann man zeigen, dass eine gewisse Behauptung für 1 gilt, eine Möglichkeit angeben, von 1 in endlich vielen Schritten zu jeder beliebigen natürlichen Zahl zu gelangen und zeigen, dass die Schritte die Wahrheit der Behauptung erhalten, so folgt die Behauptung weiterhin für alle natürlichen Zahlen.

Ein besonders nützlicher Spezialfall dieses recht allgemeinen Prinzips ist der folgende:

▶ **Abwärtsinduktion:** Ist A eine Behauptung, die für beliebig große natürliche Zahlen gilt, und folgt aus $A(n)$ schon $A(n-1)$, so gilt $A(k)$ für alle $k \in \mathbb{N}$. Um zu zeigen, dass $A(k)$ für alle natürlichen Zahlen gilt, genügt es also, Folgendes zu zeigen:

1. $A(1)$, d. h. A trifft auf 1 zu.
2. Gilt $A(n)$, so existiert ein $m > n$ mit $A(m)$
3. Gilt $A(n)$, so gilt auch $A(n-1)$ (für $n \geq 1$).

Beispiel 4.5 (Vgl. z. B. [AZ], Kap. 16, Thm. II)

Es seien $2 \leq n \in \mathbb{N}$ und $x_1, \ldots, x_n$ positive reelle Zahlen. Zeige: Es ist $\sqrt[n]{\prod_{i=1}^{n} x_i} \leq \frac{1}{n} \sum_{i=1}^{n} x_i$.

Lösung Wir betrachten zunächst den Induktionsanfang $n = 2$: Die Behauptung $\sqrt{x_1 x_2} \leq \frac{x_1 + x_2}{2}$ lässt sich (für $x_1, x_2 \geq 0$) äquivalent umformen zu $4x_1 x_2 \leq x_1^2 + 2x_1 x_2 + x_2^2$ oder $x_1^2 - 2x_1 x_2 + x_2^2 \geq 0$, d. h. $(x_1 - x_2)^2 \geq 0$, was sicherlich richtig ist.

Da wir es mit einer Allaussage über natürliche Zahlen zu tun haben, denken wir an das Induktionsprinzip. Es ist nun aber überhaupt nicht klar, wie man aus dem Fall $n = k$ auf den Fall $n = k + 1$ schließen soll – und auch starke Induktion scheint nicht viel zu helfen. Versuchen wir es also einmal mit einer anderen Reihenfolge.

Angenommen, die Behauptung gilt für ein $n \in \mathbb{N}$. Gibt es dann ein $m > n$, für das sie ebenfalls gilt? Betrachten wir erst einmal den Fall $n = 2$. Es ist $\sqrt[4]{x_1 x_2 x_3 x_4} = \sqrt{\sqrt{x_1 x_2} \sqrt{x_3 x_4}}$ und $\frac{x_1 + x_2 + x_3 + x_4}{4} = \frac{\frac{x_1+x_2}{2} + \frac{x_3+x_4}{2}}{2}$. Also ist, da wir den Fall $n = 2$ bereits behandelt haben, $\sqrt[4]{x_1 x_2 x_3 x_4} = \sqrt{\sqrt{x_1 x_2} \sqrt{x_3 x_4}} \leq \sqrt{\frac{x_1+x_2}{2} \frac{x_3+x_4}{2}} \leq \frac{\frac{x_1+x_2}{2} + \frac{x_3+x_4}{2}}{2} = \frac{x_1 + x_2 + x_3 + x_4}{4}$.

Genauso erhalten wir aus $\sqrt[n]{x_1 \ldots x_n} \leq \frac{x_1 + \ldots + x_n}{n}$ und $\sqrt[n]{x_{n+1} \ldots x_{2n}} \leq \frac{x_{n+1} + \ldots + x_{2n}}{n}$:

$$\sqrt[2n]{x_1 \ldots x_n x_{n+1} \ldots x_{2n}} = \sqrt[2]{\sqrt[n]{x_1 \ldots x_n} \sqrt[n]{x_{n+1} \ldots x_{2n}}} \leq \frac{\sqrt[n]{x_1 \ldots x_n} + \sqrt[n]{x_{n+1} \ldots x_{2n}}}{2} \leq$$

$\frac{\frac{x_1 + \ldots + x_n}{n} + \frac{x_{n+1} + \ldots + x_{2n}}{n}}{2} = \frac{x_1 + \ldots + x_{2n}}{2n}$. Aus dem Fall $k = n$ erhalten wir also den Fall $k = 2n$! Insbesondere finden wir also beliebig große n, für die die Behauptung richtig ist – nämlich zumindest alle Potenzen von 2.

Versuchen wir nun, aus der Behauptung für $k = n$ die für $k = n - 1$ herzuleiten. Gegeben ist also für alle $x_1, \ldots, x_n > 0$, dass $\sqrt[n]{x_1 \ldots x_n} \leq \frac{x_1 + \ldots + x_n}{n}$; wir wollen zeigen, dass auch $\sqrt[n-1]{x_1 \ldots x_{n-1}} \leq \frac{x_1 + \ldots + x_{n-1}}{n-1}$ gilt. Seien $x_1, \ldots, x_{n-1} > 0$. Um die Induktionsannahme anwenden zu können, müssen wir die Folge geeignet durch ein x_n ergänzen, das die Ungleichung möglichst wenig „durcheinander bringt", am Besten z. B. eine der Seiten nicht verändert. Wir versuchen es einmal mit $x_n = \sqrt[n-1]{x_1 \ldots x_{n-1}}$! Dann erhalten wir:

$\sqrt[n-1]{x_1 \ldots x_{n-1}} = \sqrt[n]{x_1 \ldots x_n} \leq \frac{x_1 + \ldots + x_n}{n} = \frac{x_1 + \ldots + x_{n-1} + \sqrt[n-1]{x_1 \ldots x_{n-1}}}{n}$; kürzen wir $\sqrt[n-1]{x_1 \ldots x_{n-1}}$ mit P ab, so haben wir also $P \leq \frac{x_1 + \ldots + x_{n-1} + P}{n}$. Umformen liefert $nP \leq x_1 + \ldots + x_{n-1} + P$, d. h. $(n-1)P \leq x_1 + \ldots + x_{n-1}$ und schließlich $P \leq \frac{x_1 + \ldots + x_{n-1}}{n-1}$, was zu zeigen war. $\qquad \square$

Diese Strategie lässt sich noch etwas allgemeiner als Reduktionsstrategie auffassen:

Wenn eine Aussage $A(k)$ für alle natürlichen Zahlen k zu beweisen ist, beweise möglichst viele (Klassen von) Aussagen der Form $A(n) \to A(m)$ (oder, noch allgemeiner: $(A(n_1) \wedge \ldots \wedge A(n_k)) \to A(m)$). Es bleibt dann eine gewisse Menge X von natürlichen Zahlen n übrig, für die $A(n)$ nicht auf der rechten Seite einer dieser Implikationen steht. Wenn man nun jede natürliche Zahl mit endlich vielen Schritten von Elementen von X aus entlang der Implikationen erreichen kann, ist die Behauptung gezeigt, wenn sie für Elemente von X gezeigt ist. Für die Elemente dieser Menge beweise die Behauptung separat: Häufig sind die Elemente von X recht speziell und die Zusatzinformation hilft beim Beweis.

Ein typisches Beispiel für diese Reduktionsstrategie ist, zunächst zu beweisen, dass $A(ab)$ gilt, wenn $A(a)$ und $A(b)$ gelten. Ist das erreicht, genügt es, die Behauptung für Primzahlen zu beweisen. (Siehe dazu z. B. Aufgabe 4.12).

4.1.6 Verstärkung der Annahme und simultane Induktion

Bisweilen ist eine stärkere Behauptung B einfacher zu zeigen als eine schwächere Behauptung A, besonders im Kontext von Induktionsbeweisen. Diese scheinbar paradoxe Situation kann man sich erklären, wenn man sich vor Augen führt, wie das Induktionsprinzip funktioniert: Die schwächere Behauptung $A(n)$ ist vielleicht zu schwach, um daraus auf einfache Weise $A(n+1)$ beweisen zu können. Die stärkere Behauptung $B(n)$ ist aber vielleicht stark genug, um so einen Beweis von $B(n+1)$ zu ermöglichen, und der Beweis ist womöglich sogar einfach. Einen Turm aus Erbsen zu bauen, ist fast unmöglich – ein Turm aus Erbsen**dosen** hingegen ist schnell errichtet.

Eine geeignete Verstärkung zu finden, ist oft eine schwierige Aufgabe. Es gibt aber auch hierfür einige hilfreiche Leitlinien, die wir in den folgenden Beispielen demonstrieren. Wir betrachten dazu drei solche Fälle: Eine Verschärfung, eine Verallgemeinerung und eine Ergänzung der ursprünglichen Behauptung.

Beispiel 4.6[2]
Zeige: Für alle $n \in \mathbb{N}$ ist $\sum_{i=1}^{n} \frac{1}{i^2} < 2$.

Lösung Da wir es mit einer Allaussage über natürliche Zahlen zu tun haben, denken wir an vollständige Induktion. Allerdings ergibt sich sofort ein Problem mit dem Induktionsschritt: Die Annahme $\sum_{i=1}^{n} \frac{1}{i^2} < 2$ ist zu schwach, um $\sum_{i=1}^{n+1} \frac{1}{i^2} < 2$ zu implizieren: Der neue Summand $\frac{1}{(n+1)^2}$ könnte die Summe ja gerade über 2 hinausheben.

---

[2] Dieses Beispiel verdanke ich dem MathStackExchange-Benutzer „N.S.", siehe http://math.stackexchange.com/questions/1007256/examples-where-it-is-easier-to-prove-more-than-less.

Was tun? Offenbar brauchen wir mehr Information: Wir müssen wissen – oder zumindest abschätzen – wie weit $\sum_{i=1}^{n} \frac{1}{i^2}$ unterhalb von 2 liegt. Im Induktionsschritt von n nach $n + 1$ brauchen wir eine Annahme der Form $\sum_{i=1}^{n} \frac{1}{i^2} \leq 2 - d_n$. Andererseits reicht es nun nicht mehr, daraus nur $\sum_{i=1}^{n+1} \frac{1}{i^2} < 2$ herzuleiten, denn im Schritt von $n + 1$ nach $n + 2$ brauchen wir wiederum eine Annahme der Form $\sum_{i=1}^{n+1} \frac{1}{i^2} \leq 2 - d_{n+1}$.

Wir suchen also eine Folge $(d_i : i \in \mathbb{N})$ positiver reeller Zahlen, für die wir $\sum_{i=1}^{n} \frac{1}{i^2} \leq 2 - d_i$ induktiv zeigen können. Um so eine Folge zu finden, schreiben wir erst einmal für eine allgemeine Folge $(d_i : i \in \mathbb{N})$ auf, wie der Induktionsbeweis funktionieren soll – dadurch erkennen wir dann hoffentlich, welche Eigenschaften die d_i haben müssen und können eine passende Folge konstruieren, mit der der Beweis funktioniert.

Im Induktionsanfang soll $\frac{1}{2} \leq 2 - d_1$ gelten. Also ist $d_1 \leq \frac{3}{2}$.

Im Induktionsschritt wollen wir aus $\sum_{i=1}^{n} \frac{1}{i^2} \leq 2 - d_n$ folgern, dass $\sum_{i=1}^{n+1} \frac{1}{i^2} \leq 2 - d_{n+1}$. Der einfachste Ansatz dazu wäre, $(2 - d_n) + \frac{1}{(n+1)^2} \leq (2 - d_{n+1})$ zu zeigen. Für jede Folge positiver reeller Zahlen, für die diese Ungleichung beweisbar ist, funktioniert der Beweis!

Gesucht ist also eine Folge $(d_i : i \in \mathbb{N})$ positiver reeller Zahlen so, dass $d_1 \leq \frac{3}{2}$ und $(2 - d_n) + \frac{1}{(n+1)^2} \leq (2 - d_{n+1})$ bzw. $d_n - d_{n+1} \geq \frac{1}{(n+1)^2}$. So eine Folge ist aber nicht schwer zu finden: Z.B. ist $\frac{1}{n} - \frac{1}{n+1} = \frac{1}{n(n+1)} \geq \frac{1}{(n+1)^2}$ und $\frac{1}{1} \leq \frac{3}{2}$. Die Folge $d_i = \frac{1}{i}$ genügt also den Bedingungen.

Damit haben wir unsere verstärkte Behauptung: Für jedes $n \in \mathbb{N}$ ist $\sum_{i=1}^{n} \frac{1}{i^2} \leq 2 - \frac{1}{n}$; der Beweis dafür ist bereits erbracht, denn wir haben die Folge $(\frac{1}{i} : i \in \mathbb{N})$ ja gerade so gewählt, dass der obige Beweis funktioniert. Daraus folgt nun aber offensichtlich auch die schwächere Aussage $\sum_{i=1}^{n} \frac{1}{i^2} < 2$ für alle $n \in \mathbb{N}$. $\qquad\square$

Manchmal ist die zu beweisende Behauptung A zu eng gefasst und im Induktionsbeweis wird eine allgemeinere Behauptung B benötigt. Das kommt besonders dann vor, wenn Behauptungen durch Beobachtungen nahegelegt sind (siehe Kap. 7). Wenn man A mit Induktion beweisen will und auf Schwierigkeiten stößt, sollte man nach einer allgemeineren Formulierung B der Behauptung Ausschau halten, die die Probleme löst (d. h. so, dass man $B(n) \to A(n + 1)$ zeigen kann). Wenn es dann gelingt, die Induktion für B auszuführen (also zu zeigen, dass $B(1)$ und $B(n) \to B(n + 1)$ gelten), ist man fertig. Möglicherweise sind mehrere Verallgemeinerungen nötig, bis man bei einer Behauptung ankommt, die sich „selbst trägt" – und natürlich gibt es auch hier keine Garantie, dass man sie erreicht!

Beispiel 4.7

Zeige: Für jedes $n \in \mathbb{N}$ ist $\sum_{i=1}^{2^n} i^2 = \frac{2^{n-1}(2^n+1)(2^{n+1}+1)}{3}$.

Lösung Die Allaussage über natürliche Zahlen legt es nahe, Induktion zu versuchen. Der Induktionsanfang $n = 1$ ist auch leicht zu erledigen. Im Induktionsschritt allerdings wird es schwierig: Von $\sum_{i=1}^{2^n} i^2$ bis $\sum_{i=1}^{2^{n+1}} i^2$ ist es ein weiter Weg, es ist nicht klar, wie mit den vielen zusätzlichen Summanden umzugehen ist. Einfacher wäre es, wenn in jedem Schritt nur ein Summand dazu käme, wie in Beispiel 4.1 oben.

Versuchen wir also einmal, die Behauptung so zu verallgemeinern, dass sie nicht mehr bloß von Summen der Form $\sum_{i=1}^{2^n} i^2$, sondern allgemeiner von solchen der Form $\sum_{i=1}^{m} i^2$ handelt! Um so eine Verallgemeinerung zu finden, setzen wir in $\sum_{i=1}^{2^n} i^2 = \frac{2^{n-1}(2^n+1)(2^{n+1}+1)}{3}$ einmal $m = 2^n$; wir erhalten wir $\sum_{i=1}^{m} i^2 = \frac{\frac{m}{2}(m+1)(2m+1)}{3} = \frac{m(m+1)(2m+1)}{6}$. Wie man durch einige Versuche (etwa $m = 3, 5, 6$) feststellt, ist diese Behauptung zumindest für einige Werte von m richtig, die keine Potenzen von 2 sind.

Versuchen wir also, sie induktiv zu beweisen. Der Induktionsanfang ist wieder einfach, es ist $\sum_{i=1}^{1} i^2 = 1 = \frac{1 \cdot 2 \cdot 3}{6}$. Im Induktionsschritt haben wir $\sum_{i=1}^{m+1} i^2 = \sum_{i=1}^{m} i^2 + (m+1)^2 = \frac{m(m+1)(2m+1)}{6} + (m+1)^2 = \frac{(m+1)(m+2)(2m+3)}{6} = \frac{(m+1)((m+1)+1)(2(m+1)+1)}{6}$. Damit ist die allgemeinere Behauptung bewiesen und also auch die anfängliche. $\square$

Bisweilen zeigt sich in einem Induktionsschritt $A(n) \to A(n+1)$, dass man zu seiner Durchführung zusätzliche Hilfsbehauptungen $B(n)$ benötigt. In diesem Fall kann man versuchen, diese der ursprünglichen Behauptung hinzuzufügen und einen simultanen Induktionsbeweis für die neue Behauptung $A(n) \land B(n)$ zu führen. Dieses Verfahren kann man auch iterieren: Braucht man für den Schritt $A(n) \land B(n) \to A(n+1) \land B(n+1)$ eine weitere Hilfsbehauptung $C(n)$, versucht man es erneut mit $A(n) \land B(n) \land C(n)$ usw., bis die Behauptung schließlich stark genug ist, um den Induktionsbeweis zu tragen. Natürlich gibt es keine Garantie, dass dieses Verfahren einmal abbricht – womöglich erzeugt man nur ein Dickicht von Hilfsbehauptungen und immer kompliziertere Behauptungen, ohne je ans Ende zu kommen. Dann sollte man erst einmal wieder etwas anderes probieren.[3]

Beispiel 4.8 ([E], Kap. 8, E5)[4]
Es sei $(F_i : i \in \mathbb{N}_0)$ die Fibonaccifolge, gegeben durch $F_0 = F_1 = 1$ und $F_{k+2} = F_k + F_{k+1}$ für $k \in \mathbb{N}$. Zeige: Für alle $n \in \mathbb{N}$ ist $F_{2n-1}F_{2n+1} = F_{2n}^2 - 1$.

Lösung Die rekursive Definition der Fibonaccifolge und die Allaussage über natürliche Zahlen legen Induktion nahe. Der Induktionsanfang ist leicht überprüft: $F_1 F_3 = 1 \cdot 3 = 3 = F_2^2 - 1$.

Nehmen wir also an, die Behauptung gilt für alle $k < n$ und betrachten die Behauptung $F_{2n-1}F_{2n+1} = F_{2n}^2 - 1$. Um die Induktionshypothese anwenden zu können, sollten

---

[3] Wie weit man so einen Versuch treiben sollte, ist eine Frage, die wir nicht beantworten können. Wenn es gute Regeln dafür gibt, sind sie uns nicht bekannt – wir können den/die LeserIn nur darauf verweisen, durch fortgesetzte Erfahrung mit solchen Situationen einen Instinkt dafür zu entwickeln.
[4] Vgl. auch [L], Bsp. 2.4.3, wo die Behauptung $F_{n+1}^2 + F_n^2 = F_{2n+1}$ für alle $n \in \mathbb{N}$ als Beispiel für die Ermöglichung eines Induktionsbeweises durch Ergänzung der Behauptung angeführt ist. Wer mag, versuche sich daran!

wir eine Aussage haben, die nur F_i mit kleinerem Index verwendet. Dazu ersetzen wir einmal probehalber F_{2n+1} durch seine Definition $F_{2n} + F_{2n-1}$ und erhalten die äquivalente Formulierung $F_{2n-1}(F_{2n} + F_{2n-1}) = F_{2n}^2 - 1$. Das lässt sich noch umformen zu $F_{2n-1}^2 + 1 = F_{2n} F_{2n-2}$ (*).

Das sieht unserer Behauptung recht ähnlich; es ist eine Aussage über die Quadrate von Fibonaccizahlen mit ungeradem Index, während unsere Behauptung solche mit geradem Index betrifft. Außerdem wissen wir durch unsere Äquivalenzumformungen, dass (*) genau dann richtig ist, wenn unsere ursprüngliche Behauptung stimmt.

Wir fügen also (*) unserer ursprünglichen Behauptung hinzu und betrachten das neue Beweisziel:

Es sei $2 < n \in \mathbb{N}$. Dann ist $F_{2n-1} F_{2n+1} = F_{2n}^2 - 1$ und $F_{2n} F_{2n+2} = F_{2n+1}^2 + 1$.[5]

Wir kürzen $F_{2n-1} F_{2n+1} = F_{2n}^2 - 1$ durch $A(n)$ und $F_{2n} F_{2n+2} = F_{2n+1}^2 + 1$ durch $B(n)$ ab. Die neue Behauptung ist also, dass $A(n) \wedge B(n)$ für alle n gilt. Wieder ist der Induktionsanfang schnell erledigt. Was den Induktionsschritt angeht, haben wir gerade schon gesehen, dass aus $F_{2n-1}^2 + 1 = F_{2n} F_{2n-2}$ schon $F_{2n+1} F_{2n+3} = F_{2n+2}^2 - 1$ folgt – also erst recht aus der Konjunktion. Es bleibt noch, auch $F_{2n+2} F_{2n+4} = F_{2n+3}^2 + 1$ aus $F_{2n-1} F_{2n+1} = F_{2n}^2 - 1$ und $F_{2n} F_{2n+2} = F_{2n+1}^2 + 1$ zu beweisen. Dazu ersetzen wir F_{2n+4} durch seine Definition $F_{2n+3} + F_{2n+2}$ und erhalten die äquivalente Behauptung: $F_{2n+2}(F_{2n+3} + F_{2n+2}) = F_{2n+3}^2 + 1$, was sich zu $F_{2n+2}^2 - 1 = F_{2n+3}(F_{2n+3} - F_{2n+2})$ und, wegen $F_{2n+3} - F_{2n+2} = F_{2n+1}$, weiter zu $F_{2n+2}^2 - 1 = F_{2n+3} F_{2n+1}$ umformen lässt – und das haben wir gerade gezeigt.

Damit haben wir bewiesen, dass aus $A(n) \wedge B(n)$ schon $A(n+1) \wedge B(n+1)$ folgt; induktiv erhalten wir also $A(n) \wedge B(n)$ für alle $n \in \mathbb{N}$, und also insbesondere auch $A(n)$ für alle $n \in \mathbb{N}$. $\Box$

4.1.7   „Versteckte" Induktion

Das Induktionsprinzip ist oft auch dann einsetzbar, wenn keine explizite Allaussage über natürliche Zahlen vorliegt. Häufig kann man selbst eine Induktionsvariable ins Spiel bringen. Wenn endliche Mengen von Objekten in einer Aufgabe eine Rolle spielen, bietet sich z. B. deren Anzahl als Induktionsvariable an.

> **Beispiel 4.9 (vgl. [E], Kap. 8, A8)**
> Ein Rechteck werde durch endlich viele Geraden in Teilgebiete zerlegt. Zeige, dass man diese Gebiete mit jeweils einer der Farben „schwarz" und „weiß" so färben kann, dass keine zwei Gebiete mit einer gemeinsamen Grenzlinie dieselbe Farbe haben.

---

[5] Beides zusammen lässt sich noch in die knappere Form $F_{k-1} F_{k+1} = F_k^2 + (-1)^{k+1}$ bringen.

Lösung Wir führen einen Induktionsbeweis über die Anzahl der Geraden. Bei 0 Geraden ist die Behauptung trivial (wir können das ganze Rechteck weiß färben). Angenommen, die Behauptung gilt für n Geraden. Das Rechteck sei nun durch $n + 1$ Geraden in Teilgebiete zerlegt. Wir entfernen eine dieser Geraden, g. Nach Induktionsannahme lässt sich die verbliebene Konstellation auf die gewünschte Weise färben. Nun fügen wir g wieder hinzu und ändern auf einer Seite von g die Farben aller Gebiete. Offenbar erhält man auf diese Weise eine Färbung der gewünschten Art für die Konstellation. $\square$

4.2 Aufgaben

Aufgabe 4.1 ([E], A.8.11) Für $n \in S_n$ bezeichne S_n die Anzahl der Teilmengen von $\{1, 2, \ldots, n\}$, die keine zwei aufeinanderfolgenden Elemente enthalten. Ferner sei F_n die n-te Fibonaccizahl[6]. Zeige: Für alle $n \in \mathbb{N}$ ist $F_n = S_n$.

Aufgabe 4.2 ([Z], A4.1.3) Zeige: Ist $3 \leq k \in \mathbb{N}$ und ist G ein Graph mit k Ecken und mindestens k Kanten, so enthält G einen Kreis mit mindestens 3 Ecken.[7]

Aufgabe 4.3 Im Postamt von Sikinien gibt es nur Briefmarken im Wert von 8 c und 21 c. Zeige, dass man damit jede Sendung exakt frankieren kann, deren Beförderungskosten mindestens 140 c betragen. Vermute und beweise eine Verallgemeinerung.

Aufgabe 4.4 ([E], Kap. 8, A2) Es sei $k \in \mathbb{N}$. Auf einer kreisförmigen Fahrbahn stehen einige Autos. Legt man ihre Tankfüllungen zusammen, reichen sie für k komplette Rundfahrten. Zeige, dass mindestens eines der Autos k komplette Rundfahrten im Uhrzeigersinn durchführen kann, indem es unterwegs das Benzin der anderen Autos einsammelt[8].

Aufgabe 4.5 ([G], A.1.15) Zeige: Für alle $x \geq -1$ und alle $n \in \mathbb{N}$ gilt $(1+x)^n \geq 1+nx$.

Aufgabe 4.6 Die folgenden Aussagen sind zu schwach, um (auf einfache Weise) durch Induktion bewiesen zu werden. Geeignete Verallgemeinerungen, Ergänzungen oder Verschärfungen erlauben aber einfache Induktionsbeweise. Finde solche geeigneten Verstärkungen und führe den Beweis durch.

(a) Für alle natürlichen Zahlen n ist $\sum_{i=1}^{n^2} (2i - 1) = n^4$.
(b) Zeige: Für alle natürlichen Zahlen n ist $\sum_{i=1}^{n} \frac{1}{2^i} < 1$.
(c) Zeige: Für alle natürlichen Zahlen n ist $\sum_{i=1}^{n} \frac{1}{i^3} < \frac{3}{2}$.
(d) Zeige: Für alle natürlichen Zahlen n ist $\sum_{i=1}^{n} \frac{1}{i^4} < \frac{4}{3}$.
(e) Zeige: Für alle natürlichen Zahlen n und $k > 1$ ist $\sum_{i=1}^{n} \frac{1}{i^k} < \frac{k}{k-1}$.

---

[6] Hier gegeben durch $F_0 = 1$, $F_1 = 2$, $F_{n+2} = F_n + F_{n+1}$.
[7] Für die Begriffe „Graph", „Kreis" etc. siehe das Kap. 9 über Graphentheorie.
[8] Wir nehmen an, dass alle Autos den gleichen Benzinverbrauch haben.

(f) Es sei F_i wieder die i-te Fibonaccizahl. Zeige: Für alle $n \in \mathbb{N}$ ist $F_{2n+1} F_{2n+2} - F_{2n} F_{2n+3} = 1$.

(g) Ist $p > 2$ eine Primzahl, so existiert ein Polynom q mit reellen Koeffizienten so, dass $X^p + 1 = (X + 1)q$.

(h) Es sei wieder F_i die i-te Fibonaccizahl. Zeige: Für alle $k \in \mathbb{N}$ ist F_{3^k-1} eine gerade Zahl.

(i) Zeige: Für jedes $n \in \mathbb{N}$ ist $\sum_{i=1}^{n}(2i - 1)$ von der Form a^b mit $a, b \in \mathbb{N}, b > 1$.

Aufgabe 4.7 ([Sc], Kap. I.3) Es bezeichne p_i die i-te Primzahl, ferner sei $\alpha_i \in \mathbb{N}_0$ für $i \in \mathbb{N}$. Zeige: Die natürliche Zahl $n = \prod_{i=1}^{n} p_i^{\alpha_i}$ hat genau $\prod_{i=1}^{n}(\alpha_i + 1)$ viele Teiler.

Aufgabe 4.8 ([E], Kap. 7, A16) Zeige mit vollständiger Induktion: Für alle $n \in \mathbb{N}$ ist $\prod_{i=1}^{n} \frac{2i-1}{2i} \leq \frac{1}{\sqrt{3n}}$.[9,10]

Aufgabe 4.9 In Beispiel 4.6 haben wir zum Beweis von $\sum_{i=1}^{n} \frac{1}{i^2} < 2$ den Ansatz $\sum_{i=1}^{n} \frac{1}{i^2} < 2 - d_n$ gemacht, um die Behauptung geeignet zu verstärken. Löse die Aufgabe erneut, diesmal aber mit dem Ansatz $\sum_{i=1}^{n} \frac{1}{i^2} < 2q_n$, wobei $0 < q_i < 1$ für alle $i \in \mathbb{N}$.

Aufgabe 4.10 Zeige: Für $n \in \mathbb{N}$ ist $\sum_{i=1}^{2n^2} i^3 = n^4(2n + 1)^4$.

Aufgabe 4.11 ([E], Kap. 8, A8) Ein Rechteck werde durch endliche viele Kreise in Teilgebiete zerlegt. Zeige, dass man diese so mit zwei Farben färben kann, dass keine zwei Gebiete mit einer gemeinsamen Grenzlinie die gleiche Farbe bekommen.

Aufgabe 4.12
(a) Zeige, dass jede natürliche Zahl $n \geq 2$ durch eine Primzahl teilbar ist.
(b) Zeige, dass jede natürliche Zahl sich als Produkt von Primzahlen darstellen lässt.

Aufgabe 4.13 Es sei $b > 1$ eine natürliche Zahl. Zeige, dass jede natürliche Zahl n sich in der Form $n = \sum_{i=0}^{m} c_i b^i$ mit $c_i \in \{0, \ldots, b - 1\}$ darstellen lässt.

Aufgabe 4.14 Zeige, dass jede ganze Zahl $z \neq 0$ sich in der Form $\sum_{i=0}^{n} 3^i c_i$ mit $c_i \in \{-1, 0, 1\}$ darstellen lässt.

Aufgabe 4.15 Löse die Aufgabe aus Beispiel 4.3 erneut, diesmal aber durch Induktion über $k + n$.

---

[9] Tipp 1: Suche eine geeignete Verstärkung.
[10] Tipp 2: Suche ein $c > 0$, für das sich $\prod_{i=1}^{n} \frac{2i-1}{2i} \leq \frac{1}{\sqrt{3n+c}}$ induktiv zeigen lässt. Was ist das kleinste solche c?

Aufgabe 4.16

(a) Es sei $f : \mathbb{Z} \times \mathbb{Z} \to \mathbb{R}$ eine Funktion so, dass $f(0,0) = 0$ und $f(x+1,y) = f(x, y+1) = f(x, y)$ für alle $x, y \in \mathbb{Z}$. Zeige, dass f konstant ist.

(b) Es sei $f : \mathbb{Z} \times \mathbb{Z} \to \mathbb{R}$ eine Funktion so, dass $f(0,0) = 0$ und $f(x+1,y) = f(x, y) + 2$, $f(x, y+1) = f(x, y) + 3$ für alle $x, y \in \mathbb{Z}$. Zeige, dass $f(x, y) = 2x + 3y$ für alle $x, y \in \mathbb{Z}$.

4.2.1 Multiple Choice

Beantworte die folgenden Multiple-Choice-Fragen. In jedem Fall ist mindestens eine Antwort richtig und mindestens eine falsch. Es können aber mehrere Antworten richtig sein.

4.I) Welche der folgenden Aussagen genügen, um daraus zu folgern, dass alle natürlichen Zahlen eine gewisse Eigenschaft E haben?

(a) Hat k die Eigenschaft E, so auch $k + 1$.

(b) Hat k die Eigenschaft E, so auch k^3 und (sofern $k > 0$) auch $k - 1$. Außerdem hat 0 die Eigenschaft E.

(c) Hat k die Eigenschaft E, so auch $k + 1$ und (sofern $k > 0$) auch $k - 1$. Außerdem gibt es mindestens eine natürliche Zahl mit der Eigenschaft E.

(d) Hat k die Eigenschaft E, so auch $k + 1$. Außerdem hat jede Quadratzahl die Eigenschaft E.

4.II) Bei welchen der folgenden Aussagen liegt es nahe, einen Beweisversuch mit vollständiger Induktion zu unternehmen?

(a) Für beliebige reelle Zahlen $x, y \in \mathbb{R}$ gilt $x^2 + y^2 \geq 2xy$.

(b) Für jede natürliche Zahl $n \geq 3$ gilt: In einem regelmäßigen n-Eck kann man maximal $n - 2$ Verbindungslinien zwischen nicht benachbarten Eckpunkten zeichnen, ohne dass zwei dieser Linien sich im Inneren des n-Ecks schneiden.

(c) Sind p und q Polynome mit reellen Koeffizienten, so existieren Polynome d und r mit reellen Koeffizienten so, dass $\deg(r) < \deg(q)$ und $p = qd + r$.

(d) Es existiert eine ungerade natürliche Zahl, die gleich der Summe ihrer echten Teiler ist.

4.III) Beim Versuch, eine Aussage A für alle natürlichen Zahlen mit vollständiger Induktion zu beweisen, gibt es Schwierigkeiten im Schritt von n nach $n + 1$. Dann bietet es sich an ...

(a) die Aussage A zu einer Aussage B zu verstärken oder zu verallgemeinern, dass der Schritt von n nach $n + 1$ für B funktioniert.

(b) nach eine anderen Reihenfolge für die natürlichen Zahlen zu suchen, für die die Induktion funktioniert.

(c) stattdessen zu versuchen, eine Implikation von $n + 1$ nach n zu beweisen.

(d) es mit starker Induktion zu versuchen und A für alle $i \leq n$ anzunehmen.

Unser Ziel ist es, folgende Aussage zu beweisen: „Ist $n \geq 8$, so kann jedes gleichseitige Dreieck in genau n gleichseitige Dreiecke (nicht notwendigerweise mit paarweise verschiedenen Größen) zerteilt werden."

Da wir es mit einer Allaussage über die natürlichen Zahlen zu tun haben, probieren wir es mit vollständiger Induktion. Es bezeichne $D(n)$ die Aussage, dass sich jedes gleichseitige Dreieck in genau n gleichseitige Dreiecke zerlegen lässt. Wir suchen zunächst nach möglichst vielen Implikationen der Form $D(m) \rightarrow D(n)$.

4.IV) Verbindet man die Seitenmittelpunkte in einem gleichseitigen Dreieck, erhält man eine Zerlegung in 4 gleichseitige Teildreiecke. Damit erhalten wir…

(a) $D(n) \rightarrow D(4n)$ für alle $n \in \mathbb{N}$.

(b) $D(n) \rightarrow D(n + 3)$ für alle $n \in \mathbb{N}$.

(c) $D(n) \rightarrow D(n + 4)$ für alle $n \in \mathbb{N}$.

(d) $D(n) \rightarrow D(3n)$ für alle $n \in \mathbb{N}$.

4.V) Um von hier aus einen Induktionsbeweis führen zu können, suchen wir nun also …

(a) drei natürliche Zahlen $0 < n_1, n_2, n_3 \leq 8$ mit $D(n_1)$, $D(n_2)$ und $D(n_3)$, von denen je eine kongruent zu 0, 1 und 2 modulo 3 ist.

(b) Beweise für $D(1)$ und die Folgerung $D(n) \rightarrow D(n - 1)$ für $n > 8$.

(c) vier natürliche Zahlen $0 < n_1, n_2, n_3, n_4 \leq 8$ mit $D(n_1)$, $D(n_2)$, $D(n_3)$ und $D(n_4)$, von denen je eine kongruent zu 0, 1, 2 und 3 modulo 4 ist.

(d) beliebig große n mit $D(n)$.

4.VI) Durch systematisches Probieren erhält man schließlich:

(a) $D(3k)$ für jedes $k \in \mathbb{N}$,

(b) $D(1)$, $D(4)$ und $D(8)$,

(c) $D(1)$, $D(4)$, $D(6)$ und $D(7)$,

(d) $D(k^2)$ für jedes $k \in \mathbb{N}$,

was nach V) für den Beweis ausreicht.

4.3   Literatur und weitere Beispiele

Aufgaben zur vollständigen Induktion finden sich an vielen Stellen in der Literatur, z. B.
in [L] oder [E]. Weitere Beispiele zu Induktion mithilfe einer Verallgemeinerung der Behauptung werden explizit insbesondere in [L], Kap. 2.4 behandelt. Eine Darstellung der
verschiedenen Varianten der Induktion findet man z. B. in [Ch].

Weitere Beispiele: 9.1, 9,2, 9,3, 9.4, 12.18, 12.19, 12.20, 13.3, 13.4 und Aufgaben 9.1,
9.3(a), 9.6, 12.1, 12.3, 12.12, 12.25.

Literatur

[AZ]   Aigner, M., Ziegler, G.: Das BUCH der Beweise. Springer, Berlin Heidelberg (2002)
[Ch]   Chakraborty, S.: Mathematical Induction. https://cseweb.ucsd.edu/classes/sp14/cse20-a/
        InductionNotes.pdf (2014). Zugegriffen: 04.04.2017
[E]   Engel, A.: Problem Solving Strategies. Springer, New York (1998)
[G]   Grinberg, N.: Lösungsstrategien. Mathematik für Nachdenker. Verlag Harri Deutsch Frankfurt
        (2011)
[L]   Larson, L.: Problem-Solving Through Problems. Springer, New York (1983)
[Sc]   Scheid, H., Frommer, A.: Zahlentheorie. Springer, Berlin Heidelberg (2006)
[Z]   Zeitz, P.: The Art and Craft of Problem Solving. Wiley, New York (2006)

5.1 Invarianz

Das Invarianzprinzip ist ein wichtiges heuristisches Prinzip, das wir kurz in der Aufforderung

▶   „Suche nach Eigenschaften, die sich nicht verändern." [Vgl. [E], Kap. 1]

zusammenfassen können.

Nützlich ist es vor allem in Fällen, in denen ein Prozess vorliegt und gefragt ist, ob er stoppt, zwangsläufig zu einem gewissen Ergebnis führt oder zu einem gewissen Ergebnis führen kann.[1]

Eine typische Anwendungssituation, in der man an das Invarianzprinzip denken sollte, ist folgende: Es sind ein Startzustand und eine Reihe erlaubter Operationen gegeben. Gefragt ist, ob mithilfe der Operationen vom Startzustand aus ein gewisser Zielzustand erreichbar ist.[2]

Die Idee ist dann, nach einer Eigenschaft zu suchen, die beim Startzustand vorliegt und durch die Operationen erhalten bleibt, aber im Zielzustand nicht vorliegt. Dann ist gezeigt, dass der Zielzustand nicht erreichbar ist.

Die heuristische Nützlichkeit dieses Prinzips illustieren wir nun anhand einiger Beispiele.

---

[1] Eine wichtige Rolle spielt das Invarianzprinzip daher außer in der Mathematik auch in der Informatik beim Nachweis der Korrektheit von Programmen.

[2] Vgl. [E], Kap. 1

© Springer Fachmedien Wiesbaden GmbH 2017
M. Carl, *Wie kommt man darauf?*, DOI 10.1007/978-3-658-18250-2_5

Beispiel 5.1 (vgl. [G], A4.2(a))
Es stehen endlich viele reelle Zahlen $x_1, \dots, x_n$ an einer Tafel, deren Summe gleich 0 ist. In einem Zug darf man jeweils zwei der Zahlen, etwa a und b, wegwischen und stattdessen (einmal) $(a + b)$ hinschreiben. Zeige, dass zum Schluss die Zahl 0 an der Tafel steht.

Lösung Während des ganzen Prozesses ändert sich die Summe aller an der Tafel stehenden Zahlen nicht. Folglich ist sie zum Schluss, wenn nur noch eine Zahl dasteht, die gleiche wie am Anfang – also 0. Die eine verbleibende Zahl zum Schluss kann also nur gleich 0 sein. □

Beispiel 5.2
Wieder stehen reelle Zahlen $x_1, \dots, x_n$ mit $x_1 + \dots + x_n = 0$ an der Tafel. Diesmal darf man in einem Zug zwei der Zahlen, etwa a und b, wegwischen und stattdessen (einmal) $(a + b) - 1$ hinschreiben. Hängt die Zahl, die zum Schluss an der Tafel steht, von den Zügen ab? Falls nicht, wie lautet sie?

Lösung Wenn S die Menge der zu einem gewissen Zeitpunkt jeweils an der Tafel stehenden Zahlen ist, so ist $\sum_{s \in S} s + (n - |S|)$ durch alle Züge hindurch invariant (wobei $|S|$ die Anzahl der Elemente von S bezeichnet). Zu Beginn ist $|S| = n$, also $\sum_{s \in S} + (n - |S|) = 0 + 0 = 0$ – und also gilt das Gleiche auch zum Schluss. Zum Schluss ist aber $|S| = 1$, also ist dann $\sum_{s \in S} s$ gleich der verbliebenen Zahl z, und also gilt am Ende des Spiels: $0 = \sum_{s \in S} s + (n - 1) = z + (n - 1)$, d. h. die zum Schluss verbleibende Zahl ist gleich $1 - n$. □

Beispiel 5.3
Auf einer geraden Bahn befinden sich $m + n$ Gummibälle $B_1, \dots, B_m, B'_1, \dots, B'_n$, in dieser Reihenfolge von links nach rechts. Zu Beginn rollen die Bälle $B_1, \dots, B_m$ alle von links nach rechts, während die Bälle $B'_1, \dots, B'_n$ von rechts nach links rollen. Alle Bälle haben die gleiche Größe und Geschwindigkeit. Wenn zwei Bälle aufeinanderprallen, wechseln beide die Richtung (behalten ihre Geschwindigkeit aber bei). Irgendwann findet eine letzte Kollision statt. Bestimme, welche Bälle danach in welche Richtung rollen.

Lösung Man kann versuchen, über die Ballrichtungen Schritt für Schritt „Buch zu führen" und so anhand von Beispielen zu einer Vermutung kommen, die sich dann z. B. induktiv beweisen lässt. Das wird aber schnell ziemlich unübersichtlich. Das Invarianzprinzip hilft hier, die wesentlichen Aspekte herauszufiltern:

Die Anzahl der Bälle, die in jede Richtung rollen, ändert sich bei einer Kollision nicht, also rollen am Ende m Bälle von links nach rechts und n Bälle von rechts nach links. Ferner ändert sich die Reihenfolge nicht, in der die Bälle sich auf der Bahn befinden. Wenn keine Kollision mehr stattfindet, befinden sich außerdem alle Bälle, die von links nach rechts rollen, rechts von allen Bällen, die von rechts nach links rollen. Also rollen am Ende die Bälle $B_1, \ldots, B_m, B'_1, \ldots, B'_{n-m}$ von rechts nach links und die Bälle $B'_{n-m+1}, \ldots, B'_n$ von rechts nach links. $\qquad\square$

5.1.1 „Versteckte" Anwendungen

Manchmal muss man die Situation erst selbst so umformulieren, dass von Operationen und Zuständen die Rede ist und damit das Invarianzprinzip anwendbar wird.

Beispiel 5.4 ([HR], 19.4; vgl. auch [E], Kap. 1, E7)
Es seien $n \in \mathbb{N}$ und $a_k \in \{-1, 1\}$ für $k = 1, \ldots, n$ so, dass $a_1 a_2 + a_2 a_3 + \ldots + a_n a_1 = 0$. Zeige: n ist durch 4 teilbar.

Lösung Wenn wir hier das Invarianzprinzip anwenden wollen, müssen wir irgendwie einen Prozess ins Spiel bringen. Es empfiehlt sich, Prozesse zu betrachten, die an der vorliegenden Situation möglichst wenig ändern. Da jedes a_i einen der Werte -1 oder 1 annehmen soll, liegt es nahe, einmal die Übergänge zu betrachten, bei denen man den Wert eines der a_i wechselt. Wie ändert sich dadurch die Summe $a_1 a_2 + a_2 a_3 + \ldots + a_n a_1$? Offenbar sind zwei Summanden von der Änderung betroffen, nämlich $a_{i-1} a_i$ und $a_i a_{i+1}$: Beide ändern ihr Vorzeichen, d. h. beide ändern sich von -1 zu 1 oder umgekehrt. Anders gesagt: Beide Summanden ändern sich um ± 2. Damit ändert sich $a_{i-1} a_i + a_i a_{i+1}$ um -4, 0 oder 4. Da es uns um Teilbarkeit durch 4 geht, sollten wir hier sicherlich festhalten, dass der Rest modulo 4 der Summe also unter solchen Schritten invariant ist! Anfangs ist die Summe gleich 0, also wird jede auf diese Weise erzeugte Summe durch 4 teilbar sein.

Und was hilft das jetzt? Versuchen wir, die Situation möglichst einfach zu machen, indem wir nacheinander jede -1 durch eine 1 ersetzen. Die Summe, die wir zum Schluss erhalten, ist dann n. Und da der Rest modulo 4 sich nicht geändert hat, ist also n durch 4 teilbar. $\qquad\square$

Beispiel 5.5 ([E], Kap. 2)
Es sei ein 8×8-Schachbrett gegeben, bei dem zwei gleichfarbige Felder entfernt wurden. Kann man das Restfeld mit 2×1-Dominosteinen überdecken?

Lösung Hier liegt es nahe, als einen Schritt das Hinzufügen eines einzelnen Dominosteins zu betrachten. Jeder Dominostein bedeckt ein schwarzes und ein weißes Feld. Anfangs sind 0 schwarze und 0 weiße Felder überdeckt. Es wird also stets die Anzahl der überdeckten schwarzen Felder gleich der Anzahl der überdeckten weißen Felder sein. Nun haben wir aber auf dem in der Aufgabenstellung beschriebenen Brett 30 Felder in der einen und 32 in der anderen Farbe. Das Brett ist also nicht überdeckbar. $\square$

Beispiel 5.6 ([HR], 38.1)

Es sei $p(x) = x^n + a_1 x^{n-1} + \ldots + a_n$ ein Polynom mit ganzzahligen Koeffizienten und $n > 0$ so, dass $p(0)$ und $p(1)$ ungerade sind. Zeige, dass $p(x)$ unganzzahlige Nullstellen hat (die nicht notwendigerweise reell sein müssen).

Lösung Hier ist die entscheidende Beobachtung, dass sich der Rest, den $q(k)$ ($q \in \mathbb{Z}[X]$, $k \in \mathbb{Z}$) bei Division durch eine natürliche Zahl n lässt, nicht ändert, wenn man zu k ein ganzzahliges Vielfaches von n addiert. Der Rest von $q(k)$ modulo n hängt also nur vom Rest von k modulo n ab. In unserem Fall ist $n = 2$. Da $p(0)$ und $p(1)$ beide den Rest 1 mod 2 lassen, gilt das Gleiche also für jede gerade und jede ungerade, d. h. für jede ganze Zahl. Da 0 gerade ist, hat p also keine ganzzahligen Nullstellen. Da p andererseits nicht konstant ist, muss es irgendwelche Nullstellen haben – und die sind alle unganzzahlig. $\square$

5.1.2 Periodische Invarianten

Bisweilen ist eine Größe in einem Prozess zwar nicht unveränderlich, ändert sich aber nur nach einem gewissen, periodischen Muster. Auch solche Situationen kann man häufig ausnutzen.[3]

Beispiel 5.7 (vgl. [G], A4.7)

Auf jedem Feld eines 5×5-Quadrates sitzt ein Käfer. Ein Gong wird geschlagen, die Käfer erschrecken sich und laufen schnell in ein benachbartes Feld davon. (Dabei gelten zwei Felder als benachbart, wenn sie eine gemeinsame Grenzlinie haben.) Der Gong wird noch einige Male geschlagen, stets mit dem gleichen Effekt. Ist es möglich, dass nach 11 Gongschlägen wieder auf jedem Feld genau ein Käfer sitzt?

Lösung Jeder Käfer ändert nach jedem Gongschlag entweder seine x- oder seine y-Koordinate um 1. Dadurch ändert er also den Rest modulo 2 der Summe der Koordinaten

---

[3] Formal lassen sich solche „periodischen" Invarianten mit etwas Trickserei auch als Invarianten auffassen. Die so entstehenden Invarianten sind aber häufig ziemlich unnatürlich und deutlich schwieriger zu erkennen als ihre periodischen Vorfahren.

seines Standortes. Wenn das Quadrat unten links die Koordinaten $(0, 0)$ hat, so gibt es anfangs 13 Käfer mit gerader und 12 mit ungerader Koordinatensumme. Nach jedem Gongschlag werden diese beiden Zahlen vertauscht. Die 13 Käfer, die zuvor eine gerade Koordinatensumme hatten, sitzen also nach jeder ungeraden Anzahl von Gongschlägen auf einem der 12 Felder mit gerader Koordinatensumme. Nach dem Schubfachprinzip sitzen also zwei davon auf dem gleichen Feld. $\square$

Hier musste man also das Invarianzprinzip mit dem Schubfachprinzip kombinieren, um zur Lösung zu kommen. Die Invariante selbst war eine Restklasse – was ziemlich häufig vorkommt. Es empfiehlt sich, bei der Suche nach Invarianten Teilbarkeiten und Restklassen im Auge zu behalten!

5.2 Halbinvarianz

Halbinvarianten sind mit einem Prozess assoziierte Größen, die mit jedem Schritt größer oder mit jedem Schritt kleiner werden. In Bezug auf Halbinvarianten sollten wir unsere heuristische Forderung von oben entsprechend ändern zu: „Suche nach einer Größe, die sich nur in eine Richtung verändert"

Die typische Anwendungssituation für Halbinvarianten ist die folgende: Gegeben sind ein Startzustand und eine Reihe erlaubter Operationen. Man möchte zeigen, dass schließlich zwangsläufig ein gewisser Zielzustand erreicht wird.

Die Grundidee besteht darin, den Zuständen natürliche Zahlen als „Kennzahlen" so zuzuordnen, dass die Anwendung jeder Operation zu einem Zustand führt, dem eine kleinere Kennzahl zugeordnet ist. Dann wird irgendwann zwangsläufig ein Zustand erreicht, von dem aus keine weiteren Operationen mehr angewendet werden können. Das Gleiche gilt natürlich, wenn die Kennzahl mit jedem Schritt wächst und die Menge möglicher Werte nach oben beschränkt ist. Auch ohne Beschränktheit lassen sich Halbinvarianten z. B. nutzen, um zu zeigen, dass ein Prozess nicht periodisch sein kann oder keinen Zustand mehrfach annimmt.

Beispiel 5.8
Ausgehend von einem geordneten Paar (a, b) natürlicher Zahlen bilden wir eine Folge $((a_i, b_i) : i \in \mathbb{N})$ von solchen Paaren, indem wir fortgesetzt die kleinere Zahl von der größeren subtrahieren, sofern nicht beide gleich sind. Zu zeigen ist, dass (1) dieses Verfahren nach endlich vielen Schritten endet und (2) und zwar mit dem Paar $(\mathrm{ggT}(a, b), \mathrm{ggT}(a, b))$.

Lösung Ist $a > b$, so ändert sich beim Übergang von (a, b) zu $(a - b, b)$ die **Summe** der Elemente des Paars von $a + b$ zu a. Nach Annahme sind a und b positiv, also ist

$a < a + b$. Die Summen über die Elemente der Paare bilden also entlang des Prozesses eine streng monoton fallende Folge natürlicher Zahlen. Da eine solche Folge endlich sein muss, muss der Prozess nach endlich vielen Schritten beendet sein.

Ferner ist jeder gemeinsame Teiler von a und b auch ein gemeinsamer Teiler von $a - b$ und b und umgekehrt; es ist also $\mathrm{ggT}(a_i, b_i) = \mathrm{ggT}(a_{i+1}, b_{i+1})$ für alle i, für die $a_i \neq b_i$ (also für die der Prozess noch nicht beendet ist). Endet der Prozess mit dem Paar (a_n, b_n), so ist nach unserem Argument oben $a_n = b_n$, also $\mathrm{ggT}(a, b) = \mathrm{ggT}(a_n, b_n) = \mathrm{ggT}(a_n, a_n) = a_n = b_n$.[4] $\square$

> **Beispiel 5.9**
>
> Zeige, dass in der Situation von Beispiel 5.3 schließlich immer eine letzte Kollision stattfinden muss (also die Anzahl der Kollisionen endlich ist).

Lösung Es findet keine Kollision mehr statt, wenn alle Bälle, die von rechts nach links rollen, sich rechts von allen Bällen befinden, die von links nach rechts rollen. Um zu zeigen, dass diese Situation schließlich erreicht werden muss, versuchen wir einmal, ein Maß dafür anzugeben, wie „nahe" wir ihr schon sind und dann zu zeigen, dass dieses Maß schließlich auf 0 (kein Abstand mehr) fallen muss.

Als Maß bietet sich hier die Anzahl der Paare (B, B') von Kugeln an, bei denen sich B auf der Bahn links von B' befindet, wobei B von links nach rechts und B' von rechts nach links rollt.

In der Tat ist es nicht schwer zu sehen, dass diese Zahl mit jeder Kollision um 1 fällt. Zu Beginn ist sie sicherlich kleiner als die Gesamtzahl der Paare von Kugeln, also jedenfalls endlich. Ferner kann eine Anzahl offenbar nicht negativ werden. Solange es noch Kollisionen gibt, wird diese Anzahl also fallen; und sobald sie 0 erreicht, kann es keine weiteren Kollisionen mehr geben. $\square$

Das folgende Beispiel hat zahlreiche Anwendungen u. a. in der Informatik bei Beweisen für die Termination von Algorithmen. Gleichzeitig gibt es ein Beispiel dafür, wie man Halbinvarianten gezielt konstruieren kann.

> **Beispiel 5.10**
>
> Wir betrachten folgendes Spiel: Gegeben sei eine endliche Anzahl von Kugeln in einem Korb, jede mit einer natürlichen Zahl beschriftet; ferner eine natürliche Zahl $n \in \mathbb{N}$. In einem Zug darf man eine Kugel aus dem Korb wegwerfen und dafür höchstens n neue Kugeln in den Korb legen, die alle mit einer kleineren Zahl be-

---

[4] Dieser Prozess ist als „Euklidischer Algorithmus" sicherlich aus der linearen Algebra bekannt.

schriftet sein müssen als die entfernte. Zeige, dass der Korb nach endlich vielen Zügen leer ist.

Lösung Zu zeigen, dass ein Prozess nach endlich vielen Schritten enden muss, ist ein typischer Anwendungsfall für Halbinvarianzen. Wir wollen also versuchen, dem Spielzustand – also der Menge M der Zahlen auf den Kugeln im Korb – so eine natürliche Zahl $z(M)$ zuzuweisen, dass $z(M)$ mit jedem Spielzug kleiner wird.

Wir bezeichnen mit $i(k)$ die Zahl, die auf der Kugel k steht. Außerdem bezeichne K die Menge der Kugeln, die zu einem gewissen Zeitpunkt im Korb liegen.

Ein naiver Ansatz wäre es, die Summe $\sum_{k \in K} i(k)$ zu betrachten. Das funktioniert, wenn $n = 1$ ist, also jede Kugel nur durch eine einzige mit kleinerer Beschriftung ersetzt werden darf. Ist $n > 1$, funktioniert es nicht mehr. Was tun?

Sei einmal $n = 2$. Vielleicht können wir den Ansatz mit den Summen anpassen, so dass er noch immer funktioniert, indem wir statt $i(k)$ etwas anderes summieren. Da die Summe in jedem Spielzug fallen soll, suchen wir also zu jedem $c \in \mathbb{N}$ eine Zahl $f(c)$ so, dass $f(a) + f(b) < f(c)$ für $a, b < c$. So eine Zahl ist nicht schwer zu finden: Z. B. funktioniert $f(c) = 3^c$. Damit haben wir für den Fall $n = 2$ einen Beweis: Mit dem Korb K assoziieren wir die natürliche Zahl $\sum_{k \in K} 3^{i(k)}$; die fällt in jedem Spielzug, also kann das Spiel nur endlich viele Züge dauern.

Nun ist auch der allgemeine Fall nicht mehr schwierig: Eine Funktion mit der Eigenschaft $f(a_1) + \ldots + f(a_n) < f(b)$ für $a_1, \ldots, a_n < b$ ist z. B. $f(c) = (n + 1)^c$. Für ein gegebenes n assoziieren wir mit dem Korb K also die natürliche Zahl $\sum_{k \in K} (n + 1)^{i(k)}$, die ebenfalls mit jedem Spielzug fällt, weswegen das Spiel wiederum nur endlich viele Züge dauern kann. $\qquad\square$

Bemerkung Mit Königs Lemma lässt sich eine deutliche Verstärkung zeigen – siehe Beispiel 3.24.

5.2.1 „Versteckte" Anwendungen

Auch zur Anwendung von Halbinvarianten muss man die Situation manchmal erst selbst so umformulieren, dass von Operationen und Zuständen die Rede ist. Das ist häufig besonders nützlich bei „Optimierungsproblemen", in denen es darum geht, zu zeigen, dass eine in gewissem Sinn optimale Situation erreichbar ist: Dazu zeigt man, dass sich jede Lösung, die noch nicht in einem gewissen Sinn optimal ist, „verbessern" lässt und dass unendlich viele Verbesserungen nicht möglich sind.

Beispiel 5.11

nk Studierende sind auf k Übungsgruppen zu verteilen, wobei jede Gruppe n TeilnehmerInnen haben soll. Jeder der Studierenden hat eine Präferenzliste der Übungsgruppen, in der die k Gruppen mit den Nummern 1 (am stärksten bevorzugt) bis k (am wenigsten bevorzugt) versehen sind. Eine solche Verteilung heißt „instabil", wenn es zwei Studierende S, S' gibt, die beide lieber in der Gruppe des jeweils anderen wären (in diesem Fall nennen wir das Paar (S, S') „tauschwillig"); andernfalls heißt die Verteilung „stabil". Zeige, dass es stets möglich ist, eine stabile Verteilung zu finden.[5]

Lösung Um zu so einer Verteilung zu kommen, versuchen wir (1) die „Güte" einer Verteilung zu messen und (2) zu zeigen, dass jede instabile Verteilung sich noch verbessern lässt.

In einer stabilen Verteilung soll es keine tauschwilligen Paare geben. Damit bietet sich als Maß für die Güte einer Verteilung die Anzahl tauschwilliger Paare an. Nun liegt es nahe, eine instabile Verteilung dadurch zu „verbessern", dass man ein tauschwilliges Paar wählt und die Gruppen tauschen lässt. Leider muss sich dabei die Anzahl tauschwilliger Paare nicht unbedingt verringern. Tatsächlich kann sie sich sogar vergrößern! (Aufgabe 10(d))

Versuchen wir also etwas anderes. Was sich durch einen Gruppentausch in einem tauschwilligen Paar (S, S') ebenfalls ändert, ist die Präferenzzahl, die S und S' für ihre aktuelle Gruppe haben – bei beiden wird die neue Gruppe eine geringere Präferenzzahl haben als die vorherige. Damit haben wir eine neue Idee: Was mit jedem solchen Tausch fällt, ist die Summe der Präferenzzahlen der Gruppen, in denen sich die Studierenden zur Zeit befinden. Diese Summe ist zu Beginn jedenfalls endlich (höchstens $k^2 n$, falls jeder sich in der von ihm oder ihr am wenigsten bevorzugten Gruppe befindet), fällt mit jedem Schritt um mindestens 2 und kann nicht kleiner werden als nk (wenn jeder sich in der von ihm oder ihr am meisten bevorzugten Gruppe befindet). Folglich muss durch fortgesetztes Tauschen schließlich eine stabile Verteilung erreicht werden.   □

Beispiel 5.12

Am Strand von Sikinien befindet sich eine unendliche Reihe von Mulden im Sand, von links nach rechts mit den natürlichen Zahlen durchnummeriert. In einigen, aber nur endlich vielen davon, liegen Muscheln, die übrigen sind leer. Leonhard hat k Muscheln gesammelt, die er in die Mulden mit den Nummern 1, 4, 9, …, k^2 le-

---

[5] Eine starke Version dieser Aufgabe ist der Satz über die Existenz von sogenannten „stabilen Matchings", siehe z. B. [AZ], Kap. 26.

gen möchte. Dabei verfährt er nach folgenden Regeln: Ist die Mulde, in die er eine Muschel legen möchte, leer, so legt er die Muschel hinein. Andernfalls sucht er die erste freie Mulde rechts davon und legt die Muschel dort hinein. Schließlich ist Leonhard fertig. Zeige, dass die Verteilung der Muscheln nicht davon abhängt, in welcher Reihenfolge Leonhard vorgegangen ist.

Lösung Wir assoziieren jede Verteilung v der Muscheln auf die Mulden mit einer Binärzahl b_v: b_v hat an der i-ten Stelle von rechts eine 1, falls in der Verteilung v in der i-ten Mulde eine Muschel liegt, sonst eine 0.

Offenbar entsprechen auf diese Weise Binärzahlen und Verteilungen einander eindeutig.

Die entscheidende Beobachtung ist: Das Hinzufügen einer Muschel in die i-te Mulde nach den angegebenen Regeln entspricht genau der Addition von 2^i. Damit folgt die Behauptung aber aus dem Kommutativitätsgesetz der Addition. $\qquad\qquad\square$

Bemerkung Invarianten lassen sich wie hier bisweilen durch Interpretation finden, d. h. durch Einbettung des gegebenen Prozesses in einen bereits bekannten Bereich, der analog funktioniert. Allerdings ist bisweilen – wie hier – einige Kreativität gefragt, um passende Interpretationen zu finden. (Siehe Aufgabe 5.6.)

5.3 (Halb-)Invarianzen als Teil der Lösung

Bisweilen ist durch das Auffinden einer Invarianz oder Halbinvarianz eine Aufgabe zwar noch nicht ganz zu lösen, man erhält aber wertvolle Zwischenergebnisse. Wo immer man Invarianzen aufspüren kann, sollte man versuchen, sie einzusetzen (aber natürlich, ohne daran zu kleben)!

Beispiel 5.13 (vgl. [E], Kap.1, E1)
Gegeben sei ein Punkt $P = (a, b)$ der reellen Ebene mit $1 < a < b$. Wir erzeugen eine Folge von Punkten (x_n, y_n) durch folgende Regel: $x_0 = a$, $y_0 = b$, $x_{n+1} = \frac{x_n(1+y_n)}{1+x_n}$, $y_{n+1} = \frac{y_n(1+x_n)}{1+y_n}$. Konvergiert die Folge? Und wenn sie es tut, gegen welchen Grenzwert?

Lösung Wir sollen nach etwas suchen, was sich beim Übergang von (x_n, y_n) zu $(x_{n+1}, y_{n+1}) = (\frac{x_n(1+y_n)}{1+x_n}, \frac{y_n(1+x_n)}{1+y_n})$ nicht ändert. Sicherlich ist auffällig, dass der Zähler von x_{n+1} im Nenner von y_{n+1} auftaucht. Probieren wir also einmal das Produkt aus! In der Tat ist $x_{n+1}y_{n+1} = \frac{x_n(1+y_n)}{1+x_n}\frac{y_n(1+x_n)}{1+y_n} = x_n y_n$ – das Produkt ist also invariant! Wir betrachten noch die Differenz $|x_{n+1} - y_{n+1}|$ und erhalten induktiv: $0 < |\frac{x_n(1+y_n)}{1+x_n} - \frac{y_n(1+x_n)}{1+y_n}| < |x_n - y_n|$. Damit wird der Abstand in jedem Schritt kleiner, die Folge der Abstände konvergiert also. Im Grenzwert folgt aus $|x - y| = |\frac{x(1+y)}{1+x} - \frac{y(1+x)}{1+y}|$ schon $|x - y| = 0$, also $x = y$. Die Invariante oben zeigt weiterhin, dass $xy = ab$ sein muss. Also ist $x^2 = y^2 = xy = ab$, d. h. $x = y = \sqrt{ab}$ – wir haben einen Algorithmus zur Berechnung von Quadratwurzeln gefunden! $\square$

> **Beispiel 5.14 ([E], S. 11, A 25)**
> Gegeben sei ein konvexes $2n$-Eck E mit Eckpunkten $A_1, \ldots, A_{2n}$. Wir wählen einen Punkt P im Inneren des $2n$-Ecks, der auf keiner der Diagonalen liegt. Zeige: Die Anzahl der Dreiecke mit Eckpunkten in $\{A_1, \ldots, A_{2n}\}$, die P enthalten, ist gerade.

Lösung E wird durch seine Diagonalen in Teilbereiche zerlegt, durch die keine Diagonale mehr läuft. Sicherlich sind alle Punkte innerhalb so eines Teilbereiches in der gleichen Anzahl von Dreiecken der fraglichen Art enthalten. Wenn wir den Bereich betrachten, der die Strecke $A_1 A_2$ enthält, so sind die darin enthaltenen Punkte offenbar genau in den Dreiecken der Form $A_1 A_2 A_i$, $i \notin \{1, 2\}$, enthalten, und davon gibt es $2m - 2 = 2(m - 1)$ viele, also eine gerade Anzahl. Es liegt nun nahe, als „Schritt" den Übergang von einem in einen benachbarten Teilbereich zu betrachten, also einen Teilbereich, der mit dem gerade betrachteten eine gemeinsame Grenzlinie hat. Wenn diese Grenzlinie ein Abschnitt der Diagonalen $A_i A_j$ ist und wir P vom einen Bereich über die Grenzlinie hinweg in den anderen bewegen, so entfernen wir es damit offenbar aus allen Dreiecken über der Seite $A_i A_j$, die ihren dritten Eckpunkt auf der gleichen Seite haben wie (anfangs) P und führen es zugleich in alle die Dreiecke $A_i A_j A_k$ ein, bei denen A_k auf der anderen Seite von $A_i A_j$ liegt. Die Anzahl der Dreiecke, in denen P enthalten ist, ändert sich also um die Differenz zwischen der Anzahl der Eckpunkte von E, die auf der einen bzw. der anderen Seite von $A_i A_j$ liegen. Insgesamt hat E eine gerade Anzahl, nämlich $2(m - 1)$, von A_i und A_j verschiedene Punkte; also haben entweder beide Mengen eine gerade Anzahl von Elementen oder beide haben eine ungerade Anzahl von Elementen; in beiden Fällen ist die Differenz gerade. Wir können P also beliebig in E umher bewegen, ohne dass sich der Rest modulo 2 der Anzahl der Dreiecke, in denen P enthalten ist, ändert. Da wir bereits eine Stelle gefunden haben, an der dieser Rest 0 ist, gilt das also überall in E, wie gewünscht. $\square$

Bemerkung Ein berühmtes Beispiel für den Einsatz des Invarianzprinzips ist Max Dehns Lösung von Hilberts drittem Problem durch Einführung der Dehn-Invarianten. [Siehe z. B. [AZ], Kap. 7]

Bemerkung Wie man an den Beispielen 5.4 und 5.14 sieht, kann das Invarianzprinzip auch auf folgende Weise bei der Lösung einer Aufgabe helfen: Ist zu zeigen, dass alle

Elemente einer Menge X eine gewisse Eigenschaft E haben und ist E für die Elemente einer Teilmenge $Y \subseteq X$ leicht zu zeigen, so versuche, die übrigen Elemente von X durch Operationen in Elemente von Y zu transformieren, die E invariant lassen. Ein weiteres Beispiel für diese schon etwas fortgeschrittene Strategie ist Beispiel 12.15.

5.3.1 Rückwärtsarbeiten in Prozessen

Zur Lösung von Fragen der Form, ob ein gewisse Zustand in einem gewissen Prozess erreichbar ist, wie auch bei der Suche nach Invarianten hilft es häufig, vom fraglichen Zielzustand aus rückwärts zu gehen.

Wir betrachten auch hierzu noch ein Beispiel.

Beispiel 5.15 ([E], Kap. 14, A17)
11 farbige Punkte sind in einem Kreis angeordnet, davon sind sechs blau und fünf rot. In einem Schritt wird nun zwischen zwei benachbarte verschiedenfarbige Punkte ein roter Punkt und zwischen zwei benachbarte gleichfarbige Punkte ein blauer Punkt gezeichnet, anschließend werden die ursprünglichen Punkte gelöscht. Kann durch eine Folge solcher Schritte eine Situation entstehen, in der alle Punkte blau sind?

Lösung Angenommen, solch ein Zustand Z ist erreichbar. Wir untersuchen, wie der Vorgängerzustand Z' ausgesehen haben kann. Wenn alle Punkte blau sind, so müssen in Z' alle Punkte die gleiche Farbe gehabt haben.

Wenn in Z' alle Punkte rot waren, so müssen im Vorgängerzustand von Z' – sagen wir Z'' – je zwei benachbarte Punkte verschiedene Farben gehabt haben. Das ist aber bei 11 Punkten und zwei Farben offenbar nicht möglich. Also müssen in Z' bereits alle Punkte blau gewesen sein. Das heißt aber: Ein Zustand mit lauter blauen Punkten ist nur von einem Zustand aus zu erreichen, in dem bereits alle Punkte blau sind. Da das im fraglichen Anfangszustand nicht der Fall ist (es gibt ja nach Annahme vier rote Punkte), kann ein solcher Zustand nicht erreicht werden. $\square$

5.4 Aufgaben

Aufgabe 5.1[6] Drei faule Ameisen sitzen in der euklidischen Ebene auf den Punkten mit den Koordinaten $(0, 0)$, $(0, 1)$ und $(1, 1)$. Es bewegt sich nie mehr als eine Ameise zugleich, und wenn sich eine Ameise bewegt, läuft sie immer auf einer Geraden, die parallel zu der Geraden ist, die die beiden anderen Ameisen verbindet.

---

[6] Siehe http://matheclub.math.uni-bonn.de/aufgaben.html.

(a) Kann es passieren, dass sich zwei der Ameisen treffen (also die gleichen Koordinaten haben)?

(b) Kann es passieren, dass die Ameisen irgendwann die Punkte mit den Koordinaten $(0, 0), (0, 3)$ und $(1, 1)$ einnehmen?

Aufgabe 5.2 (vgl. [HR], A29.4) Es sei $x_1 = 2016^{2017^{2018}}$, x_{n+1} die Quersumme von x_n (im Dezimalsystem). Finde $\lim_{n \to \infty} x_n$.

Aufgabe 5.3 (vgl. [E], Kap, 1, A24) Es ist ein $n \times n$-Quadrat gegeben, in dessen Feldern positive reelle Zahlen stehen. In einem Zug darf man eine Zeile, Spalte oder Diagonale auswählen und dort jeden Eintrag durch seinen Kehrwert ersetzen. Ist es möglich, nach endlich vielen Zügen eine Konstellation zu erreichen, in der keine Zeilen-, Diagonal- oder Spaltensumme mehr kleiner als $\frac{n}{2}$ ist?

Aufgabe 5.4

(a) Die natürlichen Zahlen von 1 bis n seien in eine Reihe geschrieben. In einem Zug darf man zwei benachbarte Zahlen vertauschen, wenn die linke größer ist als die rechte. Zeige, dass man nach endlich vielen Zügen einen Zustand erreicht, in dem kein weiterer Zug mehr möglich ist und beschreibe, wie dieser Zustand aussehen kann.

(b) [vgl. [E], Kap. 7, E12] Es seien $0 < a_1 \leq a_2 \leq \ldots \leq a_n$ und $0 < b_1 \leq b_2 \leq \ldots \leq b_n$ reelle Zahlen, ferner $\pi : \{1, \ldots, n\} \to \{1, \ldots, n\}$ eine Permutation. Zeige: $\sum_{i=1}^{n} a_i b_{n-i} \leq \sum_{i=1}^{n} a_i b_{\pi(i)} \leq \sum_{i=1}^{n} a_i b_i$.

Aufgabe 5.5 (vgl. [G], A4.2)

(a) Es stehen die natürlichen Zahlen $1, \ldots, n$ an einer Tafel. In einem Zug darf man zwei der Zahlen an der Tafel, etwa a und b, wegwischen und stattdessen (einmal) $a + b - 2$ hinschreiben. Hängt die Zahl, die zum Schluss an der Tafel steht, von den Zügen ab? Falls nicht, wie lautet sie?

(b) Es stehen die natürlichen Zahlen $1, \ldots, n$ an einer Tafel. In einem Zug darf man zwei der Zahlen an der Tafel, etwa a und b, wegwischen und stattdessen (einmal) $ab - a - b + 2$ hinschreiben. Hängt die Zahl, die zum Schluss an der Tafel steht, von den Zügen ab? Falls nicht, wie lautet sie?

Aufgabe 5.6 Löse die folgenden Aufgaben durch eine Interpretation des angegebenen Prozesses (siehe Beispiel 5.12 und den folgenden Kommentar).[7]

(a) Auf einer Tafel befinden sich 1982 rote und 2017 grüne Punkte. In einem Schritt darf man entweder (1) zwei gleichfarbige Punkte auswischen und dafür einen roten Punkt hinzufügen oder (2) zwei verschiedenfarbige Punkte auswischen und dafür einen grünen Punkt hinzufügen. Gestoppt wird, wenn sich nur noch ein Punkt an der Tafel befindet. Zeige, dass dieser Punkt grün ist.

---

[7] Tipp: In jedem Fall ist die gesuchte Interpretation die Addition in einer Restklasse modulo n für ein $n \in \mathbb{N}$.

(b) Auf einer Tafel sind 97 rote, 100 grüne und 102 gelbe Punkte. In einem Schritt darf man jeweils zwei Punkte auswischen und dafür einen neuen hinzufügen, und zwar wie folgt:

	rot	grün	gelb
rot	rot	grün	gelb
grün	grün	gelb	rot
gelb	gelb	rot	grün

Gestoppt wird, wenn sich nur noch ein Punkt an der Tafel befindet. Welche Farbe wird er haben?

Aufgabe 5.7 Die Fibonaccifolge $(F_i : i \in \mathbb{N})$ sei definiert durch $F_1 = F_2 = 1$ und $F_{n+2} = F_{n+1} + F_n$ für $n \in \mathbb{N}$. Die Fibonaccifolge modulo n ist die Folge der Reste von F_i bei Division durch n.

(a) Zeige: Für jedes $n \in \mathbb{N}$ ist die Fibonaccifolge modulo n periodisch, d. h. es existiert ein $k \in \mathbb{N}$ so, dass $F_i \equiv F_{i+k} \pmod{n}$ für alle $i \in \mathbb{N}$.
(b) Zeige: Für jedes $n \in \mathbb{N}$ existiert ein $m \in \mathbb{N}$ so, dass $n \mid F_m$.
(c) Zeige: Für jedes $n \in \mathbb{N}$ existieren unendlich viele $m \in \mathbb{N}$ so, dass $n \mid F_m$.

Aufgabe 5.8 (vgl. [E], Kap. 14, A17) Sei $n \in \mathbb{N}$, $1 \le k < 2n + 1$. $2n + 1$ farbige Punkte sind in einem Kreis angeordnet, davon sind k blau und $(2n + 1 - k)$ rot. In einem Schritt wird nun zwischen zwei benachbarte verschiedenfarbige Punkte ein roter Punkt und zwischen zwei benachbarte gleichfarbige Punkte ein blauer Punkt gezeichnet, anschließend werden die ursprünglichen Punkte gelöscht. Kann durch eine Folge solcher Schritte eine Situation entstehen, in der alle Punkte blau sind?

Aufgabe 5.9 Kommt es in Beispiel 5.3 und Beispiel 5.9 darauf an, dass die $m + n$ Bälle mit ihren Bewegungsrichtungen zu Beginn in gerade dieser Reihenfolge vorlagen? Kommt es überhaupt auf die Reihenfolge an?

Aufgabe 5.10 Wir kommen noch einmal auf Beispiel 5.11 zurück.

(a) Ein „Tauschring" ist eine Folge $(S_1, \ldots, S_j)$ von paarweise verschiedenen Studierenden so, dass S_i für $i \in \{1, 2, \ldots, j\}$ lieber in der Gruppe von S_{i+1} und S_j lieber in der Gruppe von S_1 wäre. (Ein tauschwilliges Paar ist also ein Tauschring der Länge 2.) Eine Verteilung heißt „superstabil", wenn sie keine Tauschringe hat. Zeige, dass sich stets eine superstabile Verteilung finden lässt.
(b) Die Annahme, dass jeder Studierende eine vollständige (also lineare) Präferenzordnung für alle Gruppen hat, ist ziemlich stark. Wir nehmen nun nur noch an, dass die Präferenzordnungen partielle Ordnungen sind.[8] Löse Beispiel 5.11 unter dieser schwächeren Annahme erneut.

---

[8] Zum Begriff der partiellen Ordnung siehe den ersten Abschnitt von Kap. 14.

(c) Kombiniere (a) und (b) und zeige, dass sich stets eine superstabile Verteilung finden lässt, wenn die Präferenzordnungen partiell sind.

(d) In Beispiel 5.11 hatten wir zunächst eine andere Lösungsstrategie versucht, die auf der Anzahl tauschwilliger Paare beruhte. Finde ein Beispiel, in dem ein Gruppentausch in einem tauschwilligen Paar dazu führt, dass sich die Anzahl der tauschwilligen Paare erhöht.

5.4.1 Multiple Choice

Beantworte die folgenden Multiple-Choice-Fragen. In jedem Fall ist mindestens eine Antwort richtig und mindestens eine falsch. Es können aber mehrere Antworten richtig sein.

In Analogie zu Beispiel 5.8 betrachten wir folgenden Prozess: Seien $m, n \in \mathbb{N}$. Wir beginnen mit dem Paar $(\frac{1}{m}, \frac{1}{n})$. Wir bilden nun eine Folge von Paaren (a_i, b_i) rationaler Zahlen, indem wir die kleinere von der größeren abziehen, sofern nicht beide gleich sind. Zu zeigen ist, dass dieses Verfahren mit dem Paar $(\frac{1}{\mathrm{kgV}(m,n)}, \frac{1}{\mathrm{kgV}(m,n)})$ endet[9].

Beweis Es ist $\frac{1}{a} - \frac{1}{b} = \frac{b-a}{ab}$; ferner ist (wie man leicht überprüft) $\mathrm{ggT}(a,b) = \mathrm{ggT}(a, b-a)$ und $\mathrm{ggT}(a,b)\,\mathrm{kgV}(a,b) = ab$ für alle $a, b \in \mathbb{N}$.

5.I) Bezeichnet $(\frac{p_i}{p_i'}, \frac{q_i}{q_i'})$ das i-te Paar in der Folge (in vollständig gekürzter Darstellung), so ist also

$$\text{(a) } p_i' + q_i' \quad \text{(b) } p_i' - q_i' \quad \text{(c) } \mathrm{ggT}(p_i', q_i') \quad \text{(d) } \mathrm{kgV}(p_i', q_i')$$

im Laufe dieses Prozesses invariant. Ist also $p_n = q_n$ und $p_n' = q_n'$ für ein $n \in \mathbb{N}$, so ist $q_n = q_n' = \mathrm{kgV}(m, n)$.

5.II) Wir beobachten ferner, dass

$$\text{(a) } p_i q_i \quad \text{(b) } \mathrm{kgV}(p_i, q_i) \quad \text{(c) } \mathrm{ggT}(p_i, q_i) \quad \text{(d) } p_i + q_i$$

ebenfalls eine Invariante des Prozesses ist.

5.III) Anfangs ist deren Wert gleich

$$\text{(a) } 1 \quad \text{(b) } 2 \quad \text{(c) unbekannt.}$$

Ist also $p_n = q_n$, so muss $p_n = q_n = 1$ gelten. Nun wissen wir, dass, falls im Laufe des Prozesses je ein Paar mit zwei gleichen Komponenten erreicht wird, diese nur beide gleich $\frac{1}{\mathrm{kgV}(m,n)}$ sein können.

---

[9] $\mathrm{kgV}(a,b)$ bezeichnet das kleinste gemeinsame Vielfache von a und b.

5.IV) Es bleibt also zu zeigen, dass so ein Paar schließlich immer erreicht wird. Dafür benutzen wird

(a) eine weitere Invariante
(b) eine Halbinvariante
(c) die Technik des Rückwärtsarbeitens.

5.V) Zu diesem Zweck bietet es sich an, mit einem Paar $\left(\frac{p}{p'}, \frac{q}{q'}\right)$ den Wert

$$\text{(a) } \frac{pq}{p'q'} \quad \text{(b) } \left|\frac{p}{p'} - \frac{q}{q'}\right| \quad \text{(c) } \frac{p+q}{p'+q'} \quad \text{(d) } pq' + qp'$$

zu assoziieren,

5.VI) der mit jedem Schritt

$$\text{(a) größer wird} \quad \text{(b) gleich bleibt} \quad \text{(c) kleiner wird.}$$

5.VII) Wir bemerken, dass nach der Beobachtung I und der Definition der Folge stets gilt:

(a) $0 < p_i < p'_i, 0 < q_i < q'_i$ und $p'_i, q'_i < \text{kgV}(m,n)$
(b) $0 < p_i < p'_i, 0 < q_i < q'_i$ und $p'_i > q'_i$
(c) $0 < p_i < p'_i, 0 < q_i < q'_i$ und $p_i, q_i \leq \text{ggT}(m,n)$.

Also gibt es nur endliche viele Werte für $\frac{p_i}{p'_i}$ und $\frac{q_i}{q'_i}$, die im Verlauf der Folge vorkommen können. Wegen Beobachtung VI kann ferner kein Paar $(\frac{p}{p'}, \frac{q}{q'})$ mit $\frac{p}{p'} \neq \frac{q}{q'}$ mehrfach auftreten. Folglich muss der Prozess schließlich enden.

5.5 Literatur und weitere Beispiele

Zahlreiche weitere Aufgaben zum Invarianzprinzip finden sich z. B. in [E] oder [G].
   Weitere Beispiele: 12.15, 12.16, 12.17, Aufgabe 12.19.

Literatur

[AZ] Aigner, M., Ziegler, G.: Das BUCH der Beweise. Springer, Berlin Heidelberg (2002)
[E]   Engel, A.: Problem Solving Strategies. Springer, New York (1998)
[G]   Grinberg, N.: Lösungsstrategien. Mathematik für Nachdenker. Verlag Harri Deutsch Frankfurt (2011)
[HR] Hancl, J., Rucki, P.: Increase your Mathematical Intelligence. University of Ostrava (2008)

Das Extremalprinzip ist ein Beweisprinzip, das sowohl zum Beweis von All- als auch von Existenzaussagen in Kontexten eingesetzt werden kann, in denen die fraglichen Objekte eine „Größe" haben oder in denen ihnen eine zugewiesen werden kann. Als heuristisches Prinzip rät es dazu, extremale Objekte zu betrachten, also solche, für die die assoziierte „Größe" kleinst- oder größtmöglich ist.

Beweise mithilfe des Extremalprinzips funktionieren meist auf eine der beiden folgenden Weisen[1]:

(1) Zu zeigen ist eine Existenzaussage. Das extremale Objekt ist ein Beispiel für ein Objekt der gesuchten Art oder hilft bei dessen Konstruktion.

(2) Zu zeigen ist eine Allaussage. Man nimmt das Gegenteil an, betrachtet ein extremales Gegenbeispiel und arbeitet auf einen Widerspruch (meist zur Maximalität oder Minimalität) hin. Dabei ist die Zusatzinformation, dass es sich um ein extremales Objekt handelt, häufig hilfreich. Wenn möglich, nehme man also bei solchen Widerspruchsbeweisen stets an, dass das betrachtete Gegenbeispiel in einem geeigneten Sinn minimal oder maximal ist.

Das Extremalprinzip setzt also einen Kontext voraus, in dem minimale oder maximale Objekte existieren. Einige der wichtigsten Sätze, die die Existenz extremaler Objekte garantieren, sind folgende: [[E], Kap. 3]

1. Jede nichtleere endliche Menge reeller Zahlen besitzt ein maximales und ein minimales Element.
2. Jede nichtleere Menge natürlicher Zahlen besitzt ein minimales Element.
3. Stetige Funktionen auf Kompakta nehmen ihr Minimum und ihr Maximum an.

Wir betrachten hier vor allem Anwendungsbeispiele für (1) und (2). Beispiele für (3) finden sich im Kap. 13 zur Analysis.

---

[1] Vgl. [Me] sowie [Gr], Kap. 3.

© Springer Fachmedien Wiesbaden GmbH 2017

M. Carl, *Wie kommt man darauf?*, DOI 10.1007/978-3-658-18250-2_6

6.1 Das Extremalprinzip für Mengen natürlicher Zahlen

Wir bemerken zunächst, dass jeder Beweis durch vollständige Induktion sich mithilfe der zweiten Formulierung des Extremalprinzips in einen Widerspruchsbeweis „übersetzen" lässt:

Beispiel 6.1
Es sei E eine Eigenschaft natürlicher Zahlen, die auf 1 zutrifft und so, dass E für alle $n \in \mathbb{N}$ auch auf $(n + 1)$ zutrifft, wenn es auf n zutrifft. Dann trifft E auf jede natürliche Zahl n zu.

Lösung Angenommen nicht, dann ist die Menge der Gegenbeispiele nicht leer und enthält nach (2) also ein minimales Element m. Da E nach Annahme auf 1 zutrifft, ist $m > 1$. Da m minimal ist, gilt also E für $(m - 1)$. Dann gilt E nach Annahme aber auch für $m = (m - 1) + 1$, im Widerspruch zur Annahme, dass m ein Gegenbeispiel ist. Also kann ein solches m nicht existieren und die Menge der Gegenbeispiele muss leer sein. $\square$

Beispiel 6.2 (Vgl. [G], A3.13)
Es sei $f : \mathbb{Z} \times \mathbb{Z} \to \mathbb{N}$ eine Funktion, die jedem Punkte der Ebene mit ganzzahligen Koordinaten eine natürliche Zahl zuweist. Dabei gelte für alle $x, y \in \mathbb{Z}$, dass $f(x, y) = \frac{f(x+1,y)+f(x-1,y)+f(x,y+1)}{3}$, d. h. jede der Zahlen ist das arithmetische Mittel der Zahlen, die diesen drei benachbarten Punkten zugeordnet sind. Zeige, dass f eine konstante Funktion ist.

Lösung Das Extremalprinzip weist uns darauf hin, möglichst kleine oder große Elemente zu betrachten. Es sei also nach Formulierung 2 einmal m die kleinste natürliche Zahl, die im Bild von f liegt, etwa $f(x, y) = m$. Nach Voraussetzung ist dann $m = \frac{f(x+1,y)+f(x-1,y)+f(x,y+1)}{3}$; da m minimal ist, ist $f(a, b) \geq m$ für alle $a, b \in \mathbb{Z}$, insbesondere gilt das für $(x + 1, y), (x - 1, y), (x, y + 1)$. Wir erhalten also $m = \frac{f(x+1,y)+f(x-1,y)+f(x,y+1)}{3} \geq \frac{3m}{3} = m$, wobei nur dann Gleichheit vorliegt, wenn $f(x + 1, y) = f(x - 1, y) = f(x, y + 1) = m$.
Nun folgt leicht (siehe Aufgabe 4.16), dass $f(a, b) = m$ für alle $a, b \in \mathbb{Z}$ gilt. $\square$

Auch das Extremalprinzip hat „versteckte" Anwendungen, in denen die Größe, bezüglich derer man ein extremales Objekt betrachtet, erst eingeführt werden muss.

Die folgende Strategie, um geeignete Größen zu finden, ist bei den meisten Anwendungen des Extremalprinzips zum Beweis einer Existenzaussage hilfreich: Um zu zeigen, dass ein Objekt x mit einer gewissen Eigenschaft E existiert, überlege dir einen Begriff von „Annäherung" an die fragliche Eigenschaft E, d. h. ein Mass dafür „wie sehr" ein Objekt die Eigenschaft E hat, bzw. wie „nahe es daran ist", diese Eigenschaft zu haben.[2] (Wenn z. B. die Eigenschaft E darin besteht, dass ein gewisser Term $t(x)$ verschwindet, so ist x umso besser, je kleiner $t(x)$ ist.)

Falls sich dann zeigen lässt, dass es in diesem Sinn bestmögliche Annäherungen gibt (z. B. durch eines der Prinzipien (1)–(3)), so versuche zu zeigen, dass die bestmögliche Annäherung bereits ein Objekt der gewünschten Art ist (also die Eigenschaft E hat).

Wir illustrieren diese etwas abstrakte Erklärung durch ein Beispiel:

Beispiel 6.3 ([E], Kap. 3 E14)

In einer Gruppe X von n Leuten hat jedes Gruppenmitglied höchstens 4 Feinde. Zeige, dass man die Gruppe so in zwei Teilgruppen aufspalten kann, dass in beiden Teilgruppen jeder nur höchstens zwei Feinde hat. (Wir nehmen an, dass Feindschaft symmetrisch ist: Außerdem ist niemand sein eigener Feind.)

Lösung Wir versuchen, die oben beschriebene Strategie auf unser Beispiel anzuwenden: Dazu betrachten wir Verteilungen der Gruppenmitglieder auf zwei Teilgruppen. Eine solche Verteilung ist offenbar umso besser, je weniger Feindschaften innerhalb der beiden Teilgruppen existieren. Nehmen wir das also einmal als Maß für die Qualität einer Annäherung:

Ist $X = X_1 \cup X_2$ eine Aufteilung von X in zwei Teilgruppen ($X_1 \cap X_2 = \emptyset$), so sei $F(X_1, X_2)$ die Anzahl der Paare $\{A, B\} \subseteq X$ so, dass A und B in derselben Gruppe der Aufteilung liegen (also $A, B \in X_1$ oder $A, B \in X_2$) und A und B verfeindet sind.

Offenbar ist $F(X_1, X_2)$ stets eine natürliche Zahl. Unter allen möglichen Aufteilungen von X existiert also eine, etwa $X = Y_1 \cup Y_2$, für die $F(Y_1, Y_2)$ minimal wird. Das ist unsere „bestmögliche Annäherung".

Versuchen wir nun, zu zeigen, dass die bestmögliche Aufteilung (Y_1, Y_2) bereits von der gewünschten Art ist: Dieser Teil eines Beweises mit dem Extremalprinzip funktioniert meist per Widerspruch. Angenommen nicht. Dann existieren also $A, B, C, D \in X$ so, dass A sowohl mit B als auch mit C und D verfeindet ist und A, B, C, D in derselben Komponente der Aufteilung liegen; etwa $A, B, C, D \in Y_1$. Wenn wir nun A von Gruppe Y_1 in Gruppe Y_2 stecken, hat A in seiner neuen Gruppe höchstens noch einen Feind (insgesamt hat er ja höchstens 4, und drei davon hat er in Gruppe Y_1); andererseits gibt es in Y_1 nun drei Feindschaften weniger. Ist (Z_1, Z_2) die neue Aufteilung mit verschobenem A, so ist also $F(Z_1, Z_2) \leq F(Y_1, Y_2) - 2 < F(Y_1, Y_2)$, was der Minimalität von (Y_1, Y_2) widerspricht. Also muss unsere Annahme falsch gewesen sein und (Y_1, Y_2) ist tatsächlich eine Aufteilung mit der gewünschten Eigenschaft. $\square$

---

[2] Für eine ausführlichere Darstellung dieses Ansatzes mit zahlreichen Beispielen siehe [Gr], Kap. 10.

Bemerkung Auch Anwendungen des Zornschen Lemmas können in diesem Sinn als Anwendungen des Extremalprinzips aufgefasst werden. Siehe dazu das letzte Kapitel.

6.2 Das Extremalprinzip für Mengen reeller Zahlen

Beispiel 6.4
Gegeben sind endlich viele reelle Zahlen $x_1, \ldots, x_n$ so, dass das Quadrat jeder dieser Zahlen als Summe von Quadraten von mindestens zwei anderen dieser Zahlen dargestellt werden kann. Zeige: Mindestens eines der x_i ist gleich 0.

Lösung Andernfalls sei x_i diejenige unter den Zahlen $x_1, \ldots, x_n$ mit dem kleinsten Quadrat. OBdA sei $i = 1$. Dann existieren $x_{i_1}, \ldots, x_{i_k}$ so, dass $x_1^2 = x_{i_1}^2 + \ldots + x_{i_k}^2$, und da Quadrate von 0 verschiedener reeller Zahlen positiv sind, ist $x_{i_1}^2 = x_1^2 - x_{i_2}^2 - \ldots - x_{i_k}^2 < x_1^2$, ein Widerspruch. $\square$

Wir geben auch für diese Variante noch zwei „versteckte" Anwendungen:

Das folgende Beispiel ist ein Klassiker unter den Anwendungen des Extremalprinzips, und zugleich eines der eindrucksvollsten Beispiele für dessen Wirksamkeit, das in keiner Darstellung des Extremalprinzips fehlen darf. Die Frage, das sogenannte „Sylvesterproblem", wurde im Jahr 1893 gestellt und erst 40 Jahre später im Jahr 1944 von T. Gallai gelöst. Mit dem folgenden Beweis von L. Kelly unter Verwendung des Extremalprinzips geht es sehr schnell und einfach.[3]

Beispiel 6.5 ([AZ], Kap. 8; [E], Kap. 3, E10; [G], Bsp. 3.12)
Es sei $\mathcal{M}$ eine Menge von Punkten in der Ebene mit folgender Eigenschaft: Sind $P, Q \in \mathcal{M}$, so existiert ein weiterer Punkt $R \in \mathcal{M}$, der auf der Geraden $\overline{PQ}$ liegt. Zeige, dass dann alle Elemente von $\mathcal{M}$ auf einer Geraden liegen.

Lösung Wir versuchen es mit einem Widerspruchsbeweis und nehmen an, dass nicht alle Punkte in $\mathcal{M}$ auf einer Geraden liegen. In diesem Fall existieren also drei Punkte $P_1, P_2, P_3 \in \mathcal{M}$ so, dass P_3 nicht auf $\overline{P_1 P_2}$ liegt – und folglich ist der Abstand von P_3 zu $\overline{P_1 P_2}$ positiv. Bezeichnet $\mathcal{D}$ die Menge aller positiven Abstände, die ein Element von $\mathcal{M}$ von einer Geraden durch zwei andere Elemente von $\mathcal{M}$ hat. Wir wir gerade gesehen haben, ist $\mathcal{D}$ nicht leer. Da $\mathcal{M}$ endlich ist, gibt es auch nur endlich viele Geraden durch

---

[3] Für die Geschichte des Sylvesterproblemes siehe http://mathworld.wolfram.com/SylvestersLineProblem.html.

zwei Elemente von $\mathcal{M}$ und damit auch nur endlich viele positive Abstände von Punkten in $\mathcal{M}$ zu solchen Geraden. $\mathcal{D}$ ist also eine nichtleere, endliche Menge von reellen Zahlen und besitzt nach Formulierung 2 des Extremalprinzips also ein kleinstes Element d.

Es seien nun $P, Q, R \in \mathcal{M}$ so, dass der Abstand von R zu $\overline{PQ}$ gleich d ist. Außerdem sei F derjenige Punkt auf $\overline{PQ}$, zu dem R diesen kleinsten Abstand d hat (also der Schnittpunkt von $\overline{PQ}$ mit der zu $\overline{PQ}$ senkrecht verlaufenden Geraden, die durch R geht). Nach Annahme über $\mathcal{M}$ existiert mindestens ein weiterer Punkt $Q' \in \mathcal{M}$, der auf $\overline{PQ}$ liegt. Nach dem Schubfachprinzip liegen nun von den drei Punkten P, Q, Q' mindestens zwei auf derselben Seite von F; OBdA mögen etwa P und Q links von F liegen, und zwar von links nach rechts in dieser Reihenfolge, wie im Bild angedeutet. Es ist nun aber nicht schwer zu sehen, dass der Abstand d' von Q zu $\overline{PR}$ dann (positiv und) kleiner ist als d, was der Minimalität von d widerspricht.

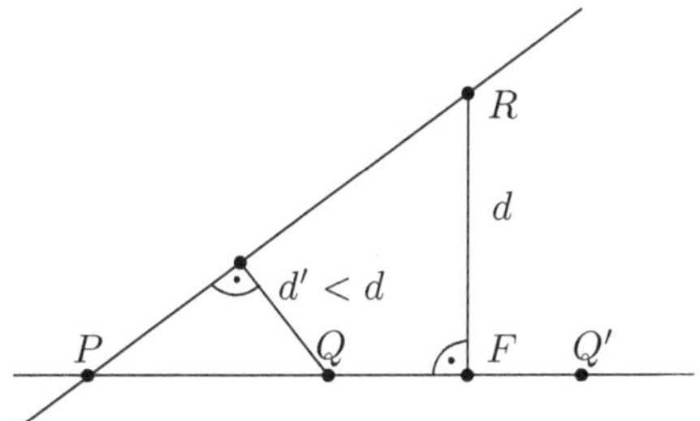

$\square$

Beispiel 6.6 ([E], Kap. 3, A9)

Es sei K eine kompakte Teilmenge des $\mathbb{R}^3$ mit folgender Eigenschaft: Ist E eine Ebene, so ist $E \cap K$ ein Kreis. Zeige, dass K ein Sphäre (d. h. die Oberfläche einer Kugel) ist.

Lösung **Gehe auf die Definition zurück!** K ist eine Sphäre, wenn es einen Punkt P gibt, von dem alle Punkte von K den gleichen Abstand d haben und so, dass alle Punkte, die von P den Abstand d haben, zu K gehören. Wenn wir das zeigen wollen, brauchen wir einen guten Kandidaten für einen „Mittelpunkt von K", wobei K zunächst eine beliebige kompakte Menge ist. Wie finden wir so einen Punkt?

Eine geometrische Charakterisierung des Mittelpunktes einer Sphäre B lautet: Ist S eine Sehne (d. h. eine Verbindungslinie zwischen zwei Punkten von B) maximaler Länge, so ist der Mittelpunkt von S auch der Mittelpunkt von B.

Diese Charakterisierung ergibt auch für beliebige kompakte Mengen einen gewissen Sinn: Da K kompakt ist, ist auch $K \times K$ kompakt, die Funktion, die zwei Elementen $x, y \in K$ ihren Abstand $|x - y|$ zuordnet ist stetig und nimmt auf $K \times K$ also nach Formulierung (3) des Extremalprinzips ihr Maximum an. Folglich existieren zwei Punkte $A, B \in K$ so, dass die Verbindungslinie S zwischen ihnen unter allen Sehnen von K maximale Länge hat. Sei M ihr Mittelpunkt.[4] Das ist unser Kandidat für den „Mittelpunkt" von K. Sei d der Abstand von M zu A (bzw. zu B).

Wir wollen nun zeigen, dass M von jedem Punkt von K den Abstand d hat. Sei also C ein beliebiger Punkt auf K außer A und B. Wir betrachten die Ebene E durch die drei Punkte A, B, C. Nach Annahme ist der Schnitt von E mit K ein Kreis K'; außerdem liegen A, B und C beide in E und in K und folglich auch in K'. In K' muss S eine maximale Sehne sein (denn jede Sehne von K' ist auch eine Sehne von K). Also ist M der Mittelpunkt von K' und hat also von C den gleichen Abstand wie von A bzw. B, nämlich d.

Ist andererseits C ein Punkt im Raum, der von M den Abstand d hat, so betrachten wir wieder die Ebene E durch A, B, C und deren Schnitt B mit K, der wieder ein Kreis ist. Also liegt C auf B und gehört damit insbesondere zu K.   □

Weitere Anwendungen des Extremalprinzips auf Mengen reeller Zahlen finden sich im Kap. 13 zur Analysis.

Eine zentrale Rolle spielt das Extremalprinzip auch in der Mengenlehre, wo Allaussagen oft durch Widerspruch über $\in$-minimale Gegenbeispiele bewiesen werden.

6.3   Unendlicher Abstieg

Es gibt noch eine andere Art, das Extremalprinzip zum Beweis von Allaussagen aufzufassen: Will man zeigen, dass alle Elemente aus einer gewissen Menge X die Eigenschaft E haben, so zeige man, dass es zu jedem Element $x \in X$, das die Eigenschaft E nicht hat, noch ein „kleineres" Element von X geben muss, das die Eigenschaft E auch nicht hat. Wenn die Objekte dabei z. B. natürliche Zahlen sind oder mit natürlichen Zahlen assoziiert werden können, erreicht man so einen Widerspruch.

Bei entsprechenden Beweisen mit dem Extremalprinzip versucht man, zum angeblich kleinsten Gegenbeispiel ein noch kleineres zu konstruieren und dadurch einen Widerspruch zu erreichen. Man hat dabei also die zusätzliche Bedingung zur Verfügung, dass das Objekt, mit dem man arbeitet, minimal ist. Diese Annahme fehlt bei Argumenten mit unendlichem Abstieg. Trotzdem ist der unendliche Abstieg als heuristisches Prinzip häufig hilfreich (z. B. dann, wenn die Minimalitätsannahme bei der Konstruktion eines kleineren Objektes eher ablenkt als hilft).

Wir betrachten eine typische Anwendung:

Beispiel 6.7
Zeige, dass $\sqrt{2}$ irrational ist. Anders gesagt: Zeige, dass die Gleichung $a^2 = 2b^2$ keine Lösung mit $a, b \in \mathbb{N}$ hat.

---

[4] Beachte, dass wir an dieser Stelle nicht davon ausgehen können, dass M von der Wahl von A und B unabhängig ist.

Lösung Wir versuchen, den unendlichen Abstieg anzuwenden, indem wir zeigen, dass zu einer solchen Lösung (a, b) immer noch eine in irgend einem Sinn „kleinere" existieren muss. Was „kleiner" hier genau heißen sollte, überlegen wir uns im Verlauf unserer Untersuchung.

Angenommen also, a und b sind natürliche Zahlen mit $a^2 = 2b^2$. Versuchen wir, möglichst viel über a und b herauszufinden – das sollte uns bei der Suche nach einer „kleineren" Lösung helfen! Zunächst ist a^2 offenbar gerade. Da a eine natürliche Zahl ist (und Quadrate ungerader Zahlen stets ungerade sind), muss dann auch a gerade sein. **Mache die Daten so konkret wie möglich!** Sei etwa $a = 2a'$. Dann ist also $a^2 = 4(a')^2$. Damit folgt aber $b^2 = 2(a')^2$, also ist auch b gerade! Sei $b = 2b'$. Damit erhalten wir $4(a')^2 = 2 \cdot 4(b')^2$, oder $(a')^2 = 2(b')^2$. (a', b') ist also auch eine Lösung, und besteht jeweils aus den Hälften von a und b. Das ist sicherlich eine „kleinere" Lösung, wenn wir die Lösungen z. B. nach ihrer ersten Komponente sortieren (oder nach der Summe ihrer Komponenten).

Damit können wir den Beweis nun so beenden: Sei $(a, b) \in \mathbb{N}^2$ eine Lösung mit minimalem a. Dann existiert nach dem Argument oben eine zweite Lösung $(a', b') \in \mathbb{N}^2$ mit $a' < a$, ein Widerspruch. Also existiert keine solche Lösung. $\qquad\qquad\square$

Der unendliche Abstieg wird häufig auf diese Weise verwendet, um zu zeigen, dass gewisse diophantische Gleichungen keine Lösungen besitzen bzw. dass durch sie definierte Zahlen irrational sind (siehe Aufgaben 6.6, 6.7, 6.9). Wir geben noch eine hübsche Anwendung anderer Art:

> **Beispiel 6.8 ([E], Kap. 14.3, E2)**
> Zeige: Es existiert kein reguläres Fünfeck in der Ebene, dessen sämtliche Eckpunkte nur ganzzahlige Koordinaten haben.

Lösung Angenommen doch. Zu jedem Punkt mit ganzzahligen Koordinaten gehört ein Vektor mit ganzzahligen Komponenten. Addiert man zwei solche Vektoren, so erhält man wieder einen Vektor mit ganzzahligen Komponenten. Es seien nun $e_1, \ldots, e_5$ die zu den Eckpunkten des Fünfecks gehörigen Vektoren. Wir betrachten die Vektoren $e_1' := e_1 + (e_4 - e_5)$, $e_2' := e_2 + (e_5 - e_1)$, $e_3' := e_3 + (e_1 - e_2)$, $e_4' := e_4 + (e_2 - e_3)$ und $e_5' := e_5 + (e_3 - e_4)$. Wie man sich leicht vergewissert, handelt es sich wieder um 5 Punkte mit ganzzahligen Koordinaten, die ein regelmäßiges Fünfeck bilden.

Es ist nun Aufgabe 6.7, den Beweis zu einem Beweis mit der Methode des unendlichen Abstiegs zu vervollständigen. $\qquad\qquad\square$

Bemerkung Induktion, das Extremalprinzip und unendlicher Abstieg sind sehr eng verwandte Prinzipien. Wie Beispiel 6.1 zeigt, lässt insbesondere jedes Induktionsargument sich auch als Extremalargument verstehen. Die drei Prinzipien unterscheiden sich in heuristischer Hinsicht dennoch, und zwar in den Herangehensweisen, die sie nahe legen: Bei Induktionsbeweisen schreitet man von kleineren Objekten zu größeren fort, beim unendlichen Abstieg versucht man, größere auf kleinere zu reduzieren, und bei Extremalbeweisen versucht man die Annahme eines minimalen Gegenbeispiels zu einem Widerspruch zu führen. Es lohnt sich also, alle drei Strategien zu kennen und ihren Einsatz zu üben (siehe auch Aufgabe 6.18).

6.4 Aufgaben

Aufgabe 6.1 Bestimme alle rationalen Lösungen der Gleichung $q^3 + q^2 + q + 1 = q$ oder zeige, dass es keine gibt.[5]

Aufgabe 6.2
(a) [IMO Shortlist 1988, A4] Die natürlichen Zahlen $1, 2, \ldots, n^2$ sind (ohne Wiederholung) in beliebiger Reihenfolge in die Kästchen eines $n \times n$-Quadrates eingetragen. Zwei Felder „berühren" einander, wenn sie eine gemeinsame Kante oder einen gemeinsamen Eckpunkt haben (also horizontal, vertikal oder diagonal „benachbart" sind). Zeige: Es existieren zwei Felder, die einander berühren und für die die (betragsmäßige) Differenz der in sie eingetragenen Zahlen $\geq n + 1$ ist.
(b) In der Situation von (a) heißen zwei Felder „benachbart", falls sie eine gemeinsame Kante haben. Zeige: Es existieren zwei benachbarte Felder, für die die (betragsmäßige) Differenz der in sie eingetragenen Zahlen $\geq \frac{n^2-1}{2n-1}$ ist.
    Wir betrachten nun ein $m \times n$-Rechteck, in dessen Felder die natürlichen Zahlen $1, 2, \ldots, mn$ in beliebiger Reihenfolge (ohne Wiederholung) eingetragen wurden.
(c) Finde (in Abhängigkeit von m und n) ein möglichst großes $k(m, n) \in \mathbb{N}$ so, dass zwei benachbarte Felder existieren müssen, für die die (betragsmäßige) Differenz der in sie eingetragenen Zahlen $\geq k(m, n)$ ist.
(d) Finde (in Abhängigkeit von m und n) ein möglichst großes $r(m, n) \in \mathbb{N}$ so, dass zwei einander berührende Felder existieren müssen, für die die (betragsmäßige) Differenz der in sie eingetragenen Zahlen $\geq r(m, n)$ ist.

Aufgabe 6.3 (vgl. [L], A1.11.5) Es sei p ein Polynom mit reellen Koeffizienten, geradem Grad und führendem Koeffizienten 1 so, dass für alle $x \in \mathbb{R}$ gilt, dass $p(x) + p'(x) \geq 0$. Zeige: Für alle $x \in \mathbb{R}$ ist $p(x) \geq 0$.

Aufgabe 6.4 (IMC 2003, Tag 2, A3) Es sei $n \in \mathbb{N}$, $\emptyset \neq A \subseteq \mathbb{R}^n$ abgeschlossen und B die Menge aller $b \in \mathbb{R}^n$, für die es genau einen Punkt $a_0 \in A$ gibt mit $|a_0 - b| = \inf_{a \in A} |a - b|$. Zeige, dass B dicht in $\mathbb{R}^n$ ist.[6]

---

[5] Diese Aufgabe erfordert ein wenig Zahlentheorie (vgl. Kap. 11).
[6] Tipp: Für einen Punkt $b \notin B$ betrachte eine abgeschlossene Kreisscheibe K vom Radius $\varepsilon > 0$ um b und einen Punkt in K, der von allen Punkten in K den kleinsten Abstand zu A hat.

Aufgabe 6.5 ([E], Kap. 3, E11) In Sikinien gibt es n Städte, und zwischen je zwei Städten A und B fließt ein Fluss. Zeige, dass es eine sikinische Stadt A gibt, von der aus man sich in jede andere sikinische Stadt entweder direkt oder über höchstens eine weitere Stadt C treiben lassen kann.

Aufgabe 6.6

(a) [vgl. [G], A3.9] Zeige: $x^2 + y^2 = 11xy$ hat keine ganzzahligen Lösungen außer $(0, 0)$.

(b) [[M], A66] Zeige: $x^2 + y^2 + z^2 = 2xyz$ hat keine ganzzahligen Lösungen außer $(0, 0, 0)$.

Aufgabe 6.7 ([E], Kap. 14.2, E2)

(a) Beende den Beweis von Beispiel 6.8.

(b) Zeige: Es existiert kein reguläres Siebeneck in der Ebene, dessen sämtliche Eckpunkte nur ganzzahlige Koordinaten haben.

(c) Es sei $n > 6$. Zeige: Es existiert kein reguläres n-Eck in der Ebene, dessen sämtliche Eckpunkte nur ganzzahlige Koordinaten haben.

Aufgabe 6.8 ([E], Kap. 14.2, A14) Der Satz über die Klassifikation der primitiven pythagoreischen Zahlentripel sagt: Sind $x, y, z \in \mathbb{N}$ paarweise teilerfremd sind und so, dass $x^2 + y^2 = z^2$, so existieren $u, v \in \mathbb{N}$ mit $x = u^2 - v^2$, $y = 2uv$ und $z = u^2 + v^2$. Wir nehmen diesen Satz nun ohne Beweis an. Zeige, dass dann die Gleichung $a^4 + b^4 = c^2$ keine Lösung mit $a, b, c \in \mathbb{N}$ hat.

Aufgabe 6.9 (vgl. [E], Kap. 14.2, E1) Zeige: Die Gleichung $x^n = x + 1$ hat für $n \geq 2$ keine rationale Lösung.

Aufgabe 6.10

(a) Gegeben ist eine Gruppe von n Leuten, in der jeder von ihnen höchstens $2k + 1$ Feinde hat. Zeige, dass man sie so in zwei Gruppen so aufteilen kann, dass jeder $\leq k$ Feinde in der eigenen Gruppe hat.

(b) Gegeben ist eine Gruppe von n Leuten, in der jeder höchstens k Feinde hat, ferner $z \in \mathbb{N}$. Zeige, dass man sie so in z Gruppen aufteilen kann, dass jeder $\leq [\frac{k}{z}]$ Feinde in der eigenen Gruppe hat.

Aufgabe 6.11 Gib heuristische Rekonstruktionen für die Lösungen der Beispiele 6.4 und 6.5 an.

Aufgabe 6.12 Es sei $f : \mathbb{Z}^3 \to \mathbb{N}$ eine Funktion so, dass für alle $x, y, z \in \mathbb{Z}$ gilt:

$$f(x, y, z) = \frac{f(x, y, z)}{\sqrt{\dfrac{f(x+1, y, z)^2 + f(x-1, y, z)^2 + f(x, y+1, z)^2 + f(x, y-1, z)^2 + f(x, y, z+1)^2 + f(x, y, z-1)^2}{6}}}.$$

Zeige, dass f konstant ist.

Aufgabe 6.13 ([E], Kap. 3, E4) Es sei $n \in \mathbb{N}$. Gegeben seien n Häuser und n Brunnen in der Ebene, davon keine drei auf einer Geraden. Zeige, dass es eine Möglichkeit gibt, zwischen jeweils einem Haus und einem Brunnen eine gerade Leitung zu legen, so dass die Leitungen einander nirgends kreuzen.

Aufgabe 6.14 (Vgl. [E], Kap. 14.2) Es seien $a_1, \ldots, a_{3n+1}$ natürliche Zahlen mit folgender Eigenschaft: Entfernt man ein beliebiges der a_i, so lassen sich die übrigen $3n$ Zahlen so in drei Teilmengen mit je n Elementen aufteilen, dass die Summe über die Elemente für alle drei Teilmengen gleich ist. Zeige, dass alle diese Zahlen gleich sein müssen.

Aufgabe 6.15 Es seien $(a_i : i \in \mathbb{N})$ und $(b_i : i \in \mathbb{N})$ zwei Folgen natürlicher Zahlen. Zeige: Es existieren $i, j \in \mathbb{N}$ mit $i < j$ so, dass $a_i \leq a_j$ und $b_i \leq b_j$.

Aufgabe 6.16 Es sei R ein kommutativer Ring mit 1. Ein Ideal[7] I von R heißt „Primideal", falls für alle $a, b \in R$ mit $ab \in I$ schon gilt, dass $a \in I$ oder $b \in I$. Ein Ideal heißt „radikales Ideal", falls für alle $a \in R$ und $n \in \mathbb{N}$ mit $a^n \in I$ schon gilt, dass $a \in I$.

Zeige: Jedes Primideal ist ein radikales Ideal.

Aufgabe 6.17 Zeige: Unter den Voraussetzungen von Beispiel 6.4 sind alle x_i gleich 0 oder zwei von 0 verschiedene sind gleich.

Aufgabe 6.18 Formuliere die Lösungen von Beispiel 6.7 und Aufgabe 6.6 als Induktionsbeweise. Vergleiche, ob diese oder die ursprünglichen Beweise mit unendlichem Abstieg wohl leichter zu finden sind.

Aufgabe 6.19 Es sei $I_1, I_2, \ldots, I_n$ eine Folge abgeschlossener reeller Intervalle so, dass $I_k \cap I_{k+1}$ für $1 \leq k \leq n-1$ und $I_n \cap I_1$ nicht leer sind. Zeige: Es existiert ein Punkt, der in mindestens drei der Intervalle enthalten ist.

(Tipp: Zeige zunächst, dass die Eigenschaft erfüllt ist, wenn eines der Intervalle Teilmenge eines anderen ist. Nimm dann an, dass das nicht der Fall ist, wähle das Intervall I mit dem am weitesten links gelegenen linken Endpunkt und betrachte den rechten Endpunkt dieses Intervalls).

6.4.1 Multiple Choice

Beantworte die folgenden Multiple-Choice-Fragen. In jedem Fall ist mindestens eine Antwort richtig und mindestens eine falsch. Es können aber mehrere Antworten richtig sein.

6.I) Bei welchen der folgenden Aussagen liegt der Versuch nahe, das Extremalprinzip im Beweis einzusetzen?

---

[7] Siehe Kap. 14 für den Begriff des Ideals.

(a) Jede differenzierbare Funktion $f : [0, 1] \to \mathbb{R}$ ist stetig.

(b) Für alle $x, y, z \in \mathbb{R}^+$ ist $\sqrt[3]{xyz} \le \frac{x+y+z}{3}$.

(c) Jede natürliche Zahl > 1 ist durch eine Primzahl teilbar.

(d) Eine quadratische Matrix ist genau dann invertierbar, wenn die Menge ihrer Zeilen linear unabhängig ist.

6.II) Welche der folgenden Aussagen sind wahr?

(a) Jede nichtleere Menge reeller Zahlen besitzt ein kleinste obere Schranke.

(b) Jede nichtleere Menge reeller zahlen besitzt eine untere Schranke.

(c) Jede endliche Menge rationaler Zahlen enthält ein kleinstes und ein größtes Element.

(d) Jede Menge natürlicher Zahlen besitzt ein kleinstes Element.

Wir betrachten die folgende Aufgabe [vgl. [E], Kap. 3, A7]:

Mindestens zwei Personen sitzen im Lesesaal einer Bibliothek, als ein Handy klingelt. Darauf dreht jede(r) sich zu der Person um, die ihm oder ihr am nächsten sitzt (die Abstände zwischen den Personen sind paarweise verschieden) und sieht ihn oder sie vorwurfsvoll an. Zeige, dass es zwei Personen gibt, die einander danach ansehen.

Beweis Da es um Abstände geht, liegt es nahe, zu je zwei Personen deren Abstand zu betrachten.

6.III) Diese Abstände bilden stets

(a) eine unendliche Menge natürlicher Zahlen

(b) eine endliche oder unendliche Menge rationaler Zahlen

(c) eine leere Menge reeller Zahlen

(d) eine endliche, nichtleere Menge reller Zahlen.

6.IV) Wir verwenden nun das Extremalprinzip, wie zu Beginn des Kapitels erläutert. Nach Formulierung ...

(a) (1) existiert in der Menge der Abstände ein Minimum

(b) (2) existiert in der Menge der Abstände ein Minimum

(c) (3) existiert in der Menge der Abstände ein Maximum

(d) (1) existiert in der Menge der Abstände ein Maximum.

6.V) Seien P_1 und P_2 zwei Personen mit diesem extremalen Abstand. Dann ...

(a) sehen P_1 und P_2 einander an und sind also wie gewünscht.

(b) kann man P_1 und P_2 aus der Menge der Personen entfernen und auf die verbliebenen Personen Induktion anwenden.

(c) existiert eine dritte Person P_3 so, dass P_1 und P_3 oder P_2 und P_3 einander ansehen.

6.5 Literatur und weitere Beispiele

Zahlreiche Aufgaben zum Extremalprinzip und zum unendlichen Abstieg finden sich z. B. in [E], [G], [Me] sowie in [TW]. Eine gute heuristische Erläuterung mit zahlreichen Beispielen ist Kap. 10 von [Gr].

Weitere Beispiele: 9.5, 10.3, 10.4, 10.5, 12.13, 12.14, 13.5, 13.6, 13.7, Aufgabe 9.3(a).

Literatur

[AZ]   Aigner, M., Ziegler, G.: Das BUCH der Beweise. Springer, Berlin Heidelberg (2002)

[E]   Engel, A.: Problem Solving Strategies. Springer, New York (1998)

[G]   Grinberg, N.: Lösungsstrategien. Mathematik für Nachdenker. Verlag Harri Deutsch Frankfurt (2011)

[Gr]   Grieser, D.: Mathematisches Problemlösen und Beweisen. Eine Entdeckungsreise in die Mathematik. Springer Wiesbaden (2013)

[IMC]   International Mathematics Competition. Die Aufgaben sind online verfügbar unter www.imc-math.org

[IMO]   Internationale Mathematik-Olympiade. Die Aufgaben sind online verfügbar unter https://www.imo-official.org/problems.aspx

[L]   Larson, L.: Problem-Solving Through Problems. Springer, New York (1983)

[M]   Möller, H.: Elementare Zahlentheorie und Problemlösen. Kompass-Buch. https://wwwmath.uni-muenster.de/u/mollerh/data/ZtPP.pdf (2008). Zugegriffen 04.04.2017.

[Me]   Meier, F.: Das Extremalprinzip. In: Meier, F. (Hrsg.): Mathe ist cool! – junior: Eine Sammlung mathematischer Probleme. Cornelsen Verlag (2003)

[TW]   Tat-Wing, L.: The method of infinite descent. Mathematical Excalibur **10**(4), 1–4 (2005)

Viele zunächst unzugänglich allgemein wirkende Aufgaben lassen wichtige Hinweise auf ihre Lösung erkennen, wenn man systematisch Spezialfälle betrachtet. In den Spezialfällen lassen sich oft Zusammenhänge und Regelmäßigkeiten feststellen, die einen Zugang zur Aufgabe eröffnen, z. B. für einen Beweis nützliche Hilfsbehauptungen nahelegen. Außerdem lässt sich durch systematisches Betrachten von Spezialfällen ein Hinweis auf die Richtigkeit einer Vermutung gewinnen, ehe man sich an einen Beweisversuch macht.

In diesem Kapitel geht es darum, zu gegebenen Fragen systematische Beobachtungen anzustellen und auf dieser Grundlage Ergebnisse zu raten bzw. zu überprüfen. Wir werden daher die meisten Ergebnisse in diesem Kapitel nicht beweisen. In unseren Beispielen in Abschnitt 1 sind die Beweise auch alle nicht mehr schwierig, wenn man das richtige Ergebnis erst einmal geraten hat. Es ist Aufgabe 7.15, die fehlenden Beweise noch zu ergänzen.

Eine Betrachtung mit zahlreichen hervorragenden Beispielen zum Thema Beobachtung in der Mathematik findet sich in [P2], dem wir auch die Begriffe der „suggestiven" und „prüfenden" (dort: stützenden) Beobachtung verdanken. Die Suche nach Mustern als Lösungsstrategie wird ferner in [L], Kap. 1.1 betrachtet.

7.1 Suggestive Beobachtung

Die suggestive Beobachtung hilft zunächst besonders bei Aufgaben, bei denen nach einem Ausdruck für eine von einem natürlichzahligen Parameter abhängige Größe gefragt ist. Die Herangehensweise besteht darin, Spezialfälle zu betrachten, etwa die fragliche Größe für verschiedene Werte des Parameters auszurechnen, und zu versuchen, ein Muster zu erkennen, das eine Antwort nahelegt. Im nächsten Schritt geht es dann darum, zu beweisen, dass das beobachtete Muster tatsächlich immer vorliegt. Für solche Beweise bietet sich oft die vollständige Induktion an.

© Springer Fachmedien Wiesbaden GmbH 2017

M. Carl, *Wie kommt man darauf?*, DOI 10.1007/978-3-658-18250-2_7

Weiter hilft die suggestive Beobachtung dabei, für einen Beweis nützliche Hilfsbehauptungen aufzuspüren, wie z. B. bei einem Induktionsbeweis eine verallgemeinerte oder verstärkte Induktionsbehauptung (vgl. Kap. 4).

Besonders bietet sich die suggestive Beobachtung als Ansatz an, wenn für rekursiv oder anderweitig indirekt definierte Folgen eine explizite Vorschrift gesucht ist.

Beispiel 7.1
Bestimme $\sum_{i=0}^{n} 2^i$ in Abhängigkeit von $n \in \mathbb{N}$.

Lösung Um eine Vorschrift zu raten, legen wir eine Tabelle mit den ersten Spezialfällen an:

$$\begin{pmatrix} n & 0 & 1 & 2 & 3 & 4 \\ \sum_{i=0}^{n} 2^i & 1 & 3 & 7 & 15 & 31 \end{pmatrix}$$

In der unteren Reihe fällt auf, dass sich die Werte in jedem Schritt „ungefähr" verdoppeln. Da liegt es nahe, einmal den k-ten Wert mit 2^k zu vergleichen. Wir erhalten:

$$\begin{pmatrix} n & 0 & 1 & 2 & 3 & 4 \\ \sum_{i=0}^{n} 2^i & 1 & 3 & 7 & 15 & 31 \\ 2^n & 2 & 4 & 8 & 16 & 32 \end{pmatrix}$$

Das legt eine Vermutung nahe: Es ist $\sum_{i=1}^{n} 2^i = 2^n - 1$. Und jetzt, wo man sie einmal hat, ist es auch nicht mehr schwierig, sie mit vollständiger Induktion zu beweisen. $\square$

Bemerkung In diesem Beispiel haben wir eine wichtige Ratestrategie kennen gelernt: Um das Bildungsgesetz hinter einer Zahlenfolge zu erraten, versuche zunächst, ein Bildungsgesetz für eine Folge zu finden, die der gegebenen „einigermaßen nahe" ist, und betrachte anschließend die Differenz.

Beispiel 7.2 ([E], Kap. 8, Bsp. 3)
Es sei F_i die i-te Fibonaccizahl (d. h. $F_0 = F_1 = 1$, $F_{n+2} = F_{n+1} + F_n$). Bestimme $D_n := \sum_{i=0}^{n} F_i^2$ in Abhängigkeit von n.

Lösung Wieder beginnen wir damit, einige Werte von D_n auszurechnen. Dabei halten wir zugleich die Fibonaccizahlen und ihre Quadrate mit fest – es ist zu erwarten, dass diese

Werte hilfreich sind.

$$\begin{pmatrix} n & 0 & 1 & 2 & 3 & 4 & 5 & 6 & 7 \\ F_n & 1 & 1 & 2 & 3 & 5 & 8 & 13 & 21 \\ F_n^2 & 1 & 1 & 4 & 9 & 25 & 64 & 169 & 441 \\ D_n & 1 & 2 & 6 & 15 & 40 & 104 & 273 & 714 \end{pmatrix}$$

Ein wenig Probiererei ist schon erforderlich, bis auffällt: Es ist $1 = 1 \cdot 1, 2 = 1 \cdot 2,$ $6 = 2 \cdot 3, 15 = 3 \cdot 5, 40 = 5 \cdot 8, 104 = 8 \cdot 13.$

Aber nun liegt die Vermutung nahe: Es ist $D_n = F_n F_{n+1}.$

Und das mit Induktion zu beweisen, ist auch nicht mehr schwierig. $\qquad\qquad\square$

Summen variabler Länge sind besondere Fälle rekursiv definierter Folgen. Die Betrachtung von Spezialfällen empfiehlt sich insgesamt bei Aufgaben, in denen nach einer expliziten Bildungsvorschrift für eine rekursiv definierte Folge gesucht ist. Wir betrachten auch hierzu ein Beispiel:

Beispiel 7.3
Eine Folge natürlicher Zahlen ist rekursiv gegeben durch $a_0 = 1$ und $a_k = 2^k - a_{k-1}$. Finde eine explizite Vorschrift, um a_k aus k zu bestimmen.

Lösung Um ein Bildungsgesetz raten zu können, berechnen wir die ersten Folgenglieder:

$$\begin{pmatrix} n & 0 & 1 & 2 & 3 & 4 & 5 & 6 & 7 & 8 \\ a_n & 1 & 1 & 3 & 5 & 11 & 21 & 43 & 85 & 171 \end{pmatrix}$$

Eine explizite Bildungsvorschrift springt hier vielleicht nicht sofort in die Augen. Was aber auffällt, sind weitere rekursive Regeln. Auch auf solche sollte man achten – vielleicht sind sie ja leichter aufzulösen als die ursprüngliche.

In unserem Fall legt die Tabelle die Vermutung nahe: Um von a_k auf a_{k+1} zu kommen, wird zuerst mit 2 multizipliziert und dann abwechselnd 1 addiert oder subtrahiert.

Einfacher wäre es, wenn wir dieses „abwechselnd" noch los werden könnten und immer das gleiche (aber einfachere) Bildungsgesetz vorläge. Tatsächlich ist das auch nicht weiter schwierig: Es ist $2(2x - 1) + 1 = 4x - 1$ und $2(2x + 1) - 1 = 4x + 1$. Zerlegt man die Folge also in die Folgenglieder mit geradem bzw. ungeradem Index, so hat man es mit zwei Folgen zu tun, wobei man bei der einen Folge vom einen Glied zum nächsten kommt, indem man mit 4 multipliziert und dann 1 abzieht, bei der anderen mit 4 multipliziert und dann 1 addiert.

Das legt es nahe, die Folgen zu betrachten, die durch $b_0 = 1$ und $b_{k+1} = 4b_k + 1$ bzw. $c_0 = 1$ und $c_{k+1} = 4c_k - 1$ gegeben sind.

Bilden wir in $(b_k : k \in \mathbb{N}_0)$ die ersten Folgenglieder, ohne sie auszurechnen[1], erhalten wir:

$b_0 = 1(= 4^0)$, $b_1 = 4 + 1$, $b_2 = 4(4 + 1) = 4^2 + 4 + 1$, $b_3 = 4(4^2 + 4 + 1) + 1 = 4^3 + 4^2 + 4 + 1$. Wie es aussieht, ist $b_k = \sum_{i=0}^{k} 4^i$. Hierfür kennt man entweder eine explizite Vorschrift oder sie lässt sich – ähnlich wie in Beispiel 7.1 – wiederum durch Beobachten, Raten und Beweisen finden: $\sum_{i=0}^{k} 4^i = \frac{4^{k+1}-1}{3}$. Wir vermuten also in Bezug auf die Folgenglieder mit ungeradem Index: $a_{2k+1} = b_k = \frac{4^{k+1}-1}{3}$.

Analog sehen wir: $c_0 = 1(= 4^0)$, $c_1 = 4 - 1$, $c_2 = 4(4 - 1) - 1 = 4^2 - 4 - 1$, $c_3 = 4(4^2 - 4 - 1) - 1 = 4^3 - 4^2 - 4 - 1$, $c_4 = 4(4^3 - 4^2 - 4 - 1) - 1 = 4^4 - 4^3 - 4^2 - 4 - 1$. Das legt die Vermutung $c_k = 4^k - \sum_{i=0}^{k-1} 4^i$ nahe. Mit $\sum_{i=0}^{k-1} 4^i = \frac{4^k-1}{3}$ ist die Vermutung also $c_k = 4^k - \frac{4^k-1}{3}$. Mithin vermuten wir in Bezug auf die Folgenglieder mit geradem Index: $a_{2k} = c_k = 4^k - \frac{4^k-1}{3}$.

Damit haben wir einen Kandidaten für eine explizite Vorschrift geraten, der sich durch erneute Prüfung an den oben ausgerechneten Gliedern auch bestätigt. Der Beweis (mit vollständiger Induktion) ist nun nicht mehr schwierig. $\qquad\square$

Bemerkung Hier haben wir eine weitere Ratestrategie am Werk gesehen: Wenn sich in den vorliegenden Beobachtungen kein direktes Muster zeigt, versuche, sie in mehrere Teile zu zerlegen, die jeweils einzeln ein Muster zeigen.

Beispiel 7.4

Bestimme $(X^n - 1) : (X - 1)$ in Abhängigkeit von $n \in \mathbb{N}$.

Lösung Wir rechnen den Quotienten für einige Werte von n explizit aus:

$$(X^0 - 1) : (X - 1) = 0$$
$$(X^1 - 1) : (X - 1) = 1$$
$$(X^2 - 1) : (X - 1) = (X + 1)$$
$$(X^3 - 1) : (X - 1) = (X^2 + X + 1)$$
$$(X^4 - 1) : (X - 1) = (X^3 + X^2 + X + 1)$$

Hier zeigt sich ein deutliches Muster. Wir vermuten: Es ist $(X^n - 1) : (X - 1) = \sum_{i=0}^{n-1} X^i$.

Nun liegt es nahe, einen Beweis mit vollständiger Induktion nach n zu führen, was auch funktioniert (siehe Aufgabe 7.15). $\qquad\square$

---

[1] Dieses Vorgehen empfiehlt sich öfter – die Dezimaldarstellung einer Zahl ist nicht unbedingt die für ein Problem suggestivste.

Auch Beobachtung hat „versteckte" Anwendungen; im folgenden Beispiel bringen wir den natürlichzahligen Parameter erst selbst in Spiel, für den wir die Beobachtung dann durchführen.

Beispiel 7.5
Bestimme in Abhängigkeit von $n \in \mathbb{N}$ die inverse Matrix zu $A_n :=$
$$\begin{pmatrix} 1 & -1 & -1 & -1 & \ldots & -1 \\ 0 & 1 & -1 & -1 & \ldots & -1 \\ 0 & 0 & 1 & -1 & \ldots & -1 \\ 0 & 0 & 0 & 1 & \ldots & -1 \\ & & & \ldots & & \\ 0 & 0 & 0 & 0 & \ldots & 1 \end{pmatrix}.$$

Lösung Ein naheliegender Ansatz ist es hier, A_n^{-1} für einige kleine Werte von n, etwa $n = 1, 2, 3, 4, 5$, explizit zu bestimmen. Aber die Fälle $n = 1, 2, 3$ sind für sich genommen noch nicht besonders suggestiv, und schon für $n = 4$ ist diese Rechnung ziemlich aufwändig. Wir versuchen daher etwas anderes: Für ein beliebiges $n \in \mathbb{N}$ besteht die Inverse $B_n := A_n^{-1}$ aus n Spaltenvektoren.

Wir versuchen, die inverse Matrix $B_n := \left(\vec{v}_1 | \vec{v}_2 | \ldots | \vec{v}_n \right)$ spaltenweise zu bestimmen. Die erste Spalte, $\vec{v}_1$, ist leicht zu sehen: Es soll $(1, -1, -1, \ldots, -1)\vec{v}_1 = (1, 0, \ldots, 0)^t$ sein und $\vec{z}_i \vec{v}_1 = 0$ für jeden anderen Zeilenvektor $\vec{z}_i$ von A_n. Insbesondere ist $(0, 0, \ldots, 1)\vec{v}_1 = 0$, also ist der n-te Eintrag von v_1 gleich 0. Weiter ist $(0, 0, \ldots, 1, -1)\vec{v}_1 = 0$, und da der n-te Eintrag von $\vec{v}_1$ gleich 0 ist, muss es der $(n-1)$te also ebenfalls sein. Aus $(0, 0, \ldots, 1, -1, -1)\vec{v}_1 = 0$ folgt nun analog, dass auch der $(n-2)$te Eintrag von $\vec{v}_1$ gleich 0 ist – und so weiter. Für $k \geq 2$ ist also der k-te Eintrag von $\vec{v}_1$ gleich 0. Wegen $(1, -1, -1, \ldots, -1)\vec{v}_1 = (1, 0, \ldots, 0)^t$ ist der erste Eintrag gleich 1 und also ist $\vec{v}_1 = (1, 0, 0, \ldots, 0)^t$. Den ersten Spaltenvektor von B_n haben wir bestimmt.

Kommen wir nun zu $\vec{v}_2$. Es soll also $\vec{z}_2 \vec{v}_2 = 1$ sein und $\vec{z}_i \vec{v}_2 = 0$ für $i \neq 2$. Hier fällt auf: Für $i \geq 2$ soll also $\vec{z}_i \vec{v}_2 = \vec{z}_{i-1} \vec{v}_1$ gelten. Nach der Betrachtung für v_1 muss v_2 also von der Form $(x, 1, 0, \ldots, 0)^t$ sein. Wie finden wir x? Nun, es ist $\vec{z}_1 \vec{v}_2 = 0$, also $x - 1 = 0$ – d. h. es ist $x = 1$. Damit ist $\vec{v}_2 = (1, 1, 0, \ldots, 0)$.

Sehen wir uns nun v_3 an. Wenn wir analog wie bei $\vec{v}_1$ und $\vec{v}_2$ argumentieren, sehen wir, dass $\vec{v}_3$ von der Form $(x, 1, 1, 0, \ldots, 0)^t$ sein muss. Die Gleichung $\vec{z}_1 \vec{v}_3 = 0$ liefert $x - 1 - 1 = 0$, also $x = 2$; also ist $\vec{v}_3 = (2, 1, 1, 0, \ldots, 0)^t$.

Langsam sehen wir klarer. Auf die gleiche Weise erhalten wir $\vec{v}_4 = (4, 2, 1, 1, 0, \ldots, 0)^t$ und $\vec{v}_5 = (8, 4, 2, 1, 1, 0, \ldots, 0)^t$. Offenbar ist die $(i+1)$te Komponente von v_{k+1} gleich der $i$ten Komponente von v_{k-1} und die erste Komponente von v_{k+1} ist die Summe aller Komponenten von v_k.

Damit kommen wir zur folgenden Vermutung: Für alle $1 \leq k \leq n$ ist $\vec{v}_k = (2^{k-2}, 2^{k-3}, \ldots, 4, 2, 1, 1, 0, \ldots, 0)^t$. Und diese Vermutung zu beweisen, ist nun nicht mehr schwierig – unsere Beobachtung legt bereits ein induktives Argument nahe (Aufgabe 7.15). $\qquad\qquad\square$

Das letzte Beispiel zeigt zugleich, warum es oft empfehlenswert ist, Beobachtungen nach Möglichkeit „von Hand" anzustellen, also die nötigen Rechnungen selbst auszuführen. Hätten wir die Invertierung von einem Computer ausführen lassen, hätte uns das zwar wohl auch auf die richtige Vermutung geführt – im Lauf der Rechnung haben wir die Lösung sich aber auf eine Weise entwickeln sehen, die wertvolle Hinweise auf den Beweis liefert.

7.2 Prüfende Beobachtung

Im Gegensatz zur suggestiven Beobachtung, die uns Vermutungen nahelegt, dient die prüfende Beobachtung dazu, eine bereits aufgestellte Vermutung zu testen, ehe man versucht, sie zu beweisen. Eine prüfende Beobachtung ersetzt natürlich keinen Beweis. Sie kann aber zum einen zu Gegenbeispielen führen, die die Vermutung entkräften bzw. widerlegen und uns so erfolglose Beweisversuche ersparen; andererseits kann sie uns Vertrauen in eine vielleicht zunächst etwas gewagt erscheinende Vermutung (z. B. eine Verstärkung für einen Induktionsbeweis – siehe Kap. 4, Abschn. 4.1.6) verschaffen und darauf hinweisen, dass es sich lohnt, bei Beweisversuchen etwas hartnäckiger zu sein. Auf diese Weise leistet sie einen Beitrag zur **Kontrolle**, siehe Kap. 1.

Eine prüfende Beobachtung dient also dazu, die Aussichten abzuschätzen, ob eine Vermutung stimmt. Wird sie gut durchgeführt, kann sie zugleich auch einige Beweisideen, z. B. potenziell hilfreiche Fallunterscheidungen, nahelegen.

Auf diese Weise kann uns die prüfende Beobachtung sogar einen – wenn auch unsicheren – ersten Blick in Gebiete erlauben, in denen Beweise sehr schwierig sind.

Beispiel 7.6

Immer wieder wird behauptet, die Primzahlen seien „regellos" verteilt. Wir stellen uns dazu folgende Fragen:

(1) Primzahlen > 3 lassen bei Division durch 3 einen der Reste 1 oder 2. Kommt einer von ihnen öfter vor oder sind beide gleich häufig? Was ist mit den Resten 1 und 3 bei Division durch 4? Können wir etwas darüber vermuten, wie die Primzahlen über die primen Restklassen[2] modulo n für beliebiges $n \in \mathbb{N}$ verteilt sind?

---

[2] Die Restklasse von a modulo n ist eine „prime" Restklasse modulo n, falls $\mathrm{ggT}(a, n) = 1$.

> (2) Hängt der Rest der $(i + 1)$-ten Primzahl bei Division durch 3, 4, n irgendwie mit dem Rest der i-ten Primzahl bei Division durch die gleiche Zahl zusammen? Folgen gewisse Reste häufiger auf andere oder herrscht auch hier Gleichverteilung (wie man es bei einer „regellosen" Verteilung erwarten sollte)?

Lösung Zu (1):

Wir untersuchen die Frage, indem wir zu $n = 3, 4, 5$ für verschiedene $m \in \mathbb{N}$ zählen, wie viele Primzahlen unterhalb von m es in den jeweiligen Restklassen gibt. Da das für große m von Hand zu lästig wird, lassen wir einen Computer helfen. Wir erhalten:

Rest mod 3	< 100	< 500	< 1000	< 5000	< 10.000
1	10	45	79	329	610
2	12	48	86	336	615
Quotient min/max :	0.83	0.94	0.91	0.98	0.99

Rest mod 4	< 100	< 500	< 1000	< 5000	< 10.000
1	10	44	79	329	608
3	11	49	87	338	619
Quotient min/max :	0.9	0.9	0.91	0.97	0.98

Rest mod 5	< 100	< 500	< 1000	< 5000	< 10.000
1	5	22	40	163	306
2	6	25	46	170	309
3	6	23	41	171	308
4	5	22	38	162	303
Quotient min/max	0.83	0.88	0.83	0.95	0.98

In allen drei Fällen scheint sich der Quotient einigermaßen zielstrebig an 1 anzunähern.

Unsere Untersuchung hat einiges an Datenmaterial geliefert, das unsere Vermutung eindrucksvoll stützt. Auf der Grundlage dieser Beobachtungen scheint es lohnend, die Vermutung für plausibel zu halten und einen Beweisversuch zu unternehmen. Dies passt gut zu der Vorstellung einer „regellosen" Verteilung der Primzahlen, von der wir ausgegangen waren.

Auffällig ist allerdings, dass bei den Resten modulo 3 und 4 der Rest 1 jeweils seltener auftritt als der Rest 2 bzw. 3. Die Abweichung ist allerdings nicht sonderlich groß. Mit der Vermutung, dass das immer so ist, sollte man entsprechend vorsichtig sein.[3]

---

[3] Sehr vorsichtig sogar. Tatsächlich ist diese Vermutung falsch und die Häufigkeiten wechseln sich unendlich oft ab. Dass die Restklasse 1 für Primzahlen modulo 4 die Oberhand gewinnt, geschieht allerdings erstaunlich selten und erstmals bei einer ziemlich hohen Zahl.

Nun zu (2):

Wir erfassen für die Restklassen modulo $n = 3, 4, 5$, wie oft die nächste Primzahl nach einer Primzahl in der Restklasse i in der Restklasse j liegt. Wieder ziehen wir einen Computer zurate.

Übergang mod 3	< 100	< 500	< 1000	< 5000	< 10.000
$1 \to 2$	7	32	56	214	377
$2 \to 1$	8	33	57	215	378
$1 \to 1$	3	12	23	115	233
$2 \to 2$	4	15	29	122	238
Quotient 1/3	2.3	2.7	2.4	1.9	1.6
Quotient 1/4	1.8	2.2	1.9	1.8	1.6
Quotient 3/4	0.75	0.8	0.8	0.94	0.98

Anscheinend tritt ein „Verbleib" in Restklasse 1, also der Fall, dass die nächstgrößere Primzahl nach einer Primzahl $\equiv 1 \bmod 3$ von der gleichen Form ist, ähnlich oft auf wie ein „Verbleib" in der Restklasse 2. Dagegen unterscheidet sich die Häufigkeit von „Verbleib" von der von „Wechsel" deutlich und hat offenbar wenig Interesse, sich 1 anzunähern – wenn überhaupt, dann sehr langsam. Im Hinblick auf unsere Vermutung ist die Datenlage unklar – wir müssten wohl noch größere Bereiche betrachten, um bezüglich der Wechsel modulo 3 zu einer gut gestützten Vermutung zu gelangen. Aber die Berechnungen werden allmählich sehr aufwändig. Im Hinblick auf unsere eigentliche Vermutung, die sich ja auf Reste modulo einer beliebigen natürlichen Zahl n bezieht, ist es wohl besser, erst einmal ein anderes n zu betrachten – vielleicht zeigt sich ja ein klareres Bild.

Sehr auffällig ist allerdings: Wechsel von 1 nach 2 erfolgen fast exakt so oft wie von 2 nach 1 – die Abweichung ist in allen aufgeführten Fällen höchstens 1. Eine bemerkenswerte Beobachtung? Leider nicht. Tatsächlich ist diese Beobachtung sogar sehr leicht zu erklären (Aufgabe 19(a)).

Betrachten wir nun Primzahlen modulo 4. Da 1 und 3 die einzigen Restklassen sind, die eine Primzahl > 2 modulo 4 annehmen kann, wird es sich[4] hier mit der Häufigkeit der Wechsel von 1 nach 3 bzw. von 3 nach 1 ebenso verhalten. Wir erfassen daher nur den Übergang $1 \to 3$.

Übergang mod 4	< 100	< 500	< 1000	< 5000	< 10.000
$1 \to 3$	7	29	51	207	374
$1 \to 1$	3	15	28	122	234
$3 \to 3$	5	20	35	131	244
Quotient min/max :	0.4	0.5	0.5	0.6	0.6

Noch immer ist das Bild etwas unklar; die Differenzen sind groß, die Quotienten aber wachsen immerhin. Es könnte gegen 1 gehen – oder auch nicht.

---

[4] Wie man sieht, wenn man Aufgabe 19(a) gelöst hat.

Betrachten wir also noch den Fall $n = 5$:

Übergang mod 5	< 100	< 500	< 1000	< 5000	< 10.000
$1 \to 1$	0	3	6	21	41
$1 \to 2$	2	7	14	63	123
$1 \to 3$	3	10	15	59	104
$1 \to 4$	0	2	5	20	38
Quotient min/max :	0	0.2	0.33	0.31	0.3

Hier ergibt sich kein Hinweis darauf, dass die zweite und vierte Zeile sich einander annähern.

Das spricht nun eine deutliche Sprache. Es sieht erstaunlicherweise nicht so aus, als ob die Wechsel zwischen den Restklassen gleich oft erfolgen würden. Wir sollten hier eher versuchen, die ursprüngliche Vermutung zu widerlegen.

Auffällig ist allerdings: In jedem Fall sind die Zahlen in fast jeder Spalte gleich sortiert – es scheint eine klare Rangfolge zu geben. Das spricht stark gegen eine zufällige Verteilung. Insbesondere scheint die Restklasse r vergleichsweise selten auf die Restklasse r zu folgen – Stoff für weitere interessante Vermutungen! $\square$

Bemerkung (1) ist bewiesen und bekannt als Satz von Bombieri-Vinogradov.[5] (2) ist eine offene Frage (und sicherlich ebenfalls sehr schwierig). Die Frage und die Beobachtung, die wir hier dazu angestellt haben, stammen von Kannan Soundararajan und Robert Lemke Oliver aus Stanford, die sie 2016 publiziert haben ([SO]).

Bei einer prüfenden Beobachtung zu einer gegebenen Vermutung ist es wichtig, nicht einseitig nach bestätigenden Beobachtungen Ausschau zu halten, sondern besonders solche Fälle zu testen, in denen die Vermutung unklar oder unplausibel wirkt – also gezielt nach Gegenbeispielen zu suchen. Ist eine Vermutung durch eine Reihe von Beobachtungen bestätigt, sollte man prüfen, ob die geprüften Fälle eine potentiell relevante gemeinsame Eigenschaft aufweisen. Falls ja, sollte man (1) die Prüfung für Fälle fortsetzen, die diese Eigenschaft nicht aufweisen und (2) versuchen, ob man die Vermutung unter der Zusatzannahme beweisen kann, dass die Eigenschaft vorliegt – auf diese Weise erreicht man womöglich ein wichtiges Teilresultat.

7.3 Beobachtung und Mustererkennung als Erkundungsstrategie

In diesem Buch beschäftigen wir uns mit Strategien zum Aufgabenlösen; unser Hauptaugenmerk liegt dabei auf Aufgaben der Art, eine gegebene Behauptung oder Vermutung zu beweisen.

---

[5] Der Beweis ist allerdings sehr schwierig – hier zeigt sich, zu welch fortgeschrittenen und tiefliegenden Vermutungen man durch einfache Beobachtungen bisweilen geführt werden kann.

Für die mathematische Forschung ist es zumindest ebenso wichtig, überhaupt zu Vermutungen zu kommen, über deren Beweis man sich dann Gedanken macht. Auch hierfür gibt es hilfreiche Strategien; in Absetzung zu den „Lösungsstrategien", die auf ein vorgegebenes Problem angewendet werden, heißen sie „Erkundungsstrategien".

Die systematische Betrachtung von Spezialfällen und die Suche nach Mustern und Zusammenhängen in den betrachteten Spezialfällen ist eine wichtige Erkundungsstrategie; Beispiel 7.6 deutet den Übergang von der prüfenden zur erkundenden Beobachtung bereits an: Wir haben uns nicht damit begnügt, festzustellen, dass die Beobachtungen die ursprüngliche Vermutung unplausibler erscheinen lassen, sondern, nun ohne Vermutung oder fertig formulierte Leitfrage, Regelmäßigkeiten festgestellt und erste Vermutungen formuliert, z. B. dass unter allen Übergängen von einer primen Restklasse der zu sich selbst am wenigsten häufig vorkommt.

Einige der wichtigsten Sätze und noch offenen Vermutungen der Zahlentheorie sind auf diese Weise zustande gekommen; das vielleicht prominenteste Beispiel ist der Primzahlsatz, den Gauß aufgrund umfangreicher (von Hand aufgestellter) Primzahltafeln vermutete.[6] Eine große offene zahlentheoretische Vermutung, die durch Beobachtung nahegelegt wurde, ist z. B. die Goldbachsche Vermutung, die besagt, dass jede gerade Zahl > 2 als Summe zweier Primzahlen dargestellt werden kann.

So wichtig sie indes ist, ist Beobachtung und Mustererkennung jedoch keineswegs die einzige Möglichkeit, auf gute Vermutungen zu kommen, und auch nicht in allen Bereichen gleich gut anwendbar; die natürlichen Zahlen sind u. a. darum für einen solchen Zugang so geeignet, weil hier sämtliche Objekte in einer natürlichen Reihenfolge systematisch aufgezählt werden können. Betrachtet man stetige Funktionen, endliche Gruppen oder Computerprogramme, sind systematische Beobachtungen deutlich schwieriger und Vermutungen, die auf ihnen beruhen, entsprechend seltener.

Wir begnügen uns hier mit diesen allgemeinen Hinweisen und dem Verweis auf Beispiel 7.6. Aufgabe 7.18 und 7.19 geben Anregungen zum eigenständigen Erkunden.

7.4 Heuristisches Rückwärtsarbeiten

Das heuristische Rückwärtsarbeiten ist eine besondere Art, Beobachtungen über ein Problem zu sammeln. Man nimmt das, was eigentlich gesucht ist, als gegeben an und versucht, möglichst viel Information über das Gesuchte zu gewinnen. Es hilft vor allem bei Problemen, in denen zu zeigen ist, dass ein Objekt x mit einer gewissen Eigenschaft E existiert oder ein solches x angegeben werden soll.

Der Ansatz des heuristischen Rückwärtsarbeitens ist nun, anzunehmen, dass ein solches Objekt x vorliegt. Dann versucht man, möglichst viele Schlussfolgerungen über x zu

---

[6] Bewiesen wurde er erst fast 100 Jahre später im Jahr 1896 durch Hadamard und de la Vallee-Poussin.

ziehen; im besten Fall gelangt man so zu einer Charakterisierung der Eigenschaft E, mit der sich die Existenz eines solchen x beweisen oder so ein x finden lässt.[7]

Beispiel 7.7

Finde ein $n \in \mathbb{N}$ und natürliche Zahlen $a_1, \ldots, a_{2n} \in \mathbb{N}$ so, dass $\sum_{i=1}^{2n} a_i = 2017$ und so, dass $a_1 a_2 + a_3 a_4 + \ldots + a_{2n-1} a_{2n} = \sum_{i=1}^{n} a_{2i-1} a_{2i}$ möglichst groß wird.

Lösung Sicherlich existiert solch ein Maximum, da sich 2017 nur auf endlich viele Arten als Summe von natürlichen Zahlen darstellen lässt.

Wir **arbeiten rückwärts** und nehmen an, dass $n \in \mathbb{N}$ und $a_1, \ldots, a_{2n} \in \mathbb{N}$ so sind, dass $S = \sum_{i=1}^{n} a_{2i-1} a_{2i}$ so groß wie möglich ist. Versuchen wir nun, unter dieser Annahme möglichst viel über die a_i herauszufinden! Vielleicht reicht diese Information zum Schluss, um passende a_i zu bestimmen.

Betrachten wir zunächst einen einzelnen Summanden $a_{2i-1} a_{2i}$ von S. Wenn es $b_1, b_2 \in \mathbb{N}^{\geq 2}$ so gibt, dass $b_1 + b_2 = a_{2i-1} + a_{2i}$, aber $b_1 b_2 > a_{2i-1} a_{2i}$, so lässt sich S offenbar noch vergrößern, indem man a_{2i-1} durch b_1 und a_{2i} durch b_2 ersetzt. Da S schon maximal sein soll, darf das nicht möglich sein. Was sagt uns das über a_{2i-1} und a_{2i}?

Das führt auf folgende Frage: Wann ist für natürliche Zahlen x, y das Produkt xy bei gegebener Summe s möglichst groß? Arbeiten wir wieder rückwärts: Seien $x', y' \in \mathbb{N}$ so, dass $x' + y' = s$ und $x'y'$ maximal. Dann muss insbesondere $(x' - 1)(y' + 1) \leq x'y'$ gelten, also $x' - y' \leq 1$. Aus demselben Grund folgt auch $y' - x' \leq 1$. Bei der Zerlegung von s in zwei natürlichzahlige Summanden mit maximalem Produkt ist also der Abstand der Summanden höchstens 1!

Immerhin! Damit wissen wir, dass $|a_{2i-1} - a_{2i}| \leq 1$ für alle $i \in \{1, 2, \ldots, n\}$.

Diese Betrachtung hat wertvolle Informationen geliefert, die aber für sich noch nicht ausreicht, um das fragliche Maximum zu bestimmen. Versuchen wir also noch etwas anderes und betrachten **zwei** Summanden $a_{2i-1} a_{2i}, a_{2j-1} a_{2j}$ von S.

Wenn S maximal sein soll, darf auch hier keine 'Luft' für Vergrößerungen mehr sein. Wenn sich $a_{2i-1} + a_{2i} + a_{2j-1} + a_{2j}$ als $b_1 + b_2 \ldots + b_{2m}$ mit $b_1, b_2, \ldots, b_{2m} \in \mathbb{N}$ so darstellen lässt, dass $\sum_{i=1}^{m} b_{2i-1} b_{2i} > a_{2i-1} a_{2i} + a_{2j-1} a_{2j}$, so können wir S offenbar noch vergrößern, indem wir a_{2i-1} und a_{2i} streichen und a_{2j-1}, a_{2j} durch $b_1, \ldots, b_{2m}$ ersetzen. Tatsächlich ist so eine Zerlegung aber leicht zu finden: Mit $b_1 = a_{2i-1} + a_{2j-1}$ und $b_2 = a_{2i} + b_{2j}$ ist sicherlich $b_1 + b_2 = a_{2i-1} + a_{2i} + a_{2j-1} + a_{2j}$ und ferner $b_1 b_2 = (a_{2i-1} + a_{2j-1})(a_{2i} + a_{2j}) = a_{2i-1} a_{2i} + a_{2i-1} a_{2j} + a_{2j-1} a_{2i} + a_{2j-1} a_{2j} = (a_{2i-1} a_{2i} + a_{2j-1} a_{2j}) + (a_{2i-1} a_{2j} + a_{2j-1} a_{2i})$; da alle a_k natürliche Zahlen, also mindestens gleich

---

[7] Den Hinweis auf das Rückwärtsarbeiten im hier beschriebenen Sinn verdanken wir Kap. 1.8 aus [L].

1 sind, ist das sicherlich größer als $(a_{2i-1}a_{2i} + a_{2j-1}a_{2j})$. Wir können S also immer vergrößern, wenn es mehr als einen Summanden enthält!

Da S maximal sein soll, ist also $n = 1$ und damit $S = a_1 a_2$. Oben haben wir bereits gesehen, dass $|a_1 - a_2| \leq 1$ gelten muss. Gegeben ist ferner $a_1 + a_2 = 2017$. Gesucht sind also natürliche Zahlen a_1, a_2 mit Summe 2017 und betragsmässigem Abstand ≤ 1. Als Differenz zweier natürlicher Zahlen ist $a_1 - a_2$ jedenfalls ganzzahlig, also ist $|a_1 - a_2|$ gleich 0 oder 1. Die 0 scheidet aus, denn damit wäre $a_1 = a_2$, also $2017 = a_1 + a_2 = 2a_1$ – 2017 ist aber ungerade. Also ist $a_1 - a_2 = 1$ oder $a_1 - a_2 = -1$. In beiden Fällen ergibt sich zusammen mit $a_1 + a_2 = 2017$ ein einfaches lineares Gleichungssystem. Löst man es auf, erhält man im ersten Fall $a_1 = 1009$, $a_2 = 1008$ und im zweiten $a_1 = 1008$, $a_2 = 1009$ sowie $S = 1008 \cdot 1009$ – und das sind unsere gesuchten a_i. $\qquad\square$

Beispiel 7.8 ([EP], A1.38)

Finde alle Paare (m, n) natürlicher Zahlen so, dass $\frac{m+11}{m-9} = n$.

Lösung Wir nehmen an, (m, n) ist ein solches Paar und versuchen, möglichst viele Eigenschaften von (m, n) zu bestimmen. Hoffentlich lässt sich dadurch der Bereich möglicher Lösungen zumindest eingrenzen.

Sicherlich ist $m + 11$ stets größer als $m - 9$, und also $\frac{m+11}{m-9} \neq 1$. Wenn $\frac{m+11}{m-9}$ zugleich eine natürliche Zahl sein soll, so ist also $\frac{m+11}{m-9} \geq 2$, oder $m + 11 \geq 2(m-9)$, d. h. $29 \geq m$. Wir haben also eine obere Schranke für m gefunden: m kann nicht größer sein als 29.

Damit kommen nur noch die endlich vielen Werte $\{1, 2, \ldots, 29\}$ für m infrage, die wir jetzt im Prinzip alle ausprobieren könnten. Da das aber etwas mühsam ist, überlegen wir noch etwas weiter:

Ist $\frac{m+11}{m-9} \geq 2$ und zugleich eine natürliche Zahl, so ist $\frac{m+11}{m-9} = 2$ oder $\frac{m+11}{m-9} \geq 3$. Im ersten Fall erhalten wir die Lösung $(29, 2)$. Im zweiten folgt $m + 11 \geq 3m - 27$, d. h. $19 \geq m$. Wir haben den zu untersuchenden Bereich möglicher Werte für m also weiter auf $\{1, 2, \ldots, 19\}$ eingeschränkt.

Weiter soll $\frac{m+11}{m-9}$ eine natürliche Zahl sein, insbesondere also positiv. Da $m + 11$ für $m \in \mathbb{N}$ immer positiv ist, muss also auch $m - 9$ positiv sein, d. h. $m - 9 \geq 1$ oder $m \geq 10$. Die kleine Zusatzüberlegung hat unseren Bereich halbiert, infrage kommen für m nun nur noch die Werte $\{11, 12, \ldots, 19\}$.

Außerdem folgt aus $(m + 11) = n(m - 9)$ für $m \geq 11$, dass $m + 11$ zwei echte Teiler hat, also keine Primzahl ist. Damit sind $m = 12$ und $m = 18$ ausgeschlossen.

Die verbleibenden 7 Werte können wir nun auch ausprobieren. Damit erhalten wir noch die Lösungen $(11, 11)$, $(13, 6)$, $(14, 5)$, $(19, 3)$. $\qquad\square$

Bemerkung Die Aufgabe lässt sich auch durch eine geeignete Substitution stark vereinfachen – welche?

7.5 Aufgaben

Aufgabe 7.1 ([A], A31) Bestimme alle Quadratzahlen, deren Dezimaldarstellung ausschließlich ungerade Ziffern enthalten.

Aufgabe 7.2 (IMC 2005, A1)
(a) Für $n \in \mathbb{N}$ sei die reelle $n \times n$-Matrix A_n gegeben durch $A_{ij} = i + j$ für $1 \leq i, j \leq n$. Bestimme $\det(A_n)$ in Abhängigkeit von n.
(b) Für $n \in \mathbb{N}$, $x, y \in \mathbb{R}$ sei die reelle $n \times n$-Matrix $A_n^{x,y}$ gegeben durch $A_{ij}^{x,y} = ix + jy$ für $1 \leq i, j \leq n$. Bestimme $\det(A_n^{x,y})$ in Abhängigkeit von n, x und y.

Aufgabe 7.3 Im Folgenden findest Du einige Vermutungen. Stelle geeignete Beobachtungen an, um ihre Richtigkeit zu prüfen. Diskutiere kurz, für wie stichhaltig Du deine Beobachtungen hältst: Würdest Du eher zu einem Beweis- oder Widerlegungsversuch tendieren? Würdest Du auf ihre Korrektheit wetten?[8]

(a) Die Fibonaccifolge ist gegeben durch $F_0 = 0$, $F_1 = 1$ und $F_{n+2} = F_{n+1} + F_n$ für $n \in \mathbb{N}$. Vermutung: Für alle $m, n \in \mathbb{N}$ ist $ggT(F_n, F_m) = F_{ggT(n,m)}$.
(b) Ein Polyeder ist ein Festkörper, dessen Oberfläche aus n-Ecken besteht. Beispiele für Polyeder sind das Tetraeder, der Würfel und eine Pyramide. Vermutung: Ist E die Anzahl der Ecken, K die Anzahl der Kanten und F die Anzahl der Flächen eines Polyeders, so ist $E + F = K + 2$.[9]
(c) Eine eine natürliche Zahl n heißt „verdächtig", falls für alle zu n teilerfremden Zahlen a gilt: $a^{n-1} \equiv 1 \pmod{n}$. Vermutung: Alle verdächtigen Zahlen sind Primzahlen.
(d) Vermutung: Für alle natürlichen Zahlen n ist $n^2 + n + 41$ eine Primzahl.
(e) „Ich habe die Vermutung, dass alle natürlichen Zahlen kleiner sind als 1.000.000.000. Ich habe systematische Experimente angestellt und u. a. die ersten 10.000.000 natürlichen Zahlen mit einem Computer überprüft, ohne ein Gegenbeispiel zu finden. Daher halte ich meine Vermutung für eindrucksvoll bestätigt. Wer diese Ansicht nicht teilt, sollte Beobachtungen in der Mathematik insgesamt keinen Wert beimessen."
Diskutiere diese Aussage. Was spricht für, was gegen sie? Was – wenn überhaupt etwas – unterscheidet diesen Fall von den in (a)–(d) betrachteten?
(f) Die „Umkehrung" z_r zu einer natürlichen Zahl z erhält man, indem man die Dezimaldarstellung von z rückwärts liest. So ist z. B. $123_r = 321$. Ist $z_r = z$, so nennt man z „Palindromzahl" (z. B. ist 12.321 eine Palindromzahl).
Vermutung: Bildet man, mit einer beliebigen natürlichen Zahl m beginnend, die Folge $x_0 = m$, $x_{i+1} = x_i + (x_i)_r$, so gelangt man irgendwann stets zu einer Palindromzahl.

---

[8] **Hinweis**: Für eine vollständige Bearbeitung ist es hier also nicht erforderlich, die Vermutungen definitiv zu entscheiden oder die richtigen zu beweisen.
[9] Wer sich von den erstaunlichen Subtilitäten überraschen lassen möchte, in die diese Aufgabe führen kann, lese [La].

Aufgabe 7.4 (vgl. IMO 1981, A2) Gesucht sind die ganzzahligen Lösungen $(a, b) \in \mathbb{Z}^2$ der Gleichung

$$x^2 + xy - y^2 = 1.$$

(a) Finde einige Lösungen. Versuche, möglichst viele Zusammenhänge zwischen den Lösungen zu erraten.

(b) Beweise möglichst viele der in (a) erratenen Zusammenhänge.

(c) Benutze (a), um eine unendliche Menge $A \subseteq \mathbb{Z}^2$ zu finden, von der die Beobachtungen aus (a) nahelegen, dass ihre sämtlichen Elemente Lösungen sind. Prüfe deine Vermutung durch weitere Beobachtungen und verbessere sie solange, bis du auf keine Gegenbeispiele mehr stößt.

(d) Beweise, dass alle Elemente der in (c) erhaltenen Menge A tatsächlich Lösungen sind.

(e) Stelle eine Vermutung bezüglich der gesamten Lösungsmenge auf.

(f) Beweise die in (e) erhaltene Vermutung.

Aufgabe 7.5 (vgl. [PS], Bd. II, Kap. 7, A2) Es sei $n \in \mathbb{N}$. Berechne die Determinante

der reellen $n \times n$-Matrix $\begin{pmatrix} x_1 & x_1 & x_1 & x_1 & \ldots & x_1 \\ x_1 & x_2 & x_2 & x_2 & \ldots & x_2 \\ x_1 & x_2 & x_3 & x_3 & \ldots & x_3 \\ x_1 & x_2 & x_3 & x_4 & \ldots & x_4 \\ & & & \ldots & & \\ x_1 & x_2 & x_3 & x_4 & \ldots & x_n \end{pmatrix}$ in Abhängigkeit von $x_1, \ldots, x_n$.

Aufgabe 7.6 ([A], A48) Bestimme alle $x, y \in \mathbb{Z}$ so, dass $\frac{1}{x} + \frac{1}{y} = \frac{1}{2}$.

Aufgabe 7.7 Färbe im Pascalschen Dreieck gerade Zahlen weiß und ungerade schwarz. Was beobachtest du? Was geschieht, wenn nach Resten mod $3, 4, \ldots, n$ gefärbt wird? Stelle möglichst viele Vermutungen auf. Überprüfe sie durch prüfende Beobachtungen. Versuche, möglichst viele davon zu beweisen.

Aufgabe 7.8 Bestimme $\sum_{i=1}^{n} i^3$ in Abhängigkeit von $n \in \mathbb{N}$.

Aufgabe 7.9 (vgl. [A], A24) Wie lauten die letzten beiden Ziffern in der Dezimaldarstellung von 7^{2017}?

Aufgabe 7.10 ([L], S.6, Bsp. 1.1.3) Zu $a, b \in \mathbb{R}$ sei die Folge $X^{a,b} = (x_i^{a,b} : i \in \mathbb{N})$ definiert durch: $x_1^{a,b} = a$, $x_2^{a,b} = b$, $x_{n+2}^{a,b} = \frac{x_n^{a,b} x_{n+1}^{a,b}}{2x_n^{a,b} - x_{n+1}^{a,b}}$ für $n \in \mathbb{N}$. Finde eine explizite Darstellung von $x_n^{a,b}$ in Abhängigkeit von n, a und b (also eine solche, die keine Rekursion verwendet).

Aufgabe 7.11 Die Funktion $f : \mathbb{Q} \to \mathbb{R}$ erfülle $f(x + y) = f(x) + f(y)$ für alle $x, y \in \mathbb{Q}$. Zeige: Für alle $x \in \mathbb{Q}$ ist $f(x) = f(1) \cdot x$.

Aufgabe 7.12 Es sei $a_0 = 2$, $a_1 = 8$, $a_{n+2} = 2a_{n+1} + 3a_n + 4$ für $n \in \mathbb{N}$. Finde eine explizite Vorschrift für a_n.

Aufgabe 7.13
(a) [[A], A26] Für welche $n \in \mathbb{N}$ sind sowohl $2^n + 1$ als auch $2^{n+1} + 1$ Primzahlen? Beweise deine Antwort!
(b) Für welche $n \in \mathbb{N}$ sind sowohl $4^n + 1$ als auch $4^{n+1} + 1$ Primzahlen? Beweise deine Antwort!
(c) Existiert eine natürliche Zahl $k > 1$ so, dass $k^n + 1$ und $k^{n+1} + 1$ für mehr als einen Wert von n beide Primzahlen sind?

Aufgabe 7.14
(a) Finde alle Paare (a, b) natürlicher Zahlen mit $\frac{a+19}{a-1} = 3b$.
(b) Finde alle Paare (a, b) natürlicher Zahlen mit $\frac{a^2+3a-13}{a^2+5} = b^2$.

Aufgabe 7.15 In den Beispielen 7.1–5 wurde durch die Beobachtung stets eine gewisse Vermutung nahe gelegt. Beweise nun diese Vermutungen.

Aufgabe 7.16
(a) [[MBS], S. 71] Welche natürlichen Zahlen lassen sich als Summe von mindestens 2 aufeinanderfolgenden natürlichen Zahlen darstellen? (Z. B. ist $3 = 1 + 2$, $5 = 2 + 3$, $11 = 5 + 6$, $18 = 5 + 6 + 7$). Erstelle eine Tabelle, stelle eine Vermutung auf, prüfe deine Vermutung durch zusätzliche Beobachtungen und versuche dann, sie zu beweisen.
(b) Welche natürlichen Zahlen lassen sich als Summe von mindestens 2 aufeinanderfolgenden ungeraden natürlichen Zahlen darstellen? (Z. B. ist $4 = 1 + 3$, $15 = 3 + 5 + 7$, $21 = 5 + 7 + 9$)

Aufgabe 7.17 ([E], Kap. 8, Bsp. 6) Es sei wieder F_i die i-te Fibonaccizahl. Bestimme $D_{n,1} := \sum_{i=0}^{n} F_i$ in Abhängigkeit von n.

Aufgabe 7.18 Benutze systematische Beobachtungen als Erkundungsstrategie, um für folgende sehr allgemeine Fragen möglichst viele und interessante Antworten zu vermuten.[10] Prüfe deine Vermutungen durch weitere Beobachtungen und verbessere sie gegebenenfalls.

---

[10] Hier geht es nicht darum, diese Antworten auch zu beweisen – es ist nur nach Vermutungen gefragt!

(a) Welche (Prim)zahlen p sind Teiler einer natürlichen Zahl der Form $n^2 + 1$? Der Form $n^k + 1$ mit $k \in \mathbb{N}$? Welche Reste modulo m sind Quadrate/dritte/k-te Potenzen modulo m? Wovon hängt das ab?

(b) Wie groß kann der Abstand von einer Primzahl p zur nächsten Primzahl höchstens werden? Gesucht ist eine möglichst einfache Funktion, die in Abhängigkeit von p eine möglichst kleine obere Schranke für die nächste Primzahl angibt.

(c) Für jedes n ist die Folge der Fibonaccizahlen modulo n periodisch.[11] Stelle möglichst viele Vermutungen über die Periodenlänge in Abhängigkeit von n auf.

(d) Gesucht ist die kleinste natürliche Zahl k, so dass jede natürliche Zahl sich als Summe von höchstens k Quadratzahlen darstellen lässt. Gesucht ist weiter die kleinste Zahl k' so, dass jede natürliche Zahl sich als Summe von höchstens k' Kubikzahlen darstellen lässt.

Aufgabe 7.19 Wir betrachten noch einmal Beispiel 7.6.

(a) Wir hatten für einige $n \in \mathbb{N}$ beobachtet, dass die Anzahl der Übergänge von 1 nach 2 bzw. von 2 nach 1 modulo 3 unterhalb von n sich stets nur um höchstens 1 unterscheiden. Beweise, dass das für die Anzahl der Übergänge unterhalb von jedem n richtig ist. Zeige weiter, dass das auch für die Übergänge $1 \to 3$ und $3 \to 1$ modulo 4 sowie $1 \to 5$ und $5 \to 1$ modulo 6 gelten muss.

(b) Stelle weitere Beobachtungen an, die die Vermutung stützen oder schwächen, dass Übergänge von einer Restklasse zu sich selbst seltener sind als andere Übergänge. Schreibe dazu ein Programm, das die Übergänge automatisch zählt.

(c) Stelle aufgrund der in Beispiel 7.6 angegebenen Übergangstabellen und deiner Beobachtungen aus (b) möglichst viele weitere Vermutungen zur Verteilung der Übergänge auf. Nutze weitere Beobachtungen, um sie zu prüfen und ggf. zu verbessern.

Aufgabe 7.20 (vgl. [Ka], A1.16) Definiere eine Funktion σ auf endlichen 2-Folgen wie folgt: $\sigma(0) = 01$, $\sigma(1) = 10$, $\sigma(z_0 z_1 \ldots z_m) = \sigma(z_0)\sigma(z_1)\ldots\sigma(z_m)$ mit $z_i \in \{0, 1\}$. Es sei $\sigma^n(x)$ das Ergebnis der n-maligen Anwendung von σ auf x (wobei $\sigma^0(x) = x$).[12] Wir betrachten die Folge $(v_i : i \in \mathbb{N}_0)$, die durch $v_i := \sigma^i(0)$ gegeben ist.

(a) Bestimme die Länge $|v_i|$ von v_i in Abhängigkeit von i.

(b) Wir teilen nun jedes v_i mit $i > 0$ in der Mitte in zwei gleichlange Teilworte auf, schreiben also $v_i = w_i u_i$ mit $|w_i| = |u_i|$.[13] Wie verhalten w_i und u_i sich zueinander? Wie verhalten sich w_i und u_i zu v_{i-1}? Beweise deine Beobachtungen.

(c) Es seien $k, n \in \mathbb{N}$. Ein „k-Block" in v_n ist ein Teilwort der Länge k von v_n, das an einer Position mit durch k teilbarem Positionsindex beginnt. Zwei Blöcke gelten also

---

[11] Das sieht man am Einfachsten mit dem Schubfachprinzip – wie?

[12] Vgl. Aufgabe 3.13(d).

[13] Dass das immer möglich ist, folgt aus Teil (a).

als gleich, wenn dieses Teilwort das gleiche ist. Bestimme für alle $k \leq n \in \mathbb{N}$, wie viele verschiedene 2^k-Blöcke in v_n vorkommen.

(d) Es sei $k \in \mathbb{N}$. Für $n \geq k$ ordnen wir dem ersten der in v_n vorkommenden 2^k-Blöcke die Ziffer 0 und dem anderen die Ziffer 1 zu. Dann ersetzen wir in v_n jeden 2^k-Block durch die zugehörige Ziffer. Das Ergebnis nennen wir $r_k(v_n)$. Bestimme die Folge $(r_k(v_{n+k}) : n \in \mathbb{N}_0)$.

(e) Betrachte für $k, n \in \mathbb{N}$, $k < 2^n$ die k-te Ziffer von v_n und die Binärdarstellung von k. Stelle eine Vermutung über den Zusammenhang zwischen beidem auf und beweise sie.

Aufgabe 7.21[14] Es sei $b \in \mathbb{N}^{\geq 2}$. Eine Zahl z heißt „b-selbstbeschreibend", falls die Ziffer i genau b_i mal in ihrer Darstellung $z = b_0 \ldots b_{b-1}$ zur Basis b vorkommt.[15]

(a) Zeige: Es existiert keine selbstbeschreibende Zahl zur Basis 2.

(b) Existieren selbstbeschreibende Zahlen zu den Basen $3, 4, 5, 6$? Beweise deine Antwort.

(c) Finde selbstbeschreibende Zahlen zu den Basen $8, 9, 10$.

(d) Zeige: Zu jedem $b \geq 8$ existiert eine b-selbstbeschreibende Zahl.

(e) Gibt es zu einem b mehr als eine b-selbstbeschreibende Zahl?

Aufgabe 7.22 (vgl. [L], A1.1.4) Finde ein $n \in \mathbb{N}$ und $a_1, \ldots, a_n \in \mathbb{N}$ so, dass $\sum_{i=1}^{n} a_i = 2000$ und so, dass $\prod_{i=1}^{n} a_i$ möglichst groß wird.

7.5.1 Multiple Choice

Beantworte die folgenden Multiple-Choice-Fragen. In jedem Fall ist mindestens eine Antwort richtig und mindestens eine falsch. Es können aber mehrere Antworten richtig sein.

7.I) Bei welcher der folgenden Behauptungen liegt eine prüfende Beobachtung durch systematische Betrachtung von Spezialfällen nahe?

(a) Jede stetige Funktion $f : [0, 1] \to \mathbb{R}$ lässt sich beliebig genau durch Polynome approximieren.

(b) Es existieren $m, n \in \mathbb{N}$ so, dass $m^5 + 1 = n^4$.

(c) Die Innenwinkelsumme in einem konvexen n-Eck ist gleich $(n - 2)180°$.

(d) Jede unendliche Folge reeller Zahlen besitzt eine unendliche steigende oder eine unendliche fallende Teilfolge.

---

[14] Vgl. A1 von http://www.contestcen.com/digits.htm sowie [Ga], Kap. 3.2.

[15] So ist etwa 1201 nicht selbstbeschreibend zur Basis 4: Zwar kommen die 0 genau einmal und die 1 genau zweimal vor – die ersten beiden Ziffern stimmen also – aber die 2 kommt nicht 0 mal, sondern einmal vor und die 3 kommt nicht einmal, sondern gar nicht vor.

Wir betrachten nun die folgende Aufgabe: Für gegebene $k, n \in \mathbb{N}^{\geq 3}$ sind alle Anzahlen a zu finden, für die ein konvexes n-Eck sich durch Diagonalen[16] in a viele (paarweise disjunkte) k-Ecke zerlegen lässt.

7.II)
(a) Die Abhängigkeit von zwei natürlichzahligen Parametern n und k
(b) Die Tatsache, dass nach Mengen natürlicher Zahlen gesucht ist
(c) Die Tatsache, dass es um eine geometrische Frage geht
(d) Die Konvexität des n-Ecks

legt es nahe, zunächst, einige Beboachtungen anzustellen, um

7.III)
(a) zu prüfen, ob die vorliegende Behauptung korrekt ist.
(b) die vorliegende Behauptung zu widerlegen.
(c) eine Antwort auf die vorliegende Frage zu raten.
(d) die vorliegende Behauptung durch Betrachtung von Spezialfällen zu beweisen.

7.IV) Ein Vorgehen, das hier raschen Erfolg verspricht, ist

(a) einige kleine Werte für k (etwa $k = 3, 4, 5$) und eine jeweils etwas größere Zahl von Werten für n (etwa $n = k$ bis $n = k + 5$)
(b) alle Wertepaare (k, n) mit kleinem $k + n$, etwa $k + n < 20$
(c) einen großen Werte für n (etwa $n = 20$) und alle passenden Werte $k = 3, 4, \ldots, 20$ für k
(d) Einige Wertepaare (k, n) mit $n = 2k$

zu betrachten.

7.V) Bezeichnet $A_{n,k}$ die Menge aller zu n und k passenden Anzahlen a, so gelangt man dadurch zu folgenden Vermutungen:

(a) $A_{n,k} = \emptyset$, falls $k - 2$ kein Teiler von $n - k$ ist und $A_{n,k} = \{\frac{n-k}{k-2} + 1\}$, sonst.
(b) $A_{n,k} = \emptyset$, falls k kein Teiler von n ist und $A_{n,k} = \{\frac{n-k}{k-2}\}$, sonst.
(c) $A_{n,k} = \lfloor \frac{n}{k} \rfloor$.
(d) $A_{n,k} = n - k$.

7.VI) Es liegt nun der Versuche nahe, diese Vermutungen

            (a) durch Widerspruch   (b) mithilfe des Schubfachprinzips
            (c) durch Induktion   (d) durch geschickte Termumformungen

zu beweisen.

---

[16] Also Verbindungsgeraden zwischen nicht benachbarten Eckpunkten.

7.6 Literatur und weitere Beispiele

Zahlreiche Beispiele für die Nützlichkeit von Beobachtungen in der Mathematik, darunter einige historisch sehr bedeutsame, finden sich in [P2]; von dort stammt auch unsere Unterscheidung zwischen suggestiver und prüfender (dort: „stützender" Beobachtung); eine hervorragende Behandlung der Rolle der Beobachtung beim Aufgabenlösen findet sich ferner in [MBS]. Weitere Beispiele, besonders zum heuristischen Rückwärtsarbeiten, finden sich in den Abschnitten 1.1 und 1.8 von [L].

Weitere Beispiele: 12.19, 12.21, 12.22, 12.23, 12.24, 12.25, Aufgaben 12.3, 12.6, 12.7, 12.8, 12.9, 12.10, 12.17, 12.18, 12.20, 12.21, 12.25, 12.32, 13.2.

Literatur

[A]   Amann, F.: Mathematik im Wettbewerb. Klett, Stuttgart (1993)

[E]   Engel, A.: Problem Solving Strategies. Springer, New York (1998)

[EP]   Engel, W., Pirl, U.: Mathematik in Aufgaben. VEB Deutscher Verlag der Wissenschaften, Wiesbaden (1990)

[Ga]   Gardiner, A.: Discovering Mathematics. The Art of Investigation. Oxford University Press, New York (1987)

[IMC]   International Mathematics Competition. Die Aufgaben sind online verfügbar unter www.imc-math.org

[IMO]   Internationale Mathematik-Olympiade. Die Aufgaben sind online verfügbar unter https://www.imo-official.org/problems.aspx

[Ka]   Kaye, R.: The Mathematics of Logic. A Guide to Completeness Theorems and their Applications. Cambridge University Press, New York (2007)

[L]   Larson, L.: Problem-Solving Through Problems. Springer, New York (1983)

[La]   Lakatos, I.: Beweise und Widerlegungen. Vieweg, Braunschweig (1979)

[MBS]   Mason, J., Burton, L., Stacey, K.: Mathematisch Denken. Mathematik ist keine Hexerei. 4. Auflage. Oldenburg Verlag, München Wien (2006)

[PS]   Polya, G., Szegö, G.: Aufgaben und Lehrsätze aus der Analysis I und II. Vierte Auflage. Springer, Heidelberg New York (1971)

[P2]   Polya, G.: Mathematik und plausibles Schließen. Induktion und Analogie in der Mathematik. Zweite Auflage. Birkhäuser Verlag, Basel und Stuttgart (1969)

[SO]   Oliver, R., Soundararajan, K.: Unexpected biases in the distribution of consecutive primes. Proceedings of the National Academy of Sciences of the United States of America **113**(31), E4446–E4454 (2016)

Ist eine Aufgabe nicht direkt zugänglich, kann man versuchen, speziellere oder allgemeinere Aufgaben zu betrachten. Speziellere Aufgaben sind häufig einfacher, weil mehr Daten gegeben sind. Allgemeinere Aufgaben sind manchmal einfacher, weil die relevanten Daten deutlicher erkennbar sind. Wenn beides nicht zum Ziel führt, kann es auch hilfreich sein, ein analoges Problem zu betrachten, d. h. eine Spezialisierung eines allgemeineren Problems.

Verallgemeinerung, Spezialisierung und Analogie als Lösungsstrategien wurden zuerst durch G. Polya betrachtet; wir verweisen besonders auf Kapitel II in [P2].

8.1 Verallgemeinerung

Bisweilen verstellen einem die Details einen Zugang zur Lösung. Besonders, wenn man Induktion oder Rekursion anwenden will, kann es leichter sein, eine allgemeinere Aussage zu zeigen, weil dann bei der Bearbeitung eines Falles mehr Basisannahmen zur Verfügung stehen.

Beispiel 8.1[1]

Ein Quadrat sei in $2^n \times 2^n$ Teilquadrate der Größe 1×1 unterteilt. Eines der vier mittleren Teilquadrate wurde entfernt. Zeige, dass sich der Rest vollständig und überlappungsfrei mit L-Triominos überdecken lässt. Ein L-Triomino besteht aus drei 1×1-Teilquadraten Q_1, Q_2, Q_3, wobei die obere Kante von Q_1 mit der unteren Kante von Q_2 und die rechte Kante von Q_2 mit der linken Kante von Q_3 zusammenfällt.

---

[1] Dieses Beispiel verdanken wir dem MathStackExchange-Benutzer „Alistair", siehe http://math.stackexchange.com/questions/1007256/examples-where-it-is-easier-to-prove-more-than-less. Siehe auch [BWM], 1981, Runde 1, A3.

© Springer Fachmedien Wiesbaden GmbH 2017

M. Carl, *Wie kommt man darauf?*, DOI 10.1007/978-3-658-18250-2_8

Ein L-Triomino

Lösung Hier liegt es nahe, Induktion zu benutzen: Ein $2^{n+1} \times 2^{n+1}$-Quadrat Q ist auf natürliche Weise aus vier $2^n \times 2^n$-Quadraten zusammengesetzt:

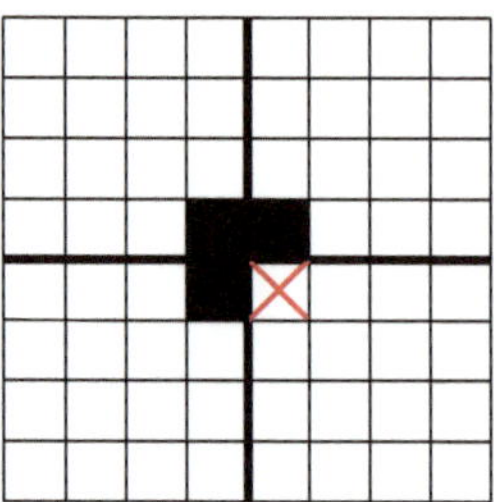

Allerdings: Wenn wir eines der mittleren Teilquadrate von Q entfernen und Q wie angegeben zerlegen, erhalten wir ein $2^n \times 2^n$-Quadrat, in dem eine Ecke fehlt, und drei weitere, die vollständig sind! Auf keines davon ist die Induktionshypothese anwendbar, dass ein $2^n \times 2^n$-Quadrat mit fehlendem mittleren Teilquadrat sich überdecken lässt.

In so einem Fall einer Aussage A, für die $A(n + 1)$ sich nicht aus $A(n)$ herleiten lässt, sollte man genau untersuchen, welche stärkere Aussage $A'(n)$ man über den n-ten Fall bräuchte, um den $(n + 1)$ Fall zu beweisen. Mit etwas Glück (und bei geschickter Wahl von A') lässt sich dann nämlich zeigen, dass $A'(n)$ sogar $A'(n + 1)$ impliziert und dass $A'(0)$ gilt. Dann erhält man induktiv, dass $A'(n)$ für alle natürlichen Zahlen n gilt, und da $A(n)$ aus $A'(n)$ folgt, hat man auch das ursprüngliche Problem erledigt.

Was also bräuchten wir hier für den Induktionsschritt? In einem der kleineren Quadrate fehlt eine Ecke. Wir könnten also versuchen, folgende Aufgabe zu lösen:

Modifizierte Aufgabe: Ein Quadrat sei in $2^n \times 2^n$ Teilquadrate der Größe 1×1 unterteilt. Eines der vier mittleren Teilquadrate oder eines der Eckquadrate wurde entfernt. Zeige, dass sich der Rest vollständig und überlappungsfrei mit L-Triominos überdecken lässt.

Tatsächlich reicht das: Das kleinere Quadrat, in dem eine Ecke fehlt, ist nach Induktionsvoraussetzung überdeckbar. Und die drei vollständigen kleineren Quadrate stoßen an einer Ecke zusammen; legt man ein L-Triomino an diese Ecke, so ist von jedem nur noch der Rest ohne ein Eckquadrat zu überdecken, was auch nach Induktionsvoraussetzung möglich ist.

Damit ist die stärkere Behauptung durch Induktion bewiesen. Man hätte bei der Verallgemeinerung aber durchaus etwas kühner sein dürfen: Tatsächlich lässt ein $2^n \times 2^n$-Quadrat mit einem fehlenden Teilquadrat sich immer mit L-Triominos überdecken, ganz gleich, welches Teilquadrat fehlt – und der Induktionsbeweis funktioniert genau wie oben! $\square$

Beispiel 8.2 (vgl. [L], A5.3.6(a))

Bestimme $\sum_{i=1}^{1234} \frac{i}{(i+1)!} = \frac{1}{2!} + \frac{2}{3!} + \ldots + \frac{1234}{1235!}$.

Lösung 1234 Summanden sind ziemlich unübersichtlich. Wir versuchen daher, die Aufgabe allgemeiner zu lösen und eine einfache Darstellung für $S_n := \sum_{i=1}^{n} \frac{i}{(i+1)!}$ zu bestimmen.

Hier führen nun viele Wege zum Ziel.

Eine Möglichkeit ist, von der allgemeineren Summe wieder Spezialfälle zu betrachten und ein Muster zu raten, das man dann durch Induktion beweisen kann. Die ersten Summen sind: $S_1 = \frac{1}{2}$, $S_2 = \frac{5}{6}$, $S_3 = \frac{23}{24}$, $S_4 = \frac{119}{120}$. Auf dieser Grundlage vermuten wir, dass S_n von der Form $\frac{k-1}{k}$ ist. Jetzt schauen wir uns noch die Folge der k genauer an: $2, 6, 24, 120$ – die Folge der Fakultäten! Wir vermuten damit, dass $S_n = \frac{(n+1)!-1}{(n+1)!}$, was sich durch einen einfachen Induktionsbeweis auch zeigen lässt.

Ein zweiter Weg ist, statt S_n die Funktion $S_n(x) = \sum_{i=1}^{n} \frac{ix^{i+1}}{(i+1)!}$ zu betrachten und anschließend $x = 1$ einzusetzen. Wir betrachten diese Strategie im nächsten Beispiel.

Eine dritte Möglichkeit besteht in der Anwendung des Teleskopprinzips – siehe dazu Aufgabe 13.3. $\qquad\square$

Beispiel 8.3 ([L], A1.12.1)

Berechne den Wert der Summe $\sum_{i=0}^{n} \frac{i^2}{2^i}$.

Lösung Versuchen wir, ein allgemeineres Problem zu formulieren. Dabei bietet es sich an, statt der 2 im Nenner beliebige reelle Zahlen zu betrachten. Wir wollen also die Summe $\sum_{i=0}^{n} \frac{i^2}{x^i}$ auswerten, was wir noch etwas vereinfachen können, indem wir x durch $\frac{1}{x}$ ersetzen und also die Summen der Form $S_n(x) = \sum_{i=0}^{n} i^2 x^i$ untersuchen.

Suche nach ähnlichen Aufgaben! Eine bekannte Summe, die entfernt ähnlich aussieht, ist die geometrische Reihe: $Q_n(x) = \sum_{i=0}^{n} x^i$. Hilft das etwas? Bei $S_n(x)$ kommen ja noch diese lästigen Koeffizienten dazu. Wie gehen wir damit um?

Betrachten wir eine weitere Verallgemeinerung: Die fragliche Summe ist von der Form $\sum_{i=0}^{n} i^m x^i$, im gegebenen Fall ist $m = 2$, bei der geometrischen Reihe ist $m = 0$. Wenn wir uns von der geometrischen Reihe aus nähern wollen, sehen wir uns doch einmal $m = 1$ an!

Setzen wir also $P_n(x) = \sum_{i=0}^{n} i x^i$. Gibt es da einen erkennbaren Zusammenhang mit der geometrischen Reihe?

Immerhin, der Term $\sum_{i=0}^{n} i x^i$ ähnelt doch deutlich dem Term $\sum_{i=0}^{n} i x^{i-1}$, und das ist die Ableitung von $Q_n(x)$. Nur die -1 im Exponenten stört. Aber die wird man ja leicht los, indem man mit x multipliziert! Also halten wir fest: $P_n(x) = x Q_n(x)'$. Die geometrische

Reihe können wir ausrechnen, es ist $Q_n(x) = \frac{x^{n+1}-1}{x-1}$, was sich leicht ableiten lässt. Damit ist die Berechnung von $P_n(x)$ jetzt auch kein Problem mehr.

Und was ist nun mit $S_n(x)$? Benutzen wir die Idee doch gleich noch einmal, um ein weiteres i in den Koeffizienten zu kriegen: Es ist $S_n(x) = xP_n(x)'$.

Wir überlassen es der Leserin bzw. dem Leser, die nun noch nötigen Rechnungen auszuführen. Sie sind nicht mehr schwierig. (Siehe auch Aufgabe 8.7). $\square$

Das allgemeinere Prinzip hinter dieser Lösung besteht darin, Summen durch Einfügen von Variablen zu Funktionen, besonders Polynomen oder Potenzreihen, zu machen; auf das allgemeinere Problem, diese Funktionen auszuwerten, lassen sich dann häufig die Hilfsmittel der Analysis anwenden, besonders Differentiation und Integration. Weitere Beispiele finden sich in den Übungen 8.2, 8.6, 8.7.

Beispiel 8.4 (vgl. [Me], A3)

Für eine natürliche Zahl n bezeichne QS(n) die Quersumme von n. Bestimme $Z :=$ QS(QS(QS(QS(2014^{2018})))).

Lösung Ausrechnen ist hier offenbar hoffnungslos. Wie kann man so etwas angehen? **Sammle hilfreiche Sätze!** Was gibt es für Sätze, in denen die Begriffe aus der Aufgabe vorkommen?

Was z. B. wissen wir allgemein über Quersummen? Vermutlich haben wir schon einmal folgende Regel gehört:

> Eine natürliche Zahl n lässt bei Division durch 9 den gleichen Rest wie ihre Quersumme QS(n).

Hilft das? Immerhin können wir den Rest von Z bei Division durch 9 bestimmen: 2014 lässt den Neunerrest -2; die Potenzen von -2 haben nun – beginnend mit $(-2)^0 = 1$ – folgende Neunerreste: $1, -2, 4, -1, 2, -4$. Die Neunerreste von Zahlen der Form $(-2)^k$ verhalten sich also periodisch mit Periodenlänge 6 und hängen folglich nur vom Rest von k bei Division durch 6 ab. 2018 lässt bei Division durch 6 den Rest 4. Also lässt $(-2)^{2018}$ den gleichen Neunerrest wie $(-2)^4$, also 2.

Damit haben wir den Neunerrest des Ergebnisses, aber nicht das Ergebnis selbst. Versuchen wir, uns noch auf einem anderen Weg zu nähern:

Die Quersumme einer n-stelligen Zahl ist höchstens $9n$. Die Stellenzahl einer Zahl n ist höchstens der dezimale Logarithmus von n, also $\log(n)$. Wie groß ist also Z? 2014^{2018} hat höchstens $\log(2014^{2018}) = 2018\log(2014) < 2014 \cdot 5 = 10.070$ viele Stellen, also ist QS(2014^{2018}) $\leq 9 \cdot 10.070 = 90.630$, eine 5-stellige Zahl. Also ist QS(QS(2014^{2018})) $\leq 5 \cdot 9 = 45$, eine zweistellige Zahl. Damit ist QS(QS(QS(2014^{2018}))) ≤ 18. Die Quersumme einer Zahl ≤ 18 ist aber kleiner als 10, also ist $Z =$ QS(QS(QS(QS(2014^{2018})))) einstellig.

Es gibt aber nur eine einstellige Zahl, die bei Division durch 9 den Rest 2 lässt, nämlich 2. Also ist $Z = 2$. $\qquad\square$

Eine andere Art, wie Verallgemeinerung beim Aufgabenlösen hilfreich sein kann, ist, dass bei einem allgemeineren Problem von „zufälligen" Elementen der gegebenen Daten abstrahiert ist, die von für die Lösung den wesentlichen Aspekten ablenken:

> **Beispiel 8.5 (IMC 2003, Tag 2, A1)**
> Es seien $n \in \mathbb{N}^{\geq 3}$ sowie A und B quadratische Matrizen mit n Zeilen und Spalten und Einträgen in $\mathbb{C}$. Zeige: Ist $AB = A + B$, so ist $AB = BA$.

Lösung Ehe wir versuchen, unser Wissen über quadratische komplexe Matrizen zu benutzen, betrachten wir das Problem erst einmal ganz allgemein: Die komplexen $n \times n$-Matrizen bilden mit der Matrixaddition und -multiplikation einen Ring mit Einselement. Versuchen wir einmal, das Problem auf dieser Ebene zu lösen:

Behauptung: Es sei R ein Ring mit Einselement 1_R sowie $a, b \in R$ so, $ab = a + b$. Zeige: Es ist $ab = ba$.

In dieser Allgemeinheit formuliert steht uns als Lösungswerkzeug zunächst nicht viel mehr zur Verfügung als einfache Umformungen. Versuchen wir es einmal: Da $ab = a + b$, ist $ab - a - b = 0$. Nun ist $ab - a - b$ dem Term $ab - a - b + 1_R$ recht ähnlich, den man als $(a - 1_R)(b - 1_R)$ schreiben kann. Faktorisierungen sollte man sich, wo möglich, nicht entgehen lassen! Addieren wir also auf beiden Seiten 1_R, so erhalten wir $ab - a - b + 1_R = 1_R$, d. h. $(a - 1_R)(b - 1_R) = 1_R$. $(a - 1_R)$ und $(b - 1_R)$ sind also multiplikativ invers zueinander!

In den ersten Wochen der linearen Algebra lernt man gewöhnlich: Ist $(X, \circ)$ eine Halbgruppe[2] mit neutralem Element e und sind $a, b \in X$, so ist $ab = e$ äquivalent zu $ba = e$: Inverse Elemente kommutieren!

Nun ist $(R, \cdot)$ offenbar eine Halbgruppe; also ist $ab = 1_R$ äquivalent zu $ba = 1_R$. Damit ist die Behauptung gezeigt und unsere ursprüngliche Aufgabe ist gelöst. $\qquad\square$

Bemerkung Natürlich sind solche Verallgemeinerungen riskant: Die allgemeinere Aussage mag schwieriger zu beweisen sein, oder sogar falsch. Aber auch eine falsche Verallgemeinerung kann bei der Lösungssuche helfen: Sie macht einen auf Aspekte aufmerksam, die für die Korrektheit der Aussage wesentlich sind – und also im Beweis vorkommen müssen.

---

[2] D. h. $\circ : X \times X \to X$ ist eine assoziative Verknüpfung auf X und X enthält ein bezüglich $\circ$ neutrales Element.

8.2   Spezialisierung

Wir haben bei „Beobachtung und Mustererkennung" bereits gesehen, wie die Betrachtung von Spezialfällen einem bei der Lösung einer allgemeinen Aufgabe helfen kann. Allgemeiner entsteht eine speziellere Aufgabe dadurch, dass man einige potenziell hilfreiche Zusatzannahmen macht. Häufig erkennt man auf diese Weise in einem speziellen Fall eine Strategie, die sich auf die ursprüngliche Aufgabe anwenden lässt.

> **Beispiel 8.6**[3]
> Zeige: Sind $k, n \in \mathbb{N}$, so ist entweder $\sqrt[k]{n} \in \mathbb{N}$ oder $\sqrt[k]{n} \in \mathbb{R} \setminus \mathbb{Q}$, d. h.: Jede natürliche Zahl ist entweder k-te Potenz einer natürlichen Zahl oder hat eine irrationale k-te Wurzel.

Lösung Sehen wir uns erst einmal einen passenden Spezialfall an. Wenn a oder n gleich 1 ist, ist die Aussage trivial. Auch aus trivialen Fällen lässt sich bisweilen etwas lernen, hier sehen wir aber erst einmal nicht, was. Der erste nichttriviale Fall unserer Aussage ist:

Behauptung   Die Quadratwurzel aus 2 ist irrational.

Dafür haben wir schon einen Beweis im Kapitel 6 über das Extremalprinzip gesehen. Sehen wir uns den Beweis noch einmal genau an – vielleicht hilft er beim allgemeinen Fall.

Lösung   Angenommen, $\sqrt{2} = \frac{a}{b}$ mit $a, b \in \mathbb{N}$. Wir nehmen an, dass $\frac{a}{b}$ bereits vollständig gekürzt ist; insbesondere sind a und b nicht beide gerade. Dann ist $2 = \frac{a^2}{b^2}$, also $2b^2 = a^2$. Also ist a^2 gerade und damit auch a und folglich ist a^2 sogar durch 4 teilbar; also ist auch $2b^2$ durch 4 teilbar, d. h. b^2 ist gerade, also auch b. Damit sind sowohl a als auch b gerade, ein Widerspruch zu unserer Annahme. $\square$

Versuchen wir nun, dieses Argument zu verallgemeinern. Bleiben wir zunächst bei Quadratwuzeln. Was benutzt dieser Beweis an Eigenschaften der 2 als Basis? Das kriegen wir am leichtesten heraus, wenn wir sie im Beweis durch x ersetzen: Wir müssen daraus, dass a^2 durch x teilbar ist, darauf schließen können, dass auch a durch x teilbar ist. Für beliebige x gilt das sicher nicht: Z.B. ist 8 ein Teiler von 4^2, aber nicht von 4. Immerhin wissen wir aus der Zahlentheorie: Ist p eine Primzahl und ist p Teiler von mn, so ist p Teiler von m oder von n. Wir können das obige Argument also mit einer beliebigen Primzahl anstelle von 2 durchführen. Dann haben wir bewiesen:

---

[3] Wir danken Herrn Sebastian Scheideck, der den unten gegebenen Beweis in seiner Seminarausarbeitung ausführlich dargestellt hat.

Behauptung Ist p eine Primzahl, so ist $\sqrt{p}$ irrational.

Versuchen wir uns jetzt einmal an einer deutlich allgemeineren Aussage:

Behauptung Ist n keine Quadratzahl, so ist $\sqrt{n}$ irrational.

Lösung Wir versuchen, möglichst viel von unserem Argument für Primzahlen zu übertragen. Nehmen wir also an, dass n keine Quadratzahl ist und ferner $\sqrt{n} = \frac{a}{b}$, wobei $\frac{a}{b}$ vollständig gekürzt ist. Wieder ist also $nb^2 = a^2$. Aber nun können wir nicht mehr folgern, dass n Teiler von a ist. Was tun?

Bei den bisherigen Überlegungen hatten wir Primalität ausgenutzt. Sehen wir uns also einmal die Primfaktorzerlegung von n an. Sei $n = \prod_{i=1}^{\infty} p_i^{e_{n,i}}$. Da n keine Quadratzahl ist, ist mindestens einer der Exponenten $e_{n,i}$ ungerade.

Andererseits: Da a^2 und b^2 Quadratzahlen sind, sind in den Primfaktorzerlegungen $a^2 = \prod_{i=1}^{\infty} p_i^{e_{a,i}}$ und $b^2 = \prod_{i=1}^{\infty} p_i^{e_{b,i}}$ von a^2 bzw. b^2 alle Exponenten $e_{a,i}$ und $e_{b,i}$ gerade. Wenn $nb^2 = a^2$ ist, so ist aber $e_{n,i} + e_{b,i} = e_{a,i}$ für alle $i \in \mathbb{N}$. Ist aber $e_{n,i}$ ungerade und $e_{b,i}$ gerade, so ist $e_{n,i} + e_{b,i}$ ungerade, d. h. $e_{a,i}$ ist ungerade: Ein Widerspruch. $\square$

Sieht man sich diesen Beweis genauer an, stellt man fest, dass die Annahme, $\frac{a}{b}$ sei vollständig gekürzt, nicht mehr benutzt wurde! Die neue Idee mit der Primfaktorzerlegung ist offenbar ziemlich mächtig.

Nun haben wir genug Information gesammelt, um die ursprüngliche Behauptung zu beweisen:

Sei n keine k-te Potenz, aber $\sqrt[k]{n} = \frac{a}{b}$ mit $a, b \in \mathbb{N}$, also $nb^k = a^k$. Wieder seien $n = \prod_{i=1}^{\infty} p_i^{e_{n,i}}$, $a^k = \prod_{i=1}^{\infty} p_i^{e_{a,i}}$ und $b^k = \prod_{i=1}^{\infty} p_i^{e_{b,i}}$ die Primaktorzerlegungen von n, a^k und b^k. Da a^k und b^k k-te Potenzen sind, sind alle $e_{a,i}$ und alle $e_{b,i}$ durch k teilbar. Da n keine k-te Potenz ist, ist mindestens eines der $e_{n,i}$ nicht durch k teilbar. Wieder ist $e_{n,i} + e_{b,i} = e_{a,i}$ für alle $i \in \mathbb{N}$. Ist aber $e_{n,i}$ nicht durch k teilbar, $e_{b,i}$ dagegen schon, so ist $e_{n,i} + e_{b,i}$ nicht durch k teilbar, d. h. $e_{a,i}$ ist nicht durch k teilbar: Ein Widerspruch. $\square$

8.3 Analogie

Nicht immer ist eine direkte Verallgemeinerung oder Spezialisierung möglich bzw. zielführend. In solchen Fällen kann man versuchen, ein analoges Problem zu betrachten. Dazu verallgemeinert man das fragliche Problem zunächst und betrachtet dann einen zugänglichen Spezialfall des allgemeineren Problems. Häufig erhält man so eine Lösungsidee. Ein einfaches Beispiel dafür ist unsere Behandlung von Beispiel 8.2. In besonders günstigen Fällen ist der zugänglichere Spezialfall sogar ein führender Spezialfall und erledigt das ursprüngliche Problem sofort.

Es lohnt sich oft, eine Aufgabe erst zu verallgemeinern und dann zugänglichere Spezialfälle zu betrachten. Wieder sind im Idealfall einer oder einige davon sogar führend, wie im folgenden Beispiel:

Beispiel 8.7
Zeige: Zu jedem $n \in \mathbb{N}$ existiert ein Polynom $p \in \mathbb{R}[X]$ so, dass $p(i) = \frac{1}{i}$ für alle $i \in \{1, 2, \ldots, n\}$.

Lösung Weder die spezielle Wahl der Urbilder $1, 2, \ldots, n$ noch der Bilder $1, \frac{1}{2}, \ldots, \frac{1}{n}$ scheint die Aufgabe auf den ersten Blick wesentlich zu vereinfachen. Wir versuchen es also einmal kühn mit folgender Verallgemeinerung: Zu beliebigen (paarweise verschiedenen) $x_1, \ldots, x_n \in \mathbb{R}$ und beliebigen $y_1, \ldots, y_n \in \mathbb{R}$ existiert $p \in \mathbb{R}[X]$ so, dass $p(x_i) = y_i$ für alle $i \in \{1, 2, \ldots, n\}$.

Gibt es Spezialfälle der neuen Behauptung, die sich leicht erledigen lassen? Sicher: Ist $y_1 = y_2 = \ldots = y_n = 0$, so genügt es, $p(X) := (X - x_1)(X - x_2) \ldots (X - x_n)$ zu setzen. Leider scheinen sich daraus unmittelbar keine weiteren Lösungen zu ergeben. Betrachten wir also einmal die nächsteinfacheren Spezialfälle, dass ein y_i gleich 1 ist und alle anderen y_j gleich 0 sind. Nennen wir das gesuchte Polynom p_i, so können wir wie oben zunächst dafür sorgen, dass jedenfalls die Nullstellen stimmen, indem wir das Produkt $q_i(X) = (X - x_1)(X - x_2) \ldots (X - X_{i-1})(X - X_{i+1}) \ldots (X - x_n)$ betrachten. Für $X \in \{x_1, \ldots, x_n\} \setminus \{x_i\}$ ist dann $q_i(X) = 0$ und ferner sicherlich $q_i(x_i) \neq 0$. Immerhin, jetzt haben wir Polynome, die an allen Stellen x_j außer der Stelle x_i den Wert 0 annehmen, dort aber nicht!

Nun ist es auch nicht mehr schwierig, dafür zu sorgen, dass $p_i(x_i) = 1$ gilt: Wir teilen q_i einfach durch den Wert $q_i(x_i)$ und setzen also $p_i(X) = \frac{q_i(X)}{q_i(x_i)} = \frac{(X-x_1)(X-x_2)\ldots(X-x_{i-1})(X-x_{i+1})\ldots(X-x_n)}{(x_i-x_1)(x_i-x_2)\ldots(x_i-x_{i-1})(x_i-x_{i+1})\ldots(x_i-x_n)}$. Diese Spezialfälle haben wir also erledigt.

Aber zusammen genommen sind diese Spezialfälle auch führend: Denn setzt man $p(X) = \sum_{i=1}^{n} y_i \, p_i(X)$, so ist $p(x_i) = y_i$ für $i \in \{1, 2, \ldots, n\}$, wie gewünscht. Insbesondere existiert also ein Polynom wie in der Aufgabenstellung gesucht. $\square$

Bemerkung Für ein weiteres, besonders anschauliches Beispiel für die Strategie „Verallgemeinerung und Spezialisierung" von G. Polya verweisen wir auf den Multiple-Choice-Teil, Aufgaben V) und VI).

8.4 Anwendungsfälle

Wir betrachten nun zwei häufige Varianten dieses Prinzips.

8.4.1 Weniger Variablen

In Situationen, in denen eine gewisse Zahl k an Variablen auftritt, kann man häufig wertvolle Hinweise gewinnen, indem man die Aufgabe zunächst auf beliebig viele Variablen verallgemeinert und dann einen Spezialfall mit weniger als k Variablen betrachtet.

> **Beispiel 8.8 ([S], S. 194, A4)**
> Sind a, b, c, d positive reelle Zahlen < 1, so ist $(1 - a)(1 - b)(1 - c)(1 - d) > 1 - a - b - c - d$.

Lösung Das Problem sieht u. a. darum schwierig aus, weil es viele Variablen enthält. Wir versuchen also die Strategie „verallgemeinern und auf einen zugänglicheren Fall spezialisieren", um ein analoges Problem mit weniger Variablen zu erhalten. Es liegt dann nahe, die allgemeine Vermutung $\prod_{i=1}^{n}(1 - x_i) > 1 - \sum_{i=1}^{n} x_i$ (mit $0 < x_i < 1$ reelle Zahlen) zu betrachten, wobei wir noch $n > 1$ annehmen, da der Fall $n = 1$ zu der offenbar falschen Aussage $1 - x_1 > 1 - x_1$ führt.

Der einfachste Spezialfall ist nun sicherlich der mit $n = 2$, also $(1 - x_1)(1 - x_2) > 1 - (x_1 + x_2)$ (mit $0 < x_1, x_2 < 1$). Dann erhalten wir durch Ausmultiplizieren und Vereinfachen als äquivalente Aussage $x_1 x_2 > 0$, was nach Annahme, dass x_1 und x_2 positiv sind, stimmt.

Betrachten wir nun den Fall $n = 3$, also $(1 - x_1)(1 - x_2)(1 - x_3) > 1 - (x_1 + x_2 + x_3)$ (mit $0 < x_1, x_2, x_3 < 1$). Es fällt auf, dass wir den Fall $n = 2$ auf die ersten beiden Faktoren anwenden können, d. h. wir erhalten: $(1 - x_1)(1 - x_2)(1 - x_3) > (1 - (x_1 + x_2))(1 - x_3)$. Könnten wir nun den Fall $n = 2$ auf den Term $(1 - (x_1 + x_2))(1 - x_3)$ erneut anwenden, wären wir fertig. **Dazu muss allerdings klar sein, dass die Bedingungen des Falles $n = 2$ noch erfüllt sind, d. h. dass** $0 < 1 - (x_1 + x_2) < 1$ **und** $0 < x_3 < 1$! Letzteres gilt direkt nach Annahme und $1 - (x_1 + x_2) < 1$ folgt aus $x_1, x_2 > 0$, aber $1 - (x_1 + x_2) > 0$ ist natürlich im Allgemeinen nicht erfüllt – es könnte ja sein, dass $x_1 + x_2 > 1$. Wir bemerken aber, dass $(1 - x_1)(1 - x_2)(1 - x_3)$ für $x_1, x_2, x_3 < 1$ stets positiv ist, während die rechte Seite $1 - (x_1 + x_2 + x_3)$ negativ wird, wenn $x_1 + x_2 + x_3 > 1$ ist. Falls $x_1 + x_2 + x_3 > 1$, ist die Ungleichung also trivialerweise erfüllt und wir können nun annehmen, dass $x_1 + x_2 + x_3 \leq 1$. Dann ist wegen $x_3 > 0$ offenbar $x_1 + x_2 < 1$ und wir können den Fall $n = 2$ auf $(1 - (x_1 + x_2))(1 - x_3)$ anwenden; wir erhalten $(1 - (x_1 + x_2))(1 - x_3) > 1 - ((x_1 + x_2) + x_3) = 1 - (x_1 + x_2 + x_3)$, insgesamt also $(1 - x_1)(1 - x_2)(1 - x_3) > 1 - (x_1 + x_2 + x_3)$, wie gewünscht.

Nun ist der allgemeine Fall einfach durch Induktion zu erledigen: Angenommen, die Behauptung stimmt für alle natürlichen Zahlen m unterhalb von n. Betrachte $\prod_{i=1}^{n}(1 - x_i)$. Wir wenden die Induktionsannahme auf die ersten $n-1$ Faktoren an und erhalten $\prod_{i=1}^{n}(1 - x_i) = (1 - x_n)\prod_{i=1}^{n-1}(1 - x_i) > (1 - x_n)(1 - \sum_{i=1}^{n-1} x_i)$. Sicherlich ist $\sum_{i=1}^{n-1} x_i > 0$. Ist $\sum_{i=1}^{n-1} x_i \geq 1$, so ist (wegen $x_n > 0$) schon $\sum_{i=1}^{n} x_i > 1$, also $1 - \sum_{i=1}^{n} x_i < 0$, die rechte Seite der Ungleichung $\prod_{i=1}^{n}(1 - x_i) > 1 - \sum_{i=1}^{n} x_i$ ist also negativ, während die linke ein Produkt aus lauter positiven Faktoren ist und also positiv; in diesem Fall ist die Ungleichung offenbar erfüllt. Wir können daher annehmen, dass $\sum_{i=1}^{n-1} x_i \geq 1$ falsch ist, also $\sum_{i=1}^{n-1} x_i < 1$ gilt. Dann ist aber nach dem Fall $n = 2$ schon $(1 - x_n)(1 - \sum_{i=1}^{n-1} x_i) > 1 - (\sum_{i=1}^{n-1} x_i + x_n) = 1 - \sum_{i=1}^{n} x_i$, was zu zeigen war. $\square$

8.4.2 Weniger Dimensionen

Probleme, die sich z. B. auf den 3-dimensionalen Raum beziehen, haben oft Analogien im zwei- oder sogar eindimensionalen Raum. Es lohnt sich daher in vielen Fällen, eine Verallgemeinerung auf beliebig viele Dimensionen einzuführen und dann die Spezialfälle in kleinen Dimensionen zu betrachten.

> **Beispiel 8.9**
> (Das Beispiel und seine Behandlung sind angelehnt an G. Polya, siehe [P2], Kap. III, Abschnitte 8-18; für die Aufgabe selbst vgl. [YY], A44 und A45)[4,5] In wie viele Teile kann man den dreidimensionalen Raum höchstens durch 6 Sphären (also Kugeloberflächen) zerlegen?

Lösung Das sieht hoffnungslos aus. Eine oder zwei Sphären lassen sich noch recht gut in der Vorstellung überblicken, drei auch und mit etwas Mühe vielleicht noch vier. Aber sechs? Das dürfte sich kaum noch jemand so gut vorstellen können, dass er oder sie mit Sicherheit die Teile zählen kann und dabei noch einen stichhaltigen Grund zu der Annahme hat, es sei die größtmögliche.

Also versuchen wir es einmal mit einer Analogie. Verallgemeinern wir das Problem:

Frage: In wie viele Teile lässt sich der dreidimensionale Raum höchstens durch n Sphären zerlegen?

Das sieht zwar schwieriger aus, hat aber doch einige zugänglichere Spezialfälle, in denen die Vorstellungskraft noch nicht versagt. Schreiben wir die doch einmal auf. Vielleicht zeigt sich ja ein Muster. **Führe geeignete Bezeichnungen ein!** Es sei A_n die Anzahl der Teile, in der sich der dreidimensionale Raum durch n Sphären zerlegen lässt.

$$
\begin{array}{c|cccc}
n & 0 & 1 & 2 & 3 \\
A_n & 1 & 2 & 4 & 8
\end{array}
$$

$1, 2, 4, 8$ – das sieht nach Zweierpotenzen aus. Vielleicht ist $A_n = 2^n$?

Das lässt sich am Besten testen, indem wir weitere Fälle betrachten. Aber $n = 4$ ist schon ziemlich unübersichtlich. Außerdem kommt diese Verdopplung mit jeder weiteren Sphäre für $n = 0, 1, 2$ wohl daher, dass jede neue Sphäre jedes von den übrigen Sphäre gebildete Gebiet in zwei Teile teilt. Ob das bei beliebig vielen Sphären noch funktionieren kann? Das sieht zumindest zweifelhaft aus.

---

[4] Polyas Originalbeispiel, das Ebenen statt Kugeln behandelt, betrachten wir in Aufgabe 8.13.
[5] Wir danken außerdem Herrn Sebastian Scheideck, der den Beweis zu Polyas Originalbeispiel in seiner Seminararausbeitung ausführlich dargestellt hat.

So kommen wir anscheinend nicht weiter. Die Analogiebetrachtung hat Information geliefert, aber keine ausreichende. Können wir sie vielleicht noch weiter treiben?

In der Frage ist vom dreidimensionalen Raum die Rede. Das ist ein Ansatz für eine weitere Verallgemeinerung. Der betrachtete Raum ist 3-dimensional, die „zerlegenden" Sphären 2-dimensional. Vielleicht können wir das Problem auch in kleinerer Dimension betrachten? Versuchen wir es einmal und stellen nun folgende Frage:

Frage: In wie viele Teilflächen kann man eine Ebene höchstens durch n Kreise zerlegen?

Das ist zumindest deutlich leichter vorstellbar als die Sphären im Raum. Und man kann es zeichnen. Bezeichnen wir mit B_n die maximale Anzahl der Teilflächen, in die sich die Ebene durch n Kreise zerlegen lässt. Wenn man ein wenig herum probiert, kommt man zu folgender Tabelle:

$$\begin{array}{c|ccccc} n & 0 & 1 & 2 & 3 & 4 \\ B_n & 1 & 2 & 4 & 8 & 14 \end{array}$$

Wieder geht es mit den Zweierpotenzen los: $2, 4, 8$; aber dann: 14. Und zwar stimmt es mit den Zweierpotenzen genau bis zu $n = 3$, der Dimensionszahl der Ebene $+1$; beim Raum hatten wir sie bis zu $n = 3$, der Dimensionszahl des Raumes betrachtet, konnten aber nicht darüber hinaus. Das legt zumindest nahe, dass die Idee mit den Zweierpotenzen auch für den Raum falsch ist. Wenn nicht Potenzen von 2, was dann? Sehen wir uns die Folge $1, 2, 4, 8, 14$ einmal an, so fällt auf, dass die Differenzen ab dem zweiten Glied $2, 4, 6$ sind. Das erste Glied, die 1, scheint sich hier nicht recht einfügen zu wollen. Aber 0 Sphären bzw. Kreise sind ja auch ein irgendwie merkürdiger Fall unserer Frage – lassen wir ihn also erst einmal beiseite. Vielleicht geht es so weiter, die Differenzfolge ist die Folge $2, 4, 6, 8, 10, \ldots$ der geraden Zahlen und die Folge der Teilzahlen $2, 4, 8, 14, 22, 32, \ldots$? Dann wäre (da die Folge mit $B_1 = 2$ beginnt) $B_n = 2 + 2(1 + 2 + 3 + \ldots + (n-1)) = 2(1 + \frac{n(n-1)}{2})$.

Nun haben wir für unsere analoge Frage zumindest eine Vermutung, wie die Antwort lauten könnte. Versuchen wir, sie zu beweisen! Ein Beweis dürfte uns zusätzliche Information über das Problem liefern. Vielleicht lässt er sich auch auf das ursprüngliche Problem übertragen. Da die Behauptung von einem natürlichzahligen Parameter n abhängt, liegt es nahe, es mit Induktion zu versuchen.

Nehmen wir also eine Konfiguration von Kreisen in der Ebene und beobachten, wie sich die Anzahl der Teilflächen ändert, wenn wir einen weiteren Kreis K hinzufügen.

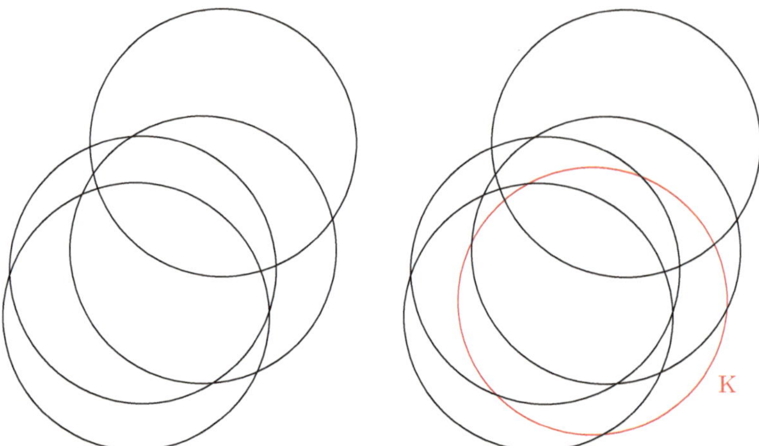

Wir machen folgende Beobachtung: K wird von den Kreisen der bisherigen Konfiguration in einigen Punkten geschnitten. Zwischen je zwei aufeinanderfolgenden solchen Schnittpunkten auf K liegt ein Abschnitt von K, der eine der bisherigen Teilflächen in zwei neue aufteilt. Für jeden solchen Abschnitt von K erhöht die Anzahl der Teilflächen sich also um 1. Die Anzahl solcher Abschnitte ist aber offenbar gleich der Anzahl der Schnittpunkte von K mit den Kreisen der bisherigen Konfiguration. Damit wissen wir: Fügt man einen neuen Kreis K zu einer gegebenen Konfiguration hinzu, so erhöht die Anzahl der Teilflächen sich um die Anzahl der Schnittpunkte von K mit den Kreisen der bisherigen Konfiguration.

Eine wichtige Beobachtung, denn Schnittpunkte sind leichter zu zählen als Teilflächen: Zwei verschiedene Kreise schneiden sich entweder in keinem, genau einem oder genau zwei Punkten. Liegen bisher n Kreise vor, so erzeugt das Hinzufügen von K höchstens zwei Schnittpunkte mit jedem der bisherigen Kreise, also insgesamt höchstens $2n$ Schnittpunkte. Das Hinzufügen des $(n+1)$ten Kreises erhöht die Anzahl der Teilflächen also höchstens um $2n$: Es gilt $B_{n+1} \leq B_n + 2n$. Folglich liefern n Kreise höchstens $2 + (2 + 4 + \ldots + 2(n-1)) = 2 + 2\frac{n(n-1)}{2}$ Teilflächen – was der Vermutung entspricht, die wir oben erhalten hatten.

Soweit, so gut – es können also bei n Kreisen nicht **mehr** als $2(1 + \frac{n(n-1)}{2})$ Teilflächen werden. Damit ist aber noch nicht gesagt, dass wir diese Anzahl auch erreichen können. Wenn die n Kreise einander zwar alle schneiden, aber ungünstig angeordnet sind, lässt sich womöglich kein weiterer hinzufügen, der alle bisherigen Kreise in zwei Punkten schneidet. Außerdem ergeben sich nur dann $2n$ **neue** Schnittpunkte, wenn K durch keinen Schnittpunkt zweier Kreise aus der bisherigen Konfiguration verläuft. Können wir diese Möglichkeit irgendwie sicher stellen?

In der Tat ist das nicht sonderlich schwierig: Zwei verschiedene Kreise mit gleichem Radius schneiden sich offenbar jedenfalls dann in zwei Punkten, wenn der Mittelpunkt des einen Kreises im anderen liegt. Es genügt also, n Kreise mit gleichem Radius zu nehmen, deren Mittelpunkte ausreichend nahe beieinander liegen. Dann schneidet jeder dieser Kreise jeden anderen in genau 2 Punkten. Und dafür zu sorgen, dass keine drei dieser Kreise einen gemeinsamen Schnittpunkt haben, ist jetzt auch nicht mehr schwierig. Es ist also tatsächlich $B_{n+1} = B_n + 2n$, wie oben vermutet.

Damit ist gezeigt: Die größte Zahl von Teilflächen, in die die Ebene durch n Kreise zerlegt werden kann, ist $2(1 + \frac{n(n-1)}{2})$.

Wir haben den zweidimensionalen Fall nun gut genug verstanden, um eine Übertragung auf das ursprüngliche Problem der Sphären im Raum zu unternehmen.

Versuchen wir einen zum zweidimensionalen Fall analogen Gedankengang: Was geschieht mit der Anzahl der Teilgebiete, wenn zu einer gegebenen Anordnung von n Sphären im Raum eine neue Sphäre S hinzu kommt?

Zwei verschiedene Sphären schneiden einander entweder in keinem oder genau einem Punkt oder sie bilden einen Schnittkreis. Die Schnittkreise von S mit den Sphären der bisherigen Anordnung bilden eine Konfiguration einander überschneidender Kreise auf S. Dadurch wird S in Teilflächen unterteilt; jeder dieser Teilflächen auf S entspricht genau ein Teilgebiet der bisherigen Anordnung von Sphären, das durch S in zwei Teile geteilt wird. Die Anzahl der durch das Hinzufügen von S neu entstehenden Teilgebiete ist also gleich der Anzahl der Teilflächen, in die die Sphäre S durch die Schnittkreise mit den bisherigen Sphären zerlegt wird.

Eine wichtige Beobachtung, denn Teilflächen von S sind leichter zu zählen als Teilgebiete des Raumes. In wie viele Teile kann S durch die Schnittkreise mit den n bisherigen Sphären zerlegt werden? Nun, bei n Sphären haben wir höchstens n Schnittkreise. In wie viele Teilflächen kann S dadurch zerlegt werden? Diese Frage haben wir zum Glück oben schon beantwortet, denn es ist nicht schwer zu sehen, dass die dort angestellten Überlegungen für n Kreise in der Ebene auch für n Kreise auf einer Kugeloberfläche funktionieren. S wird also durch die bisherigen n Kugeln in höchstens $B_n = 2(1 + \frac{n(n-1)}{2})$ Teilflächen zerlegt, und das ist damit zugleich die maximale Anzahl neuer Teilgebiete, die durch Hinzufügen von S entstehen können. Es ist also $A_{n+1} \leq A_n + B_n$.

Wie im Fall der Kreise stellt sich aber die Frage, ob wir die Erzeugung von $2(1 + \frac{n(n-1)}{2})$ neuen Teilgebieten auch tatsächlich erreichen können. Dazu muss die neue Sphäre S ja (1) alle bisherigen in einem Kreis schneiden und (2) müssen diese Kreise auf S die Eigenschaften haben, die wir im zweidimensionalen Fall für die maximale Anzahl von Teilflächen erhalten hatten: Je zwei davon müssen sich in zwei Punkten schneiden, und keine drei dürfen sich in einem Punkt schneiden. Geht das?

Tatsächlich ist diese Situation wie oben nicht schwer zu erreichen: Es genügt, n Sphären mit gleichem Radius und ausreichend nahe beieinanderliegenden Mittelpunkten zu betrachten, von denen keine drei auf einer Geraden liegen, um sicherzustellen, dass je zwei Sphären einen Schnittkreis bilden und je zwei Schnittkreise auf einer Sphäre einander in zwei Punkten schneiden.[6] Die Bedingung, dass keine drei Schnittkreise auf einer Sphäre durch einen Punkt gehen dürfen, ist nun wiederum leicht zu erreichen, indem man, falls nötig, die Mittelpunkte noch geringfügig verschiebt.

---

[6] Es lohnt sich, kurz innezuhalten und sich das klar zu machen.

Wir erhalten also: $A_{n+1} = A_n + B_n$, oder $A_{n+1} = A_n + 2(1 + \frac{n(n-1)}{2})$. Löst man die Rekursion auf, kommt $A_n = 2 + B_1 + B_2 + \ldots + B_{n-1} = 2 + 2((1 + \frac{1 \cdot 0}{2}) + (1 + \frac{2 \cdot 1}{2}) + \ldots + (1 + \frac{(n-1)(n-2)}{2})) = 2 + 2(n-1) + \sum_{i=1}^{n-1} i(i-1) = 2n + \sum_{i=1}^{n-1} i^2 - \sum_{i=1}^{n-1} i = 2n + \frac{(n-1)n(2n-1)}{6} - \frac{(n-1)n}{2} = 2n + \frac{n(n-1)(n-2)}{3}$.[7]

Als Antwort auf unsere ursprüngliche Frage ergibt sich damit $A_6 = 12 + \frac{6 \cdot 5 \cdot 4}{3} = 52$ – ein Ergebnis, das ohne die Betrachtung analoger Fragen kaum zu erhalten gewesen wäre.

$\square$

8.4.3 Anpassung des Beweises – ein Beispiel aus der Zahlentheorie

Beispiel 8.10 ([A], A41)
Zeige: Es existieren unendlich viele Primzahlen der Form $4n - 1$.

Lösung Eine naheliegende, wenn auch mutige Verallgemeinerung ist: Sind a und b teilerfremde natürliche Zahlen, so existieren unendlich viele Primzahlen der Form $ak + b$ mit $k \in \mathbb{N}$. Das sieht aber deutlich schwieriger aus als unser Ausgangsproblem[8]. Aber es gibt doch zumindest einen zugänglicheren Spezialfall, nämlich $a = b = 1$. Dann reduziert sich die Aussage auf:

Behauptung Es existieren unendlich viele Primzahlen.

Vielleicht lässt sich aus einem Beweis für diese Behauptung etwas für unser eigentliches Problem lernen. Rufen wir uns also probehalber einen davon[9] in Erinnerung.

Lösung Angenommen, es gäbe nur endlich viele Primzahlen $p_1, \ldots, p_k$. Betrachte die Zahl $n = (p_1 p_2 \ldots p_k) - 1$. Sicherlich ist $n > 1$, also muss n durch eine Primzahl teilbar sein. Aber offenbar ist n durch keine der Primzahlen $p_1, \ldots, p_k$ teilbar. Also muss es eine Primzahl geben, die von $p_1, \ldots, p_k$ verschieden ist, ein Widerspruch. $\square$

Lässt sich das auf unsere Frage anwenden? Versuchen wir es:

Angenommen, es gäbe nur endlich viele Primzahlen $q_1, \ldots, q_k$ der Form $4m - 1$. Betrachte die Zahl $n = (q_1 q_2 \ldots q_k) - 1$. Wieder ist $n > 1$ und n ist durch keine der Primzahlen $q_1, \ldots, q_k$ teilbar.

So weit, so gut. Aber wie geht es nun weiter? Für den nächsten Beweisschritt müssten wir zeigen können, dass n einen Primfaktor der Form $4m - 1$ hat. Aber woher sollen wir das wissen? n könnte ja als Primfaktoren ausschließlich 2 und Primzahlen der Form $4m + 1$ haben.

---

[7] Wobei wir die Formel $\sum_{k=1}^{m} k^2 = \frac{m(m+1)(2m+1)}{6}$ benutzt haben.
[8] Und das ist es auch – die Aussage ist in der Zahlentheorie bekannt als Dirichletscher Primzahlsatz.
[9] Es gibt einige: Siehe z. B. [AZ] oder [D].

Diese naive Übertragung funktioniert also nicht. Wenn unser Ansatz funktionieren soll, müssen wir n geschickter wählen, so dass es folgende Eigenschaften hat:

1. $n > 1$
2. n ist durch keine der Primzahlen $q_1, \ldots, q_k$ teilbar
3. Nicht alle Primfaktoren von n sind gleich 2 oder von der Form $4m + 1$

Nun ist es nicht mehr schwierig, ein passendes n zu finden: Sei $n = (4q_1 \ldots q_k) - 1$. Dann erfüllt n weiterhin (1) und (2). Was (3) angeht, so ist n zunächst einmal ungerade, hat also 2 überhaupt nicht als Primfaktor. Wären nun alle Primfaktoren von n von der Form $4m + 1$, so wäre n ein Produkt von lauter Zahlen der Form $4m + 1$ und also selbst von dieser Form; tatsächlich ist n aber von der Form $4m - 1$. n muss also mindestens einen Primfaktor der Form $4m - 1$ haben, und der muss von $q_1, \ldots, q_k$ verschieden sein. Also gibt es eine Primzahl der Form $4m - 1$, die unter $q_1, \ldots, q_k$ nicht vorkommt, ein Widerspruch. $\qquad\Box$

Bemerkung Versuchen wir, das gleiche Argument einzusetzen, um die Existenz unendlich vieler Primzahlen von der Form $4m + 1$ zu beweisen, stoßen wir auf ein Problem: Denn ganz gleich, welchen Rest eine natürliche Zahl n bei Division durch 4 lässt, kann sie trotzdem ausschließlich Primfaktoren der Form $4m - 1$ haben. Dieses Beweisziel scheint sich also – strategisch gesehen – deutlich von Beispiel 8.10 zu unterscheiden, obwohl die Aussagen vordergründig sehr ähnlich aussehen. Tatsächlich lässt sich unser Argument auch auf diesen Fall anpassen, wofür aber etwas mehr Zahlentheorie erforderlich ist – wir kommen im Kap. 11 darauf zurück.

8.5 Verallgemeinerung, Spezialisierung und Analogie als Erkundungsstrategien

Die Strategien Verallgemeinerung, Spezialisierung und Analogie helfen bei der Lösungssuche. Eine Suche findet auch dann statt und hat auch dann einen Sinn, wenn man letztlich nicht findet, was man gesucht hat. Oft findet man stattdessen anderes, was auch seinen Wert hat. Das freie Erkunden ist in der Mathematik wichtig, unabhängig davon, ob man letztlich das ursprüngliche Problem auch löst (oft gelingt das). Die Suche nach guten Verallgemeinerungen, zugänglicheren Spezialfällen und Analogien lässt sich gut an Aufgaben erproben, bei denen man letztlich wenig Aussichten hat, sie zu lösen. Viel wertvolle Mathematik ist auf diese Weise entwickelt worden, die letztlich nicht selten interessanter und wichtiger war als das ursprüngliche Problem.

Wir erproben unsere Strategien einmal exemplarisch an einer mathematischen Frage, die einfach zu formulieren, aber sehr schwierig zu beantworten ist und erst nach vielen

Jahrzehnten mit erheblichem Computereinsatz gelöst werden konnte[10]. Wir wollen daran aufzeigen, wie das Erkunden funktioniert und wohin es führen kann.

> **Beispiel 8.11**
> Zeige: Die Länder einer rechteckigen Landkarte lassen sich stets mit 4 Farben so färben, dass keine zwei Länder mit einer gemeinsamen Grenze dieselbe Farbe haben[11].

Erkundung Die Frage sieht schwierig aus. Es gibt eine unüberschaubare Anzahl an Möglichkeiten, Karten zu arrangieren. Manchmal ist es gar nicht so einfach, eine passende Färbung zu finden; die Existenz konstruktiv nachzuweisen, könnte schwierig sein. Nachdem man probehalber einige Karten gezeichnet und gefärbt hat, merkt man rasch: Mit wildem Probieren kommt man hier nicht weit.

Suchen wir gezielt nach spezielleren Problemem, die zugänglicher sind. Gibt es besondere Arten von Karten, für die die Lösung einfacher ist?

In der Tat: Erinnern wir uns an Beispiel 4.9:

▶　Wird ein Rechteck durch endlich viele Geraden in Teilgebiete zerlegt, so lassen diese Gebiete sich so mit zwei Farben färben, dass zwei Gebiete mit einer gemeinsamen Grenzlinie stets verschiedene Farben haben.

Eine weitere Variante davon haben wir in Aufgabe 4.11 gesehen:

▶　Wird ein Rechteck durch endlich viele Kreise in Teilgebiete zerlegt, so lassen diese Gebiete sich so mit zwei Farben färben, dass zwei Gebiete mit einer gemeinsamen Grenzlinie stets verschiedene Farben haben.

Wenn wir uns das Argument genauer ansehen, merken wir rasch, dass beide Fälle sich kombinieren lassen: Karten, die durch lauter teilende Geraden und Kreise entstanden sind, lassen sich mit 2 Farben färben. Sehen wir noch etwas schärfer hin, so merken wir, dass die genaue Gestalt der Geraden und Kreise für das Argument nicht relevant ist:

▶　Wird ein Rechteck durch endlich viele geschlossene Linien und endlich viele Linien, die vom Rand des Rechtecks ausgehen und am Rand des Rechtecks enden, in Teilgebiete zerlegt, so lassen diese Gebiete sich so mit zwei Farben färben, dass zwei Gebiete mit einer gemeinsamen Grenzlinie stets verschiedene Farben haben.

---

[10] Die Vermutung ist bekannt als „Vierfarbensatz" und wurde 1852 aufgestellt, aber erst 1976 durch K. Appel und W. Haken bewiesen. Eine schöne Einführung in die Geschichte und den Beweis des Vierfarbensatzes ist [Fri].

[11] Wir gehen davon aus, dass Länder zusammenhängende Flächen sind, es also keine Exklaven gibt.

Damit haben wir immerhin einen gewissen Vorrat an Karten abgedeckt. Allerdings sind wir dem Problem selbst anscheinend noch nicht recht auf die Spur gekommen: Einen „2-Farben-Satz" für beliebige Karten gibt es nicht; unser Ansatz übersieht offenbar wichtige Fälle, wie zum Beispiel diesen hier:

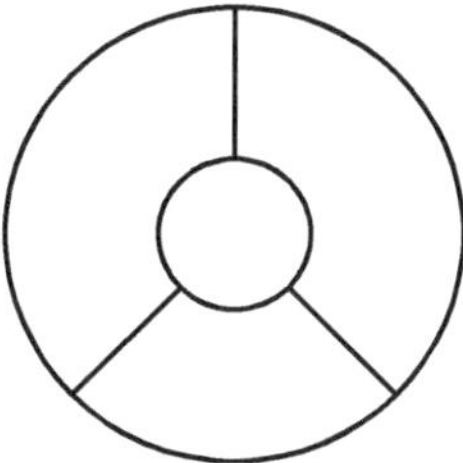

Vielleicht gibt es noch mehr Spezialfälle von Karten, die zu untersuchen sich lohnt. Aber versuchen wir nun einmal etwas anderes: Gerade haben wir die Frage dadurch einfacher gemacht, dass wir sie spezialisiert, also ihren Geltungsbereich eingeschränkt haben. Versuchen wir nun einmal, sie zu verallgemeinern.

Eine Karte lässt sich gut als Graph darstellen: Die Ecken sind die Länder, und zwei Knoten sind verbunden, wenn die Länder eine gemeinsame Grenze haben. Wenn wir das Problem so formulieren, geht es also darum, die Ecken eines Graphen G mit möglichst wenigen Farben so färben, dass keine zwei verbundenen Ecken dieselbe Farbe haben. Natürlich können wir jetzt keinen 4-Farben-Satz erwarten: Für einen Graphen mit n Ecken, die alle miteinander verbunden sind, braucht man z. B. offenbar n Farben. Aber die Graphen, um die es uns geht, haben eine besondere Eigenschaft: Wenn man sie so konstruiert wie oben angegeben, so hat man sie in die Ebene gezeichnet, ohne dass zwei Kanten sich schneiden. So einen Graphen nennt man „planar". Wir interessieren uns also für die Färbbarkeit planarer Graphen. Jede Landkarte entspricht so einem planaren Graphen.

Diese Darstellungsweise ist sicher hilfreich, um die Übersicht zu behalten. Aber viel weiter sind wir darum noch nicht gekommen. Suchen wir noch einmal nach zugänglicheren Varianten!

Wir haben bisher speziellere (durch endlich viele „durchgehende Schnitte" erzeugte) und allgemeinere (Graphen) „Karten" betrachtet, um eine analoge, aber einfachere Frage zu finden, also den Gültigkeitsbereich variiert. Eine andere Variante ist, die Bedingung abzuschwächen: 4 Farben sind doch ziemlich wenig. Wie steht es mit einem 5- oder einem 8-Farbensatz?

Erst einmal nicht besser. Die Vielzahl von Fällen ist noch immer völlig unübersichtlich. Solange wir gar keine Beweisidee haben, sind auch ein 5-, 6- oder 100-Farben-Satz nicht einfacher als ein Vierfarbensatz. In so einer Situation sollte man versuchen, das Pferd von hinten aufzuzäumen: Um unter allen Vermutungen einer gewissen Form F eine bestimmte zu finden, die zugänglicher ist, überlege man sich erst einmal einen groben Beweisansatz für Vermutung der Form F; dann kann man die bestimmte Vermutung vielleicht so formulieren, dass der Beweisansatz dafür durchführbar wird. Wieder setzen wir unsere Beweisstrategien **aktiv** ein, jetzt sogar, um ein gutes Beweisziel zu finden: Hier geht also die Beweisidee der zu beweisenden Vermutung voraus![12]

Also los: Wie könnte man eine Vermutung wie den Vierfarbensatz überhaupt beweisen? Eine naheliegende Idee ist sicherlich vollständige Induktion. Als Induktionsvariable bietet sich die Anzahl der Knoten an.

Angenommen also, wir haben einen planaren Graphen mit n Knoten und wissen, dass jeder planare Graph mit $(n-1)$ Knoten mit k Farben färbbar ist. Betrachten wir einen planaren Graphen mit $(n-1)$ Knoten, der mit k Farben gefärbt ist, nennen wir die Färbung F. Jetzt kommt ein neuer Knoten v hinzu. Wenn unter seinen Nachbarn in der Färbung F eine Farbe nicht vorkommt, können wir v einfach in dieser Farbe färben. Ein offensichtlicher Grund dafür, dass unter den Nachbarn von v nicht alle k Farben vorkommen, ist, dass v weniger als k Nachbarn hat. Vielleicht gibt es ja ein k so, dass jeder planare Graph einen Knoten mit höchstens k Nachbarn enthält? Das würde für einen Induktionsbeweis reichen.

In der Tat: Wenn wir einige Beobachtungen anstellen, kommen wir rasch zu folgender Vermutung:

▶　　**Vermutung** Jeder planare Graph enthält eine Ecke mit höchstens 5 Nachbarn. (V)

Nehmen wir diese Vermutung an, so können wir immerhin einen 6-Farben-Satz beweisen (Aufgabe 8.15):

▶　　**Behauptung** Jeder planare Graph $G = (V, E)$ (und also jede Landkarte) lässt sich mit 6 Farben so färben, dass keine zwei verbundenen Ecken (bzw. benachbarten Gebiete) dieselbe Farbe haben.

Fehlt natürlich noch ein Beweis von (V). Das ist nicht ganz einfach, aber machbar. Insbesondere stimmt die Vermutung. Das zeigen wir im Kap. 9 über Graphentheorie (Satz 9.5). Wichtig ist hier, wie die Suche nach zugänglicheren analogen Problemen uns zunächst auf einen Beweisansatz gebracht hat, der seinerseits die Vermutung (V) nahelegte.

Bemerkung (V) ist optimal: Es gibt planare Graphen, in denen jede Ecke 5 Nachbarn hat (z. B. ein „ausgebreitetes" Dodekaeder). Wir können die Anzahl der Farben also nicht dadurch drücken, dass wir V zur Behauptung verstärken, dass jeder planare Graph eine Ecke mit höchstens 4 Nachbarn hat. Man kann allerdings durch mit etwas zusätzlichem Trickreichtum die Idee noch ausnutzen, um zu beweisen, dass jeder planare Graph mit 5 Farben so färbbar ist, dass keine zwei benachbarten Ecken dieselbe Farbe haben [vgl. dazu [AZ], Kap. 27 sowie [W], Satz 3.11].

---

[12] Wer davon fasziniert ist und mehr darüber wissen möchte, dem sei [La] empfohlen.

Die obige Untersuchung ist ein Beispiel dafür, wie Spezialisierung (auf besondere Karten), Verallgemeinerung (auf Graphen) und Analogie (entsprechendes Problem mit k Farben) Untersuchungswege sowie Beweisansätze und Hilfsergebnisse nahelegen. Unterwegs ist nebenbei ein ganzes Forschungsgebiet entstanden: Die Frage etwa, wie viele Farben man mindestens braucht, um gewisse Graphen so zu färben, dass keine zwei benachbarten Ecken die gleiche Farbe haben, lässt sich für viele Klassen von Graphen stellen und führt immer wieder zu interessanten Problemen. „Planar" heißt: „Kann überschneidungsfrei auf eine Ebene gezeichnet werden". Was ist z. B. mit Graphen, die überschneidungsfrei auf einen Torus (ein Objekt von der Form eines Fahrradschlauches oder eines Donuts) gezeichnet werden können? Wir haben oben den vollständigen Graphen K_n mit n Ecken als einen Graphen kennengelernt, den man nicht mit weniger als n Farben färben kann, ohne dass benachbarte Ecken die gleiche Farbe bekommen. Jeder Graph, der einen K_n als Teilgraphen enthält, wird natürlich ebenfalls mindestens n Farben brauchen. Reicht das als Bedingung? Ist jeder Graph, der keinen K_n als Teilgraphen enthält, mit $n-1$ Farben färbbar? Je mehr wir nachdenken, desto mehr Fragen kommen auf: Die Analogiebetrachtung hat uns von einer Spezialfrage zu einem ganzen Forschungsgebiet geführt, das auch tatsächlich aktiv beforscht und angewandt wird.

8.6 Aufgaben

Aufgabe 8.1 (vgl. [S], S.94, A 3.12)
(a) Es seien a, b, c, d, e reelle Zahlen. Zeige: Ist $a^2 + b^2 + c^2 + d^2 + e^2 = ab + bc + cd + de + ea$, so ist $a = b = c = d = e$. Formuliere eine allgemeinere Behauptung und beweise sie.
(b) Es seien $a_1, \ldots, a_n$ sowie $b_1, \ldots, b_n$ von 0 verschiedene reelle Zahlen. Zeige: Existieren reelle Zahlen A und B so, dass $(a_1 x + b_1)^4 + \ldots + (a_n x + b_n)^4 = (Ax + B)^4$ für alle $x \in \mathbb{R}$, so ist $\frac{a_1}{b_1} = \frac{a_2}{b_2} = \ldots = \frac{a_n}{b_n}$.

Aufgabe 8.2 Berechne die folgenden Summen durch geeignete Betrachtung der geometrischen Summenformel $\sum_{i=0}^{n} x^i = \frac{x^{n+1}-1}{x-1}$.

1. $\sum_{i=1}^{n} i(i-1)x^i$
2. $\sum_{i=0}^{n} \binom{i}{2}$
3. $\sum_{i=0}^{n} \frac{1}{i+1} 3^{i+1}$
4. $\sum_{i=0}^{n} \frac{1}{i+1}$

Aufgabe 8.3 Im Folgenden sind jeweils reelle $n \times n$-Matrizen A_n in Abhängigkeit von n gegeben. Bestimme jeweils $\lim_{n\to\infty} \det(A_n)$.

(a) $A_{ij} = (i + j)^2$ für $1 \leq i, j \leq n$

(b) $A_{ij} = p(ix + j)$ für $1 \leq i, j \leq n$, wobei $x \in \mathbb{R}$ beliebig ist und p ein Polynom zweiten Grades mit reellen Koeffizienten bezeichnet

(c) $A_{ij} = p(ix + j)$ für $1 \leq i, j \leq n$, wobei $x \in \mathbb{R}$ beliebig ist und p ein beliebiges Polynom mit reellen Koeffizienten bezeichnet

(d) $A_{ij} = p(ix + j)$ für $1 \leq i, j \leq n$, wobei $x \in \mathbb{C}$ beliebig ist und p ein beliebiges Polynom mit komplexen Koeffizienten bezeichnet

Aufgabe 8.4 Der fünfdimensionale Einheitswürfel W_5 hat als Eckpunkte alle Elemente des $\mathbb{R}^5$, deren Koordinatendarstellung bezüglich der Standardbasis nur 0 und 1 enthalten. Eine Kante verbindet zwei Ecken, die sich nur in einer Koordinate unterscheiden.

(a) Bestimme die Anzahl der Kanten des W_5.

(b) Die fünfdimensionale Kugel K mit Mittelpunkt $z \in \mathbb{R}^5$ und Radius d besteht aus allen Punkten, die von z in $\mathbb{R}^5$ höchstens (euklidischen) Abstand d haben. Bestimme Radius und Mittelpunkt einer fünfdimensionalen Kugel, auf deren Rand sämtliche Eckpunkte des W_5 liegen.

(c) Ist g eine Gerade im $\mathbb{R}^5$ und $P \in \mathbb{R}^5$, so erhält man P_g, das Bild von P unter der Spiegelung an g, in dem man denjenigen Punkt Q auf g sucht, der von p den kleinsten Abstand hat, und dann die Strecke $\overline{PQ}$ über Q hinaus um diesen Abstand verlängert. (Liegt P auf g, so ist $P_g = O$.) Eine Gerade g heißt Symmetrieachse des W_5, wenn für jeden Eckpunkt P des W_5 auch P_g ein Eckpunkt des W_5 ist. Wie viele Symmetrieachsen besitzt der W_5?

Aufgabe 8.5 Zeige, dass unendlich viele natürliche Zahlen der Form $6n - 1$ (mit $n \in \mathbb{N}$) Primzahlen sind.

Aufgabe 8.6 Berechne $S_n = \sum_{i=1}^{n} \frac{i}{(i+1)!}$ mit der Methode aus Beispiel 8.3, indem du die Funktion $S_n(x) = \sum_{i=1}^{n} \frac{x^i}{(i+1)!}$ betrachtest.

Aufgabe 8.7 Beende die Lösung von Beispiel 8.3. Berechne außerdem $\sum_{i=0}^{n} \frac{i^3}{5^i}$ und $\sum_{i=0}^{n} \frac{i^5}{3^i}$.

Aufgabe 8.8 Benutze Verallgemeinerung, Spezialisierung und Analogie, um folgendes Problem zu erkunden: Zeige: Ist $n \in \mathbb{N}$ eine natürliche Zahl mit $n \geq 3$, so existieren keine natürlichen Zahlen X, Y, Z mit $X^n + Y^n = Z^n$.

Aufgabe 8.9 Benutze Verallgemeinerung, Spezialisierung und Analogie, um folgendes Problem zu erkunden: Zeige: Sind a und b teilerfremde natürliche Zahlen, so existieren unendlich viele Primzahlen der Form $ak + b$, wobei $k \in \mathbb{N}$.

Aufgabe 8.10 Verbindet man die Seitenmittelpunkte eines gleichseitigen Dreiecks miteinander, erhält man eine Figur, in der das Dreieck in vier gleichseitige Teildreiecke zerlegt ist. Teilt man diese erneut auf die gleiche Weise, erhält man eine Zerlegung in 16 Teildreiecke usw., wie in der Zeichnung angedeutet:

Es sei $n > 1$ eine natürliche Zahl. Ein gleichseitiges Dreieck mit Seitenlänge 2^n sei auf die oben beschriebene Weise in 4^n gleichgroße gleichseitige Teildreiecke unterteilt. Von diesen Teildreiecken wird das in der linken unteren Ecke entfernt (im Bild wär das das rot markierte).

Zeige, dass die verbleibende Figur sich mit Bausteinen der folgenden Form überdecken lässt:

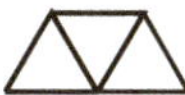

Aufgabe 8.11 Zeige: Sind $p_1, \ldots, p_n$ die ersten n Primzahlen, so existiert eine natürliche Zahl m derart, dass $m \equiv i \bmod p_i$ für alle $i \in \{1, 2, \ldots, n\}$.[13]

Aufgabe 8.12 (Diese Aufgabe erfordert Grundkenntnisse der Aussagenlogik) Es sei $n \in \mathbb{N}$. Ein n-stelliger Wahrheitsoperator ist eine Funktion $g : \{w, f\}^n \to \{w, f\}$, die also n-stellige Folgen $(x_1, \ldots, x_n)$ von Wahrheitswerten (w für „wahr" bzw. f für „falsch") auf Wahrheitswerte abbildet. Für eine Aussage A bezeichnen wir mit $v(A)$ ihren Wahrheitswert.

Zeige: Ist g ein n-stelliger Wahrheitsoperator, so existiert eine aussagenlogische Formel $\phi_g(X_1, \ldots, X_n)$ in n Aussagevariablen $X_1, \ldots, X_n$ (und den Junktoren $\wedge$, $\vee$ und $\neg$) so, dass für Aussagen $A_1, \ldots, A_n$ die Aussage $\phi_g(A_1, \ldots, A_n)$ genau dann wahr ist, wenn $g(v(A_1), \ldots, v(A_n)) = w$.[14]

Aufgabe 8.13 [Das Beispiel und seine Behandlung stammen von G. Polya, siehe [P2], Kap. III, Abschnitte 8-18; siehe auch [E], Kap. 3, Bsp. E1.]

---

[13] Tipp: Gehe analog zu Beispiel 8.7 vor und verallgemeinere auf beliebige Folgen $(k_1, \ldots, k_n)$ paarweise teilerfremder Zahlen und beliebige Reste $(r_1, \ldots, r_n)$. Die führenden Spezialfälle sind die, in denen ein r_i gleich 1 und die übrigen gleich 0 sind. Beachte Beispiel 3.19.

[14] Tipp: Gehe analog zu Beispiel 8.7 vor. Konstruiere zunächst zu jedem n-Tupel $t = (t_1, \ldots, t_n) \in \{w, f\}^n$ eine Formel $\phi_t(X_1, \ldots, X_n)$ so, dass $\phi_t(A_1, \ldots, A_n)$ genau dann wahr ist, wenn $v(A_i) = t_i$ für alle $1 \le i \le n$.

In wie viele Teile kann man den dreidimensionalen Raum höchstens durch 6 Ebenen zerlegen?[15]

(a) Betrachte die allgemeinere Frage: In wie viele Teile kann man den dreidimensionalen Raum höchstens durch n Ebenen zerlegen? Nennen wir diese Anzahl A_n. Löse so viele zugängliche Spezialfälle wie möglich und liste sie in einer Tabelle auf. Kannst du bereits eine Vermutung ablesen?

(b) Betrachte die analoge Frage: In wie viele Teile kann man die Ebene höchstens durch n Geraden zerlegen? Nennen wir diese Anzahl B_n. Löse so viele zugängliche Spezialfälle wie möglich und liste sie in einer Tabelle auf. Kannst du bereits eine Vermutung ablesen?

(c) Betrachte die analoge Frage: In wie viele Teile kann man eine Gerade höchstens durch n Punkte zerlegen? Nennen wir diese Anzahl C_n. Begründe deine Antwort sorgfältig.[16]

(d) Versuche, dein Argument aus (c) auf (b) zu übertragen, um die dort gewonnene Vermutung zu beweisen.[17]

(e) Fasse die in (a)–(c) erhaltenen Tabellen zu einer zusammen, in der Teilung der Geraden durch n Punkte, der Ebene durch n Geraden und des Raumes durch n Ebenen parallel aufgeführt werden. Versuche erneut, eine Vermutung über A_n aufzustellen, vielleicht in Form einer Rekursion, die es erlaubt, A_{n+1} in Abhängigkeit von A_n, B_n und C_n auszudrücken.

(f) Versuche nun, dein Argument aus (d) auf (e) zu übertragen, um die dort gewonnene Vermutung zu beweisen.[18]

(g) Erweitere nun die in (e) aufgebaute Tabelle um einige Einträge und vergleiche mit dem Pascalschen Dreieck. Kannst du A_n, B_n, C_n mithilfe der Binomialkoeffizienten $\binom{n}{0}$, $\binom{n}{1}$, $\binom{n}{2}$, $\binom{n}{3}$ ausdrücken? Stelle eine Vermutung auf und beweise sie.

(h) Betrachten wir nun die noch allgemeinere Frage: In wie viele Teile kann man den k-dimensionalen Raum höchstens durch n $(k-1)$-dimensionale Hyperebenen zerlegen? Welche Vermutung legen die Ergebnisse aus (g) nahe?[19]

Aufgabe 8.14[20]

(a) In wie viele Teile lässt sich die Ebene höchstens durch n Dreiecke zerlegen? Beweise deine Antwort.

---

[15] Diese Aufgabe lässt sich nach dem Vorbild von Beispiel 8.9 behandeln. Die Zerlegung in Teilaufgaben dient als Hilfestellung. Es lohnt sich, es zunächst einmal ohne sie zu versuchen.

[16] Das ist doch offensichtlich?! „Offensichtlich" zu sagen hat viele Nachteile. Ein Problem mit „offensichtlich" ist, dass „offensichtlich" sich nicht verallgemeinern lässt. Für zwei Dimensionen ist die Antwort nicht mehr „offensichtlich", noch weniger für drei. Wenn wir aus den einfachen analogen Problemen etwas lernen wollen, müssen wir sie so sauber beantworten, dass das Argument eine Chance hat, auch in den schwierigeren Fällen anwendbar zu sein.

[17] Ziehe ggf. auch das Argument aus Beispiel 8.9 zurate.

[18] Ziehe ggf. auch das Argument aus Beispiel 8.9 zurate.

[19] Die Aufgaben (a)–(f) sollten auch einen Weg nahelegen, das zu beweisen. Wer möchte, begebe sich auf Entdeckungsreise!

[20] Es ist empfehlenswert, vor Bearbeitung dieser Aufgabe das Beispiel 8.9 gründlich zu studieren und Aufgabe 8.13 zu bearbeiten.

(b) In wie viele Teile lässt sich die Ebene höchstens durch n konvexe k-Ecke ($k \geq 3$) zerlegen? Beweise deine Antwort.

(c) Suche dreidimensionale Analoga der Ergebnisse aus (a) und (b) und beweise sie.

Aufgabe 8.15 Beweise den 6-Farben-Satz aus Beispiel 8.11 unter Annahme der Vermutung (V). (Tipp: Induktion über die Anzahl der Ecken.)

8.6.1 Multiple Choice

Beantworte die folgenden Multiple-Choice-Fragen. In jedem Fall ist mindestens eine Antwort richtig und mindestens eine falsch; es können aber mehrere Antworten richtig sein.

8.I) Zu zeigen ist folgende Aussage: Es sei $n \in \mathbb{N}$, $f : \mathbb{R}^n \to \mathbb{R}$ stetig, wobei $n \in \mathbb{N}$. Ferner seien $a, b \in \mathbb{R}^n$. Zeige: Es existiert ein $x \in \mathbb{R}^n$ mit $f(x) = \frac{f(a)+f(b)}{2}$.

Welche der folgenden Aufgaben scheinen als hilfreiche Analogien aussichtsreich?

(a) Es sei $p \in \mathbb{R}[X_1, \ldots, X_n]$ ein reelles Polynom in n Variablen, $n \in \mathbb{N}$, $a, b \in \mathbb{R}$. Zeige: Es existiert ein $x \in \mathbb{R}^n$ mit $f(x) = \frac{f(a)+f(b)}{2}$.

(b) Es sei $f : \mathbb{R}^n \to \mathbb{R}$ stetig, $a, b \in \mathbb{R}^n$, $0 \leq \lambda_1, \lambda_2 \leq 1$. Zeige: Es existiert $x \in \mathbb{R}^n$ mit $f(x) = \lambda_1 f(a) + \lambda_2 f(b)$.

(c) Es sei $f : \mathbb{R} \to \mathbb{R}$ stetig, $a, b \in \mathbb{R}$, $z \in [f(a), f(b)]$. Zeige: Es existiert $x \in \mathbb{R}$ mit $f(x) = z$.

(d) Es sei X ein vollständiger metrischer Raum, $f : X \to \mathbb{R}$ stetig, $a, b \in X$. Zeige: Es existiert ein $x \in X$ mit $f(x) = \frac{f(a)+f(b)}{2}$.

(e) Es sei $f : \mathbb{R} \to \mathbb{R}$ eine beliebige Funktion, $y \in \mathbb{R}$ beliebig. Zeige: Es existiert ein $x \in \mathbb{R}$ mit $f(x) = y$.

8.II) Gesucht ist für jedes $n \in \mathbb{N}$ die Summe $S_n := \sum_{i=0}^{1431} 2^{ni} 3^{n(1431-i)}$. Welche der folgenden Herangehensweisen scheint aussichtsreich?

(a) Verallgemeinere zu $S_n^k = \sum_{i=0}^{k} 2^{ni} 3^{n(k-i)}$; falls sich das als zu schwierig erweist, betrachte zunächst Spezialfälle mit kleinem k.

(b) Berechne der Reihe nach S_1, S_2, S_3, S_4 und versuche, ein Gesetz zu erraten.

(c) Verallgemeinere zu $S_n^{a,b} = \sum_{i=0}^{1431} a^{ni} b^{n(1431-i)}$; falls sich das als zu schwierig erweist, betrachte zunächst Spezialfälle mit kleinen Werten für a, b und n oder mit $a = b$.

(d) Verallgemeinere zu $S_x = \sum_{i=0}^{1431} 2^{ix} 3^{x(1431-i)}$ mit $x \in \mathbb{R}$; verwende dann Hilfsmittel der Analysis, um die Summe zu berechnen.

8.III) Das Beweisprinzip aus Aufgabe 8.10 kann auch benutzt werden, um Folgendes zu zeigen:

(a) Es existieren unendlich viele Primzahlen der Form $3n + 1$.

(b) Es existieren unendlich viele Primzahlen in wenigstens einer der folgenden Formen:
$12n + 5, 12n + 7, 12n - 1$.

(c) Es existieren unendlich viele Primzahlen der Form $n^2 + 1$ (wie etwa $5 = 2^2 + 1$,
$17 = 4^2 + 1$ und $37 = 6^2 + 1$).

(d) Es existieren unendlich viele Primzahlen der Form $3n - 1$.

8.IV) Wir betrachten die folgende Aussage: „Sind $m, n \in \mathbb{N}$, so existiert zu jedem $f :$
$\mathbb{N}^m \to \{1, 2, \ldots, n\}$ eine unendliche Menge $X \subseteq \mathbb{N}$ so, dass f auf X^m konstant ist (also
$f(\vec{a}) = f(\vec{b})$ für alle $\vec{a}, \vec{b} \in X^k$ gilt)."

Ein Spezialfall, der voraussichtlich wesentliche Hinweise für den Beweis dieser Aussage liefert und daher zunächst betrachtet werden sollte, ergibt sich, wenn man ...

$$\text{(a)}\ n = 1 \quad \text{(b)}\ m = 1 \quad \text{(c)}\ m = n = 2 \quad \text{(d)}\ m = n = 3$$

setzt.

8.V) Wir wollen den Satz des Pythagoras beweisen: (Das Beispiel und die Behandlungsweise stammen von G. Polya, siehe [P2], Kap. I, Abschnitt 5.) „Bei einem rechtwinkligen Dreieck D mit Kathetenlängen a, b und Hypotenusenlänge c ist $a^2 + b^2 = c^2$."

Dazu betrachten wir folgende Verallgemeinerung:

(a) „In einem beliebigen Dreieck mit Seitenlängen $c \geq b \geq a$ gilt $a^2 + b^2 = c^2$."

(b) „Sind über den Seiten eines rechtwinkligen Dreiecks zueinander ähnliche ebene Figuren F_1, F_2, F_3 errichtet, ist F_3 die Figur über der Hypotenuse und sind A_1, A_2, A_3 die Flächeninhalte von F_1, F_2, F_3, so ist $A_1 + A_2 = A_3$."

(c) „In einem beliebigen konvexen n-Eck, das an einer Ecke e einen rechten Winkel hat, ist die Summe der Quadrate der Längen der an diese Ecke anliegenden Seiten gleich den Summen der Quadrate der übrigen Seiten."

(d) „In einem Tetraeder, bei dem alle an einer gewissen Ecke anliegenden Winkel rechte Winkel sind, ist die Summe der Flächeninhalte der an diese Ecke anliegenden Seitenflächen gleich dem Flächeninhalt der vierten Seitenfläche."

Wir betrachten einige Spezialfälle unserer allgemeineren Behauptung und errichten verschiedene zueinander ähnliche Figuren über den Seiten von D:

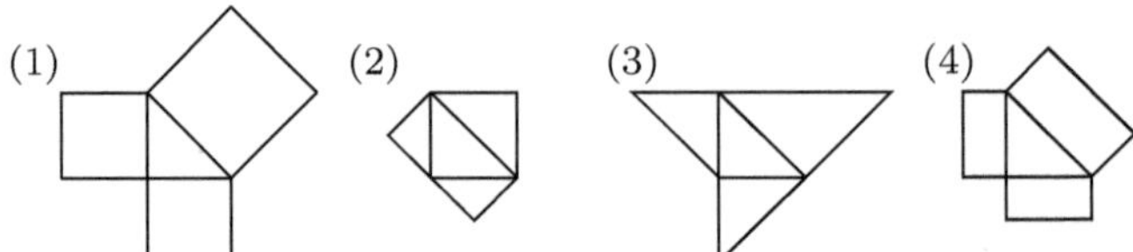

Alle diese Spezialfälle sind führend: Für jeden Typ Figur, den man über den Dreieckseiten errichten könnte, erhält man die Flächeninhalt der Figuren, indem man die Quadrate der Längen der Dreieckseiten mit einer positiven Konstanten λ multipliziert. Und sicherlich ist $\lambda a^2 + \lambda b^2 = \lambda c^2$ äquivalent zu $a^2 + b^2 = c^2$. Es reicht also, die Behauptung für irgendeinen Typ ebener Figur zu zeigen!

Sieht einer dieser Spezialfälle zugänglicher aus als das ursprüngliche Problem? Gibt es Figuren, die man über den Seiten eines rechtwinkligen Dreiecks errichten kann, für die die Behauptung offensichtlich wird?

8.VI) Diese Frage ist nicht ganz leicht. Sie kann unsere Lösungssuche aber steuern. In der Tat, wenn man ein wenig herumprobiert, stößt man darauf, dass die Aussage für Figuren der Form:

(a) 1 (Quadrate)
(b) 2 (Zu D ähnliche Dreiecke mit der jeweiligen Seite von D als Hypotenuse)
(c) 3 (Zu D ähnliche Dreiecke mit der jeweiligen Seite von D als rechter Kathete)
(d) 4 (Rechtecke im Seitenverhältnis $1 : 2$)

offenbar erfüllt ist. Der Grund dafür ist folgender:

Sei $D = ABC$, wobei AB die Hypotenuse sei. Errichten wir über den Seiten AB, BC und AC jeweils zu ABC ähnliche rechtwinklige Dreiecke D_{AB}, D_{BC} und D_{AC} mit AB, BC und AC als Hypotenusen. Dann ist D_{AB} offenbar nur eine Spiegelung von ABC und hat also den gleichen Flächeninhalt. Und errichtet man in ABC die Höhe über AB, so wird ABC dadurch in zwei Teildreiecke geteilt, von denen das eine zu D_{BC} und das andere zu D_{AC} kongruent ist. Damit ist die Summe der Flächen von D_{BC} und D_{AC} offenbar gleich der Fläche von D_{AB} und wir sind fertig!

8.7 Literatur und weitere Beispiele

Eine hervorragende Darstellung der Rolle der Analogie in der Mathematik findet sich in [P2]; insbesondere verdanken wir diesem Buch Beispiel 8.9 und Aufgabe 8.V. Beispiele zum Thema „Verallgemeinerung" finden sich auch in Kapitel 1 von [L].

Weitere Beispiele: 12.5, Aufgaben 4.6, 4.9, 4.10, 4.11, 11.8, 11.9, 12.1, 12.18(b), 12.34.

Literatur

[A]   Amann, F.: Mathematik im Wettbewerb. Klett, Stuttgart (1993)
[AZ]   Aigner, M., Ziegler, G.: Das BUCH der Beweise. Springer, Berlin Heidelberg (2002)
[BWM] Bundeswettbewerb Mathematik. Aufgaben und Lösungen 1978–1982. Klett, Stuttgart (1987)

[D]   Dawson, J.: Why prove it again? Alternative Proofs in Mathematical Practice. Birkhäuser (2015)

[E]   Engel, A.: Problem Solving Strategies. Springer, New York (1998)

[Fri]   Fritsch, G., Fritsch, R.: Der Vierfarbensatz. Geschichte, Topologische Grundlagen und Beweisidee. BI-Wissenschaftsverlag, Mannheim (1994)

[IMC]   International Mathematics Competition. Die Aufgaben sind online verfügbar unter www.imc-math.org

[L]   Larson, L.: Problem-Solving Through Problems. Springer, New York (1983)

[La]   Lakatos, I.: Beweise und Widerlegungen. Vieweg, Braunschweig (1979)

[Me]   Meier, F.: Das Extremalprinzip. In: Meier, F. (Hrsg.): Mathe ist cool! – junior: Eine Sammlung mathematischer Probleme. Cornelsen Verlag (2003)

[P2]   Polya, G.: Mathematik und plausibles Schließen. Induktion und Analogie in der Mathematik. Zweite Auflage. Birkhäuser Verlag, Basel und Stuttgart (1969)

[S]   Schoenfeld, A.: Mathematical Problem Solving. Academic Press Inc. Orlando, Florida (1985)

[W]   Werner, J.: Vorlesung Angewandte Mathematik für LehramtskandidatInnen (Vorlesungsskript). http://num.math.uni-goettingen.de/werner/ (2003). Zugegriffen 29.05.2017.

[YY]   Yaglom, A., Yaglom, I.: Challenging Mathematical Problems with Elementary Solutions, Vol. 1. Dover Publications, New York (1964)

9.1 Graphentheorie als Anwendungsgebiet und als Lösungsstrategie

Graphen sind ein recht breit anwendbares Mittel, um Beziehungen zwischen Objekten anschaulich und übersichtlich darzustellen. Zugleich sind Graphen, besonders endliche Graphen, recht anschauungsnahe mathematische Objekte. Graphentheoretische Fragen sind ein großes Einsatz- und ein hervorragendes Übungsgebiet vor allem für das Extremalprinzip, Schubfachprinzip, Fallunterscheidungen und Induktion (aber nicht nur: besonders Beobachtung und Analogie sind, wie in allen Gebieten, auch hier von großer Bedeutung). Außerdem hilft die Graphentheorie beim Lösen vieler mathematischer Fragen, weil viele Zusammenhänge sich als Graph auffassen lassen.

Wir beginnen mit etwas graphentheoretischem Vokabular (vgl. z. B. [KV], [Sob] oder [Di]). Ein „Graph" G ist ein Paar (V, E), wobei V eine beliebige Menge ist und E eine Menge von zweielementigen Mengen von Elementen von V. Die Elemente von V nennen wir „Ecken", die von E „Kanten" des Graphen. Besteht E stattdessen aus geordneten Paaren von Elementen von V, sprechen wir von einem „gerichteten" Graphen. Anschaulich vorstellen kann man sich einen Graphen als eine Menge von Punkten, von denen einige durch Linien (Bild links), bzw. bei einem gerichteten Graphen durch Pfeile (Bild rechts) miteinander verbunden sind. Wenn zwischen zwei Ecken höchstens eine ungerichtete Kante bzw. in jede Richtung höchstens eine gerichtete Kante verläuft und keine Kante eine Ecke mit sich selbst verbindet, heißt der Graph „einfach". Wir nehmen in diesem Kapitel von unseren Graphen stets an, dass sie einfach sind. Das Bild zeigt unten links einen ungerichteten und unten rechts einen gerichteten Graphen.

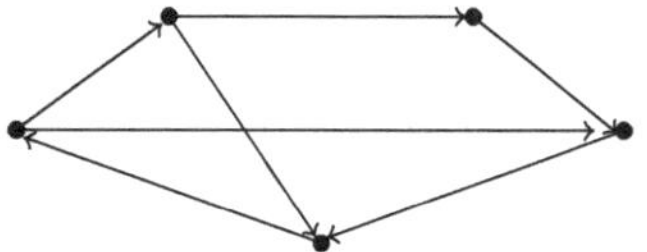

© Springer Fachmedien Wiesbaden GmbH 2017
M. Carl, *Wie kommt man darauf?*, DOI 10.1007/978-3-658-18250-2_9

Ein Graph $G = (V, E)$ heißt „endlich", wenn V endlich ist. Wenn wir in diesem Kapitel von Graphen sprechen, meinen wir damit immer endliche Graphen.

Ist $G = (V, E)$ ein Graph und sind $v, w \in V$ so, dass $\{v, w\} \in E$ (bzw. im gerichteten Fall $(v, w) \in E$), so heißen v und w „verbunden". Die Anzahl der Ecken in einem ungerichteten Graphen G, mit denen eine Ecke v verbunden ist, heißt „Grad" von v, abgekürzt $\deg(v)$. Ist G gerichtet, so ist der „Ausgrad" von v die Anzahl der Ecken w, für die $(v, w) \in E$ und der „Ingrad" von v die Anzahl der Ecken w mit $(w, v) \in E$. Anschaulich ist der Ausgrad also die Anzahl der Ecken, zu denen man über einen Pfeil (in Pfeilrichtung) von v aus gelangt und der Ingrad entsprechend die Zahl der Ecken, von denen aus man zu v gelangt.

Ein ungerichteter Graph $G = (V, E)$ heißt „vollständig", wenn E alle zweielementigen Teilmengen von Elementen von V enthält (also anschaulich: wenn jede Ecke mit jeder anderen durch eine Linie verbunden ist). Den vollständigen Graphen mit n Ecken bezeichnen wir mit K_n.

Ein „Kantenzug" durch G ist eine Folge $(v_0, \ldots, v_n)$ von Ecken von V so, dass für jedes $i \in \{0, \ldots, n-1\}$ die Ecken v_i und v_{i+1} verbunden sind. Kommt dabei keine Kante doppelt vor, spricht man von einem „Pfad". Ist in einem Pfad $v_0 = v_n$, also die Startecke gleich der Endecke, so heißt der Pfad ein „Kreis".

Ein Pfad, der jede Ecke von G genau einmal enthält, heißt „Hamiltonpfad" von G. Ein Kreis, der jede Kante von G genau einmal enthält, heißt „Eulerkreis" von G und ein Pfad, der jede Kante von G genau einmal durchläuft, heißt „Eulerpfad" von G.

Eine Teilmenge X der Eckenmenge V von G heißt „zusammenhängend" (in G), wenn es von jeder Ecke $v \in X$ zu jeder anderen Ecke $w \in X$ einen Pfad mit Startecke v und Endecke w in G gibt. Wir nennen G zusammenhängend, wenn V in G zusammenhängend ist. Eine maximale zusammenhängende Eckenmenge X, also eine zusammenhängende Eckenmenge, die keine zusammenhängende echte Obermenge besitzt, nennen wir „Zusammenhangskomponente" von G.

9.1.1 Induktion in der Graphentheorie

Die vollständige Induktion spielt in der Graphentheorie eine große Rolle; meist ist die Induktionsvariable allerdings „versteckt". Typische Induktionsvariablen für Allaussagen über Graphen sind die Anzahl der Ecken oder der Kanten.

Das folgende Beispiel lösen wir durch Induktion über die Anzahl der Ecken; es geht aber auch mit Induktion über die Anzahl der Kanten (Aufgabe 9.6).

Beispiel 9.1 ([Da], A1)
Jeder Graph hat eine gerade Anzahl von Ecken mit ungeradem Grad.

Lösung Es sei $G = (V, E)$ ein Graph. Wir zeigen die Behauptung durch Induktion über $|V|$, also die Anzahl der Ecken von G.

Angenommen zunächst, $|V| = 0$. Dann hat jede Ecke von G den Grad 0, G hat keine Ecken mit ungeradem Grad und die Behauptung ist richtig.

Nun sei die Behauptung für Graphen mit n Ecken bekannt; wir zeigen, dass sie auch für Graphen mit $n + 1$ Ecken gilt. Sei dazu $G = (V, E)$ ein Graph mit $n + 1$ Ecken und $v \in V$ eine beliebige dieser Ecken. Wenn wir v aus G entfernen, so hat der verbleibende Graph G' nach Voraussetzung eine gerade Anzahl von Ecken mit ungeradem Grad. Wir betrachten nun, was passiert, wenn wir v wieder hinzufügen. Sei dazu $\deg(v) = d$. Außerdem bezeichne C die Menge der Ecken in G, die mit v verbunden sind, A die Menge der Elemente von C, die in G' ungeraden Grad haben und B die Menge der Elemente von C, die in G' geraden Grad haben.

Wir unterscheiden zwei Fälle:

Fall I: d ist gerade. Fügen wir v (und alle in G angrenzenden Kanten) zu G' hinzu, so erhöht sich der Grad jeder Ecke in A und B um 1; alle Elemente von A haben also in G ungeraden und alle Elemente von B haben in G geraden Grad. Die Anzahl der Ecken mit ungeradem Grad ändert sich also um $|A| - |B|$; da $|A| + |B| = |C| = d$ nach Annahme gerade ist, ist auch $|A| - |B|$ gerade, und da die Anzahl von Ecken mit ungeradem Grad in G' gerade war, ist sie es also auch in G.

Fall II: d ist ungerade. Wie in Fall I ändert sich durch Hinzufügen von v zu G' die Parität der Grade aller Elemente von A und B; außerdem kommt v selbst als Ecke mit ungeradem Grad hinzu. Insgesamt ändert sich die Anzahl der Ecken mit ungeradem Grad also um $|A| - |B| + 1$. Da $|A| + |B| = d$ ungerade ist, ist auch $|A| - |B|$ ungerade und $|A| - |B| + 1$ also gerade. Wie oben hat also auch G eine gerade Anzahl von Ecken mit ungeradem Grad.

In beiden Fällen ist die Anzahl der Ecken mit ungeradem Grad nach Hinzufügen von v wieder gerade, was zu zeigen war. $\qquad\qquad\square$

Beispiel 9.2 ([Z], A4.1.3)
Sei $k \in \mathbb{N}$ und G ein Graph mit $k \geq 3$ Ecken und mindestens k Kanten. Zeige, dass G einen Kreis enthält.

Lösung Wir verwenden Induktion über die Anzahl k der Ecken. Für $k = 3$ haben wir einen Graphen mit 3 Ecken und 3 Kanten, also ein Dreieck, und also einen Kreis.

Sei die Behauptung nun für Graphen mit k Ecken bekannt und $G = (V, E)$ ein Graph mit $k + 1$ Ecken. Betrachten wir einmal eine der Ecken $v \in V$. Wenn $\deg(v) \leq 1$, so hat der Graph G', der aus G durch Entfernung von v entsteht, k Ecken und noch mindestens $(k + 1) - 1 = k$ Kanten; nach Annahme enthält er also einen Kreis, der dann auch ein Kreis von G ist.

Was aber, wenn $\deg(v) > 1$? Dann ist die Induktionshypothese auf den „Restgraphen" nicht mehr anwendbar. Was tun?

Wir könnten statt v eine andere Ecken von G wählen. Wenn irgendeine Ecke von G einen Grad ≤ 1 hat, funktioniert das Argument weiterhin. Aber sonst?

Immerhin, das Argument oben funktioniert, wenn es eine Ecke vom Grad ≤ 1 gibt. Wir können nun also annehmen, dass jede Ecke in G einen Grad ≥ 2 hat.

Dass solche Graphen immer einen Kreis enthalten, ist nun aber leicht zu sehen: Sei $v \in V$ beliebig. Da $\deg(v) \geq 2$, können wir von v_0 entlang einer Kante zu einer neuen Ecke v_1 gelangen. Die durchlaufene Kante streichen wir. Nun ist weiterhin $\deg(v_1) \geq 1$, also können wir uns über eine noch nicht durchlaufene Kante von v_1 zu einer Ecke v_2 fortbewegen und die durchlaufene Kante wiederum löschen. Nun ist $\deg(v_2) \geq 1$ und wiederum können wir also über eine Kante von v_2 zu einer weiteren Ecke v_3 fortgehen und die durchlaufene Kante löschen – und so weiter. Solange sich keine Ecke wiederholt, können wir jede Ecke, die wir auf diese Weise erreichen, auch auf einer noch nicht durchlaufenen Kante wieder verlassen. Mehr als k Schritte können wir auf diese Weise aber nicht machen – der Graph hat ja nur k Ecken! Also wird schließlich eine Ecke zweimal auf unserem Pfad auftreten – und der Pfadabschnitt dazwischen ist dann ein Kreis in G.

$\square$

Beispiel 9.3 (vgl. [KV], Satz 2.24 sowie [W], Kap. 3.1.2)
Es sei G ein zusammenängender Graph. Zeige: Genau dann existiert ein Eulerkreis durch G, wenn alle Ecken von G geraden Grad haben.

Lösung Ein Eulerpfad $P = v_0 v_1 \ldots v_n$ durch G hat eine Startecke v_0 und eine Endecke v_n. Jede andere Ecke von G muss vom Pfad genauso oft betreten wie verlassen werden; da ein Eulerpfad jede Kante genau einmal durchlaufen soll, muss jede Ecke v außer evtl. v_0 und v_n also geraden Grad haben: Die Anzahl der Kanten, durch die der Pfad in v hinein läuft, ist gleich der Anzahl der Kanten, durch die der Pfad v verlässt, die Summe aus beiden ist der Grad von v und gerade. Also hat G höchstens zwei Ecken von ungeradem Grad. (Nach Beispiel 9.1 kann es dann nur 0 oder 2 Ecken von ungeradem Grad in G geben.)

Ist P ein Kreis, so ist $v_0 = v_n$ und das Argument oben zeigt auch, dass v_0 in P genau so oft verlassen wie betreten wird und also geraden Grad hat. Hat G einen Eulerkreis, so hat also jede Ecke einen geraden Grad.

Damit ist gezeigt, dass die Gradbedingung jeweils notwendig ist. Wir skizzieren nun einen Beweis, dass sie auch hinreichend ist.[1]

Wir verwenden Induktion über die Anzahl der Kanten von G. Zunächst stellen wir fest, dass G irgendeinen Kreis haben muss: Wenn G zusammenhängt und jede Ecke geraden

---

[1] Es ist Aufgabe 9.3(a) bzw. 9.3(b), die Skizze zu einem vollständigen Beweis auszuführen.

Grad hat, so hat jede Ecke mindestens Grad 2; insgesamt hat G also mindestens so viele Kanten wie Ecken, also gibt es nach dem letzten Beispiel einen Kreis K in G.

Wir entfernen nun alle Kanten von K aus G. Dann hat im verbleibenden Graphen G' weiterhin jede Ecke einen geraden Grad. Die Zusammenhangskomponenten von G' haben alle weniger Kanten als G, haben also nach Induktionsannahme alle Eulerkreise. Also können wir einen Eulerkreis durch G finden, indem wir K ablaufen und dabei bisweilen in eine Zusammenhangskomponente „abbiegen" und deren Eulerkreis durchlaufen.　　□

Beispiel 9.4 (Eulers Formel für planare Graphen) (vgl. z. B. [AZ], Kap. 10)
Ein Graph heißt „planar", wenn man ihn so in die Ebene zeichnen kann, dass keine zwei seiner Kanten sich schneiden. Ein so überschneidungsfrei in die Ebene gezeichneter planarer Graph G zerlegt die Ebene in eine gewisse Anzahl von Teilflächen. Zeige: Ist dabei E die Anzahl der Ecken, K die Anzahl der Kanten und F die Anzahl der Flächen und ist G zusammenhängend, so ist $E - K + F = 2$.

Lösung Wir versuchen es mit Induktion über die Anzahl der Ecken. Sei also G ein überschneidungsfrei in der Ebene gezeichneter planerer Graph mit E Ecken, K Kanten und F Flächen. Mindestens eine Ecke von G muss sich entfernen lassen, ohne dass G unzusammenhängend wird (Aufgabe 9.12). Sei v eine solche Ecke.

Entfernen wir nun v – zusammen mit allen zugehörigen Kanten – aus G und beobachten, wie E, K und F sich dadurch ändern!

Offenbar verringert sich E um 1, K um $\deg(v)$ und F um $\deg(v) - 1$. Damit ändert sich $E - K + F$ insgesamt um $(-1) - \deg(v) + (\deg(v) - 1) = 0$. Nach Induktionsannahme gilt die Behauptung für den um v verkleinerten Graphen, also auch für G.　　□

9.1.2 Das Schubfachprinzip in der Graphentheorie

Graphen haben endliche Mengen von Kanten und Ecken; bei Existenzaussagen der Form „Jeder Graph hat ..." bietet sich daher der Einsatz des Schubfachprinzips an. Wir betrachten einige Beispiele.

Als erstes holen wir den in Beispiel 8.11 noch ausstehenden Beweis nach.

Satz 9.5 ([AZ], Kap. 10) Jeder planare Graph hat eine Ecke vom Grad ≤ 5.

Lösung Wieder sei E die Zahl der Ecken, K die Anzahl der Kanten und F die Anzahl der Flächen von G. Angenommen, jede Ecke von G hat Grad ≥ 6. Da jede Kante genau zwei Ecken verbindet, hat G also mindestens $\frac{6E}{2} = 3E$ Kanten. Ferner hat jede Fläche von E

mindestens 3 Kanten, umgekehrt gehört jede Kante zu höchstens zwei Flächen. Also ist $3F \leq 2K$ oder $F \leq \frac{2}{3}K$.[2]

Damit folgt aber mit der Eulerschen Formel: $2 = E - K + F \leq E - K + \frac{2}{3}K = E - \frac{K}{3}$, also $6 \leq 3E - K$ oder $K \leq 3E - 6$. Ein zusammenhängender planarer Graph mit E Ecken hat also höchstens $3E - 6$ Kanten!

Nun können wir das Schubfachprinzip anwenden: Jede Kante verbindet genau zwei Ecken. Also gibt es mindestens eine Ecke, deren Grad höchstens $\frac{2K}{E} \leq \frac{2(3E-6)}{E} = 6 - \frac{6}{E}$ beträgt, der also < 6 und damit höchstens gleich 5 ist. $\qquad\square$

Das folgende Beispiel ist eine Variante des „Pumping Lemmas", das in der theoretischen Informatik in der Theorie der regulären Sprachen eine zentrale Bedeutung hat (siehe z. B. [Hro], Kap. 3.4):

Beispiel 9.6

Es sei G ein gerichteter Graph, dessen Kanten mit Elementen eines Alphabets (einer endlichen Zeichenmenge) $A := \{a_1, \ldots, a_k\}$ beschriftet sind. Ein G-Wort entsteht, wenn wir an einem bestimmen Knoten von G beginnend eine Weile entlang der Kanten von G laufen und die zugehörigen Zeichen in der Reihenfolge ihres Auftretens notieren. Sind w_0, w_1 Wörter (endliche Folgen von Elementen von A), so bezeichnen wir mit $w_0 w_1$ das Wort, das durch Anhängen von w_1 an w_0 entsteht. Zeige: Hat G genau n Knoten und ist w ein G-Wort der Länge $m > n$, so existieren G-Wörter w_0, w_1, w_2 mit $w = w_0 w_1 w_2$ und so, dass für jedes $i \geq 0$ auch $w_0 \underbrace{w_1 \ldots w_1}_{i \times} w_2$ ein G-Wort ist.

Lösung Ein Wort der Länge m entspricht einem Kantenzug $P = v_1 \ldots v_m$ der Länge m durch G. Unter den m Knoten auf diesem Kantenzug muss wegen $m > n$ und dem Schubfachprinzip mindestens eine Ecke doppelt vorkommen, sei etwa $v_i = v_j$ mit $i < j$. Dann ist offenbar auch $P' = v_1 \ldots v_{i-1} v_i v_{i+1} \ldots v_j v_{i+1} \ldots v_j v_{j+1} \ldots v_m$ ein Kantenzug von G und das zugehörige Wort also ein G-Wort – und das Gleiche gilt für eine beliebige Anzahl von Wiederholungen des Teilkantenzuges $v_i \ldots v_j$. $\qquad\square$

Eine Reihe wichtiger Sätze der Graphentheorie hat mit „Färbungen" der Kanten oder Ecken eines Graphen zu tun. Formal ist eine Kantenfärbung mit k Farben (kurz: k-Färbung) eines Graphen $G = (V, E)$ eine Abbildung $f : E \to \{1, 2, \ldots, k\}$; anschaulich ist jede Kante mit einer von k Farben bemalt worden.

---

[2] Formal zählen wir hier die geordneten Paare (k, f) aus einer Fläche f und einer an f anliegenden Kante k von G und schätzen die Anzahl dieser Paare nach unten duch $3F$ und nach oben durch $2K$ ab.

Beispiel 9.7 (vgl. [E], Kap. 4, E14)

Es sei $n \in \mathbb{N}$. Zeige: Es existiert eine natürliche Zahl $N(n)$ so, dass für jede Kantenfärbung des $K_{N(n)}$ mit n Farben $\{1, 2, \ldots, n\}$ gilt: Es gibt drei (paarweise verschiedene) Ecken $v_1, v_2, v_3 \in V$ so, dass alle Kanten zwischen ihnen dieselbe Farbe haben.

Lösung Für $n = 1$ ist die Behauptung trivial, z. B. funktioniert $N(1) = 3$.

Wir nehmen nun an, dass die Behauptung für n bekannt ist und beweisen sie für $(n+1)$. Wir haben also ein $N(n)$ so, dass in jeder n-Färbung des $K_{N(n)}$ ein einfarbiges Dreieck existiert. Wie kommen wir nun zu $N(n+1)$?

Betrachten wir einen Graphen $G = (V, E)$, dessen Kanten in $(n+1)$ Farben gefärbt sind. Wenn es eine $N(n)$-elementige Teilmenge $X \subseteq V$ so gibt, dass die Kanten zwischen den Elementen von X bloß in n Farben gefärbt sind, sind wir fertig. Hilft das?

Betrachten wir einmal eine beliebige Ecke v von G. Wenn v mit $N(n)$ Ecken von G in der gleichen Farbe f verbunden ist, so kommt f entweder auch unter den Kanten zwischen zwei der Nachbarn von v, etwa u und w, vor – und dann ist v, w, u ein f-farbiges Dreieck – oder eben nicht, und dann sind die Kanten zwischen den $N(n)$ Nachbarn von v bloß mit n Farben gefärbt und die Induktionsannahme liefert ein einfarbiges Dreieck.

Können wir dafür sorgen, dass v mit mindestens $N(n)$ Ecken in der gleichen Farbe verbunden ist, indem wir $|V|$ groß genug wählen? Hier hilft die allgemeine Version des Schubfachprinzips: Wenn v mindestens $(n+1) \cdot (N(n)-1) + 1$ viele Nachbarn hat, so müssen von den $(n+1) \cdot (N(n)-1) + 1$ vielen Kanten, die von v ausgehen, wenigstens $N(n)$ viele die gleiche von $(n+1)$ Farben haben.

Wir können also $N(n+1) = (n+1) \cdot (N(n)-1) + 2$ setzen.   □

Beispiel 9.8 ([E], Kap. 4, A42) (Satz von Ramsey)

Zeige: Für alle $m, n \in \mathbb{N}$ existiert eine natürliche Zahl $R(m,n)$ so, dass für jede Kantenfärbung des $K_{R(m,n)}$ mit den Farben rot und grün m Ecken $v_1, \ldots, v_m$ so existieren, dass alle Kanten zwischen ihnen rot sind oder n Ecken $v_1, \ldots, v_n$ so, dass alle Kanten zwischen ihnen grün sind.

Lösung Wie im letzten Beispiel argumentieren wir mit einer Kombination aus Schubfachprinzip und Induktion, in diesem Fall Induktion über $m + n$.

Ist $m + n = 1$, so ist die Behauptung trivial.

Angenommen nun, die Behauptung ist bekannt für alle $m, n \in \mathbb{N}$ mit $m + n < N$; wir haben sie für m, n mit $m + n = N$ zu zeigen. Insbesondere wissen wir also, dass $R(m, n-1)$ und $R(m-1, n)$ existieren. Hilft das, um die Existenz von $R(m,n)$ zu zeigen?

Angenommen, wir haben einen vollständigen Graphen der Größe $R(m, n-1) + R(m-1, n)$; wir denken ihn uns aus zwei Teilen bestehend, einen von der Größe $R(m, n-1)$, einen von der Größe $R(m-1, n)$. Wenn wir die Kanten in rot oder grün färben, so gibt es im einen Teil einen vollständigen roten Teilgraphen mit m Ecken oder einen vollständigen grünen Teilgraphen mit $n-1$ Ecken; im ersten Fall ist man fertig. Entsprechend gibt es im zweiten Teil einen vollständigen roten Teilgraphen mit $m-1$ Ecken oder einen vollständigen grünen Teilgraphen mit n Ecken und im zweiten Fall ist man fertig. Wenn aber einer der anderen beiden Fälle vorliegt, so fehlt noch eine Ecke. Gäbe es eine Ecke v, die sicher mit mindestens $R(m, n-1)$ vielen Ecken in grün oder mit mindestens $R(m-1, n)$ vielen Ecken in rot verbunden ist, wäre das Problem gelöst: Im ersten Fall haben wir in den mit v verbundenen Ecken einen vollständigen roten Teilgraphen mit m Ecken und sind fertig oder einen vollständigen grünen Teilgraphen mit $n-1$ Ecken, zu dem wir dann noch v hinzunehmen können, um einen vollständigen grünen Teilgraphen mit n Ecken zu erhalten (der andere Fall funktioniert analog).

Wie viele Ecken muss ein Graph haben, um diese Bedingung zu garantieren? Nun, wenn wir $R(m-1, n) + R(m, n-1)$ Ecken haben und eine davon, v, auswählen, so ist jede der verbleibenden $R(m-1, n) + R(m, n-1) - 1$ Ecken mit v in einer der Farben rot oder grün verbunden. Wenn v mit weniger als $R(m, n-1)$ (also höchstens $R(m, n-1) - 1$) Ecken in grün und mit weniger als $R(m-1, n)$ (also höchstens $R(m-1, n) - 1$) Ecken in rot verbunden ist, so ist v mit höchstens $R(m, n-1) - 1 + R(m-1, n) - 1 = R(m, n-1) + R(m-1, n) - 2$ Ecken verbunden, also zu wenigen – ein Widerspruch. Also genügt jeder vollständige Graph mit mindestens $R(m-1, n) + R(m, n-1)$ Ecken der Bedingung.

$$\square$$

Bemerkung Die beiden letzten Beispiele lassen sich kombinieren: Siehe Aufgabe 9.1.

9.1.3 Das Extremalprinzip in der Graphentheorie

Auch das Extremalprinzip findet in der Graphentheorie vielfältige Anwendungen. Typische Kandidaten für nützliche extremale Objekte sind längste Pfade, kürzeste und längste Kreise, Ecken von minimalem oder maximalem Grad und natürlich immer Gegenbeispiele mit kleinstmöglicher Ecken- oder Kantenzahl.

> **Beispiel 9.9 ([Bu], Satz 8.4)**
> Es sei G ein gerichteter Graph so, dass je zwei Ecken von G durch eine gerichtete Kante verbunden sind. Zeige, dass ein gerichteter Pfad in G existiert, der jede Ecke genau einmal durchläuft.

Lösung Sei P der längste gerichtete Pfad in G, a seine Anfangsecke und z seine Endecke. Sei R die Restmenge der Ecken, die nicht auf P liegen. Angenommen, R ist nicht leer. Dann zeigen alle Pfeile zwischen a und Elementen von R von a nach R (sonst könnte man eine der „Restecken" vor den Anfang setzen und den Pfad so verlängern).

Außerdem zeigen alle Pfeile zwischen z und Elementen von R vom Element von R nach z (sonst könnte man eine Restecke hinter das Ende setzen und den Pfad so verlängern).

Entlang des Pfades gibt es also eine erste Ecke (von a nach z abgelaufen), die von R eine Kante empfängt, sagen wir e (spätestens auf z trifft das ja zu). Da e nicht gleich a sein kann (s. o.), gibt es zu e im Pfad noch eine Vorgängerecke d. Nach Annahme laufen alle Kanten zwischen d und einem Element v von R von d nach v und mindestens eine von einem $r \in R$ zu e. Also können wir r in den Pfad „einbauen", indem wir statt von d zu e erst von d zu r und dann von r zu e laufen. Wir erhalten wiederum einen längeren Pfad als P, ein Widerspruch.

Ein wahres Feuerwerk an Extremalbetrachtungen! □

9.1.4 Graphentheorie als Lösungsstrategie

Die Darstellung als Graph hilft oft, die Zusammenhänge zu veranschaulichen. Ausserdem erlaubt es die Graphentheorie, sehr allgemeine Sätze über Strukturen in sehr unterschiedlichen Bereichen einzusetzen. Wir betrachten einige Beispiele:

Beispiel 9.10
Die beiden Figuren unten heißen „Haus vom Nikolaus" bzw. „Haus vom Nikolaus mit Garage". Die Aufgabe ist jeweils, sie in einem Zug zu zeichnen, also ohne zwischendurch den Stift abzusetzen. Ist das möglich?

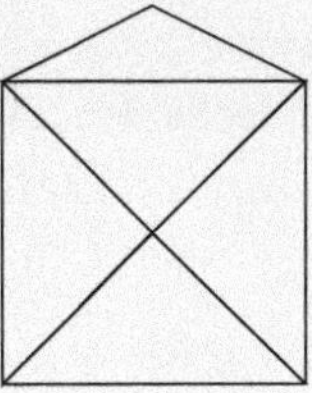 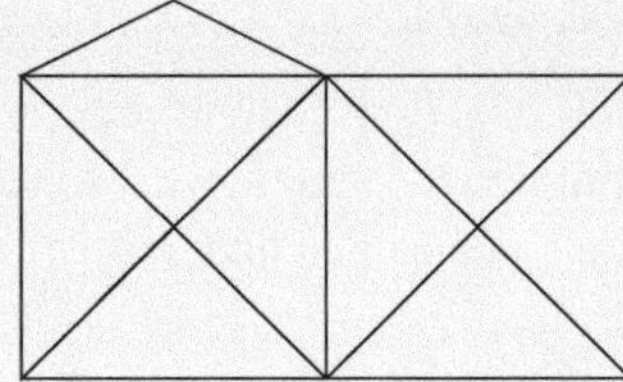

Lösung Faßt man die Figuren als Graphen auf, so ist die Forderung, sie „mit einem geschlossenen Strich zu zeichnen" äquivalent zur Existenz eines Eulerkreises. Dafür haben wir aber in Beispiel 9.3 ein einfach zu prüfendes Kriterium gefunden. □

Beispiel 9.11 ([Z], Bsp. 4.1.1)

Es sei $n \geq 5$. Gegeben sind n Paare (I_1^i, I_2^i), $i \in \{1, 2, \ldots, n\}$ von abgeschlossenen Intervallen reeller Zahlen, wobei für jedes $i \in \{1, 2, \ldots, n\}$ die linke Grenze von I_2^i rechts von der rechten Grenze von I_1^i liegt. Für $1 \leq i < j \leq n$ hat eines der Intervalle I_1^i, I_2^i mit einem der Intervalle I_1^j, I_2^j einen nichtleeren Schnitt. Zeige: Es existieren $1 \leq i < j < k \leq n$ so, dass $(I_1^i \cup I_2^i) \cap (I_1^j \cup I_2^j) \cap (I_1^k \cup I_2^k) \neq \emptyset$.

Lösung Wir fassen das Problem als Graph G auf, um einen besseren Zugang zu bekommen: Dazu betrachten wir jedes der $2n$ Intervalle als Ecke und verbinden zwei Intervalle I_1, I_2, wenn $I_1 \cap I_2 \neq \emptyset$. Da nach Annahme für jedes der $2n$ Paare (i, j) mit $1 \leq i < j \leq n$ eine Verbindung zwischen einem der Intervalle I_1^i, I_2^i und einem der Intervalle I_1^j, I_2^j besteht, gibt es mindestens $\binom{n}{2}$ Kanten in diesem Graphen. Für $n \geq 5$ ist aber $\binom{n}{2} \geq 2n$ (wie man mit einem kleinen Induktionsbeweis leicht zeigen kann). G enthält also mindestens so viele Kanten wie Ecken, und nach Beispiel 9.2 enthält G damit einen Kreis!

Es ist nun aber nicht mehr schwierig, zu sehen, dass in einem solchen „Kreis" von Intervallen stets drei Intervalle existieren, die einen gemeinsamen Punkt besitzen (Aufgabe 6.19). $\qquad\Box$

Auch in der Zahlentheorie spielt die Graphentheorie eine Rolle, besonders in der additiven Zahlentheorie, die sich mit Möglichkeiten befasst, Zahlen als Summen anderer Zahlen darzustellen. Wir begnügen uns hier mit einem andeutenden Beispiel:

Beispiel 9.12 (Satz von Schur) ([E], Kap. 4, S.66–67)

Zeige: Zu jedem $n \in \mathbb{N}$ existiert ein $f(n) \in \mathbb{N}$ mit folgender Eigenschaft: Wird die Menge $\{1, 2, \ldots, f(n)\}$ in n Teilmengen $T_1, \ldots, T_n$ zerlegt (d. h. $T_i \cap T_j = \emptyset$ für $i \neq j$ und $\bigcup_{i=1}^{n} T_i = \{1, 2, \ldots, f(n)\}$), so existieren ein $i \in \{1, 2, \ldots, n\}$ und $a, b, c \in T_i$ mit $a + b = c$. D. h.: Egal wie die Menge der ersten $f(n)$ natürlichen Zahlen in n Teilmengen zerlegt wird, eine davon enthält stets drei Zahlen, von denen eine die Summe der beiden anderen ist (es ist nicht ausgeschlossen, dass zwei der Zahlen gleich sind).

Lösung Das Resultat erinnert ein wenig an den Ramsey-Satz: Für jede Art, eine gewisse Menge zu „aufzuspalten", soll eine gewisse Struktur unvermeidbar ein einem der Teile vorliegen. Versuchen wir einmal, die Frage graphentheoretisch aufzufassen!

Wir betrachten die Menge der ersten m natürlichen Zahlen $\{1, 2, \ldots, m\}$, die wir uns als Ecken eines Graphen denken. Wenn wir einen Ramsey-Satz anwenden wollen, müssen wir nun die Paare von Zahlen irgendwie „färben", und zwar so, dass $\{a, b\}$, $\{b, c\}$ und $\{c, a\}$

nur dann die gleiche Farbe erhalten, wenn $a + b = c$, $a + c = b$ oder $b + c = a$ ist. Dann würde uns Beispiel 9.7 reichen, das die Existenz eines einfarbigen Dreiecks garantiert!

Wie aber können wir den Graphen mit den Summen in Verbindung bringen? Was hat ein Dreieck im Graphen mit einer Gleichung zu tun? Hier ist die zentrale, aber sehr einfache Beobachtung: Für beliebige reelle Zahlen $a < b < c$ gilt stets $|a-b|+|b-c| = |a-c|$.

Wenn wir der Kante $\{a, b\}$ also den Teil der Zerlegung von $\{1, 2, \ldots, m\}$, in dem $|a-b|$ liegt, als Farbe zuordnen und in dem so entstandenen Graphen ein einfarbiges Dreieck a, b, c finden, so wissen wir, dass die Zahlen $|a-b|$, $|b-c|$ und $|c-a|$ im gleichen Teil der Zerlegung liegen und die Bedingung also erfüllt ist!

Ein solches einfarbiges Dreieck existiert aber nach dem Beispiel 9.7 immer, wenn der Graph mindestens $N(n)$ viele Ecken hat (wobei N wie in Beispiel 9.7 ist). Wir können also $f(n) = N(n)$ setzen. $\qquad\qquad\square$

9.2 Aufgaben

Aufgabe 9.1 ([Z], A4.1.8) Zeige: Jeder ungerichtete Graph G mit mindestens zwei Ecken enthält zwei Ecken mit gleichem Grad.

Aufgabe 9.2
(a) Zeige: Zu $k, l, m \in \mathbb{N}$ existiert stets ein $n \in \mathbb{N}$ so, dass jede Färbung der Kanten des vollständigen Graphen K_n in den Farben rot, grün und blau einen roten K_k oder einen grünen K_l oder einen blauen K_m als Teilgraphen enthält.
(b) Verallgemeinere (a) auf eine beliebige (endliche) Anzahl von Farben.

Aufgabe 9.3
(a) Führe die Beweisskizze in Beispiel 9.3 zu einem vollständigen Induktionsbeweis aus.
(b) Löse (a) erneut, diesmal mit dem Extremalprinzip, indem Du die Annahme, ein maximaler Kreis in G enthalte nicht jede Kante, zu einem Widerspruch führst.
   Es sei G ein gerichteter Graph. Ein gerichteter Eulerkreis in G ist ein Kantenzug von G, der jede Kante $k = (v_1, v_2)$ von G genau einmal durchläuft, und zwar in der Richtung $v_1 \to v_2$.
(c) Zeige: Ist $j \geq 1$ und ist $G = (V, E)$ ein zusammenhängender, gerichteter Graph, in dem für jede Ecke der Aus- und Ingrad gleich j sind, so enthält G einen gerichteten Eulerkreis.
   Ordnet man die Ziffernfolge 01110100 im Kreis an, so kommt unter den acht Teilfolgen von drei aufeinanderfolgenden Elementen jede der acht 0-1-Folgen der Länge 3, also jede der Folgen 000, 001, 010, 011, 100, 101, 110, 111 genau einmal vor.
(d) [[Z], A4.1.24] Zeige: Ist $n \geq 3$ eine natürliche Zahl, so existiert eine im Kreis angeordnete 0-1-Folge s_n der Länge 2^n so, dass unter den 2^n Teilfolgen von n aufeinanderfolgenden Elementen von s_n jede 0-1-Folgen der Länge n genau einmal vorkommt.

(e) Zeige: Sind $k, n \in \mathbb{N}$, so existiert eine im Kreis angeordnete Folge $s_{k,n}$ von Elementen von $\{0, 1, \ldots, k-1\}$ der Länge k^n derart, dass unter den k^n Teilfolgen von n aufeinanderfolgenden Elementen von $s_{k,n}$ jede Folge der Länge n von Elementen von $\{0, 1, \ldots, k-1\}$ genau einmal vorkommt.

Aufgabe 9.4

(a) Wir verändern das Beispiel 9.6, indem wir einen Knoten von G als Startknoten s und einen anderen als Zielknoten z auszeichnen. Ein G-Wort ist nun eines, das entsteht, wenn man entlang der Kanten von G von s nach z läuft und dabei die Markierungen der durchlaufenen Kanten hintereinander schreibt. Zeige, dass die Folgerung von Beispiel 9.6 weiterhin stimmt.

(b) Zeige, dass es keinen endlichen gerichteten Graphen G mit einem Startknoten s und einem Zielknoten z gibt, dessen Kanten mit 0 bzw. 1 beschriftet sind so, dass die G-Wörter gerade die Wörter von der Form ww (w eine endliche 0-1-Folge) sind.

(c) Zeige, dass es keinen endlichen gerichteten Graphen G mit einem Startknoten s und einem Zielknoten z gibt, dessen Kanten mit 0 bzw. 1 beschriftet sind so, dass die G-Wörter gerade die Wörter von der Form ww' sind, wobei w eine endliche 0-1-Folge ist und w' eine endliche 0-1-Folge, die die gleiche Anzahl von Nullen und die gleiche Anzahl von Einsen enthält wie w.

Aufgabe 9.5 ([Z], A4.1.11) Es sei G ein Graph, in dem jede Ecke einen Grad $\geq \frac{|G|}{2}$ habe. Zeige, dass G zusammenhängend ist.

Aufgabe 9.6 Löse Beispiel 9.1 erneut, diesmal durch Induktion über die Anzahl der Ecken.

Aufgabe 9.7

(a) Zeige: Zu jedem $n \in \mathbb{N}$ existiert eine natürliche Zahl $f(n)$ so, dass für jede Zerlegung von $\{1, \ldots, f(n)\}$ in n Teile $T_1, \ldots, T_n$ ein Teil T_i und natürliche Zahlen a, b, c, d so existieren, dass $a, b, c, d, \in T_i$ und $a + b + c = d$.

(b) Zeige: Für alle $k, n \in \mathbb{N}$ existiert eine natürliche Zahl $f(n, k)$ so, dass für jede Zerlegung von $\{1, 2, \ldots, f(n, k)\}$ in n Teile $T_1, \ldots, T_n$ ein Teil T_i und natürliche Zahlen $a_1, \ldots, a_{k+1}$ so existieren, dass $a_1, \ldots, a_{k+1} \in T_i$ und $a_1 + \ldots + a_k = a_{k+1}$.

(c) Zeige, dass die Aussage von (b) auch noch wahr bleibt, wenn zusätzlich verlangt wird, dass $a_i \neq a_j$ für $1 \leq i < j \leq k + 1$.

Aufgabe 9.8 ([W], Kap. 3, A4) Wir wollen für jedes $n \in \mathbb{N}$ die Ecken und Kanten eines n-dimensionalen Hyperwürfels als einen Graphen G_n auffassen. Die Ecken von G_n sind die 0-1-Folgen der Länge n, und zwei Ecken sind genau dann durch eine Kante verbunden, wenn sie sich an genau einer Stelle unterscheiden. Zeige, dass G_n für jedes $n \geq 2$ einen Hamiltonschen Kreis erlaubt.

Aufgabe 9.9 Es sei G ein gerichteter Graph, in dem ein gerichteter geschlossener Kantenzug existiere, der jede Kante genau einmal durchläuft. Zeige, dass für jede Ecke von G der Ingrad gleich dem Ausgrad ist.

Aufgabe 9.10 ([Sob], A4.2.4) Ein **Baum** ist ein zusammenhängender (ungerichteter) Graph ohne Kreise. Wie viele Kanten enthält ein Baum mit n Ecken? Beweise deine Antwort!

Aufgabe 9.11 ([W], Satz 1.3) Es sei G ein zusammenhängender Graph. Zeige: Genau dann existiert ein Eulerpfad durch G, wenn höchstens zwei Ecken von G ungeraden Grad haben.

Aufgabe 9.12 ([Sob], A4.2.8) Es sei G ein zusammenhängender Graph. Zeige, dass es mindestens eine Ecke von G gibt, die man (zusammen mit allen zugehörigen Kanten) entfernen kann, ohne dass G unzusammenhängend wird.

Aufgabe 9.13

(a) Beweise die Eulersche Formel für planare Graphen (Beispiel 9.4) erneut, diesmal durch Induktion über die Anzahl der Kanten.

(b) Es gibt viele Möglichkeiten, einen planaren Graph überschneidungsfrei in die Ebene zu zeichnen. Zeige, dass sich für jede solche Möglichkeit die gleiche Anzahl von Flächen ergibt.

(c) Vergleiche (a) mit Aufgabe 7.3(b). Siehst du eine Verbindung?

(d) Vergleiche Satz 9.5 mit Beispiel 3.8. Siehst du eine Verbindung?

9.3   Literatur und weitere Beispiele

Eine umfassende Darstellung der Graphentheorie findet sich in [KV] sowie [D]. Heuristische Behandlungen finden sich z. B. in [E], [Sob] sowie [Z].

Weitere Beispiele: 3.8, 8.11, Aufgaben 3.10, 3.11, 4.2, 5.13, 14.12, 14.15.

Literatur

[AZ] Aigner, M., Ziegler, G.: Das BUCH der Beweise. Springer, Berlin Heidelberg (2002)

[Bu] Büsing, C.: Graphen- und Netzwerkoptimierung. Springer Spektrum (2010)

[D]   Dawson, J.: Why prove it again? Alternative Proofs in Mathematical Practice. Birkhäuser (2015)

[Da] Davis, T.: Graph Theory Problems and Solutions. www.geometer.org/mathcircles/graphprobs.pdf. Zugegriffen: 11.04.2017

[Di] Diestel, R.: Graphentheorie. Fünfte Auflage, Springer, Berlin Heidelberg (2016)

[E]   Engel, A.: Problem Solving Strategies. Springer, New York (1998)

[Hro] Hromkovic, J.: Theoretische Informatik. Formale Sprachen, Berechenbarkeit, Komplexitätstheorie, Algorithmik, Kommunikation und Kryptographie. 5. Auflage. Springer Vieweg, Wiesbaden (2014)

[KV] Korte, B., Vygen, J.: Combinatorial Optimization. Springer, Heidelberg New York (2002)

[Sob] Soberon, P.: Problem-Solving Methods in Combinatorics. Springer, Basel (2013)

[W] Werner, J.: Vorlesung Angewandte Mathematik für LehramtskandidatInnen (Vorlesungsskript). http://num.math.uni-goettingen.de/werner/ (2003). Zugegriffen 29.05.2017.

[Z] Zeitz, P.: The Art and Craft of Problem Solving. Wiley, New York (2006)

Kombinatorik und Wahrscheinlichkeitsrechnung 10

10.1 Kombinatorik

Das Ziel einer kombinatorischen Frage ist es meist, die Größe einer gewissen endlichen Menge M zu bestimmen. Techniken dafür behandelt man in der Kombinatorik. Die Kombinatorik ist sowohl ein Anwendungsfeld unserer Strategien – besonders Beobachtung, Induktion und Rekursion spielen eine große Rolle – als auch ein strategisch wichtiges Gebiet: Eine gutes Verständnis der Kombinatorik – wozu auch eine Kenntnis der wichtigsten Ergebnisse gehört – hilft in so ziemlich jedem Gebiet der Mathematik weiter. Wir kommen besonders im Kap. 11 über Zahlentheorie darauf zurück.

Viele kombinatorische Fragen lassen sich durch eine Kombination der folgenden einfachen Tatsachen lösen, wenn es gelingt, die fragliche Menge M geeignet als Komplement, Vereinigung disjunkter Mengen oder kartesisches Produkt aufzufassen [vgl. z. B. [E], Kap. 5]:

> (1) Sind $A_1, \ldots, A_n$ paarweise disjunkte, endliche Mengen, so ist $\left| \bigcup_{i=1}^{n} A_i \right| = \sum_{i=1}^{n} |A_i|$.
> (2) Für beliebige endliche Mengen $A_1, \ldots, A_n$ ist $|A_1 \times \ldots \times A_n| = \prod_{i=1}^{n} |A_i|$.
> (3) Für endliche Mengen A, B mit $A \subseteq B$ ist $|B \setminus A| = |B| - |A|$.

Zu jeder dieser drei kombinatorischen Grundregeln gehört eine Lösungsstrategie für Aufgaben, in der die Grösse einer gewissen Menge A gesucht ist:

(1) Zerlege A in disjunkte Portionen $A_1, \ldots, A_n$, deren Größe leichter zu bestimmen ist; dann benutze $|A| = \sum_{i=1}^{n} |A_i|$, um die Ergebnisse zusammenzusetzen.

Welche Zerlegungen von A sinnvoll sind, hängt von der Aufgabe ab; häufig ist es hilfreich, Elemente von A nach gemeinsamen Eigenschaften zu sortieren. Sind die Elemente von A z. B. endliche Mengen natürlicher Zahlen, so kann man sie nach der Anzahl ihrer

© Springer Fachmedien Wiesbaden GmbH 2017
M. Carl, *Wie kommt man darauf?*, DOI 10.1007/978-3-658-18250-2_10

Elemente sortieren, ihrem größten oder kleinsten Element oder danach, ob sie ein gewisses Element enthalten usw. Zu jeder solchen Sortierung gehört eine Zerlegung von A in disjunkte Teilmengen und eine Zählstrategie.

Beispiel 10.1
Bestimme die Anzahl der Paare (a, b) mit $1 \leq a \leq b \leq 100$.

Lösung Wir teilen die Menge P dieser Paare in Teilmengen auf, indem wir Paare nach ihrem größten (also rechten) Element sortieren. Für $1 \leq k \leq 100$ sei also $P_k := \{(a, b) \in P : b = k\}$. Dann ist $P = \bigcup_{k=1}^{100} P_k$; ferner sind die P_k sicherlich paarweise disjunkt. Ist $(a, b) \in P_k$, so ist $b = k$ und $a \leq b = k$. Für a kommen also die Werte $1, 2, \ldots, k$ infrage, also k Möglichkeiten. Damit ist $|P_k| = k$. Folglich ist $|P| = |\bigcup_{k=1}^{100} P_k| = \sum_{k=1}^{100} |P_k| = \sum_{k=1}^{100} k = \frac{100 \cdot 101}{2} = 5050$. $\qquad\square$

Bemerkung Hier hätten auch andere Sortierungen funktioniert, etwa nach gleichem kleineren (also rechten) Element oder nach der Summe $a + b$ von linkem und rechtem Element. Siehe dazu Aufgabe 10.17.

Bemerkung Wenn man A zwar als Vereinigung leichter zählbarer Teilmengen darstellen kann, diese aber nicht disjunkt sind, lässt sich mit der Darstellung häufig trotzdem noch etwas anfangen. Dazu dient das Ein- und Ausschlussprinzip, das wir weiter unten besprechen.

(2) Wenn $|A|$ schwierig zu bestimmen ist, versuche stattdessen die Größe des Komplementes von A in einer geeigneten (und leicht zählbaren) Obermenge B zu bestimmen.

Beispiel 10.2
Wie viele natürliche Zahlen ≤ 7000 sind nicht durch 7 teilbar?

Lösung Die nicht durch 7 teilbaren Zahlen zu zählen scheint etwas mühsam zu sein; andererseits hat $\{1, 2, \ldots, 7000\}$ offenbar gerade 7000 Elemente, und 1000 davon sind durch 7 teilbar. Also bleiben 6000 nicht durch 7 teilbare übrig. $\qquad\square$

(3) Versuche, die Elemente von A als Ergebnis einiger voneinander unabhängiger Entscheidungen aufzufassen.

Beispiel 10.3

Wie viele Paare (a, b) gibt es mit $a, b \in \{1, 2, \ldots, 100\}$, a ungerade und b durch 3 teilbar?

Lösung Es gibt 50 ungerade und 33 durch 3 teilbare Zahlen unterhalb von 100. Ein Paar (a, b) wie in der Aufgabenstellung können wir konstruieren, indem wir zuerst ein ungerades $a \leq 100$ wählen und anschließend ein durch 3 teilbares $b \leq 100$. Insgesamt gibt es also $50 \cdot 33 = 1650$ solche Paare. $\qquad\square$

In vielen Fällen sind die Entscheidungen, die zu einem Element von A gehören, nicht voneinander unabhängig. Man kann dann die obige Strategie in einer verallgemeinerten Form anwenden:

Lässt sich jedes Element von A auf genau eine Weise als Ergebnis von n aufeinander folgenden Entscheidungen auffassen, wobei – unabhängig von den zuvor erfolgten Entscheidungen – im i-ten Schritt stets k_i viele Möglichkeiten bestehen, so ist $|A| = \prod_{i=1}^{n} k_i$.

Beispiel 10.4

Wie viele Möglichkeiten gibt es, die Zahlen $\{1, 2, \ldots, n\}$ anzuordnen? Genauer: Wie viele bijektive Abbildungen $f : \{1, 2,, \ldots, n\} \to \{1, 2, \ldots, n\}$ gibt es?

Lösung Es gibt n Möglichkeiten, $f(1)$ festzulegen. Ist $f(1)$ bestimmt, gibt es für $f(2)$ noch $|\{1, 2, \ldots, n\} \setminus \{f(1)\}| = n - 1$ viele Möglichkeiten, unabhängig davon, wie $f(1)$ gewählt wurde. Ist $f(2)$ bestimmt, gibt es für $f(3)$ noch $|\{1, 2, \ldots, n\} \setminus \{f(1), f(2)\}| = n - 2$ viele Möglichkeiten, unabhängig davon, wie $f(1)$ und $f(2)$ gewählt wurden. Allgemein gibt es für $f(k)$ gerade $|\{1, 2, \ldots, n\} \setminus \{f(1), \ldots, f(k-1)\}| = n - k$ viele Möglichkeiten, unabhängig von der Wahl von $f(1), \ldots, f(k-1)$. Insgesamt gibt es damit $n(n-1)(n-2) \cdot \ldots \cdot 2 \cdot 1 = n!$ viele Bijektionen von $\{1, 2, \ldots, n\}$ auf sich selbst. $\qquad\square$

In den meisten Fällen wird man (1)–(3) miteinander (und weiteren Prinzipien) kombinieren müssen, um zu einer Lösung zu gelangen, indem man etwa A als disjunkte Vereinigung von Komplementen von kartesischen Produkten auffasst. Auf diese Weise einen Zugang zur fraglichen Menge A zu finden, ist eine der wesentlichen Herausforderungen an kombinatorischen Fragen; oft führt kein Weg daran vorbei, viele solcher Ansätze auszuprobieren, ehe man einen geeigneten findet.

Ein weiteres einfaches, aber erstaunlich mächtiges Lösungsprinzip ist das folgende „Bijektionsprinzip" [[E], S. 87]:

▶ (4) Sind A und B endliche Mengen und ist $f : A \to B$ eine Bijektion, so ist $|A| = |B|$.

Als Lösungsprinzip rät das Bijektionsprinzip dazu, zu versuchen, die Größe einer Menge A zu bestimmen, indem man eine einfacher zu zählende Menge B sucht und eine Bijektion zwischen A und B angibt. Will man zeigen, dass zwei Mengen gleich groß sind, so kann man, statt sie einzeln zu zählen, direkt eine Bijektion zwischen ihnen suchen. Auf diese Weise lässt sich bisweilen auch dann nachweisen, dass zwei Mengen gleich groß sind, wenn man zunächst keine Idee hat, wie ihre Größen zu bestimmen sind.

Beispiel 10.5 ([Z], A6.2.13)
Jede nichtleere endliche Menge hat gleich viele Teilmengen mit gerader wie mit ungerader Elementzahl.

Lösung Gegeben sei eine nichtleere endliche Menge M. Wir benutzen Induktion über die Anzahl n der Elemente von M.

Ist $|M| = 1$, so sind $\emptyset$ und M die einzigen Teilmengen von M, die erste mit gerader, die zweite mit ungerader Elementzahl, und die Behauptung ist richtig.

Angenommen nun, die Behauptung ist richtig für Mengen mit n Elementen; sei M eine $(n+1)$-elementige Menge; OBdA sei $M = \{1, 2, \ldots, (n+1)\}$. Wir versuchen, die Induktionsvoraussetzung anzuwenden: Teilmengen von $\{1, 2, \ldots, n\}$ gibt es danach gleich viele mit gerader und ungerader Elementzahl.

Fehlen noch die Teilmengen von $\{1, 2, \ldots, (n+1)\}$, die nicht zugleich Teilmengen von $\{1, 2, \ldots, n\}$ sind – also die, die $(n+1)$ enthalten. Solche Mengen bestehen aus $(n+1)$ und einer „Restmenge" R, die eine Teilmenge von $\{1, 2, \ldots, n\}$ ist. Hat R eine gerade Elementzahl, so hat $R \cup \{(n+1)\}$ eine ungerade Elementzahl – und umgekehrt. Mit anderen Worten: Teilmengen von $\{1, 2, \ldots, n+1\}$ mit gerader Elementzahl, die $n+1$ enthalten, gibt es so viele, wie Teilmengen von $\{1, 2, \ldots, n\}$ mit ungerader Elementzahl; und Teilmengen von $\{1, 2, \ldots, n+1\}$ mit ungerader Elementzahl, die $n+1$ enthalten, gibt es so viele, wie Teilmengen von $\{1, 2, \ldots, n\}$ mit gerader Elementzahl. Nach Induktionsvoraussetzung gibt es gleich viele Teilmengen von $\{1, 2, \ldots, n\}$ mit gerader wie mit ungerader Elementzahl, also auch gleich viele Teilmengen von $\{1, 2, \ldots, n+1\}$ mit gerader wie mit ungerader Elementzahl, die $(n+1)$ enthalten. Auch hier besteht also Gleichheit.   □

10.1.1 Das Ein- und Ausschlussprinzip

In der Kombinatorik geht es meist darum, die Größe einer gewissen Menge zu bestimmen. Häufig sind Mengen dabei als Vereinigung von zwei oder mehr anderen Mengen gegeben: Gesucht sein könnte z. B. die Anzahl der Zahlen unterhalb von 1000, die durch 5 oder durch 7 teilbar sind. Ist $Y_5 := \{x < 1000 : 5|x\}$ und $Y_7 := \{x < 1000 : 7|x\}$, so ist also $X = Y_5 \cup Y_7$.

Wie kann man die Größe einer Vereinigungsmenge $X = Y \cup Z$ bestimmen? Sind Y und Z disjunkt, so ist einfach $|X| = |Y| + |Z|$. Was ist aber, wenn Y und Z gemeinsame Elemente haben? Nun, in diesem Fall werden die Y und Z gemeinsamen Elemente in der Summe $|Y| + |Z|$ doppelt und die übrigen einfach gezählt. Damit jedes Element von $Y \cup Z$ genau einmal gezählt wird, müssen wir also $|Y \cap Z|$ von $|Y| + |Z|$ abziehen: $|X| = |Y \cup Z| = |X| + |Y| - |X \cap Y|$.

Was aber, wenn mehr als zwei Mengen vereinigt werden? Auch für diesen Fall gibt es eine Möglichkeit, die Größe einer Vereinigungsmenge $\bigcup_{i=1}^n Y_i$ in Abhängigkeit von der Größe der Y_i und der Schnittmengen über die Teilmengen von $\{Y_i : 1 \le i \le n\}$ zu bestimmen:

Satz 10.6 (Das Ein- und Ausschlussprinzip, kurz PIE[1], siehe z. B. [E], Kap. 5, E21) Es seien $A_1, \ldots, A_n$ endliche Mengen. Dann ist

$$\left| \bigcup_{1 \le i \le n} A_i \right| = \sum_{i=1}^n (-1)^{i+1} \sum_{\{j_1,\ldots,j_i\} \subseteq \{1,2,\ldots,n\}} |A_{j_1} \cap \ldots \cap A_{j_i}|.$$

Lösung Sei n fest. Wir verfahren induktiv über $u := |\bigcup_{i=1}^n A_i|$. Ist $u = 0$, so sind alle A_i leer, und es ist $\sum_{i=1}^n (-1)^{i+1} \sum_{\{j_1,\ldots,j_i\} \subseteq \{1,2,\ldots,n\}} |A_{j_1} \cap \ldots \cap A_{j_i}| = 0$, das Ergebnis ist also richtig.

Angenommen nun, das Ergebnis ist richtig für $u < m$. Wir zeigen, dass es auch für $u = m$ richtig ist. Dazu wählen wir ein gewisses Element e aus $\bigcup_{i=1}^n A_i$ und entfernen es aus sämtlichen A_i. Sei $A_i' := A_i \setminus \{e\}$. Dann ist, nach Induktionsannahme: $u' := |\bigcup_{1 \le i \le n} A_i'| = \sum_{i=1}^n (-1)^{i+1} \sum_{\{j_1,\ldots,j_i\} \subseteq \{1,2,\ldots,n\}} |A_{j_1}' \cap \ldots \cap A_{j_i}'|$.

Nun fügen wir e wieder hinzu. Dadurch erhöht sich u' um 1. Wir wollen zeigen, dass das auch für die rechte Seite gilt, dass also

$$\sum_{i=1}^n (-1)^{i+1} \sum_{\{j_1,\ldots,j_i\} \subseteq \{1,2,\ldots,n\}} |A_{j_1} \cap \ldots \cap A_{j_i}|$$

$$= 1 + \sum_{i=1}^n (-1)^{i+1} \sum_{\{j_1,\ldots,j_i\} \subseteq \{1,2,\ldots,n\}} |A_{j_1}' \cap \ldots \cap A_{j_i}'| \text{ gilt.}$$

---

[1] Englisch: Principle of Inclusion and Exclusion.

Sei dazu I die Menge der $1 \leq i \leq n$ mit $e \in A_i$. In der Summe

$$\sum_{i=1}^{n}(-1)^{i+1}\sum_{\{j_1,\ldots,j_i\}\subseteq\{1,2,\ldots,n\}}|A_{j_1}\cap\ldots\cap A_{j_i}|$$

ändern sich dann gegenüber $\sum_{i=1}^{n}(-1)^{i+1}\sum_{\{j_1,\ldots,j_i\}\subseteq\{1,2,\ldots,n\}}|A'_{j_1}\cap\ldots\cap A'_{j_i}|$ genau die Summanden $|A'_{j_1}\cap\ldots\cap A'_{j_i}|$, für die jedes j_l in I liegt. Nun gibt es für jedes $k \leq |I|$ offenbar gerade $\binom{|I|}{k}$ solche Summanden, in denen k Mengen geschnitten werden; jeder dieser Summanden erhöht sich nun um 1. Insgesamt ändert sich die rechte Seite also um $\sum_{k=1}^{|I|}(-1)^{i+1}\binom{|I|}{k} = 1 - \sum_{k=0}^{|I|}(-1)^{i}\binom{|I|}{k}$. Nach Beispiel 10.5 ist der letzte Term aber gleich 1. $\qquad\square$

Bemerkung Das PIE lässt sich etwas einfacher durch Induktion über n beweisen – siehe Aufgabe 10.5.

Beispiel 10.7 ([E], Kap. 5, E12; [AG], A899)

Es sei $s_{m,n}$ die Anzahl der surjektiven Abbildungen einer m-elementigen Menge A auf eine n-elementige Menge B. Zeige: Für alle natürlichen Zahlen m,n ist $s_{m,n} = \sum_{i=0}^{n}(-1)^i(n-i)^m$.

Lösung [vgl. z. B. [AG], S. 768]

Der Einfachheit halber sei $A = \{1,2,\ldots,m\}$ und $B = \{1,2,\ldots,n\}$.

Sei $S_{m,n}$ die Menge der Surjektionen von $\{1,2,\ldots,m\}$ nach $\{1,2,\ldots,n\}$. Wir wollen also $|S_{m,n}|$ bestimmen.

Das sieht schwierig aus. Vielleicht hilft eine Rekursion? Ein paar Versuche legen nahe, dass man damit weiter kommt, aber nur mit ziemlichem Aufwand. Versuchen wir erst einmal, das Komplement zu zählen!

Das sieht einfacher aus: Eine nicht surjektive Abbildung lässt mindestens ein Element aus $\{1,2,\ldots,n\}$ als Bildelement aus. Zu gegebenem $i \leq n$ sei F_i die Anzahl der Abbildungen von A nach B, für die i nicht zum Bildbereich gehört. Dann ist offenbar $\bar{S}_{m,n} = \bigcup_{i=1}^{n} F_i$.

Mit dem PIE ist also

$$s_{m,n} = |\bar{S}_{m,n}| = \Big|\bigcup_{i=1}^{n} F_i\Big| = \sum_{i=1}^{n}(-1)^{i+1}\sum_{\{j_1,\ldots,j_i\}\subseteq\{1,2,\ldots,n\}}|F_{j_1}\cap\ldots\cap F_{j_i}| \quad (*).$$

Um die rechte Summe weiter auswerten zu können, sollten wir also die $|F_{j_1}\cap\ldots\cap F_{j_i}|$ bestimmen.

Die Anzahl der Abbildungen, die ein gewisses $i \leq n$ auslassen, lässt sich leicht bestimmen: Wenn i nicht im Bildbereich von $f : A \to B$ vorkommen darf, so ist f eine

Abbildung von A nach $B \setminus \{i\}$, also von einer m-elementigen Menge auf eine $(n-1)$-elementige Menge. Davon gibt es gerade $(n-1)^m$ viele.

Weiter ist $F_{j_1} \cap \ldots \cap F_{j_i}$ die Menge der Abbildungen von $\{1, 2, \ldots, m\}$ nach $\{1, 2, \ldots, n\}$, in deren Bildbereich kein Element von $\{j_1, \ldots, j_i\}$ vorkommt. Anders formuliert: Es ist die Menge der Abbildungen von $\{1, 2, \ldots, m\}$ nach $\{1, 2, \ldots, n\} \setminus \{j_1, \ldots, j_i\}$. Das ist aber wiederum leicht zu bestimmen: Der Definitionsbereich einer solchen Abbildung ist m-elementig, der Wertebereich $(n-i)$-elementig. Es gibt also $(n-i)^m$ solche Abbildungen. Also ist $|F_{j_1} \cap \ldots \cap F_{j_i}| = (n-i)^m$. Ferner gibt es $\binom{n}{i}$ Möglichkeiten, die Menge $\{j_1, \ldots, j_i\}$ aus $\{1, 2, \ldots, n\}$ auszuwählen. Setzt man das noch in (*) ein, erhält man das gewünschte Ergebnis $s_{m,n} = \sum_{i=0}^{n} (-1)^i \binom{n}{i}(n-i)^m$. $\qquad\square$

10.1.2 Doppeltes Abzählen und Kombinatorische Interpretation

Wenn eine zu zählende Menge A gegeben ist, so lassen sich die Elemente oft auf verschiedene Arten zählen: Wir können A z. B. auf mehrere Arten als disjunkte Vereinigung auffassen, oder einmal als disjunkte Vereinigung und einmal als Ergebnis eine Folge von Wahlen oder ...

Jede Art, die Elemente von A zu zählen, führt auf eine andere Darstellung der Anzahl der Elemente von A. Indem man die Elemente von A auf verschiedene Weisen zählt, lassen sich also Identitäten zwischen den zugehörigen Termen beweisen. Diese Vorgehensweise nennt man „doppeltes Abzählen".

Beispiel 10.8

Es sei $n \in \mathbb{N}$. Bestimme die Anzahl der Teilmengen von $\{1, 2, \ldots, n\}$, also die Anzahl der Elemente von $\mathfrak{P}(\{1, 2, \ldots, n\})$, der Potenzmenge von $\{1, 2, \ldots, n\}$.

Lösung Für $n \in \mathbb{N}$ sei T_n die Anzahl der Teilmengen von $\{1, 2, \ldots, n\}$. Wir betrachten vier Arten, T_n zu bestimmen:

(1) Wir sortieren die nichtleeren Teilmengen von $\{1, 2, \ldots, n\}$ nach dem Abstand zwischen ihrem kleinsten und ihrem größten Element, ihrer „Spannweite". Z.B. hat $\{3, 6, 14\}$ die Spannweite 11 und $\{1\}$ die Spannweite 0. Es sei S_k die Menge aller Teilmengen von $\{1, 2, \ldots, n\}$ mit Spannweite k. Ist $D \in S_k$, so kann das kleinste Element m von D die Werte $\{1, 2, \ldots, n-k\}$ annehmen. Das größte Element $m+k$ ist festgelegt, wenn m festgelegt ist. Alle übrigen Elemente von D liegen echt zwischen m und $m+k$, sind also Teilmengen von $\{m+1, \ldots, m+k-1\}$; dafür gibt es T_{k-1} viele Möglichkeiten (wir setzen $T_{-1} = 1$, um den Fall $k = 0$ abzudecken). Also ist $|S_k| = (n-k)T_{k-1}$ und $T_n = |\bigcup_{k=0}^{n} S_k| + 1 = 1 + \sum_{k=0}^{n} |S_k| = 1 + \sum_{k=0}^{n}(n-k)T_{k-1}$ (wobei die $+1$ daher kommt, dass wir die leere Menge noch gesondert zählen müssen). Wir haben eine Rekursion für T_n gefunden.

(2) Nun sortieren wir die nichtleeren Teilmengen von $\{1, 2, \ldots, n\}$ nach ihrem größten Element: Für $k \in \{1, 2, \ldots, n\}$ sei M_k die Menge der Teilmengen von $\{1, 2, \ldots, n\}$ mit Maximum k. Ist $D \in M_k$, so ist $k \in D$ und die übrigen Elemente von D stammen aus $\{1, 2, \ldots, k-1\}$. M_k hat also T_{k-1} viele Elemente. Damit folgt: $T_n = 1 + |\bigcup_{k=1}^{n} M_k| = 1 + \sum_{k=1}^{n} T_{k-1}$. Wir haben eine weitere Rekursion für T_n gefunden.

(3) Nun sortieren wird die Teilmengen von $\{1, 2, \ldots, n\}$ nach der Anzahl ihrer Elemente. Es sei G_k die Menge der k-elementigen Teilmengen von $\{1, 2, \ldots, n\}$; dann ist $|G_k| = \binom{n}{k}$. Also ist $T_n = |\bigcup_{k=0}^{n} G_k| = \sum_{k=0}^{n} |G_k| = \sum_{k=0}^{n} \binom{n}{k}$. Wir haben eine Summendarstellung für T_n gefunden.

(4) Schließlich fassen wir die Teilmengen von $\{1, 2, \ldots, n\}$ als Ergebnis von n voneinander unahbängigen Entscheidungen auf: Ist $D \subseteq \{1, 2, \ldots, n\}$, so kann D die 1 enthalten oder nicht enthalten: das sind zwei Möglichkeiten. Ebenso kann D die 2 enthalten oder nicht enthalten: Wieder zwei Möglichkeiten, und so weiter, für jedes $i \leq n$. Insgesamt können wir für jedes der n Elemente von $\{1, 2, \ldots, n\}$ entscheiden, ob es zu D gehört oder nicht – das gibt 2^n Möglichkeiten. Also ist $T_n = 2^n$. Wir haben eine direkte Darstellung für T_n gefunden.

Indem wir die Teilmengen von $\{1, 2, \ldots, n\}$ auf verschiedene Weisen abgezählt haben, haben wir also (u. a.) gezeigt:

$$\sum_{k=0}^{n} \binom{n}{k} = 2^n, \quad 1 + \sum_{k=0}^{n} (n-k)2^{k-1} = 2^n \text{ und } 1 + \sum_{k=1}^{n} 2^{k-1} = 2^n. \qquad \square$$

In der Kombinatorik hat man es oft damit zu tun, die Größe einer gewissen Menge durch einen gewissen Term zu bestimmen. Bisweilen ist aber auch der umgekehrte Weg nützlich: Um etwa zu zeigen, dass zwei Terme t_1 und t_2 gleich sind, zeigt man, dass beide sich als verschiedene Abzählungen derselben Menge auffassen lassen; um zu zeigen, dass ein gewisser Term t eine natürliche Zahl darstellt, zeigt man, dass er sich als Abzählung einer gewissen Menge auffassen lässt. Dazu muss man die Kombinatorik „rückwärts" gehen und zu einem gegebenen Term eine Menge finden, die er zählt. Das nennt man „kombinatorische Interpretation".

Beispiel 10.9

Zeige: Für alle $n \in \mathbb{N}$ ist $\sum_{i=0}^{n} (-1)^i \binom{n}{i} = 0$.

Lösung Es ist $\sum_{i=0}^{n} (-1)^i \binom{n}{i} = \sum_{i \leq n, i \text{ gerade}} \binom{n}{i} - \sum_{j \leq n, j \text{ ungerade}} \binom{n}{j}$. $\sum_{i \leq n, i \text{ gerade}} \binom{n}{i}$ zählt die Teilmengen von $\{1, 2, \ldots, n\}$ (oder jeder anderen n-elementigen Menge), die eine gerade Anzahl von Elementen haben; $\sum_{j \leq n, j \text{ ungerade}} \binom{n}{j}$ entsprechend die Teilmengen mit ungerader Elementzahl. Nach Beispiel 10.5 sind beide Anzahlen gleich, also ist ihre Differenz gleich 0. $\qquad \square$

Beispiel 10.10 ([E], Kap. 5, E17)

Bestimme $\sum_{i=0}^{n} \binom{n}{i} i^2$.

Lösung Wir versuchen, den Term $\sum_{i=0}^{n} \binom{n}{i} i^2$ geeignet zu interpretieren. Die Summe legt nahe, nach $n+1$ disjunkten Mengen $D_0, \ldots, D_n$ mit $|D_i| = \binom{n}{i} i^2$ zu suchen. Betrachten wir also zunächst einen einzelnen Summanden:

$\binom{n}{i}$ ist die Anzahl der Möglichkeiten, aus n Personen eine Reisegruppe mit i Personen zu wählen. i^2 ist die Anzahl der Möglichkeiten, aus einer Gruppe mit i Personen ein geordnetes Paar zu wählen; also etwa einen zum Fahrer und einen zum Lotsen zu bestimmen. Das Produkt kombiniert beide Wahlen frei miteinander: $\binom{n}{i} i^2$ zählt also die Möglichkeiten, aus n Personen eine i-köpfige Reisegruppe zu wählen und unter diesen einen Fahrer und einen Lotsen zu bestimmen[2].

Damit haben wir auch eine Interpretation für die Summe: $\sum_{i=0}^{n} \binom{n}{i} i^2$ ist die Anzahl der Möglichkeiten, aus n Personen eine Reisegruppe (beliebiger Größe) mit einem Fahrer und einem Lotsen zu wählen.

Lässt sich die gleiche Menge noch auf andere Weise zählen? In der Tat: Die bisherige Zählung wählt zunächst die Mitgliederzahl der Gruppe, dann die Gruppe und schließlich Fahrer und Lotse. Eine andere Möglichkeit wäre, Fahrer und Lotse zuerst zu wählen; als Rest der Gruppe kommt dann eine beliebige Teilmenge der verbleibenden Personen infrage.

Versuchen wir es! Bei der Wahl des Fahrers und des Lotsen haben wir zwei Möglichkeiten:

(1) Der Fahrer und der Lotse sind die gleiche Person. Dann gibt es n Möglichkeiten, diese Person zu wählen; dann bleiben noch $n-1$ Personen übrig, aus denen wir auf 2^{n-1} Weisen die übrige Reisegruppe bilden können. Wir erhalten so $n 2^{n-1}$ Möglichkeiten.

(2) Der Fahrer und der Lotse sind verschiedene Personen. Dann gibt es n Möglichkeiten, den Fahrer und anschließend noch $n-1$ Möglichkeiten, den Lotsen zu wählen – insgesamt also $n(n-1)$ Möglichkeiten für die Kombination aus beiden. Bleiben noch $n-2$ Personen übrig, aus denen wir auf 2^{n-2} Weisen die übrige Reisegruppe bilden können. Wir erhalten so $n(n-1)2^{n-2}$ Möglichkeiten.

Insgesamt kommen wir zu $n 2^{n-1} + n(n-1)2^{n-2}$ Möglichkeiten; da wir durch diesen Term die gleiche Menge gezählt haben wie durch $\sum_{i=0}^{n} \binom{n}{i} i^2$, ist $\sum_{i=0}^{n} \binom{n}{i} i^2 = n 2^{n-1} + n(n-1)2^{n-2}$. $\qquad\square$

---

[2] Wobei der Fahrer und der Lotse die gleiche Person sein dürfen.

Zum Schluss betrachten wir noch eine sehr geschickte Kombination aus kombinatorischer Interpretation und doppeltem Abzählen, die die Mächtigkeit dieser Strategien deutlich hervorhebt.

> **Beispiel 10.11 ([E], Kap. 5, E15)**
>
> Bestimme $T_{n,k} := \sum_{i=1}^{n} i^k$ in Abhängigkeit von n und k (also die Summe der ersten n k-ten Potenzen).

Lösung Wir wissen: Es ist $\sum_{i=1}^{n} i^0 = n$, $\sum_{i=1}^{n} i^1 = \frac{n(n+1)}{2}$, $\sum_{i=1}^{n} i^2 = \frac{n(n+1)(2n+1)}{6}$; evtl. auch noch $\sum_{i=1}^{n} i^3 = (\frac{n(n+1)}{2})^2$. Vielleicht können wir noch etwas weiter raten; aber ein klares Bildungsgesetz zeigt sich hier erst einmal nicht.

Immerhin, die bisherigen Ergebnisse legen ein gewisses Muster nahe: $T_{n,k}$ scheint ein Polynom in der Variablen n zu sein, und zwar vom Grad $(k+1)$. Wenn wir diese Vermutung in der weiteren Untersuchung zugrunde legen, können wir $T_{n,k}$ für ein gewisses gegebenes k bestimmen, indem wir $T_{0,k}, T_{1,k}, \ldots, T_{n,k}$ ausrechnen und dann das (eindeutige) Polynom p vom Grad $(k+1)$ suchen, das $p(i) = T_{i,k}$ für $k \in \{0, \ldots, k\}$ erfüllt. Auf diese Weise können wir $T_{n,k}$ raten und dann durch Induktion beweisen, dass wir richtig geraten haben.

Aber wir suchen nun etwas stärkeres, nämlich zum einen eine Möglichkeit, die Koeffizienten des fraglichen Polynoms direkt auszurechnen; zum anderen ist die Vermutung, $T_{n,k}$ sei stets ein Polynom, noch unbewiesen.

Versuchen wir es also einmal mit etwas anderem. Sowohl Summen als auch Potenzen natürlicher Zahlen haben eine kombinatorische Bedeutung: Das legt nahe, es einmal mit kombinatorischer Interpretation zu probieren: Gibt es eine „kombinatorisch angenehme" Menge, die $\sum_{i=1}^{n} i^k$ zählt?

Um so eine Menge zu finden, wenden wir die Grundregeln vom Anfang des Kapitels probehalber einmal rückwärts an: Zunächst haben wir es mit einer Summe mit n Summanden zu tun. Suchen wir also einmal nach n paarweise disjunkten Mengen $A_1, \ldots, A_n$ mit $|A_i| = i^k$. Ferner wissen wir: i^k ist die Anzahl der Folgen der Länge k mit Elementen in $\{0, 1, \ldots, i-1\}$.

Die Mengen dieser Folgen sind für verschiedene i natürlich nicht disjunkt: Z. B. ist die Folge $(0, 0, \ldots, 0)$ aus k Nullen in jeder davon enthalten. Wir können sie aber disjunkt machen, indem wir das i einfach als letztes Folgenglied hinzufügen. Die Menge A_i bestehe also aus Folgen der Länge $(k+1)$, wobei die ersten k Folgenglieder aus $\{0, 1, \ldots, i-1\}$ stammen und das letzte gleich i ist. Dann ist $T_{n,k} = |\bigcup_{i=1}^{n} A_i|$.

Die Menge $\bigcup_{i=1}^{n} A_i$ lässt sich noch etwas einfacher beschreiben: Offenbar besteht sie aus allen Folgen der Länge $(k+1)$ über $\{0, \ldots, n\}$, bei denen das (eindeutig) größte Folgenglied am Ende steht: Ist dieses letzte Folgenglied gleich k, so gehört die Folge zu A_k.

Für eine bessere Bestimmung von $|T_{n,k}|$ hilft das aber nur, wenn es uns gelingt, die Elemente von $T_{n,k}$ noch auf andere Art zu zählen. Die Summe $\sum_{i=1}^{n} |A_i|$ fasst Folgen in einem Summanden zusammen, die das gleiche letzte (und größte) Element haben. Wie könnte man die Folgen noch arrangieren?

Ein naheliegender Ansatz ist sicher, die Folgen nach der Anzahl verschiedener Einträge zu sortieren. Die Menge B_i enthält dann alle Folgen der Länge $(k + 1)$ mit eindeutig maximalem Eintrag am Ende, die aus i verschiedenen Folgengliedern bestehen. Die Folge $(0, 0, \ldots, 0, 1)$ gehört also z. B. genau wie die Folge $(1, 1, \ldots, 1, 7)$ zu B_2, während B_1 leer ist. Eine Folge der Länge $(k + 1)$ kann außerdem nicht mehr als $(k + 1)$ verschiedene Zahlen als Folgenglieder enthalten, also ist B_m leer, sobald $m > k + 1$ ist.

Mit diesem Ansatz folgt $T_{n,k} = |\bigcup_{i=1}^{k+1} B_i| = \sum_{i=1}^{k+1} |B_i|$. Können wir $|B_i|$ bestimmen? Um eine Folge der Länge $k + 1$ zu bilden, die genau i verschiedene Glieder aus $\{1, 2, \ldots, n\}$ enthält und deren größtes maximales Element am Ende steht, wählen wir diese i Glieder zunächst aus: $\binom{n}{i}$. Sei nun X die i-elementige Menge der gewählten Folgenglieder. Wie viele $(k + 1)$-Folgen der gewünschten Art gibt es, für die Menge der Glieder gerade gleich i ist?

Das letzte Folgenglied steht damit fest: Es ist das größte Element m von X. Die übrigen k Folgenglieder stammen also aus der $(i - 1)$-elementigen Menge $X \setminus \{m\}$, wobei jedes Element von $X \setminus \{m\}$ mindestens einmal als Folgenglied vorkommen muss. Formal ist eine Folge der Länge k eine Funktion mit Urbildbereich $\{1, 2, \ldots, k\}$; eine Folge der Länge k, deren Glieder genau die Menge $X \setminus \{m\}$ bilden, ist also eine Surjektion von $\{1, 2, \ldots, k\}$ auf $X \setminus \{m\}$. Die Anzahl solcher Folgen ist also das $s_{k,i-1}$ aus Beispiel 10.7!

Damit haben wir $|B_i|$ bestimmt: Zunächst können wir die Menge der Folgenglieder auf $\binom{n}{i}$ viele Arten wählen, zu jeder dieser Mengen gibt es dann $s_{k,i-1}$ viele Folgen der gewünschten Art. Folglich ist $|B_i| = \binom{n}{i} s_{k,i-1}$.

Damit erhalten wir $T_{n,k} = \sum_{i=1}^{k+1} |B_i| = \sum_{i=1}^{k+1} \binom{n}{i} s_{k,i-1}$. Dieser Term ist nun offenbar ein Polynom in n.

Damit haben wir bewiesen, dass $T_{n,k}$ für jedes k ein Polynom in n ist und zugleich eine Methode gefunden, um zu jedem k die Koeffizienten zu bestimmen. $\square$

10.2 Wahrscheinlichkeitsrechnung

Oft läuft eine wahrscheinlichkeitstheoretische Frage darauf hinaus, den Anteil einer Teilmenge A an einer endlichen Obermenge $B \supseteq A$ zu bestimmen (nämlich dann, wenn die zugrunde liegende Grundgesamtheit endlich und die Verteilung eine Gleichverteilung ist). Besonders in diesem Fall ist der Zusammenhang mit der Kombinatorik klar: Hat man sowohl $|A|$ als auch $|B|$ bestimmt, ist die Aufgabe erledigt (das ist allerdings nicht immer der einfachste Weg). Wir sollten also erwarten, dass die Strategien der Kombinatorik auch in der Wahrscheinlichkeitsrechnung nützlich sind. Das wollen wir uns in diesem Abschnitt ansehen.[3]

Wir betrachten zuerst Anwendungsbeispiele für die wahrscheinlichkeitstheoretischen Entsprechungen der drei Grundregeln:

Beispiel 10.12 (Zerlegung in disjunkte Teilereignisse)
Es werden zwei faire 6-seitige Würfel geworfen. Wie groß ist die Wahrscheinlichkeit, dass die Summe der geworfenen Augenzahlen gleich 7 ist?

Lösung Um das Problem sinnvoll angehen zu können, betrachten wir die Möglichkeiten für die Kombinationen von Augenzahlen auf Würfel 1 bzw. Würfel 2, bei denen die Summe gleich 7 ist: Das sind $1-6, 2-5, 3-4, 4-3, 5-2$ und $6-1$. Jede dieser Kombinationen hat die Wahrscheinlichkeit $\frac{1}{6}\frac{1}{6} = \frac{1}{36}$. Da die Ereignisse disjunkt sind, ergibt sich insgesamt also eine Wahrscheinlichkeit von $\frac{6}{36} = \frac{1}{6}$. $\qquad\square$

Beispiel 10.13 (Betrachtung des Komplements und Kombination von Wahrscheinlichkeiten)
Ein fairer, sechsseitiger Würfel werde n mal geworfen. Bestimme die Wahrscheinlichkeit, dass er dabei mindestens einmal eine 1 zeigt.

Lösung Wir könnten versuchen, das Ereignis „mindestens eine 1" in leichter zugängliche, disjunkte Teilereignisse zu zerlegen, etwa für jedes $i \leq n$ das Ereignis „genau i Einsen". Aber man kommt viel leichter zum Ziel, wenn man das Komplement betrachtet:

Die Wahrscheinlichkeit, dass ein Wurf keine 1 ergibt, ist $\frac{5}{6}$. Die Wahrscheinlichkeit, dass bei n Würfen keine 1 erscheint, ist $(\frac{5}{6})^n$. Die Wahrscheinlichkeit für mindestens eine 1 ist also $1 - (\frac{5}{6})^n$. $\qquad\square$

Wir betrachten nun ein vielleicht auf den ersten Blick etwas überraschendem Beispiel zum doppelten Abzählen in der Wahrscheinlichkeitsrechnung:

Beispiel 10.14 ([Le], Bsp. 8.6; [E1]) („Geburtenparadox")
In Makaronien kriegt jedes Paar solange weiter jedes Jahr ein Kind, bis ein Junge kommt (und hört dann auf). Gerade ist in Makaronien Silvester. Es sei j die Anzahl

---

[3] Wir beschränken uns hier auf Beispiele, in denen die Ereignismenge endlich und die Verteilung eine Gleichverteilung ist. Die hier besprochenen Strategien wie das PIE oder das doppelte Abzählen sind aber auch in anderen Fällen wertvolle Hilfsmittel.

der derzeit in Makaronien lebenden Jungen und m die Anzahl der derzeit dort lebenden Mädchen. Bestimme den Erwartungswert für $\frac{m}{j+m}$, also den zu erwartenden Anteil der Mädchen an der Gesamtzahl der Kinder. Wir nehmen dabei an, dass die Wahrscheinlichkeit für die Geburt eines Jungen und eines Mädchens beide $\frac{1}{2}$ sind.

Lösung Die nächstliegende Herangehensweise ist es wohl, den Erwartungswert für ein einzelnes Paar zu bestimmen. Auch auf diesem Weg gelangt man zum Ziel (Aufgabe 10.15).

Aber mit doppeltem Abzählen geht es einfacher: Wir betrachten die Geburten „schichtenweise", d. h. zunächst die Menge K_1 aller Erstgeborenen, dann die Menge K_2 aller Zweitgeborenen usw. Es sei M_i die Menge der Mädchen und J_i die Menge der Jungen in K_i. Dann ist $\bigcup_{i \in \mathbb{N}} K_i$ die Menge aller Kinder in Makaronien.

Für jedes K_i ist der Erwartungswert von $\frac{|M_i|}{|K_i|}$ leicht zu bestimmen: Da die Wahrscheinlichkeiten für Mädchen und Jungen gleich groß sein sollen, ist $E(\frac{|M_i|}{|K_i|}) = \frac{1}{2}$. Damit gilt das Gleiche aber auch für $\frac{m}{m+j}$. Der gesuchte Erwartungswert ist also $\frac{1}{2}$: Es ist zu erwarten, dass es in Makaronien etwa gleich viele Mädchen wie Jungen gibt. $\square$

Auch das PIE spielt in der Wahrscheinlichkeitstheorie eine wichtige Rolle; ein berühmtes Anwendungsbeispiel ist das sogenannte „Derangement-Problem":

> **Beispiel 10.15 ([K], S. 181 ff.; [E], Kap. 5, E21)**
> n verschiedene Briefe werden zufällig auf n verschieden adressierte Umschläge verteilt. Wie groß ist die Wahrscheinlichkeit, dass wenigstens ein Brief im richtigen Umschlag landet?

Lösung Es sei A_i die Menge der Verteilungen, bei denen der i-te Brief im richtigen Umschlag landet. Die Menge der Verteilungen, bei denen das für mindestens einen Brief gilt, ist also $\bigcup_{i=1}^{n} A_i$. Insgesamt gibt es $n!$ vielen Verteilungen. Die gesuchte Wahrscheinlichkeit ist also $\frac{1}{n!}|\bigcup_{i=1}^{n} A_i|$.

Um $|\bigcup_{i=1}^{n} A_i|$ zu bestimmen, versuchen wir es mit dem PIE: $A_{i_1} \cap \ldots \cap A_{i_k}$ besteht aus den Verteilungen, bei denen der der $i_1$te, der $i_2$te, $\ldots$, der $i_k$te Brief im richtigen Umschlag landen. Die übrigen $(n-k)$ Briefe können beliebig auf die verbleibenden $(n-k)$ Umschläge verteilt werden; entsprechend gibt es gerade $(n-k)!$ solche Verteilungen und es ist $|A_{i_1} \cap \ldots \cap A_{i_k}| = (n-k)!$.

Weiter gibt es $\binom{n}{k}$ Möglichkeiten, aus den n Briefen k auszuwählen, die im richtigen Umschlag landen.

Damit folgt aber aus dem PIE: $|\bigcup_{i=1}^{n} A_i| = \sum_{i=1}^{n}(-1)^{i+1}\binom{n}{k}(n-k)!$. Wir formen noch ein bißchen um: $\binom{n}{k}(n-k)! = \frac{n!}{k!(n-k)!}(n-k)! = \frac{n!}{k!}$, also $|\bigcup_{i=1}^{n} A_i| = \sum_{i=1}^{n}(-1)^{i+1}\frac{n!}{k!}$.

Setzen wir das oben ein, erhalten wir als die gesuchte Wahrscheinlichkeit $\frac{1}{n!}|\bigcup_{i=1}^{n} A_i| = \frac{1}{n!}\sum_{i=1}^{n}(-1)^{i+1}\frac{n!}{i!} = \sum_{i=1}^{n}(-1)^{i+1}\frac{1}{i!}$. $\square$

Bemerkung Es ist $\lim_{n\to\infty}\sum_{i=1}^{n}(-1)^{i+1}\frac{1}{i!} = 1-\frac{1}{e}$; für große n liegt die gesuchte Wahrscheinlichkeit also nahe bei $1-\frac{1}{e}$, d. h. etwas unter $\frac{2}{3}$.

10.3 Aufgaben

Aufgabe 10.1 ([L], 5.1.2) Bestimme die Summe $S_n = \sum_{i=0}^{n}\sum_{j=0}^{i}\binom{n}{i}\binom{i}{j}$.

Aufgabe 10.2 Bestimme (mit Beweis) die Anzahl der Paare (A, B) mit $A \subseteq B \subseteq \{1, 2, \ldots, n\}$ in Abhängigkeit von n.

Aufgabe 10.3 ([AZ], Kap. 21.4) Für $n \in \mathbb{N}$ bezeichnen wir mit $t(n)$ die Anzahl der Teiler von n; es ist also z. B. $t(1) = 1$, $t(4) = 3$ und $t(5) = 2$. Wir betrachten nun zu jedem $n \in \mathbb{N}$ die Zahl $T(n) = \frac{\sum_{i=1}^{n} t(i)}{n}$, also die durchschnittliche Anzahl von Teilern einer natürlichen Zahl $\leq n$.

(a) Zeige: Für alle $n \in \mathbb{N}$ ist $\sum_{i=1}^{n} t(i) = \sum_{i=1}^{n}\lfloor\frac{n}{i}\rfloor$.

  Mit $H(n) := \sum_{i=1}^{n}\frac{1}{n}$ bezeichnen wir nun die n-ten Anfangssumme der harmonischen Reihe.

(b) Folgere: Für alle $n \in \mathbb{N}$ ist $|T(n) - H(n)| \leq 1$.

Bemerkung Für große n ist $H(n) \approx \ln(n)$, der natürliche Logarithmus von n. Die durchschnittliche Teilerzahl einer natürlichen Zahl $\leq n$ ist also ungefähr $\ln(n)$.

Aufgabe 10.4
(a) Bestimme die Anzahl der natürlichen Zahlen < 1000, die durch 5 oder durch 7 teilbar sind.
(b) Bestimme die Anzahl der natürlichen Zahlen < 1000, die durch 5, 7 oder 11 teilbar sind.
(c) Bestimme die Anzahl der natürlichen Zahlen < 1000, die durch 15, 21 oder 35 teilbar sind.[4]

Aufgabe 10.5 Beweise das PIE erneut, diesmal mit Induktion über die Anzahl n der vereinigten Mengen.

---

[4] Vorsicht mit voreiligen Verallgemeinerungen der Ergebnisse aus (a) und (b)!

Aufgabe 10.6

(a) Bestimme – in Abhängigkeit von n – die Anzahl der Teilmengen von $\{1, 2, \ldots, n\}$, deren Elementzahl durch 3 teilbar ist.

(b) Bestimme – in Abhängigkeit von n – die Anzahl der Teilmengen von $\{1, 2, \ldots, n\}$, deren Elementzahl durch 3 oder durch 2 teilbar ist.

Aufgabe 10.7 Es sei $p(n)$ die Wahrscheinlichkeit, dass eine zufällig gewählte n-stellige natürliche Zahl in ihrer Dezimaldarstellung keine 7 enthält.

(a) Bestimme $p(n)$ in Abhängigkeit von n.

(b) Nun bezeichne $q(n)$ die Wahrscheinlichkeit, dass eine zufällig gewählte natürliche Zahl $\leq n$ in ihrer Dezimaldarstellung keine 7 enthält. Bestimme $\lim_{n \to \infty} q(n)$.

(c) Schließlich sei $r(n)$ die Wahrscheinlichkeit, dass eine zufällig gewählte natürliche Zahl $\leq n$ in ihrer Dezimaldarstellung keine 7 oder keine 2 enthält. Bestimme $\lim_{n \to \infty} r(n)$.

Aufgabe 10.8 Eine faire Münze werde n mal geworfen. Wie groß ist die Wahrscheinlichkeit, dass eine ungerade Anzahl von Malen „Kopf" erscheint?

Aufgabe 10.9 Es sei $p(m, n)$ die Wahrscheinlichkeit, dass eine zufällig gewählt Funktion $f : \{1, 2, \ldots, m\} \to \{1, 2, \ldots, n\}$ injektiv ist. Bestimme $p(m, n)$ in Abhängigkeit von m, n.

Aufgabe 10.10 Zeige: Für alle $m, n \in \mathbb{N}$ ist $\frac{m+1}{1} \frac{m+2}{2} \frac{m+3}{3} \ldots \frac{m+n}{n}$ eine natürliche Zahl.

Aufgabe 10.11 Bestimme durch kombinatorische Interpretation und doppeltes Abzählen:

(a) $\sum_{i=0}^{n} \binom{n}{i} i$

(b) $\sum_{i=0}^{n} \binom{n}{i} i^3$

(c) Verallgemeinere die Idee von (a) bzw. (b), um eine nur von $k \in \mathbb{N}$ abhängige Darstellung für $\sum_{i=0}^{n} \binom{n}{i} i^k$ zu finden.

Aufgabe 10.12 Zeige erneut: Für alle $n \in \mathbb{N}$ ist $\sum_{i=0}^{n} (-1)^i \binom{n}{i} = 0$, diesmal durch vollständige Induktion.

Aufgabe 10.13 Zeige mit kombinatorischer Interpretation, dass der Koeffizient vor dem Summanden $a^i b^{n-i}$ in der Entwicklung von $(a + b)^n$ ($n \in \mathbb{N}$) gleich $\binom{n}{i}$ ist.

Aufgabe 10.14 Bestimme $\sum_{i=0}^{n} \sum_{j=0}^{i} \binom{n}{i} \binom{i}{j} j^2$.

Aufgabe 10.15 Löse Beispiel 10.14 erneut, diesmal, indem Du den Erwartungswert von $\frac{m}{m+j}$ für ein einzelnes Paar bestimmst.

Aufgabe 10.16

(a) Bestimme durch kombinatorische Interpretation und doppeltes Abzählen:
$\sum_{i=0}^{n} \sum_{j=0}^{i} \sum_{k=0}^{j} \binom{n}{i}\binom{i}{j}\binom{j}{k}.$

(b) Finde und beweise eine Verallgemeinerung für (a).[5]

Aufgabe 10.17

(a) Löse Beispiel 10.1 erneut, diesmal durch Sortierung nach gleichem kleineren (also linken) Element.

(b) Löse Beispiel 10.1 erneut, diesmal durch Sortierung nach der Summe $a + b$ der Elemente.

(c) Vergleiche die Lösungswege aus (a) und (b) miteinander und mit der im Beispiel gegebenen Lösung. Welche Vor- und Nachteile haben die jeweiligen Ansätze?

Aufgabe 10.18

(a) Mit welcher Wahrscheinlichkeit erhalten genau 2 Personen in Beispiel 10.15 den richtigen Brief?

(b) Mit welcher Wahrscheinlichkeit erhalten genau i ($1 \leq i \leq n$) Personen in Beispiel 10.15 den richtigen Brief?

(c) Welche Anzahl von richtig adressierten Personen hat die höchsten Wahrscheinlicheit?

Aufgabe 10.19 Eine Permutation von $\{1, 2, \ldots, n\}$ ist eine Bijektion $f : \{1, 2, \ldots, n\} \to \{1, 2, \ldots, n\}$. Ein Zyklus der Länge k von f ist eine Folge $(a_1, \ldots, a_k)$ von paarweise verschiedenen Elementen von $\{1, 2, \ldots, n\}$ so, dass $f(a_1) = a_2$, $f(a_2) = a_3$, $f(a_3) = a_4, \ldots, f(a_n) = a_1$.

(a) Mit welcher Wahrscheinlichkeit hat eine zufällig gewählte Permutation einen Zyklus der Länge 2?

(b) Der Länge j ($j \leq n$)?

Aufgabe 10.20 Es seien $A_1, \ldots, A_n \subseteq X$ endliche Mengen. Bestimme $|A_1 \cap A_2 \cap \ldots \cap A_n|$, wenn für jedes $D \subseteq \{1, \ldots, n\}$ die Größe $u_D := |\bigcup_{d \in D} (X \setminus A_d)|$ bekannt ist.

Aufgabe 10.21

(a) Zwei faire „Würfel"[6] mit n Seiten, die mit den Zahlen von 1 bis n beschriftet sind, werden geworfen, ferner sei $m \leq 2n$. Wie groß ist die Wahrscheinlichkeit, dass die Summe der sich ergebenden Augenzahlen gleich m ist?

---

[5] Vgl. Aufgaben 10.1 und 10.2.
[6] Ein Würfel heißt „fair", wenn er jede Seite mit der gleichen Wahrscheinlichkeit zeigt.

(b) Welche Augensummen haben, abhängig von n, die höchste Wahrscheinlichkeit?

(c) Nun habe der erste Würfel n_1 Seiten und der zweite n_2 Seiten, ferner sei $m \leq n_1 + n_2$. Wie groß ist nun die Wahrscheinlichkeit für die Augensumme m?

(d) Bestimme auch hier die wahrscheinlichsten Augensummen in Abhängigkeit von n_1 und n_2.

(e) Es werden drei faire n-seitige Würfel geworfen, $m \leq 3n$. Wie groß ist nun die Wahrscheinlichkeit, dass die Augenzahlen aller drei sich zu m addieren?

10.4 Literatur und weitere Beispiele

Aufgaben zur Kombinatorik finden sich in zahlreichen Quellen. Das Buch [Sob] behandelt umfassend Strategien und Aufgaben zur Kombinatorik mit Schwerpunkt auf Wettbewerbsmathematik. Ein schönes Kapitel mit Aufgaben und Prinzipien zur Kombinatorik, dem auch viele der in diesem Kapitel betrachteten Beispiele und Prinzipien entstammen, findet sich in [E], ein weiteres in [Z]. Eine heuristisch orientierte Einführung in die Stochastik ist z. B. [E1].

Weitere Beispiele: 3.20, 3.21, 5.3, 5.5, 9.8, 11.6, 11.7, 12.1, 12.2, Aufgaben 3.5, 4.3, 4.7, 9.10, 11.6, 12.26, 12.27, 12.28.

Literatur

[AZ] Aigner, M., Ziegler, G.: Das BUCH der Beweise. Springer, Berlin Heidelberg (2002)

[AG] Andreescu, T., Gelca, R.: Putnam and Beyond. Springer, New York (2007)

[E] Engel, A.: Problem Solving Strategies. Springer, New York (1998)

[E1] Engel, A.: Wahrscheinlichkeitsrechnung und Statistik, Bd. 1, Klett Ernst Stuttgart (1992)

[K] Knuth, D.: The Art and Craft of Computer Programming. Vol. 1. Fundamental Algorithms, Third Edition. Addison-Wesley Westford, Massachusetts (1997)

[L] Larson, L.: Problem-Solving Through Problems. Springer, New York (1983)

[Le] Leitner, M.: Wahrscheinlichkeitstheorie und Statistik. (Vorlesungsskript) http://www.schafkopfschule.de/files/inhalte/dokumente/Hintergruendiges/Stochastik/07Statistik_Prof._Leitner.pdf (2003) Zugegriffen: 03.06.2017

[Sob] Soberon, P.: Problem-Solving Methods in Combinatorics. Springer, Basel (2013)

[Z] Zeitz, P.: The Art and Craft of Problem Solving. Wiley, New York (2006)

Zahlentheorie 11

Die Zahlentheorie ist eines der zentralen Teilgebiete der Mathematik und zugleich hervorragend geeignet, um das selbstständige Aufgabenlösen zu üben. Auch für andere Gebiete, wie z. B. Algebra, ist ein gutes Verständnis der Zahlentheorie hilfreich, da viele mathematische Begriffe und Sätze Verallgemeinerungen zahlentheoretischer Begriffe und Sätze sind.

Wir betrachten einige wichtige Sätze der Zahlentheorie, die mithilfe unserer Strategien bewiesen werden können. Die meisten davon sind selbst von erheblicher strategischer Bedeutung.

Da wir bereits zahlreiche Beispiele aus der Zahlentheorie betrachtet haben, ist dieses Kapitel etwas kürzer; Verweise auf weitere Beispiele finden sich wie üblich am Schluss.

11.1   Induktion in der Zahlentheorie

Beispiel 11.1 ([Sc], Kap. I.3, Satz 4)
Zeige: Jede natürliche Zahl n besitzt eine Primfaktorzerlegung, d. h. es existieren Primzahlen $p_1, \ldots, p_n$ und natürliche Zahlen $\alpha_1, \ldots, \alpha_n$ mit $n = \prod_{i=1}^{n} p_i^{\alpha_i}$.

Lösung Bei einer Allaussage über natürliche Zahlen liegt es nahe, es mit Induktion zu versuchen.

Für $1 = 2^0$ ist die Aussage offenbar richtig.

Nehmen wir nun an, jede natürliche Zahl $m < n$ habe eine Primfaktorzerlegung und versuchen wir, zu zeigen, dass dann auch n eine haben muss.

Wenn n selbst eine Primzahl ist, so ist $n = n^1$ die gesuchte Primfaktorzerlegung. Andernfalls gibt es natürliche Zahlen n_1, n_2 mit $1 < n_1, n_2 < n$ so, dass $n = n_1 n_2$. Da $n_1, n_2 < n$, haben beide nach unserer Induktionsannahme eine Primfaktorzerlegung. Sei

© Springer Fachmedien Wiesbaden GmbH 2017
M. Carl, *Wie kommt man darauf?*, DOI 10.1007/978-3-658-18250-2_11

$n_1 = \prod_{i=1}^{k_1} p_i^{\alpha_i}$ eine Primfaktorzerlegung von n_1 und $n_2 = \prod_{j=1}^{k_2} q_j^{\beta_j}$ eine von n_2. Dann ist $n = n_1 n_2 = \prod_{i=1}^{k_1} p_i^{\alpha_i} \prod_{j=1}^{k_2} q_j^{\beta_j}$ eine Primfaktorzerlegung von n. $\qquad\square$

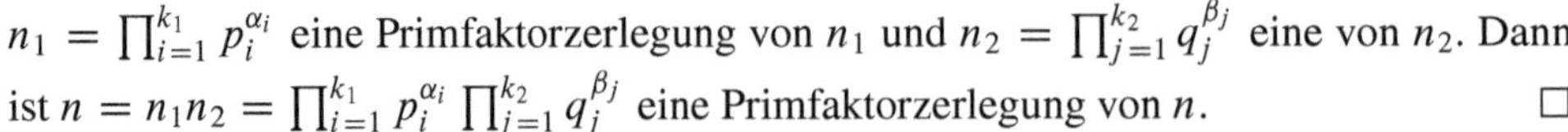

Beispiel 11.2 ([E], Kap 6, E16) (Der kleine Satz von Fermat)
Ist p eine Primzahl und a eine beliebige natürliche Zahl, so ist $a^p - a$ durch p teilbar.

Lösung Auch hier eine Allaussage über natürliche Zahlen, weswegen wir an Induktion denken. Als Induktionsvariablen bieten sich zunächst p und a an. Aber Induktion entlang der Primzahlen ist schwierig; versuchen wir es also einmal mit a.

Es sei nun p eine feste Primzahl.

Für $a = 1$ ist $a^p - a = 0$, und das ist durch p teilbar. Der Induktionsanfang ist gemacht.

Angenommen nun, p ist ein Teiler von $a^p - a$. Wir betrachten $(a + 1)^p - (a + 1)$. Allerdings ist unklar, wie wir hier die Induktionsannahme anwenden sollen. Können wir irgendwie $a^p - a$ ins Spiel bringen? In der Tat: Wir können $(a + 1)^p$ in $\sum_{i=0}^{p} \binom{p}{i} a^i$ auflösen, und das ist $a^p + \sum_{i=0}^{p-1} \binom{p}{i} a^i$. Damit ist $(a + 1)^p - (a + 1) = (a^p - a) + (\sum_{i=0}^{p-1} \binom{p}{i} a^i) - 1$. Der erste Summand ist nach Annahme durch p teilbar, also haben wir es nur noch mit dem zweiten Teil $(\sum_{i=0}^{p-1} \binom{p}{i} a^i) - 1$ zu tun.

Nur?! Diese Summe sieht deutlich unangenehmer aus als das ursprüngliche $(a + 1)^p - (a + 1)$. War es wirklich hilfreich, den kurzen Term $(a + 1)^p$ durch diese umständliche Summe zu ersetzen? Andererseits haben wir so die Induktionsannahme benutzen können – kein untrügliches, aber ein gutes Zeichen dafür, dass wir uns auf einem sinnvollen Weg befinden.

Betrachten wir die Summe also genauer. Vielleicht lässt sie sich vereinfachen? Der Summand $\binom{p}{0}^0$ ist gleich 1 und hebt sich also mit der -1 auf. Es bleibt $\sum_{i=1}^{p-1} \binom{p}{i} a^i$. Und nun?

Betrachtet man einige Beispiele, etwa $p = 2, 3, 5, 7$, fällt auf, dass $\binom{p}{i}$ für $1 \le i \le p - 1$ durch p teilbar ist. Wenn das richtig ist, gilt das Gleiche natürlich für $\binom{p}{i} a^i$ und auch für $\sum_{i=1}^{p-1} \binom{p}{i} a^i$ – dann wären wir fertig.

Aber tatsächlich ist das nicht schwierig zu beweisen: Es ist $\binom{p}{i} = \frac{p!}{i!(p-i)!}$; der Zähler $p!$ ist durch p teilbar, der Nenner nicht, denn eine Primzahl teilt ein Produkt nur dann, wenn sie einen der Faktoren teilt – und alle Faktoren von $i!$ und $(p - i)!$ sind kleiner als p, also wird keiner davon von p geteilt. Also ist $\binom{p}{i}$ für $1 \le i \le p - 1$ durch p teilbar, und der Beweis ist beendet. $\qquad\square$

11.2 Das Extremalprinzip in der Zahlentheorie

Es war eine Formulierung des Extremalprinzips, dass nichtleere Mengen natürlicher Zahlen stets ein kleinstes Element besitzen. Vor allem in dieser Formulierung ist das Extremalprinzip in der Zahlentheorie oft hilfreich. Wir betrachten als Beispiel einen alten Bekannten (Bsp. 3.19):

Beispiel 11.3 (Der chinesische Restsatz für $n = 2$)
Es seien a, b teilerfremde natürliche Zahlen, ferner $r_1, r_2 \in \mathbb{Z}$. Dann existiert eine natürliche Zahl c mit $c \equiv r_1 \pmod{a}$ und $c \equiv r_2 \pmod{b}$.

Lösung Angenommen nicht. Das Extremalprinzip rät, ein minimales Gegenbeispiel zu wählen. Was kann das hier heißen? Ein Paar (a, b) natürlicher Zahlen kann auf viele Arten „minimal" sein. Eine naheliegende Idee ist, es mit der Summe $a + b$ zu versuchen: Wir betrachten also ein Paar $(a, b) \in \mathbb{N}^2$, für das $a + b$ möglichst klein ist und für das es nicht zu allen $r_1, r_2 \in \mathbb{Z}$ eine natürliche Zahl c gibt mit $c \equiv r_1 \pmod{a}$ und $c \equiv r_2 \pmod{b}$. Seien solche r_1, r_2 für (a, b) ebenfalls fixiert.

Um zu einem Widerspruch zu gelangen, versuchen wir nun ein weiteres Gegenbeispiel mit kleinerer Summe zu finden. Sei dazu OBdA $a \geq b$ (der Fall $b \geq a$ verläuft analog). Das fällt hier nicht schwer: Es ist $1 = \mathrm{ggT}(a, b) = \mathrm{ggT}(a - b, b)$, und wegen $a \geq b$ ist $(a - b, b) \in \mathbb{N}_0^2$. Die Summe $(a - b) + b = a$ ist echt kleiner als $a + b$, da $b > 0$ ist. Da $a + b$ minimal war, muss es also ein $c' \in \mathbb{N}$ geben mit $c' \equiv -r_2 \bmod (a - b)$ und $c' \equiv -r_1 \bmod b$. Und nun? **Gehe auf die Definition zurück!** Wir haben also $(a-b)\,|\,c'+r_2$ und $b\,|\,c' + r_1$, d. h. $k, l \in \mathbb{N}$ mit $k(a - b) = c' + r_2$ und $bl = c' + r_1$. Umformen liefert $ka = c' + kb + r_2$, also $a\,|\,c' + kb + r_2$, ferner $b(l + k) = c' + kb + r_1$, also $b\,|\,c' + kb + r_1$. Damit ist $c = c' + kb + r_1 + r_2$ aber wie gewünscht – (a, b) ist also doch kein Gegenbeispiel! Wir haben also unseren Widerspruch gefunden. $\qquad\square$

Bemerkung Siehe auch Kap. 12, Beispiel 12.14. Die Wahl der Reste $-r_2$ und $-r_1$ scheint „vom Himmel zu fallen". Finde eine heuristische Rekonstruktion des Beweises. Lasse dazu die Reste zunächst variabel, führe die Beweisidee durch und überlege dir zum Schluss, wie die Reste gewählt werden müssen, damit der Beweis funktioniert.

Der chinesische Restsatz ist ein heuristisch wichtiger Satz: Viele zahlentheoretische Probleme lassen sich mit seiner Hilfe angehen. Wir nutzen die Gelegenheit, um als Anwendungsbeispiel eine wichtige Konsequenz des chinesischen Restsatzes zu bemerken, die wir in Beispiel 11.2 bereits benutzt haben:

> **Beispiel 11.4 ([Sc], Kap. I.3, Satz 5)**
>
> Sind $m, n \in \mathbb{N}$ und ist p eine Primzahl mit $p \mid ab$, so ist $p \mid m$ oder $p \mid n$.

Lösung Andernfalls ist – da p als Primzahl keine echten Teiler besitzt – $\mathrm{ggT}(m, p) = \mathrm{ggT}(n, p) = 1$. Nach dem letzten Beispiel existieren also ganze Zahlen a_1, b_1, a_2, b_2 mit $a_1 m + b_1 p = a_2 m + b_2 p = 1$. Dann ist aber $1 = (a_1 m + b_1 p)(a_2 m + b_2 p) = a_1 a_2 m n + a_1 b_2 m p + b_1 a_2 m p + b_1 b_2 p^2 = a_1 a_2 m n + p(a_1 b_2 m + b_1 a_2 m + b_1 b_2 p)$. Nach Annahme ist $m n$ durch p teilbar, $p(a_1 b_2 m + b_1 a_2 m + b_1 b_2 p)$ sowieso. Also ist $a_1 a_2 m n + p(a_1 b_2 m + b_1 a_2 m + b_1 b_2 p)$ durch p teilbar, was aber gleich 1 ist – ein Widerspruch. $\square$

Bemerkung Das letzte Ergebnis lässt sich auf Produkte mit beliebig vielen Faktoren verallgemeinern – siehe Aufgabe 11.8. Im nächsten Beispiel benutzen wir diese allgemeine Version.

> **Beispiel 11.5 ([Sc], Kap. I.3, Satz 4) (Eindeutigkeit der Primfaktorzerlegung)**
>
> In Beispiel 11.1 haben wir gezeigt, dass jede natürliche Zahl als Produkt von Primzahlen dargestellt werden kann. Wir wollen nun zeigen, dass diese Zerlegung in folgendem Sinn eindeutig ist: Sind $p_1 < p_2 < \ldots < p_n$ und $q_1 < q_2 < \ldots < q_m$ Primzahlen und $\alpha_1, \ldots, \alpha_n, \beta_1, \ldots, \beta_m$ natürliche Zahlen und ist $\prod_{i=1}^{n} p_i^{\alpha_i} = z = \prod_{j=1}^{m} q_j^{\beta_j}$, so ist $m = n$ sowie $p_i = q_i$ und $\alpha_i = \beta_i$ für $i \in \{1, 2, \ldots, n\}$.

Lösung Nehmen wir an, die Aussage sei falsch; das Extremalprinzip empfiehlt uns, ein „minimales Gegenbeispiel" zu betrachten. In unserem Fall ist der nächstliegender Kandidat dafür sicherlich die kleinste natürliche Zahl z, die zwei verschiedene Primfaktorzerlegungen besitzt; wir nennen sie z und übernehmen ansonsten die Notation aus der Aufgabenstellung.

Unserem extremalen Ansatz folgend sollten wir nun versuchen, ein noch kleineres Gegenbeispiel zu konstruieren und so einen Widerspruch zu erzeugen. Suchen wir also nach Möglichkeiten, aus z eine kleinere Zahl z' zu konstruieren, die weiterhin zwei verschiedene Primfaktorzerlegungen besitzt.

Zunächst fällt auf: Ist eines der p_i gleich einem der q_j, so sind die Darstellungen von $z' = \frac{z}{p_i}$, die wir erhalten, wenn wir in den beiden Darstellungen von z jeweils α_i bzw. β_j um 1 verringern, ebenfalls verschieden und z' ist damit ein kleineres Gegenbeispiel. Damit wissen wir, dass die Mengen $P := \{p_1, \ldots, p_n\}$ und $Q := \{q_1, \ldots, q_m\}$ disjunkt sind. Für einen Widerspruch reicht es also aus, zu zeigen, dass die Darstellungen wenigstens einen gemeinsamen Faktor haben müssen! Dabei hilft das letzte Beispiel.

Betrachten wir ein Element[1] p_1 von P. Da p_1 ein Primteiler des Produktes $z = \prod_{i=1}^{m} q_i^{\beta_i}$ ist, muss p_1 einen der Faktoren $q_i^{\beta_i}$ teilen; sagen wir $p_1 | q_k^{\beta_k}$. Wenn p_1 aber das Produkt $q_k^{\beta_k} = \prod_{i=1}^{\beta_k} q_k$ teilt, muss p_1 wiederum einen der Faktoren teilen. Die Faktoren sind aber alle gleich, also ist $p_1 | q_k$. Da q_k als Primzahl keine echten Teiler hat, folgt $p_1 = 1$ oder $p_1 = q_k$. Im ersten Fall ist p_1 im Widerspruch zur Annahme keine Primzahl, im zweiten Fall sind die Mengen $\{p_1, \ldots, p_n\}$ und $\{q_1, \ldots, q_m\}$ nicht disjunkt – in jedem Fall ergibt sich ein Widerspruch. $\square$

11.3 Kombinatorische Strategien in der Zahlentheorie

Viele zahlentheoretische Fragen haben es damit zu tun, Größen von endlichen Mengen zu bestimmen und können daher mit kombinatorischen Werkzeugen bearbeitet werden.

Beispiel 11.6 ([Sc], Kap. III.3, Satz 5(a))

Zeige: Ist $m \in \mathbb{N}$ und $m = \prod_{i=1}^{n} p_i^{\alpha_i}$ die Primfaktorzerlegung von m, wobei die p_i paarweise verschieden sind, so ist die Anzahl $\phi(m)$ der zu m teilerfremden Zahlen unterhalb von m gerade gleich $m \prod_{i=1}^{n} \left(1 - \frac{1}{p_i} \right)$.

Lösung Eine natürliche Zahl z ist genau dann teilerfremd zu m, wenn z und m keinen gemeinsamen Primteiler besitzen. Wir könnten also versuchen, für jedes p_i mit $1 \leq i \leq n$ die Menge $\{z < m : p_i \nmid z\}$ zu bestimmen und diese Mengen zu schneiden.

Aber diese Mengen der von p_i nicht geteilten natürlichen Zahlen sind ziemlich unübersichtlich. Leichter wird vermutlich sein, das Komplement zu betrachten; bestimmen wir also die Anzahl der Zahlen $\leq m$, die mit m einen gemeinsamen Primfaktor besitzen – und ziehen diese Anzahl zum Schluß von m ab.

Sei also $M_i := \{z < m : p_i | z\}$. Gesucht ist dann die Menge $M := \bigcup_{i=1}^{n} M_i$, bzw. die Anzahl $|M|$ ihrer Elemente. Hier bietet sich das PIE an (siehe Kapitel 10: Es ist $|M| = |\bigcup_{i=1}^{n} M_i| = \sum_{X \subseteq \{1,2,\ldots,n\}} (-1)^{|X|} |\bigcap_{j \in X} M_j|$.

Das hilft freilich nur, wenn wir $|\bigcap_{j \in X} M_j|$ bestimmen können. Wie viele Zahlen $< m$ sind für jedes $i \in X$ durch p_i teilbar? Da die p_i als verschiedene Primzahlen paarweise teilerfremd sind, ist eine natürliche Zahl z genau dann durch alle Elemente von $\{p_i : i \in X\}$ teilbar, wenn z durch das Produkt $\prod_{i \in X} p_i$ teilbar ist. Unterhalb von m gibt es gerade $\frac{m}{\prod_{i \in X} p_i} = m \prod_{i \in X} \frac{1}{p_i}$ solche Zahlen. Also ist $|M| = m \sum_{X \subseteq \{1,2,\ldots,n\}} (-1)^{|X|} \prod_{i \in X} \frac{1}{p_i}$ und $m - |M| = m(1 - \sum_{X \subseteq \{1,2,\ldots,n\}} (-1)^{|X|} \prod_{i \in X} \frac{1}{p_i})$.

---

[1] Wenn unsere beiden Darstellungen verschieden sein sollen, sind P und Q sicherlich nicht beide leer – wir können hier also OBdA annehmen, dass P nicht leer ist.

Dass aber $\prod_{i=1}^{n}(1 - \frac{1}{p_i}) = (1 - \sum_{X \subseteq \{1,2,\ldots,n\}}(-1)^{|X|}\prod_{i \in X} p_i)$ ist, ist nun nicht mehr schwer zu sehen, indem man die linke Seite einfach ausmultipliziert. $\square$

Beispiel 11.7 ([HW], Satz 339)

Für $n \in \mathbb{N}$ bezeichne $q(n)$ die Anzahl der Darstellungen von n als Summe zweier Quadrate ganzer Zahlen. So ist z. B. $q(0) = 1$, da $0 = 0^2 + 0^2$ die einzige Darstellung von 0 als Summe zweier Quadrate ist; $q(1) = 4$ mit den Darstellungen $1 = 1^2 + 0^2 = 0^2 + 1^2 = (-1)^2 + 0^2 = 0^2 + (-1)^2$ und ebenso $q(2) = 4$.

Die durchschnittliche Anzahl an Darstellungen als Summe von zwei Quadraten, die eine natürliche Zahl unterhalb einer gegebenen Grenze m hat, ist also $Q(m) := \frac{1}{m}\sum_{i=0}^{m} q(i)$.

Gesucht ist eine möglichst gute Annäherung an $Q(m)$ in Abhängigkeit von m.

Lösung Wir suchen nach einer geeigneten Interpretation für die Anzahl der Darstellungen einer Zahl als Summe zweier Quadrate. Der zahlentheoretische Charakter der Frage regt nicht gerade dazu an, die Sache geometrisch anzugehen; aber diese Möglichkeit sollte man stets im Auge haben.

Wie lässt sich die Darstellung einer Zahl n als Summe zweier Quadrate a^2 und b^2 veranschaulichen? Die Gleichung $n = a^2 + b^2$ erinnert an den Satz des Pythagoras: In einem rechtwinkligen Dreieck mit Kathetenlängen a und b beträgt die Länge der Hypotenuse gerade $\sqrt{a^2 + b^2}$, hier also $\sqrt{n}$. Betrachten wir a und b als Koordinaten, so heißt das: Der Gitterpunkt[2] (a, b) hat genau dann den Abstand $\sqrt{n}$ vom Ursprung, wenn $a^2 + b^2 = n$ ist. Darstellungen von n als Summe zweier Quadrate ganzer Zahlen und Gitterpunkt mit Abstand $\sqrt{n}$ vom Ursprung entsprechen einander also.

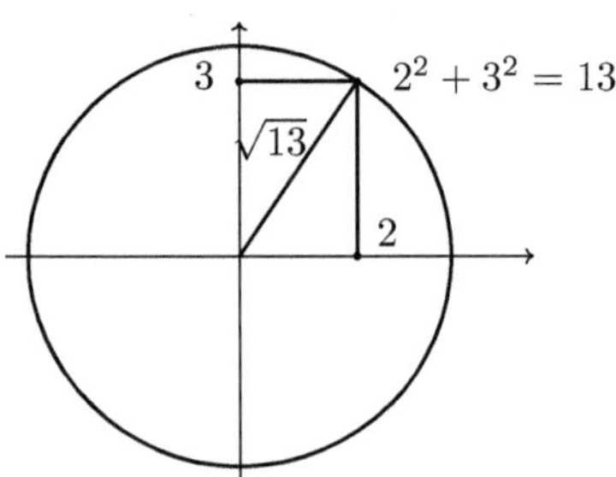

Damit folgt aber: Die Anzahl $q(n)$ der Darstellungen von n als Summe zweier Quadrate ganzer Zahlen ist gerade die Anzahl der Gitterpunkte auf dem Kreis mit Radius $\sqrt{n}$ um den Ursprung. Nun ist unser Ziel die (annähernde) Bestimmung von $\frac{1}{m}\sum_{i=0}^{m} q(i)$. Für

---

[2] Ein Gitterpunkt ist ein Punkt mit ganzzahligen Koordinaten.

die Summe $\sum_{i=0}^{m} q(i)$ haben wir aber ebenfalls eine geometrische Interpretation: Es ist die Anzahl der Gitterpunkte, die einen der Abstände $\sqrt{0}, \sqrt{1}, \ldots, \sqrt{m}$ vom Ursprung haben. Anders gesagt: Es ist die Anzahl $G(m)$ der Gitterpunkte mit Abstand $\leq \sqrt{m}$ vom Ursprung, oder die Anzahl der Gitterpunkt im Kreis K_m mit Radius $\sqrt{m}$ um den Ursprung. Diese Anzahl sollte sich mit etwas Geometrie gut annähern lassen.

Eine erste Idee: Bis auf „ein paar wenige" Gitterpunkte am Rand gehört zu jedem Gitterpunkt P in K_m ein vollständig in K_m enthaltenes Einheitsquadrat, nämlich dasjenige, das P als linke untere Ecke hat. Die Anzahl dieser Einheitsquadrate ist „ungefähr" der Flächeninhalt von K_m, und damit ist die Anzahl der Gitterpunkte in K_m ungefähr $\pi \sqrt{m}^2 = \pi \cdot m$. Damit folgt $Q(m) \sim \frac{1}{m} \pi \cdot m = \pi$ – ein etwas überraschendes Ergebnis!

Etwas genauer wollen wir es aber nun doch wissen: Wie nahe ist unser „ungefähr" an der Wahrheit? Dazu versuchen wir, eine obere und eine untere Schranke für $G(m)$ zu finden.

Die Überlegungen zu einer unteren Schranke haben wir im Grunde schon geleistet: Zu jedem Gitterpunkt P aus $G(m)$ gehört ein Flächenstück von K_m, nämlich das Stück, das K_m und dem Einheitsquadrat gemeinsam ist, das P als linken unteren Eckpunkt hat. So ein Stück hat höchstens die Fläche 1 und für verschiedene Elemente von $G(m)$ sind diese Stücke disjunkt. Also ist der Flächeninhalt von K_m eine untere Schranke für $G(m)$: Es ist $G(m) \leq \pi m$.

Andererseits: Vergrößert man den Kreisradius um die Länge einer Diagonalen im Einheitsquadrat, also um $\sqrt{2}$, sind jedenfalls alle Einheitsquadrate zu Gitterpunkten in $G(m)$ vollständig in der Fläche dieses größeren Kreises enthalten. Die Fläche des größeren Kreises ist damit eine obere Schranke für $G(m)$: $G(m) \geq \pi(\sqrt{m} + \sqrt{2})^2$.

Damit folgt: $\frac{1}{m} \pi m \leq Q(m) \leq \frac{1}{m} \pi(\sqrt{m} + \sqrt{2})^2$, d.h. $\pi \leq Q(m) \leq \frac{1}{m}(\pi m + 2\sqrt{2}\sqrt{m} + 2) = \pi + \frac{2\sqrt{2}}{\sqrt{m}} + \frac{2}{m}$. Für großes n sind diese Schranken schon brauchbar nahe beieinander: Der erste Summand des letzten Terms ist genau die untere Schranke – π – und die beiden anderen Summanden streben für $n \to \infty$ rasch gegen 0.

Insbesondere folgt also $\lim_{m \to \infty} Q(m) = \pi$ – im Limes ergibt sich also das Ergebnis, das wir oben schon „ungefähr" abgesehen hatten. $\qquad \square$

11.4 Geometrische Interpretation

Das letzte Beispiel hatte neben einem kombinatorischen auch einen deutlich geometrischen Charakter. Geometrische Interpretation oder Visualisierung haben wir als Hilfsmittel zwar im zweiten Kapitel kurz angesprochen, ihr aber kein eigenes Kapitel gewidmet. Wir wollen noch ein Beispiel angeben, wie sie in einem scheinbar anschauungsfernen Bereich wie der Zahlentheorie zu erstaunlich effektiven Lösungen führen kann.

> **Beispiel 11.8 ([HW], Thm. 342, 343) (Additive Zahlentheorie)**
>
> Zu natürlichen Zahlen n und k bezeichnen wir mit $S(n,k)$ die Anzahl der Möglichkeiten, n als Summe positiver natürlicher Zahlen $\leq k$ darzustellen, wobei k selbst als Summand auftritt; dabei betrachten wir Darstellungen, die sich nur in der Reihenfolge der Summanden unterscheiden, als gleich. Es ist also etwa $S(4,2) = 2$ mit den Darstellungen $4 = 1 + 1 + 2$, und $4 = 2 + 2$.
>
> Außerdem sei $T(n,k)$ die Anzahl der Möglichkeiten, n als Summe von genau k positiven natürlichen Zahlen darzustellen, wobei wir wieder Darstellungen als gleich betrachten, die sich nur in der Reihenfolge der Summanden unterscheiden. Es ist also etwa $T(4,2) = 2$ mit den Darstellungen $4 = 2 + 2$ und $4 = 1 + 3$.
>
> Zeige: Für alle $n, k \in \mathbb{N}$ ist $S_{n,k} = T_{n,k}$.

Lösung Hier liegt nahe, es mit Induktion bzw. Rekursion zu versuchen. Das ist möglich, aber schwierig – jedenfalls viel schwieriger als die folgende Visualisierung:

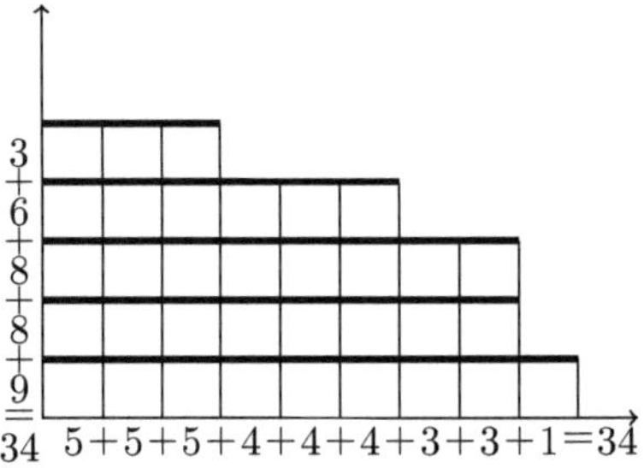

(Das in diesem Bild angedeutete Argument auszuführen, ist Aufgabe 11.9). □

11.5 Aufgaben

Aufgabe 11.1 (vgl. z. B. [MiC], Kap. 2, A43)

(a) Die Nachkommastellen der Dezimaldarstellung der reellen Zahl $0 < u < 1$ erhält man, indem man die Dezimaldarstellungen sämtlicher natürlicher Zahlen in ihrer natürlichen Reihenfolge aneinanderhängt; es ist also $u = 0.123456789101112131415\ldots$ Zeige: u ist irrational.

(b) Eine positive reelle Zahl $x < 1$ heißt „universell", wenn die Dezimaldarstellung jeder natürlichen Zahl irgendwo als Folge aufeinanderfolgender Ziffern in ihrer Dezimaldarstellung vorkommt. Zeige: Jede universelle Zahl ist irrational.

(c) Die Nachkommastellen der Dezimaldarstellung der reellen Zahl $0 < d < 1$ erhält man, indem man die Dezimaldarstellungen sämtlicher Potenzen von 3 in ihrer natürlichen Reihenfolge aneinanderhängt; es ist also $d = 0.1392781243\ldots$. Zeige: d ist irrational.

Aufgabe 11.2 ([Sc], Kap. III, A30, A31)
(a) Zeige: Ist n eine natürliche Zahl, so hat $n^2 + 1$ keine Primfaktoren p der Form $4k - 1$.[3]
(b) Zeige: Ist n eine natürliche Zahl, so sind alle Primfaktoren von $4n^2 + 1$ von der Form $4k + 1$.
(c) Zeige: Es gibt unendlich viele Primzahlen der Form $4k + 1$.

Aufgabe 11.3 ([AN], Thm. 6) Im Folgenden findest Du einen „Bildbeweis" der Formel $1 + 2 + \ldots + n = \binom{n+1}{2}$, wobei wir mit $\binom{n}{2}$ wie üblich die Anzahl der Möglichkeiten bezeichnen, aus n Dingen zwei auszuwählen. Stelle diesen Beweis als schlüssiges mathematisches Argument sprachlich dar. Erläutere und begründe den Übergang vom Bild zum Text.

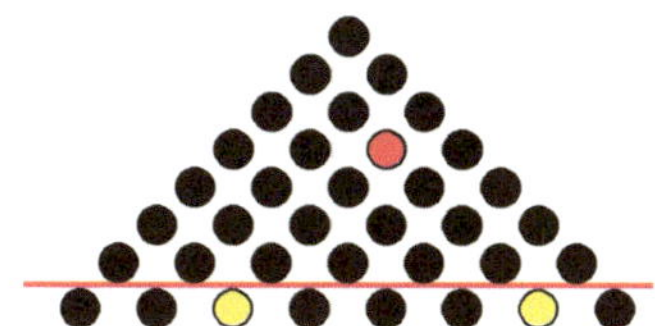

Aufgabe 11.4 (vgl. [G], A2.21)
(a) Zeige: Für $p, q \in \mathbb{N}$ ist die Dezimaldarstellung von $\frac{p}{q}$ periodisch.
(b) Zeige: Die Periodenlänge ist $\leq q$.
(c) Zeige: Die Periodenlänge ist $< q$.
(d) Zeige: Jeder periodische Dezimalbruch ist als Bruch darstellbar.

Aufgabe 11.5 Zeige: Die Periodenlänge der Dezimaldarstellung von $\frac{p}{q}$ in Aufgabe 11.4 ist ein Teiler von $\phi(q)$.[4]

Aufgabe 11.6 ([E], S. 120) Wir wollen erneut den kleinen Satz von Fermat beweisen, diesmal mit kombinatorischer Interpretation: Für eine Primzahl p und eine natürliche Zahl n betrachten wir dazu Perlenketten, die aus n an einer Schnur von links nach rechts aufgereihten Perlen bestehen, wobei jede Perle eine von p Farben hat (und ansonsten nicht unterscheidbar sind). Solche Reihen gibt es also p^n viele.

(a) Wir verknoten nun für jede dieser Schnüre den Anfangs- mit dem Endpunkt, um eine geschlossene Halskette zu erhalten. Der Einfachheit halber denken wir uns jede dieser geschlossenen Halsketten kreisförmig, mit gleichen Abständen zwischen den Perlen.

---

[3] Tipp: Widerspruchsbeweis: Angenommen, $n^2 \equiv -1 \bmod p$. Benutze den Satz von Lagrange: Ist H Untergruppe der endlichen Gruppe G, so ist $|H|$ Teiler von $|G|$.
[4] Siehe Bsp. 6 für die Definition von $\phi(n)$.

Zeige: Jede solche Halskette ist entweder einfarbig, oder es ist nicht möglich, sie um einen Winkel echt zwischen 0 und 360° so zu drehen, dass sie wieder genau so aussieht wie vor der Drehung.

Da es uns bei einer Halskette nur auf die Reihenfolge der Farben ankommt, betrachten wir zwei Halsketten als „vom gleichen Typ", wenn die eine sich so drehen lässt, dass sie von der anderen nicht mehr zu unterscheiden ist.

(b) Zeige: Die Anzahl der verschiedenen Typen von Halsketten, die mehr als eine Perlenfarbe enthalten, ist $\frac{1}{p}(n^p - n)$.

(c) Folgere, dass p ein Teiler von $n^p - n$ ist.

Aufgabe 11.7 Zeige: Sind $a_1, \ldots, a_n \in \mathbb{N}$ und ist p eine Primzahl, die das Produkt $\prod_{i=1}^n a_i$ teilt, so teilt p schon einen der Faktoren, d. h. es gibt ein $i \in \{1, \ldots, n\}$ mit $p \mid a_i$.

Aufgabe 11.8 Für $n \in \mathbb{N}$ bezeichne $D_3(n)$ die durchschnittliche Anzahl von Darstellungen einer natürlichen Zahl $\leq n$ als Summe von 3 Quadratzahlen (also Zahlen der Form k^2 mit $k \in \mathbb{Z}$).[5]

(a) Finde möglichst gute obere und untere Schranken für $D_3(n)$.

(b) Bestimme $\lim_{n \to \infty} D_3(n)$.

(c) Wie geht es wohl mit Darstellungen als Summe von 4, 5, k Quadraten weiter?[6]

Aufgabe 11.9 Führe den in Beispiel 11.8 angedeuteten Beweis aus.

Aufgabe 11.10

(a) Löse Beispiel 11.3 erneut, diesmal durch Betrachtung eines lexikalisch minimalen Gegenbeispiels. (Wir nennen (a, b) „lexikalisch kleiner" als (c, d), falls $a < c$ oder $a = c$ und $b < d$ ist).

Der chinesische Restsatz ist die folgende Aussage: Sind $a_1, \ldots, a_n$ paarweise teilerfremde natürliche Zahlen und $r_1, \ldots, r_n \in \mathbb{Z}$, so existiert eine natürliche Zahl n mit $n \equiv r_i \pmod{a_i}$.

(b) Beweise den chinesischen Restsatz durch Verallgemeinerung des Schubfachschlusses aus Beispiel 3.19.

(c) Beweise den chinesischen Restsatz mit vollständiger Induktion über die die Anzahl n der betrachteten teilerfremden natürlichen Zahlen $a_1, \ldots, a_n$.

---

[5] D. h.: Bezeichnet $d(k)$ die Anzahl der Darstellungen von k als Summe von drei Quadratzahlen, so ist $D_3(n) = \frac{1}{n} \sum_{i=1}^n d(i)$.

[6] Hier ist nur eine Lösungsidee gefragt, keine vollständige Lösung. Die ist schwierig. Aber natürlich ist es nicht verboten, danach zu suchen.

11.6   Literatur und weitere Beispiele

Hervorragende Einführungen in die Zahlentheorie und ihre Heuristik sind [E], [M] sowie [Sc]. Eine Fundgrube an Beispielen zu Bildbeweisen ist [Ne].

Weitere Beispiele: 3.18, 3.19, 4.2, 5.4, 6.7, 6.8, 6.9, 7,1, 7.6, 7.8, 8.4, 8.6, 8.10, 9.12, 10.2, 10.3, Aufgaben 3.3, 3.4, 3.6, 4.6(i), 4.7, 4.12, 4.13, 4.14, 7.1, 7.3(c,d,f), 7.4, 7.9, 7.13, 7.14, 7.16, 7.17, 7.19, 8.5, 8.8, 8.9, 9.7, 10.3, 10.7, 10.10.

Literatur

[AN]   Alsina, C., Nelsen, R.: An invitation to proofs without words. European Journal of Pure and Applied Mathematics. **3**(1), 118–127 (2010)

[E]   Engel, A.: Problem Solving Strategies. Springer, New York (1998)

[G]   Grinberg, N.: Lösungsstrategien. Mathematik für Nachdenker. Verlag Harri Deutsch, Frankfurt (2011)

[HW]   Hardy, G., Wright, E.: An Introduction to the Theory of Numbers. Fifth Edition. Oxford Science Publications, New York (1979)

[M]   Möller, H.: Elementare Zahlentheorie und Problemlösen. Kompass-Buch. https://wwwmath. uni-muenster.de/u/mollerh/data/ZtPP.pdf (2008). Zugegriffen 04.04.2017.

[MiC]   Müller, E., Reeker, H.: Mathe ist cool!: Eine Sammlung mathematischer Probleme. Cornelsen Verlag (2001)

[Ne]   Nelsen, R.: Proofs without Words. Exercises in Visual Thinking. Mathematical Association of America, Washington (1993)

[Sc]   Scheid, H., Frommer, A.: Zahlentheorie. Springer, Berlin Heidelberg (2006)

In diesem Kapitel werden wir sehen, wie sich die im ersten Teil des Buches erarbeiteten Lösungsstrategien in der linearen Algebra anwenden lassen. Außerdem werden wir einige Lösungshinweise kennen lernen, die speziell in der linearen Algebra von Nutzen sind.

Wir fixieren etwas Notation: Ist $(K, +, \cdot, 0, 1)$ ein Körper und sind $m, n \in \mathbb{N}$, so bezeichnet $K^{m \times n}$ die Menge der $m \times n$-Matrizen mit Einträgen aus K und $K^{\times}$ die multiplikative Gruppe $(K \setminus \{0\}, \cdot)$. Für eine $m \times n$-Matrix A bezeichnet A_{ij} den (i, j)-ten Eintrag von A und A^t die $n \times m$-Matrix, deren (i, j)-ter Eintrag gleich dem (j, i)-ten Eintrag von A ist. Ferner ist I_n die $n \times n$-Einheitsmatrix. Ist K ein Körper, so bezeichnet $\mathrm{char}(K)$ die Charakteristik von K.

12.1 Wähle eine Basis!

Wann immer ein Vektorraum vorliegt, sollte man eine Basis wählen – auch dann, wenn die Aufgabe keine erwähnt. Überdies sollte man, wo möglich, eine gegebene Situation in einen Vektorraum einbetten und versuchen, Eigenschaften von Vektorräumen anzuwenden.

Beispiel 12.1

Es sei V ein n-dimensionaler Vektorraum über einem endlichen Körper K. Zeige: $|V| = |K|^n$.

Lösung Wähle eine Basis $\{b_1, \ldots, b_n\}$ von V. Jedes Element $v \in V$ ist auf eindeutige Weise als Linearkombination, d. h. in der Form $\sum_{i=1}^{n} c_i b_i$ mit $c_1, \ldots, c_n \in K$ darstellbar. Solche Linearkombinationen gibt es gerade so viele, wie es geordnete n-Tupel $(c_1, \ldots, c_n)$ von Elemente von K gibt, und das sind gerade $|K|^n$ viele. $\qquad\square$

© Springer Fachmedien Wiesbaden GmbH 2017

M. Carl, *Wie kommt man darauf?*, DOI 10.1007/978-3-658-18250-2_12

Beispiel 12.2

Es sei $V = \mathbb{R}^{n \times n}$ der reelle Vektorraum der $n \times n$-Matrizen mit reellen Einträgen. Bestimme die Dimension des Unterraumes S der symmetrischen Matrizen, d. h. derjenigen $A \in V$ mit $A_{ij} = A_{ji}$ für $1 \leq i, j \leq n$.

Lösung Es ist nicht schwer, zu sehen, dass die Matrizen S^{ij} mit $S^{ij}_{ij} = S^{ij}_{ji} = 1$ und $S^{ij}_{kl} = 0$ für $\{i, j\} \neq \{k, l\}$ mit $1 \leq i \leq j \leq n$ eine Basis von S bilden. Solche S^{ij} gibt es offenbar gerade so viele, wie es Paare (i, j) mit $1 \leq i \leq j \leq n$ gibt, also gerade $\frac{n(n+1)}{2}$ viele. $\qquad\qquad\square$

Der Begriff des Vektorraumes ist ein wichtiger Grundbegriff der linearen Algebra und ein nützliches Werkzeug beim Aufgabenlösen. Auch wenn in einer Aufgabe ein Vektorraum nicht explizit gegeben ist, empfiehlt sich der Versuch, einen geeigneten Vektorraum ins Spiel zu bringen, auftretende Strukturen als Vektorräume aufzufassen oder die gegebene Situation in einen Vektorraum einzubetten.

Beispiel 12.3 ([KT], Kap. 15, A22)

Zeige: Es existieren nichtleere Mengen $A, B \subseteq \mathbb{R}^+$ so, dass $A \cup B = \mathbb{R}^+$, $A \cap B = \emptyset$ und so, dass A und B unter Addition abgeschlossen sind (d. h.: sind $a_1, a_2 \in A$, so ist auch $a_1 + a_2 \in A$; sind $b_1, b_2 \in B$, so ist auch $b_1 + b_2 \in B$).

Lösung Wir verwenden heuristisches Rückwärtsarbeiten. Angenommen, es lägen zwei solche Mengen A und B vor. Wir versuchen, möglichst viel über sie herauszufinden. Vielleicht legt das einen Lösungsweg nahe. Eine der beiden Mengen muss die 1 enthalten, sagen wir A. Da A unter Addition abgeschlossen sein soll, enthält A dann auch 2, 3 und insgesamt alle natürlichen Zahlen. Außerdem enthält A auch $\frac{1}{2}$: Denn wäre $\frac{1}{2} \in B$, so auch $\frac{1}{2} + \frac{1}{2} = 1$, ein Widerspruch. Tatsächlich muss A nach dem gleichen Argument jede positive rationale Zahl enthalten: Denn sind $m, n > 0$ natürlichen Zahlen, und ist $\frac{m}{n} \in B$, so ist auch $\underbrace{\frac{m}{n} + \ldots + \frac{m}{n}}_{n\times} = m$ Element von B, ein Widerspruch, da ja alle natürlichen Zahlen in A liegen.

Wieder mit dem gleichen Argument sehen wir: Sind $a_1, \ldots, a_n \in A$ und sind $r_1, \ldots, r_n$ positive rationale Zahlen, so ist auch $r := \sum_{i=1}^{n} r_i a_i \in A$: Nehmen wir nämlich einmal umgekehrt an, dass $r \in B$. Ist nun $r_i = \frac{p_i}{q_i}$ die Darstellung von r_i als (vollständig gekürzter) Quotient natürlicher Zahlen, so ist $q_1 \ldots q_n r$ von der Form $\sum_{i=1}^{n} k_i a_i$, wobei $k_i \in \mathbb{N}$ für $i \in \{1, \ldots, n\}$; da A unter Summen abgeschlossen ist, sind alle $k_i a_i$ Elemente von A, also auch $\sum_{i=1}^{n} k_i a_i$. Wäre nun $r \in B$, so auch $q_1 \ldots q_n r = \sum_{i=1}^{n} k_i a_i$, ein Widerspruch.

Analog sieht man, dass für $r_1, \ldots, r_n \in \mathbb{Q}^+$ und $b_1, \ldots, b_n \in B$ auch $\sum_{i=1}^{n} r_i b_i \in B$ gelten muss.

Wir sehen damit: A und B sind abgeschlossen unter Linearkombinationen zumindest mit positiven rationalen Koeffizienten. Offenbar spielen rationale Linearkombinationen für unser Problem eine Rolle. Versuchen wir also einmal, ob es hilft, $\mathbb{R}$ als Vektorraum über $\mathbb{Q}$ aufzufassen.

Wähle eine Basis! Sei $\mathbb{B} \subseteq \mathbb{R}^+$ eine Basis von $\mathbb{R}$ über $\mathbb{Q}$. Dann ist also jede reelle Zahl x eindeutig darstellbar in der Form $\sum_{b \in \mathbb{B}} r_b b$, wobei $r_b \in \mathbb{Q}$ für alle $b \in \mathbb{B}$. Hilft diese Darstellung weiter?

Allerdings! Sei $b \in \mathbb{B}$ beliebig. Sei A die Menge aller $x \in \mathbb{R}^+$, bei denen in der Darstellung $x = \sum_{b \in \mathbb{B}} r_b b$ der Koeffizient r_b größer oder gleich 0 ist, und B die Menge aller $x \in \mathbb{R}$, für die r_b kleiner ist als 0. Offenbar gehört jede reelle Zahl zu genau einer der Mengen A und B. Ist b' ein weiteres Element von $\mathbb{B}$, so gehört $r b' - b$ für hinreichend große $r \in \mathbb{Q}^+$ zu B, während b selbst offenbar zu A gehört; A und B sind also nicht leer. Und da die Addition Linearkombinationen komponentenweise funktioniert, sind auch beide unter Addition abgeschlossen. $\qquad\square$

12.1.1 Wähle KEINE Basis!

Eine Warnung: Nicht immer ist die Wahl einer Basis ein guter Ansatz; manchmal verdeckt man dadurch gerade eine Idee, die koordinatenunabhängig besser zu sehen wäre. Wenn man durch Wahl einer Basis nicht weiterkommt, empfiehlt es sich daher, sie noch einmal gedanklich „beiseite zu legen".

Mehr noch: Selbst Aufgaben, in denen (explizit oder implizit) eine Basis vorkommt, werden bisweilen dadurch zugänglich, dass man sie in eine koordinatenunabhängige Form bringt. Wir betrachten hierzu einige Beispiele.

Beispiel 12.4

Es seien $n \in \mathbb{N}$ und $A, B, C \in \mathbb{R}^{n \times n}$. Zeige: Es ist $(AB)C = A(BC)$.

Lösung Die Aufgabenstellung verleitet vielleicht zu folgendem Ansatz: Wir schreiben

$$A = \begin{pmatrix} a_{11} & a_{12} & \ldots & a_{1n} \\ a_{21} & a_{22} & \ldots & a_{2n} \\ & & \ldots & \\ a_{n1} & a_{n2} & \ldots & a_{nn} \end{pmatrix}, \quad B = \begin{pmatrix} b_{11} & b_{12} & \ldots & b_{1n} \\ b_{21} & b_{22} & \ldots & b_{2n} \\ & & \ldots & \\ b_{n1} & b_{n2} & \ldots & b_{nn} \end{pmatrix},$$

$$C = \begin{pmatrix} c_{11} & c_{12} & \ldots & c_{1n} \\ c_{21} & c_{22} & \ldots & c_{2n} \\ & & \ldots & \\ c_{n1} & c_{n2} & \ldots & c_{nn} \end{pmatrix}$$

und versuchen nun, die fragliche Gleichheit direkt nachzurechnen – eine typische „Pünktchenlösung". Die formal korrektere Variante bestünde darin, die Komponenten der Matrixprodukte jeweils durch die Summenschreibweise auszudrücken, was (möglich ist, aber) zu einer etwas unangenehmen Indexschlacht führt.

Treten wir also einen Schritt zurück. Bezüglich einer Basis $\mathbb{B}$ von $\mathbb{R}^n$ (etwa der Standardbasis) stellen A, B und C lineare Abbildungen f_A, f_B, f_C von $\mathbb{R}^n$ nach $\mathbb{R}^n$ dar. (AB) ist dann die darstellende Matrix (bezüglich $\mathbb{B}$) von $(f_A \circ f_B)$ und (BC) die von $(f_B \circ f_C)$. Damit ist aber $(AB)C$ die darstellende Matrix von $(f_A \circ f_B) \circ f_C$ und $A(BC)$ die von $f_A \circ (f_B \circ f_C)$. Da die Komposition von Funktionen assoziativ ist (wie sich leicht nachprüfen lässt), ist $(f_A \circ f_B) \circ f_C = f_A \circ (f_B \circ f_C)$; und da darstellende Matrizen bezüglich einer festen Basis eindeutig sind, müssen also auch die darstellenden Matrizen $(AB)C$ und $A(BC)$ gleich sein. $\square$

Bemerkung Der Trick bestand bei der letzten Aufgabe also darin, von Matrizen zu dargestellten Abbildungen überzugehen; dadurch wurde die koordinatenabhängige Information, die die Struktur des Problems verdeckte, gewissermaßen „ausgeblendet".

Beispiel 12.5
Es sei $n \in \mathbb{N}$ und $A, B, C \in \mathbb{R}^{n \times n}$ mit $AB = BC = I_n$. Zeige, dass $A = C$.

Lösung Auch hier dürfte die Versuchung groß sein, wie im letzten Beispiel die Komponenten der Matrizen ins Spiel zu bringen und zu probieren, aus den Informationen $AB = I_n$ und $BC = I_n$ irgendwie durch Umformungen auf $BA = I_n$ zu kommen.

Auch das ist eine schlechte Idee, mit der man sich schnell hoffnungslos in Umformungen verheddert. Zum Glück gibt es mindestens zwei koordinatenfreie Alternativen:

(1) Durch direkte Umformungen: $A = AI_n = A(BC) = (AB)C = I_nC = C$.

(2) Durch Interpretation: Es seien f_A, f_B und f_C die durch A, B, C bezüglich der Standardbasis des $\mathbb{R}^n$ dargestellten linearen Abbildungen. Nach Annahme stellt f_B die Umkehrfunktion zu f_A dar, und f_C die Umkehrfunktion zu f_B. Für Funktionen gilt aber $f = (f^{-1})^{-1}$. $\square$

Dass man lineare Abbildungen zwischen Vektorräumen durch Matrizen darstellen kann, sobald man Basen von Urbild- und Zielraum gewählt hat, ist oft, aber nicht immer nützlich. Vieles lässt sich besser „koordinatenfrei" erledigen:

Selbst wenn es um Matrizen geht, empfiehlt es sich oft, abstrakt zu arbeiten und die Arbeit mit den Einträgen zu vermeiden.

Beispiel 12.6
Zeige: Ist λ ein Eigenvektor der reellen $n \times n$-Matrix A, so ist $\det(A - \lambda I) = 0$.

Lösung Auch hier hat man wenig Aussichten auf Erfolg, wenn man versucht, A und $A - \lambda I$ „konkret" hinzuschreiben. Wir versuchen es lieber „koordinatenfrei": **Gehe auf die Definition zurück!** Ist λ ein Eigenvektor von A, so existiert ein $v \neq 0$ mit $Av = \lambda v = (\lambda I)v$. Also ist $(A - \lambda I)v = 0$ und der Nullraum von $A - \lambda I$ hat ein von 0 verschiedenes Element – folglich ist die Determinante gleich 0. $\qquad\square$

12.2 Das Schubfachprinzip in der linearen Algebra

Wir betrachten einige Anwendungen des Schubfachprinzips in der linearen Algebra. Nützlich ist es besonders in Situationen, in denen man über endlichen Strukturen (Gruppen, Körpern, Ringen, Vektorräumen...) arbeitet:

Beispiel 12.7

Es sei K ein endlicher Körper. Zeige: Es existiert ein $n \in \mathbb{N}$ so, dass $x^n = x$ für alle $x \in K$.

Lösung Ist $x = 0$, so können wir n offenbar beliebig wählen.

Betrachten wir also den Fall $x \neq 0$. Es ist $K^\times$ eine endliche Gruppe mit neutralem Element 1; wie in Beispiel 3.12 existiert also zu jedem x ein $k_x \in \mathbb{N}$ mit $x^{k_x} = 1$. Sei $m = \prod_{x \in K^\times} k_x$. Dann ist $x^m = 1$ für $x \in K^\times$ und $0^m = 0$. Setzen wir $n = m + 1$, so ist also $x^n = x$ für alle $x \in K$. $\qquad\square$

Beispiel 12.8 ([AG], S. 69)

Es sei $A \in \mathbb{R}^{n \times n}$ $(n \geq 2)$ eine Matrix mit lauter positiven Einträgen, A^{-1} die zu A inverse Matrix. Zeige: A^{-1} hat mindestens $n^2 - 2n$ viele von Null verschiedene Einträge.

Lösung Andernfalls gibt es nach dem Schubfachprinzip eine Spalte mit weniger als zwei von Null verschiedenen Einträgen, also keinem oder genau einem. Einen muss es mindestens geben, denn als invertierbare Matrix kann A^{-1} keine Nullspalte enthalten. Also gibt es in A^{-1} eine Spalte mit genau einem von 0 verschiedenen Eintrag. Das Produkt dieser Spalte mit den Zeilenvektoren von A kann aber an keiner Stelle den Eintrag 0 haben, also hat das Produkt von A mit A^{-1} eine Spalte, die keine 0 enthält und also nicht die Einheitsmatrix sein kann – ein Widerspruch. $\qquad\square$

Beispiel 12.9

Es sei A eine reelle $(2n + 1) \times (2n + 1)$-Matrix, deren (i, j)-ter Eintrag 0 ist, wenn i und j beide ungerade sind. Zeige: $\det(A) = 0$.

Lösung Wenn wir die Determinante nach der Leibnizregel in eine Summe entwickeln, so entspricht jeder Summand einem Produkt $\prod_{i=1}^{2n+1} a_{i\pi(i)}$, π eine Permutation von $\{1, 2, \ldots, 2n + 1\}$. Da diese Menge $(n + 1)$ ungerade und nur n gerade Zahlen enthält, muss π eine ungerade Zahl i auf eine ungerade Zahl abbilden; ein Faktor $a_{i\pi(i)}$ muss also gleich 0 sein; also sind alle Summanden gleich 0, also auch die Summe. $\qquad\square$

Beispiel 12.10

Es sei $n > 2$ eine natürliche Zahl. Zeige: Es existiert ein $a \in \mathbb{Z}_n$, das keine Quadratwurzel in $\mathbb{Z}_n$ besitzt, d. h. so, dass kein $b \in \mathbb{Z}_n$ existiert mit $b^2 = a$.

Lösung Da wir es mit einer Existenzaussage über einer endlichen Menge zu tun haben, denken wir an das Schubfachprinzip. Wir erinnern uns an die Variante des Schubfachprinzips aus Beispiel 3.20: Ist f eine Funktion, die eine endliche Menge auf sich selbst abbildet, so ist f genau dann surjektiv, wenn f injektiv ist. Wenn die Funktion $x \mapsto x^2$ auf $\mathbb{Z}_n$ surjektiv wäre, also jedes Element aus $\mathbb{Z}_n$ eine Quadratwurzel hätte, so wäre f damit auch injektiv, d. h. wir hätten $x^2 \neq y^2$ für beliebige verschiedene Elemente von $\mathbb{Z}_n$. Ist $n > 2$, so ist aber z. B. $-1 \neq 1$, aber $(-1)^2 = 1 = 1^2$, also ist $x \mapsto x^2$ nicht injektiv – und also auch nicht surjektiv. $\qquad\square$

12.2.1　Das Schubfachprinzip für Vektorräume

Im Kontext der linearen Algebra gibt es zwei Varianten des Schubfachprinzips, die häufig nützlich sind:

▶ **Schubfachprinzip für Vektorräume** Unter $n + 1$ Elementen eines n-dimensionalen Vektorraumes gibt es eines, das eine Linearkombination der anderen ist.

Äquivalent dazu ist:

▶ Eine $(n + 1)$-elementige Teilmenge eines n-dimensionalen Vektorraumes ist linear abhängig.

Wir betrachten schließlich noch:

▶   **Schubfachprinzip für Unterräume** Sind U und W Unterräume eines n-dimensionalen Vektorraumes V über einem Körper K mit $\dim(U) + \dim(W) > \dim(V)$, so ist $U \cap W \neq \{0\}$.

Das Schubfachprinzip für Vektorräume ist nützlich, aber trivial. Das Schubfachprinzip für Unterräume beweisen wir:

Lösung Es sei $r = \dim(U)$, $s = \dim(W)$. **Wähle eine Basis!** Es sei $\mathbb{B}_U := \{u_1, \ldots, u_r\}$ eine Basis von U und $\mathbb{B}_W := \{w_1, \ldots, w_s\}$ eine Basis von W. Angenommen $U \cap W = \{0\}$. Wir behaupten, dass dann $\{u_1, \ldots, u_r, w_1, \ldots, w_s\}$ linear unabhängig ist.

Seien also $c_1, \ldots, c_r, d_1, \ldots, d_s \in K$ mit $\sum_{i=1}^{r} c_i u_i + \sum_{j=1}^{s} d_j w_j = 0$. Sei $u = \sum_{i=1}^{r} c_i u_i$, $w = \sum_{j=1}^{s} d_j w_j$. Dann ist $u \in U$, $w \in W$ und $u + w = 0$, also $u = -w \in W$, also $u \in U \cap W$. Ist $u \neq 0$, so ist das ein Widerspruch zur Annahme $U \cap W = \{0\}$. Ist $u = 0$, so ist auch $w = 0$ und es folgt aus der linearen Unabhängigkeit von $\mathbb{B}_U$ und $\mathbb{B}_W$, dass $c_1 = \ldots = c_r = d_1 = \ldots = d_s = 0$.

Also ist $\{u_1, \ldots, u_r, w_1, \ldots, w_s\}$ eine $(r+s)$-elementige linear unabhängige Teilmenge des n-dimensionalen Vektorraumes V. Nach dem Schubfachprinzip für Vektorräume folgt $r + s \leq n$, im Widerspruch zur Annahme $r + s > n$. $\square$

Beispiel 12.11

Es sei $A \in K^{n \times n}$. Zeige: Es existiert ein Polynom $p \in K[X]$ so, dass $p(A) = 0$.

Lösung Ist p ein Polynom und A eine Matrix, so ist $p(A)$ eine Linearkombination von Elementen der Menge $P := \{A^i : i \in \mathbb{N}_0\}$. Es sei U der von P aufgespannte Unterraum von $K^{n \times n}$. Da U unendlich ist und $K^{n \times n}$ endlich-dimensional, ist P nach dem Schubfachprinzip für Vektorräume linear abhängig. Also existieren $m \in \mathbb{N}$ und $b_0, \ldots, b_m \in K$ so, dass $\sum_{i=0}^{m} b_i A^i = 0$. Damit ist aber $p = \sum_{i=0}^{m} b_i X^i$ von der gewünschten Art. $\square$

Beispiel 12.12

Es sei $n \in \mathbb{N}$ und $V = \mathbb{R}^{n \times n}$ der $\mathbb{R}$-Vektorraum der $n \times n$-Matrizen mit reellen Einträgen. Ferner sei U ein Unterraum von V mit $\dim(U) > \frac{n(n-1)}{2}$. Zeige, dass U eine von der Nullmatrix verschiedene symmetrische Matrix enthält.

Lösung Wie wir im Beispiel 12.2 gesehen haben, bilden die symmetrischen $n \times n$-Matrizen einen Unterraum S von V der Dimension $\frac{n(n+1)}{2}$. Der Raum $\mathbb{R}^{n \times n}$ ist n^2-dimensional. Wenn $\dim(U) > \frac{n(n-1)}{2}$, so ist $\dim(U) + \dim(S) > \frac{n(n-1)}{2} + \frac{n(n+1)}{2} = n^2$.

Nach dem Schubfachprinzip für Unterräume ist also $S \cap U \neq \{0\}$, d. h. die beiden Unterräume haben ein von 0 verschiedenes gemeinsames Element. Also enthält U eine symmetrische Matrix, die nicht die Nullmatrix ist. $\qquad\square$

12.3 Das Extremalprinzip in der linearen Algebra

Wir betrachten einige Anwendung des Extremalprinzips in der linearen Algebra.

> **Beispiel 12.13 ([AG], A224)**
>
> Es sei $n \in \mathbb{N}$, $A \in \mathbb{R}^{n \times n}$ so, dass $|a_{ii}| > \sum_{j=1, j \neq i}^{n} |a_{ij}|$ für alle $1 \leq i \leq n$. Zeige: A ist invertierbar.

Lösung Angenommen nicht. Dann existiert ein $0 \neq v \in \mathbb{R}^{n \times 1}$ mit $Av = 0$. Sei μ der betragsmäßig maximale Eintrag von $v = (v_1, \ldots, v_n)^t$. μ stehe in v zum ersten Mal an der i-ten Stelle. Dann ist der i-te Eintrag von Av dem Betrag nach gleich $| \sum_{j=1}^{n} a_{ij} v_j | = |a_{ii}\mu + \sum_{j=1, i \neq j} a_{ij} v_j| \geq |a_{ii}\mu| - \sum_{j=1, i \neq j} |a_{ij}||v_j| \geq |a_{ii}||\mu| - \sum_{j=1, i \neq j}^{n} |a_{ij}||\mu| = |\mu|(|a_{ii}| - \sum_{j=1, i \neq j} |a_{ij}|) > 0$, im Widerspruch zu der Annahme, dass $Av = 0$. $\qquad\square$

> **Beispiel 12.14 ([E], Kap. 4, [E5])**
>
> Es seien x und y teilerfremde ganze Zahlen. Zeige: Es existieren ganze Zahlen $a, b \in \mathbb{Z}$ so, dass $ax + by = 1$.

Lösung Im Kap. 3 über das Schubfachprinzip haben wir eben dieses für einen Beweis dieses Satzes benutzt. Hier zeigen wir einen weiteren Beweis mit dem Extremalprinzip. Die Verwendung des Extremalprinzips liegt nahe, weil die Aufgabe sich als eine Minimierungsaufgabe verstehen lässt: $ax + by$ soll als kleinsten positiven Wert 1 annehmen.

Wir betrachten die Menge $M := \{|ax + by| : a, b \in \mathbb{Z}\}$. M ist offenbar unter Addition und betragsmäßigen Differenzen abgeschlossen: Sind m und n Elemente von M, so auch $m + n$ und $|m - n|$. Unter den von 0 verschiedenen Elementen von M gibt es ein kleinstes, etwa k. Wenn $k = 1$, so existieren $a, b \in \mathbb{Z}$ mit $|ax + by| = 1$, also $ax + by \in \{-1, 1\}$; indem man gegebenenfalls das Vorzeichen wechselt, hat man $ax + by = 1$. Wir können also annehmen, dass $k > 1$. Seien $x_0, y_0 \in \mathbb{Z}$ so, dass $ax_0 + by_0 = k$. Nach der Abgeschlossenheit unter Addition sind damit auch alle Vielfachen von k Elemente von M.

Hat M noch weitere Elemente? Sicherlich: Denn M enthält sowohl $|x|$ als auch $|y|$, x und y sind teilerfremd und $k > 1$: mindestens einer von x und y ist also nicht durch k teilbar, sagen wir x. Also existiert ein Vielfaches nk von k so, dass $0 < x' := |nk -$

$|x||\ <\ k$. Da M unter betragsmäßigen Differenzen abgeschlossen ist, ist $x' \in M$. Das widerspricht aber der Minimalität von k. $\square$

12.4 Das Invarianzprinzip in der linearen Algebra

In der linearen Algebra wird vieles algorithmisch bewiesen: Um zu zeigen, dass ein gewisses Objekt existiert, gibt man ein Verfahren an, um es zu erzeugen und zeigt, dass das Verfahren (1) endet und (2) dann das gewünschte Ergebnis erzeugt hat. Das ist ein typisches Einsatzgebiet für das Invarianzprinzip – wir haben das bereits beim euklidischen Algorithmus gesehen. Weitere Beispiele sind das Gram-Schmidtsche Orthonormalisierungsverfahren oder die Jordansche Normalform. Wir betrachten noch einige Anwendungen des Invarianzprinzips in der linearen Algebra.

> **Beispiel 12.15**
> Es sei A eine beliebige $m \times n$-Matrix mit Einträgen in einem Körper K. Es sei $\mathrm{sr}(A)$ die maximale Anzahl linear unabhängiger Spalten von A (der „Spaltenrang" von A) und $\mathrm{zr}(A)$ die maximale Zahl linear unabhängiger Zeilen von A (der „Zeilenrang" von A). Zeige: $\mathrm{sr}(A) = \mathrm{zr}(A)$.

Lösung Im Kap. 5 zum Invarianzprinzip haben wir folgende Strategie kennen gelernt: **Wenn ein Problem für eine gewisse Klasse von Spezialfällen besonders einfach zu lösen ist, versuche, einen Prozess zu finden, der jede Instanz des Problems in ein Element dieser Klasse überführt, ohne die wesentlichen Eigenschaften zu ändern.**

Gibt es eine Klasse von Matrizen, für die die Behauptung besonders einfach zu sehen ist?

Sicher: Ist A eine Diagonalmatrix, hat also nur auf der Diagonalen von 0 verschiedene Einträge, so ist die Behauptung offensichtlich: Die Menge der Zeilen, die einen von 0 verschiedenen Diagonaleintrag enthalten, ist linear unabhängig und maximal, ebenso für die entsprechende Menge von Spalten – und in beiden gibt es gleich viele Elemente, nämlich so viele, wie es von 0 verschiedene Diagonaleinträge in A gibt. Können wir jede Matrix auf diesen Fall zurückführen?

Wir suchen also nun nach Methoden, eine Matrix A schrittweise so in eine Diagonalmatrix umzuwandeln, dass jeder Schritt sowohl den Zeilen- als auch den Spaltenrang von A unverändert lässt. Es liegt nahe, einmal die elementaren Zeilen- und Spaltenumformungen zu versuchen. Der Gaußalgorithmus zeigt, wie sich durch solche Umformungen jede Matrix auf Diagonalgestalt bringen lässt. Die Frage ist nur noch, ob sie auch den Zeilen- und Spaltenrang unverändert lassen. Schauen wir uns das also genauer an. Eine elementare Zeilen- oder Spaltenumformung ist von einem der folgenden Typen [vgl. [HW], Kap. 1.3]:

(1) Vertauschen zweier Zeilen.

Ohne Beschränkung der Allgemeinheit seien es die ersten beiden Zeilen z_1 und z_2, die ausgetauscht werden. A' sei die Matrix, die sich durch diese Umformung ergibt. Dass sich dadurch der Zeilenrang nicht ändern kann, ist klar. Was ist mit dem Spaltenrang? Nun, in jeder Spalte wurden die ersten beiden Einträge vertauscht. Seien $s_1, \ldots, s_n$ die Spalten vor dem Tausch und $s_1', \ldots, s_n'$ danach. Ist $\sum_{i=1}^{n} c_i s_i = 0$ mit $c_i \in K$, so ist also $\sum_{i=1}^{n} c_i s_i^j = 0$ für jedes $1 \leq j \leq m$, wobei wir mit s_i^j den j-ten Eintrag von s_i bezeichnen. Dann ist aber auch $\sum_{i=1}^{n} c_i s_i'^j = 0$ für jedes $1 \leq j \leq m$, also $\sum_{i=1}^{n} c_i s_i'^j = 0$. Eine Teilmenge der Spalten von A ist also genau dann linear abhängig, wenn die entsprechende Teilmenge der Spalten von A' linear abhängig ist. Also ist $\mathrm{sr}(A) = \mathrm{sr}(A')$.

(2) Multiplikation einer Zeile mit einer von 0 verschiedenen Konstanten

Diesen Fall können wir ganz analog zu (1) oder (3) behandeln.

(3) Addition eines skalaren Vielfachen einer Zeile zu einer anderen

Ohne Beschränkung der Allgemeinheit werde das c-fache der zweiten Zeile z_2 zu z_1 addiert. Die modifizierte Matrix bezeichnen wir mit A'. Wie in (1) sieht man durch komponentenweise Betrachtung, dass jede Linearkombination der Spalten von A, die auf 0 führt, das Gleiche für A' tut – und umgekehrt. Der Spaltenrang bleibt also unverändert. Sei nun $Z = \{z_1, \ldots, z_n\}$ die Menge der Zeilen von A, $X \subseteq Z$ linear unabhängig mit $|X| = k$; OBdA sei $z_1 \in X$. Dann ist $(X \setminus \{z_1\}) \cup \{z_2\}$ oder $(X \setminus \{z_1\}) \cup \{z_1 + c z_2\}$ eine linear unabhängige Menge von k Zeilen von A' – und umgekehrt. Also ist $\mathrm{zr}(A) = \mathrm{zr}(A')$.

Die elementaren Spaltenumformungen (4) Vertauschen zweier Spalten, (5) Multiplikation einer Spalte mit einer von 0 verschiedenen Konstanten und (6) Addition eines skalaren Vielfachen einer Spalte zu einer anderen lassen sich analog behandeln. Tatsächlich lassen also alle diese Umformungen sowohl den Zeilen- als auch den Spaltenrang unverändert. Da wir durch eine Verkettung solcher Umformungen zu einer Diagonalmatrix gelangen können, bei der beide gleich sind, müssen sie es also auch schon zu Beginn gewesen sein. Also ist $\mathrm{zr}(A) = \mathrm{sr}(A)$, wie gewünscht. $\qquad\square$

Bemerkung Diese Beweisstrategie funktioniert bei Matrizen häufig: Man zeigt eine gewisse Behauptung zunächst für einen besonders einfachen Typus von Matrix, etwa für Diagonalmatrizen, und zeigt dann, dass sie durch Anwendung (gewisser) elementarer Zeilen- oder Spaltenoperationen nicht verändert wird.

Beispiel 12.16

Lassen sich die folgenden beiden Matrizen durch elementare Zeilenumformungen ineinander überführen? Beweise deine Antwort!

$$A := \begin{pmatrix} 8 & 3 & -2 \\ 1 & 7 & 13 \\ -2 & 1 & 4 \end{pmatrix}, \quad B := \begin{pmatrix} 1 & 1 & 2 \\ 5 & 6 & 12 \\ 3 & 3 & 7 \end{pmatrix}$$

Lösung Wenn man ein wenig ergebnislos herumprobiert hat, gelangt man zu der Vermutung, dass sich die beiden Matrizen nicht durch elementare Zeilenumformungen ineinander überführen lassen. Wie beweist man so etwas? Das Problem ist offenbar von der Form, zu zeigen, dass ein gewisser Prozess nicht zu einem gewissen Ergebnis führen kann. Also denken wir an Invarianzen.

Was könnte in diesem Fall eine passende Invariante sein? Offenbar darf sie sich durch elementare Zeilenumformungen nicht verändern. Was für Eigenschaften einer Matrix ändern sich durch solche Umformungen nicht?

Ein Beispiel ist, wie wir eben gesehen haben, der Rang: der ändert sich, wie wir gerade gesehen haben, nicht durch eine solche Umformung, also auch nicht durch beliebig viele. Ließen die beiden Matrizen sich ineinander überführen, müssten sie also denselben Rang haben.

Tatsächlich rechnet man aber leicht nach, dass $\mathrm{rank}(A) = 2$ und $\mathrm{rank}(B) = 3$. Also ist die Umformung unmöglich. $\square$

Beispiel 12.17 (vgl. [Si], S. 116 ff.)
Es sei $V = \{v_1, \ldots, v_n\}$ ein endlicher Vektorraum über einem Körper K. Ein Vektor $v_i \in V$ (also $1 \leq i \leq n$) heißt „überflüssig", falls $v_i \in \mathrm{span}_K(\{v_j : j < i\})$. Es sei $U \subseteq V$ die Menge der überflüssigen Vektoren. Zeige: $V \setminus U$ ist eine Basis von V. Folgere, dass jeder endliche Vektorraum eine Basis besitzt.

Lösung Wir betrachten ein schrittweises Verfahren zur Erzeugung der Menge $V \setminus U$, beginnend mit $\emptyset$. Dann zeigen wir durch ein Invarianzargument, dass das Verfahren die Eigenschaft der leeren Menge bewahrt, linear unabhängig zu sein. Schließlich zeigen wir durch ein weiteres Invarianzargument, dass das Verfahren außerdem die Eigenschaft bewahrt, dass jedes v_i mit $i \leq k$ in dem Unterraum liegt, der von der im k-ten Schritt erhaltenen Menge aufgespannt wird. Insgesamt zeigt das unser Ergebnis: Nach dem n-ten Schritt liegt eine linear unabhängige Menge vor, die ganz V aufspannt.

Wir definieren das Verfahren wie folgt: Es sei $B_0 = \emptyset$. Ferner sei $B_{k+1} = B_k$, falls $v_{k+1} \in \mathrm{span}(B_k)$, sonst $B_{k+1} = B_k \cup \{v_{k+1}\}$. Es ist leicht zu sehen, dass dann $B_k = \{v_1, \ldots, v_k\} \setminus U$ gilt; insbesondere ist also $B_n = V \setminus U$.

Sicherlich ist B_0 linear unabhängig. Wir behaupten, dass die lineare Unabhängigkeit beim Übergang von B_k zu B_{k+1} invariant bleibt: Denn wenn B_k linear unabhängig ist, B_{k+1} aber linear abhängig, dann ist zunächst $B_{k+1} \neq B_k$, also $B_{k+1} = B_k \cup \{v_{k+1}\}$. Nach Definition von B_{k+1} ist aber $B_{k+1} = B_k \cup \{v_{k+1}\}$ nur dann, wenn $v_{k+1} \notin \mathrm{span}_K(\{v_i : i \leq k\})$. Wenn aber $v_{k+1} \notin \mathrm{span}_K(\{v_i : i \leq k\})$ und $B_k \cup \{v_{k+1}\}$ linear abhängig ist, dann ist schon B_k linear abhängig, ein Widerspruch. Also sind alle B_i linear unabhängig.

Wir behaupten nun außerdem, dass $\mathrm{span}_K(B_k) \supseteq \{v_1, \ldots, v_k\}$. Das ist klar, wenn $k = 0$. Wir zeigen, dass diese Eigenschaft beim Übergang von B_k zu B_{k+1} invariant bleibt. Da $B_k \subseteq B_{k+1}$, ist sicherlich $\{v_1, \ldots, v_k\} \subseteq B_{k+1}$. Wenn $v_{k+1} \in \mathrm{span}_K\{v_1, \ldots, v_k\}$, so ist also auch $v_{k+1} \in \operatorname{span}_K(B_k) \subseteq \operatorname{span}_K(B_{k+1})$. Ist andererseits $v_{k+1} \notin \operatorname{span}_K\{v_1, \ldots, v_k\}$, so ist nach Definition $B_{k+1} = B_k \cup \{v_{k+1}\}$, also wieder $v_{k+1} \in \operatorname{span}_K(B_{k+1})$.

Damit sind beide Eigenschaften gezeigt: Folglich ist B_n linear unabhängig und es ist $\{v_1, \ldots, v_n\} \subseteq \operatorname{span}_K(B_n)$, d. h. $B_n = V \setminus U$ ist eine Basis von V.

Die Folgerung ist nun leicht zu beweisen: Ist ein endlicher Vektorraum V gegeben, so bringen wir seine Elemente in eine beliebige Reihenfolge $(v_1, \ldots, v_n)$ und wenden den ersten Teil der Behauptung an. $\qquad\square$

Bemerkung Auf eine ähnliche Weise lässt sich beweisen, dass jeder Vektorraum eine Basis hat. Das Problem besteht dann darin, die Elemente eines beliebigen unendlichen Vektorraumes in eine geeignete „Reihenfolge" zu bringen. Wir kommen im Kap. 14 über das Zornsche Lemma noch einmal darauf zurück (Beispiel 14.3).

12.5 Vollständige Induktion in der linearen Algebra

Die vollständige Induktion gehört zu den häufigsten Beweisprinzipien in der linearen Algebra. Besonders typisch sind z. B. Induktionen über die Dimension eines Vektorraums, die Größe einer Matrix oder den Grad eines Polynoms. Wir betrachten einige Beispiele.

Beispiel 12.18

Es sei p ein Polynom mit reellen Koeffizienten vom Grad n, das nicht das Nullpolynom ist. Zeige: p hat höchstens n Nullstellen.

Lösung Die natürliche Zahl n in der Formulierung der Aufgabe lässt uns an vollständige Induktion denken. Versuchen wir also eine Induktion über n, den Grad von p.

Ein Polynom vom Grad 0 ist ein konstantes Polynom; wenn es nicht gerade das Nullpolynom ist – und das ist in der Aufgabenstellung ja ausgeschlossen – dann hat es also keine Nullstellen. Der Fall $n = 0$ ist also erledigt.

Angenommen nun, wir haben $n > 0$ und für $n - 1$ ist die Behauptung bereits bekannt. Sei p ein Polynom vom Grad n. Wenn p keine Nullstellen hat, sind wir fertig. Andernfalls sei x_0 eine Nullstelle von p. Dann lässt sich p also in der Form $(X - x_0)q(X)$ schreiben, wobei $\deg(q) = n - 1$. Das Produkt $(X - x_0)q(X)$ ist nur dann gleich Null, wenn einer der Faktoren gleich 0 ist. Jede Nullstelle von p ist also eine Nullstelle von $X - q_0$ oder von q. Nach Induktionsannahme hat q höchstens $n - 1$ Nullstellen und $X - x_0$ hat offenbar nur eine, nämlich x_0.

Insgesamt hat p also höchstens $(n - 1) + 1 = n$ Nullstellen. $\qquad\square$

Der Grad eines Polynoms ist eine seiner wichtigsten durch natürliche Zahlen ausgedrückten Eigenschaften. Wenn eine Behauptung über Polynome zu beweisen ist, sollte man stets an die Möglichkeit einer Induktion über den Grad des Polynoms denken – auch wenn der Grad nicht explizit erwähnt wird.

Bemerkung Eine starke Verallgemeinerung dieses Beispiels wird im Kap. 13 zur Analysis behandelt (Beispiel 13.3).

Beispiel 12.19

Zeige: Für jedes $n \in \mathbb{N}$ existiert ein reelles Polynom q_n so, dass $(X-1)q = X^n - 1$.

Lösung Das ist sicherlich richtig für $n = 1$; denn dann ist $X^n - 1 = X - 1$ und wir können $q_1 = 1$ setzen.

Sei nun $n > 1$ und die Behauptung bekannt für $n - 1$. Wir haben also ein reelles Polynom q_{n-1} so, dass $(X - 1)q_{n-1} = X^{n-1} - 1$. Hilft das? Wir versuchen, die Induktionsannahme **aktiv** ins Spiel zu bringen. Gegeben ist $X^n - 1$. Können wir $X^n - 1$ irgendwie mithilfe von $X^{n-1} - 1$ darstellen?

Versuchen wir, die Terme aneinander anzunähern! $X^{n-1} - 1$ und $X^n - 1$ haben verschiedene Grade; multiplizieren wir also $X^{n-1} - 1$ einmal mit X. Wir erhalten $X(X^{n-1} - 1) = X^n - X$. Also ist nach Voraussetzung $X^n - X = X(X - 1)q_{n-1}$. Und $X^n - X$ und $X^n - 1$ sehen schon deutlich ähnlicher aus.

Kümmen wir uns also um den verbliebenen Unterschied: Es ist $(X^n - 1) - (X^{n-1} - X) = X - 1$. Also ist $X^n - 1 = (X^{n-1} - X) + (X - 1) = X(X - 1)q_{n-1} + (X - 1) = (X - 1)(Xq_{n-1} + 1)$. Also können wir $q_n = Xq_{n-1} + 1$ setzen. $\qquad\square$

Beispiel 12.20 ([K], Kap. 1.2.3, A37)

Es seien $x_1, \ldots, x_n \in \mathbb{R}$ und $A := \begin{pmatrix} 1 & x_1 & x_1^2 & x_1^3 & \ldots & x_1^{n-1} \\ 1 & x_2 & x_2^2 & x_2^3 & \ldots & x_2^{n-1} \\ 1 & x_3 & x_3^2 & x_3^3 & \ldots & x_3^{n-1} \\ & & \ldots & & & \\ 1 & x_n & x_n^2 & x_n^3 & \ldots & x_n^{n-1} \end{pmatrix}$. (Eine solche

Matrix nennt man Vandermonde-Matrix.) Zeige: Es ist $\det(A) = \prod_{1 \le i < j \le n}(x_j - x_i)$.

Lösung Hier bietet es sich an, eine Induktion über die Größe der Matrix zu versuchen. Ist $n = 1$, so ist die Aussage trivial. Nehmen wir also an, die Aussage ist für alle $m < n$ bewiesen; wir wollen sie für n beweisen. Ziel muss es also sein, den Fall einer $n \times n$-Matrix irgendwie auf einen oder mehrere Fälle von kleineren Matrizen zu reduzieren. Formen wir die Matrix also um und behalten dabei das Ziel im Auge, eine kleinere Matrix der gleichen

Gestalt zu erhalten. Ein guter Ansatz ist es immer, darauf hinzuarbeiten, dass in einer Zeile oder Spalte alle Einträge bis auf evtl. einen gleich 0 sind.

Da bietet es sich an, es mit der erste Spalte zu versuchen, in der schon alle Einträge gleich sind. Leider kommt man mit diesem Ansatz nicht sehr weit; also versuchen wir es einmal mit der letzten Zeile. Zieht man für $i = (n-1), (n-2), \ldots, 1$ das x_n-fache der $i$ten Spalte von der $(i+1)$ten Spalte ab, so erhält man die Matrix:

$$M := \begin{pmatrix} 1 & x_1 - x_n & x_1^2 - x_1 x_n & \ldots & x_1^{n-1} - x_1^{n-2} x_n \\ 1 & x_2 - x_n & x_2^2 - x_2 x_n & \ldots & x_2^{n-1} - x_2^{n-2} x_n \\ & & \ldots & & \\ 1 & 0 & 0 & \ldots & 0 \end{pmatrix}$$

$$= \begin{pmatrix} 1 & x_1 - x_n & x_1(x_1 - x_n) & \ldots & x_1^{n-2}(x_1 - x_n) \\ 1 & x_2 - x_n & x_2(x_2 - x_n) & \ldots & x_2^{n-2}(x_2 - x_n) \\ & & \ldots & & \\ 1 & 0 & 0 & \ldots & 0 \end{pmatrix}.$$

Entwickeln nach der letzten Zeile liefert nun:

$$\det(M) =$$

$$(-1)^{n-1}\det \begin{pmatrix} x_1 - x_n & x_1(x_1 - x_n) & \ldots & x_1^{n-3}(x_1 - x_n) & x_1^{n-2}(x_1 - x_n) \\ x_2 - x_n & x_2(x_2 - x_n) & \ldots & x_2^{n-3}(x_2 - x_n) & x_2^{n-2}(x_2 - x_n) \\ & & \ldots & & \\ x_{n-1} - x_n & x_{n-1}(x_{n-1} - x_n) & \ldots & x_{n-1}^{n-3}(x_{n-1} - x_n) & x_{n-1}^{n-2}(x_{n-1} - x_n) \end{pmatrix}.$$

Die gemeinsamen Faktoren in jeder Zeile können wir aus der Determinante herausziehen. Dann kommt:

$$\det \begin{pmatrix} x_1 - x_n & x_1(x_1 - x_n) & \ldots & x_1^{n-3}(x_1 - x_n) & x_1^{n-2}(x_1 - x_n) \\ x_2 - x_n & x_2(x_2 - x_n) & \ldots & x_2^{n-3}(x_2 - x_n) & x_2^{n-2}(x_2 - x_n) \\ & & \ldots & & \\ x_{n-1} - x_n & x_{n-1}(x_{n-1} - x_n) & \ldots & x_{n-1}^{n-3}(x_{n-1} - x_n) & x_{n-1}^{n-2}(x_{n-1} - x_n) \end{pmatrix}$$

$$= (x_1 - x_n)(x_2 - x_n) \ldots (x_{n-1} - x_n) \det \begin{pmatrix} 1 & x_1 & x_1^2 & x_1^3 & \ldots & x_1^{n-2} \\ 1 & x_2 & x_2^2 & x_2^3 & \ldots & x_2^{n-2} \\ 1 & x_3 & x_3^2 & x_3^3 & \ldots & x_3^{n-2} \\ & & \ldots & & & \\ 1 & x_{n-1} & x_{n-1}^2 & x_{n-1}^3 & \ldots & x_{n-1}^{n-2} \end{pmatrix}.$$

Und die verbleibende Matrix ist wieder eine Vandermondematrix, allerdings mit einer Zeile und Spalte weniger. Also können wir die Induktionshypothese

$$\det\begin{pmatrix} 1 & x_1 & x_1^2 & x_1^3 & \ldots & x_1^{n-2} \\ 1 & x_2 & x_2^2 & x_2^3 & \ldots & x_2^{n-2} \\ 1 & x_3 & x_3^2 & x_3^3 & \ldots & x_3^{n-2} \\ & & \ldots & & & \\ 1 & x_{n-1} & x_{n-1}^2 & x_{n-1}^3 & \ldots & x_{n-1}^{n-2} \end{pmatrix} = \prod_{1 \leq i < j \leq n} (x_j - x_i)$$

anwenden und erhalten $\det(A) = (-1)^{n-1}(x_1 - x_n)(x_2 - x_n) \ldots (x_{n-1} - x_n) \prod_{1 \leq i < j \leq n}(x_j - x_i) = \prod_{1 \leq i < j \leq n}(x_j - x_i)$, was wir zeigen wollten. $\qquad\Box$

12.6 Heuristisches Rückwärtsarbeiten in der linearen Algebra

Beispiel 12.21 ([FW], A37)

Bestimme alle reellen $n \times n$-Matrizen A, die mit allen anderen reellen $n \times n$-Matrizen kommutieren, d. h. so, dass $AB = BA$ für alle $B \in \mathbb{R}^{n \times n}$.

Lösung Es sei $A = \begin{pmatrix} a_{11} & a_{12} & a_{13} & \ldots & a_{1n} \\ a_{21} & a_{22} & a_{23} & \ldots & a_{2n} \\ a_{31} & a_{32} & a_{33} & \ldots & a_{3n} \\ & & \ldots & & \\ & & \ldots & & \\ a_{n1} & a_{n2} & a_{n3} & \ldots & a_{nn} \end{pmatrix}$ eine solche Matrix, d. h. es sei $AB =$

BA für alle $B \in \mathbb{R}^{n \times n}$. Wir versuchen, möglichst viele Eigenschaften von A zu beweisen; vielleicht gelangen wir auf diese Weise schließlich zu der gewünschten Charakterisierung.

A soll mit allen reellen $n \times n$-Matrizen kommutieren. Diese Bedingung ist zwar sehr stark, aber zu allgemein: Unmittelbar ist kaum zu sehen, was daraus über die Gestalt von A abzulesen sein soll. Wenn die Bedingung zu allgemein ist, **betrachte Spezialfälle!** Sehen wir uns also einmal an, was die Bedingung für bestimmte B bedeutet. Aber welche? Sicherlich empfiehlt es sich, die Untersuchung mit möglichst einfachen B zu beginnen; einfach zu multiplizieren sind zwei Matrizen u. a. dann, wenn wenigstens eine von beiden wenige von 0 verschiedene Einträge enthält. Hat B überhaupt keine von 0 verschiedenen Einträge, so ist $AB = A0 = 0 = 0A = BA$ für alle A – aus diesem Fall ist also nicht viel zu lernen. Betrachten wir also den nächsteinfachen Fall, dass B genau einen Eintrag 1 hat und alle Einträge gleich 0 sind. Sei B^{ij} diejenige reelle $n \times n$-Matrix, in der an der ij-ten Stelle eine 1 steht und die sonst nur Nullen enthält. Dann ist $AB^{ij} = (0|0| \dots |s_i|0| \dots |0)$, wobei s_i die i-te Spalte von A bezeichnet und in der Darstellung der rechten Seite an der $j$ten Stelle steht.

$$\text{Außerdem ist } B^{ij}A = \begin{pmatrix} 0 \\ 0 \\ \dots \\ z_j \\ \dots \\ 0 \end{pmatrix}, \text{ wobei } z_j \text{ die } j\text{-te Zeile von } A \text{ bezeichnet und in der}$$

Darstellung der rechten Seite an der i-ten Stelle steht.

Da A mit allen reellen $n \times n$-Matrizen kommutiert, muss nun $AB^{ij} = B^{ij}A$ gelten. Diese Hinweise sollten genügen, um die Frage zu beantworten (Aufgabe 12.38). $\qquad \square$

Beispiel 12.22

Wir bezeichnen im Folgenden mit $\simeq$ die Isomorphie von Gruppen.

(a)　Beweise oder widerlege: Es ist $(\mathbb{R}, +) \simeq (\mathbb{R}^{>0}, \cdot)$.

(b)　Beweise oder widerlege: Es ist $(\mathbb{Q}, +) \simeq (\mathbb{Q}^{>0}, \cdot)$.

Lösung (a) Wir nehmen an, es liege ein Isomorphismus $f : (\mathbb{R}, +) \to (\mathbb{R}^{>0}, \cdot)$ vor; wir versuchen nun, möglichst viele Informationen über f zu finden. Sicherlich muss f die neutralen Elemente aufeinander abbilden, d. h. es ist $f(0) = 1$. Betrachten wir einen weiteren Wert von f, z. B. $f(1)$. Sei $f(1) = c$. Was ergibt sich daraus? Da f ein Isomorphismus sein soll, ist $f(2) = f(1 + 1) = f(1)f(1) = c^2$, $f(3) = f(2 + 1) = f(2)f(1) = c^2 c = c^3$; induktiv sieht man nun leicht, dass $f(k) = c^k$ für alle $k \in \mathbb{N}$ sein muss. Da liegt es doch nahe, einmal zu versuchen, was passiert, wenn man die gleiche Regel auf beliebige $x \in \mathbb{R}$ statt bloß auf natürliche Zahlen anwendet. Setzen wir also $f(x) = c^x$. Und in der Tat: Wenn $c > 1$ ist, ist das ein Isomorphismus!

(b) Wieder nehmen wir an, es liege ein Isomorphismus $f : (\mathbb{Q}, +) \to (\mathbb{Q}^{>0}, \cdot)$ vor und wir versuchen, möglichst viel über f herauszufinden. Aus Teil (a) haben wir gelernt, dass $f(0) = 1$ ist und $f(k) = (f(1))^k$ für $k \in \mathbb{N}$. Vielleicht können wir die Lösung aus (a) einfach übernehmen?

Versuchen wir es einmal! Da f nun eine Funktion von $\mathbb{Q}$ nach $\mathbb{Q}^{>0}$ ist, wird $f(1)$ rational sein müssen; sei $f(1) = q \in \mathbb{Q}^{>0}$. Auf $\mathbb{N}$ ist f dann durch $f(k) = q^k$ festgelegt. Auch auf $\mathbb{Z}$ funktioniert das noch: Ist $k \in \mathbb{N}$, so setzen wir $f(-k) = q^{-k} = \frac{1}{q^k}$. Was aber ist mit $f(\frac{1}{2})$, $f(\frac{1}{3})$ etc.? Da erhalten wir $f(\frac{1}{k}) = \sqrt[k]{q}$ – und das ist im Allgemeinen keine rationale Zahl!

Die Lösung aus (a) funktioniert also nicht mehr. Aber vielleicht können wir aus der Art ihres Scheiterns etwas lernen? Versuchen wir also einmal, $f(\frac{1}{2})$ aufgrund der Forderung zu bestimmen, dass f ein Isomorphismus ist. Es ist $f(1) = f(\frac{1}{2} + \frac{1}{2}) = f(\frac{1}{2})f(\frac{1}{2}) = (f(\frac{1}{2}))^2$; also $f(\frac{1}{2}) = \sqrt{f(1)}$. Und analog ist für $k \in \mathbb{N}$: $f(1) = f(\frac{1}{k} + \ldots + \frac{1}{k}) = (f(\frac{1}{k}))^k$, also $f(\frac{1}{k}) = \sqrt[k]{f(1)}$. Wenn das immer eine rationale Zahl sein soll, muss $\sqrt[k]{f(1)}$ also für jedes $k \in \mathbb{N}$ rational sein. Im Kapitel 8 über Verallgemeinerung, Spezialisierung und Analogie haben wir aber schon gesehen, dass das nur für $f(1) \in \{0, 1\}$ möglich ist. Dann ist aber $f(2) = f(1)f(1) = f(1)$, also ist f nicht bijektiv – ein Widerspruch.　□

12.7 Beobachtung und Mustererkennung in der linearen Algebra

Beispiel 12.23
Für $n \in \mathbb{N}$ sei $A_n \in \mathbb{R}^{n \times n}$ die Matrix, deren (i, j)-ter Eintrag gleich $(-1)^{i+j}$ ist;

z. B. ist $A_3 = \begin{pmatrix} 1 & -1 & 1 \\ -1 & 1 & -1 \\ 1 & -1 & 1 \end{pmatrix}$.

Bestimme für $k, n \in \mathbb{N}$ die Potenz A_k^n in Abhängigkeit von k und n.

Lösung Wir betrachten die Spezialfälle $n = k = 2$ sowie $n = 3, k = 2$ und erhalten:

$$A_2^2 = \begin{pmatrix} 1 & -1 \\ -1 & 1 \end{pmatrix}^2 = \begin{pmatrix} 2 & -2 \\ -2 & 2 \end{pmatrix} = 2\begin{pmatrix} 1 & -1 \\ -1 & 1 \end{pmatrix} = 2A_2 \text{ sowie}$$

$$A_3^2 = \begin{pmatrix} 1 & -1 & 1 \\ -1 & 1 & -1 \\ 1 & -1 & 1 \end{pmatrix}^3 = \begin{pmatrix} 3 & -3 & 3 \\ -3 & 3 & -3 \\ 3 & -3 & 3 \end{pmatrix} = 3\begin{pmatrix} 1 & -1 & 1 \\ -1 & 1 & -1 \\ 1 & -1 & 1 \end{pmatrix} = 3A_3.$$

Mit diesem Ansatz ist für $k = 2$ und $k = 3$ leicht mit Induktion beweisbar, dass $A_k^n = k^n A_k$. Das legt die Vermutung nahe, dass das allgemein für alle $k \in \mathbb{N}$ liegt – was nun ebenfalls nicht mehr schwer zu zeigen ist.　□

Allgemein ist Beobachtung und Mustererkennung häufig eine nützliche Strategie, wenn es darum geht, die Potenzen, die Inverse oder die Determinante einer „allgemeinen" Matrix zu berechnen, die in Abhängigkeit von einem natürlichzahligen Parameter gegeben ist. Wir betrachten noch ein weiteres Beispiel dazu:

Beispiel 12.24 ([K], Kap. 1.2.3, A36)

Die Matrix A_n ist gegeben durch $A_n := \begin{pmatrix} 2 & 1 & 1 & 1 & \dots & 1 \\ 1 & 2 & 1 & 1 & \dots & 1 \\ 1 & 1 & 2 & 1 & \dots & 1 \\ & & & \dots & & \\ & & & \dots & & \\ 1 & 1 & 1 & 1 & \dots & 2 \end{pmatrix}$. Bestimme $\det(A_n)$ in Abhängigkeit von n.

Lösung Betrachten wir einmal den Spezialfall $n = 4$. Versuchen wir, A_4 so durch elementare Zeilen- und Spaltenumformungen umzuformen, dass die Berechnung der Determinante möglichst einfach wird – am Besten arbeiten wir dabei auf eine Dreiecksmatrix hin. Da viele Einträge gleich sind, empfiehlt es sich, das auszunutzen.

Zieht man in A_4 die erste Spalte von den übrigen Spalten ab, erhält man:

$$\begin{pmatrix} 2 & -1 & -1 & -1 \\ 1 & 1 & 0 & 0 \\ 1 & 0 & 1 & 0 \\ 1 & 0 & 0 & 1 \end{pmatrix}.$$

Das sieht schon deutlich „entspannter" aus. Außerdem ist eine Dreiecksmatrix nun leicht zu erreichen: Wir addieren jede Zeile außer der ersten zu der ersten und erhalten:

$$\begin{pmatrix} 5 & 0 & 0 & 0 \\ 1 & 1 & 0 & 0 \\ 1 & 0 & 1 & 0 \\ 1 & 0 & 0 & 1 \end{pmatrix}$$

und die Determinante ist nun leicht abzulesen: 5.

Versuchen wir nun, dieses Verfahren zu verallgemeinern! Zieht man in A_n die erste Spalte von den übrigen ab, so erhält man:

$$\begin{pmatrix} 2 & -1 & -1 & \dots & -1 \\ 1 & 1 & 0 & \dots & 0 \\ & & \dots & & \\ 1 & 0 & 1 & \dots & 0 \\ 1 & 0 & 0 & \dots & 1 \end{pmatrix}.$$

Und wenn man nun noch alle Zeilen außer der ersten zur ersten Zeile addiert, so kommt:

$$\begin{pmatrix} 2+(n-1) & 0 & 0 & \dots & 0 \\ 1 & 1 & 0 & \dots & 0 \\ & & \dots & & \\ 1 & 0 & 1 & \dots & 0 \\ 1 & 0 & 0 & \dots & 1 \end{pmatrix}.$$

Also ist $\det(A_n) = n + 1$. $\qquad\qquad\square$

Beispiel 12.25
Zeige: Für kein $n > 2$ ist $\mathbb{Z}_{n^2} \simeq \mathbb{Z}_n \times \mathbb{Z}_n$.

Lösung Hier ist es nicht schwierig, Spezialfälle zu betrachten. Für $n = 3$ und $n = 4$ lässt sich die Behauptung auch gut überprüfen. Aber ein allgemeines Argument ist darum noch nicht abzusehen: Die Gruppen ähneln sich so wenig, dass es schwierig ist, einen allgemeinen Grund ihrer Verschiedenheit zu finden.

Versuchen wir also einmal, einen Isomorphismus zu konstruieren – so eine Konstruktion muss (wenn die zu beweisende Behauptung stimmt) offenbar an irgend einer Stelle scheitern. Vielleicht lässt sich daraus ein systematischer Grund ablesen, warum kein Isomorphismus existiert.

Da ein Isomorphismus die neutralen Elemente aufeinander abbilden muss, ist $f(0) = (0,0)$. Versuchen wir einmal, einen geeigneten Wert für $f(1)$ zu finden.

Sehen wir uns zunächst den Fall $n = 3$ an. Versuchen wir etwa $f(1) = (1,0)$. Dann ist $f(2) = f(1+1) = f(1) + f(1) = (1,0) + (1,0) = (2,0)$ und analog $f(3) = (3,0)$; aber in $\mathbb{Z}_3$ ist $3 = 0$, also ist $f(3) = (0,0) = f(0)$, d.h. f ist nicht bijektiv! Und das Gleiche passiert offenbar für jeden anderen Wert $(a,b) \in \mathbb{Z}_3 \times \mathbb{Z}_3$ für $f(1)$: In $\mathbb{Z}_9$ ist $3 \neq 0$, aber es ist $f(3) = 3f(1) = 3(a,b) = (3a,3b) = (0,0) = f(0)$. Es gibt also keinen solchen Isomorphismus.

Dieses Argument sieht verallgemeinerbar aus. In der Tat: Wenn $f(1)$ erst einmal festliegt, so ist f bereits eindeutig bestimmt: Denn es ist $f(2) = f(1+1) = f(1) + f(1)$, $f(3) = f(1+1+1) = f(1) + f(1) + f(1)$, allgemein $f(k) = kf(1)$. Dann gilt aber für ein beliebiges $n \in \mathbb{N}$: Ist $f : \mathbb{Z}_{n^2} \simeq \mathbb{Z}_n \times \mathbb{Z}_n$ ein Isomorphismus, so gilt in $\mathbb{Z}_{n^2}$, dass $n \neq 0$; aber $f(n) = nf(1) = 0 = f(0)$, d.h. f ist nicht bijektiv, ein Widerspruch! Und also kann kein solcher Isomorphismus existieren. $\qquad\square$

12.8 Umformungen

In Kap. 2 (Basisstrategien) haben wir verschiedene Strategien kennen gelernt, um algebraische Ausdrücke geeignet umzuformen, z. B. Nullergänzung, Annähern, Faktorisieren und Umordnen. Solche Strategien spielen besonders in der Analysis eine große Rolle. Aber auch in der (linearen) Algebra sind sie nützlich:

> **Beispiel 12.26**
> Es sei K ein endlicher Körper mit $1 + 1 \neq 0$. Zeige: Es ist $\sum_{x \in K^\times} x^{-1} = 0$.

Lösung Diese Summe sieht merkwürdig aus. Wie summiert man über alle Inversen? In solchen Fällen sollte man versuchen, die Menge der Summanden anders zu charakterisieren.

In diesem Fall hat offenbar jedes Element von $K^\times$ genau ein multiplikatives Inverses; und umgekehrt **ist** jedes Element von $K^\times$ das multiplikative Inverse genau eines Elements von $K^\times$. Es ist $\{x^{-1} : x \in K^\times\} = K^\times$. Also können wir ebenso gut die Elemente von $K^\times$ addieren.

Betrachten wir also die Summe $\sum_{x \in K^\times} x$. Wir wollen zeigen, dass sie verschwindet. Das sieht noch immer ziemlich kompliziert aus. Können wir die Summe wenigstens vereinfachen?

Wenn a und b verschieden und additiv invers zueinander sind, können wir beide aus der Summe streichen, ohne ihren Wert zu ändern. Damit fallen sicherlich einige Summanden fort. Welche bleiben übrig?

Damit ein Summand s dabei übrig bleibt, muss $s = -s$ gelten, also $s + s = 0$, also $(1 + 1)s = 0$. Da $s \in K^\times$, ist $s \neq 0$; also ist $1 + 1 = 0$ – was aber der Annahme widerspricht, dass $1 + 1 \neq 0$! Es bleiben also tatsächlich keine Summanden übrig, und die Summe muss gleich 0 sein. $\qquad\square$

> **Beispiel 12.27**
> Es seien K ein Körper und $X \in \mathbb{K}^{n \times n}$ nilpotent, d. h. es sei $A^k = 0$ für eine natürliche Zahl k. Zeige, dass $I_n - X$ invertierbar ist.

Lösung Versuchen wir einmal, einen guten Kandidaten für die inverse Matrix explizit zu bestimmen – wenn das gelingt, dürfte der Nachweis leicht fallen. Auf Anhieb ist da allerdings, auch nach Betrachtung einiger Spezialfälle, wenig zu erkennen.

Suche nach ähnlichen Aufgaben! Der Term $(1 - x)^{-1}$ kommt uns bekannt vor: In den reellen Zahlen ist, für $0 < x < 1$: $(1 - x)^{-1} = \sum_{i=0}^{\infty} x^i$. Wir können daraus nicht folgern, dass etwas Ähnliches auch für Matrizen gilt – eine unendliche Summe von Matrizen ist ohne weiteres noch nicht einmal definiert! Aber wir können ja trotzdem einmal versuchsweise annehmen, dass so etwas auch für Matrizen funktioniert, und sehen, wohin es führt.[1] Hier hilft nun die Annahme, dass $A^k = 0$: Denn damit ist $A^m = 0$ für alle $m \geq k$ und der zunächst bedeutungslose Ausdruck $\sum_{i=0}^{\infty} A^i$ vereinfacht sich zu der endlichen Summe $\sum_{i=0}^{k} A^i$.

Damit haben wir einen Kandidaten für die Inverse geraten: Wir behaupten, dass $(I - A)^{-1} = \sum_{i=0}^{k} A^i$ ist. Das müssen wir jetzt noch beweisen.

Aber das ist nicht weiter schwierig: Es ist $(I - A) \sum_{i=0}^{k} A^i = \sum_{i=0}^{k} A^i - \sum_{i=0}^{k} A^{i+1} = (A^0 + \ldots + A^k) - (A + A^2 + \ldots + A^{k+1}) = A^0 - A^{k+1}$. A^0 ist gleich I, und nach der Annahme über A ist $A^{k+1} = 0$. Also ist $A^0 - A^{k+1} = I$ und $\sum_{i=0}^{k} A^i$ ist tatsächlich die gewünschte inverse Matrix. $\qquad\square$

12.9 Aufgaben

Aufgabe 12.1[2] Es sei $n \in \mathbb{N}$ und A eine $n \times n$-Matrix mit Einträgen in $\{-1, 1\}$. Zeige: $\det(A)$ ist eine ganze Zahl, die von 2^{n-1} geteilt wird.

Aufgabe 12.2 Es sei K ein endlicher Körper, $n \in \mathbb{N}$, $A \in K^{n \times n}$ invertierbar. Zeige: Es existiert ein $m \in \mathbb{N}$ so, dass $A^m = A$.

Aufgabe 12.3 ([HR], A29.1) Es seien $k < n$ natürliche Zahlen. Zeige:

$$\det \begin{pmatrix} \binom{n}{0} & \binom{n}{1} & \cdots & \binom{n}{k} \\ & \cdots & & \\ \binom{n+k}{0} & \binom{n+k+1}{1} & \cdots & \binom{n+k}{k} \end{pmatrix} = 1.$$

Aufgabe 12.4 Finde (mit Beweis) alle $\mathbb{R}$-linearen Abbildungen $f : \mathbb{R}[X] \to \mathbb{R}[X]$ so, dass p und $f(p)$ für jedes $p \in \mathbb{R}[X]$ die gleichen reellen Nullstellen haben.

Aufgabe 12.5
(a) Zeige: Es existiert ein von 0 verschiedenes Polynom $p \in \mathbb{Q}[X]$ so, dass
$p(\sqrt[4]{3} + 7\sqrt[7]{13} + 9\sqrt[5]{5}) = 0$.
(b) Zeige: Es existiert ein von 1 verschiedenes Polynom $p \in \mathbb{Q}[X]$ so, dass
$p(\sqrt[5]{7} + 7\sqrt[3]{10} - 2\sqrt{11}) = 1$.

---

[1] Heuristisch ist es häufig fruchtbar, im Falle unendlicher Reihen erst einmal mit einem gewissen „Optimismus" zu Werke zu gehen und sich um Fragen der Wohldefiniertheit und Konvergenz erst anschließend zu kömmern (was man natürlich nicht vergessen darf). Ein Paradebeispiel für diesen Ansatz ist Eulers Herleitung der Summe der reziproken Quadratzahlen, die z. B. in [P2], S. 60 ff, dargestellt ist.
[2] Den Hinweis auf diese Aufgabe verdanke ich Lorna Gregory.

Aufgabe 12.6 Zeige: Genau dann ist $p_n = \sum_{i=0}^{n} X^i$ als Produkt zweier von 1 verschiedener Polynome mit natürlichen Zahlen als Koeffizienten darstellbar, wenn $n + 1$ keine Primzahl ist.

Aufgabe 12.7 ([K], Kap. 1.2.3, A36)

(a) Für $a \in \mathbb{R}$, $n \in \mathbb{N}$ sei $A_{a,n}$ die $n \times n$-Matrix $A_{a,n} := \begin{pmatrix} a & 1 & 1 & 1 & \dots & 1 \\ 1 & a & 1 & 1 & \dots & 1 \\ 1 & 1 & a & 1 & \dots & 1 \\ 1 & 1 & 1 & a & \dots & 1 \\ \dots & & & & & \\ \dots & & & & & \\ 1 & 1 & 1 & 1 & \dots & a \end{pmatrix}$.

Bestimme $\det(A_{a,n})$ in Abhängigkeit von a und n.

(b) Für $x, y \in \mathbb{R}$, $n \in \mathbb{N}$ sei $C_{x,y,n} := \begin{pmatrix} x & y & y & y & \dots & y \\ y & x & y & y & \dots & y \\ y & y & x & y & \dots & y \\ y & y & y & x & \dots & y \\ \dots & & & & & \\ \dots & & & & & \\ y & y & y & y & \dots & x \end{pmatrix}$. Bestimme $\det(C_{a,n})$

in Abhängigkeit von x, y und n.

(c) Benutze (a), um folgende Frage zu beantworten: Zu $n \in \mathbb{N}$ bezeichne $g(n)$ die Anzahl der fixpunktfreien Permutationen von $\{1, 2, \dots, n\}$ mit positivem Vorzeichen[3] und $u(n)$ die Anzahl der fixpunktfreien Permutationen von $\{1, 2, \dots, n\}$ mit negativem Vorzeichen. Bestimme $g(n) - u(n)$ in Abhängigkeit von n.

Aufgabe 12.8 ([K], Kap. 1.2.3, A39) Es sei $C_{x,y,n}$ wie in Aufgabe 12.7.

(a) Bestimme $C_{x,y,n}^{-1}$ in Abhängigkeit von x, y und n.
(b) Bestimme die Summe aller Einträge in $C_{x,y,n}^{-1}$ in Abhängigkeit von x, y und n.[4,5]

---

[3] Ist π eine Permutation von $\{1, 2, \dots, n\}$ und kann man π durch m Vertauschungen zweier Elemente von $\{1, 2, \dots, n\}$ erhalten, so ist das Vorzeichen von π gleich $(-1)^m$.

[4] Wenn es zu schwierig ist, direkt mit $C_{x,y,n}$ zu arbeiten, versuche ein Analogieuntersuchung: Beispiel 12.23 und Aufgaben 12.7 sowie 12.37 zeigen einen Weg.

[5] Zusätzliche Starthilfe: Es ist $\begin{pmatrix} 1 & 2 \\ 2 & 1 \end{pmatrix}^{-1} = \frac{1}{3} \begin{pmatrix} 2 & -1 \\ -1 & 2 \end{pmatrix}$, $\begin{pmatrix} 2 & 1 & 1 \\ 1 & 2 & 1 \\ 1 & 1 & 2 \end{pmatrix}^{-1} = \frac{1}{4} \begin{pmatrix} 3 & -1 & -1 \\ -1 & 3 & -1 \\ -1 & -1 & 3 \end{pmatrix}$

und $\begin{pmatrix} 2 & 1 & 1 & 1 \\ 1 & 2 & 1 & 1 \\ 1 & 1 & 2 & 1 \\ 1 & 1 & 1 & 2 \end{pmatrix}^{-1} = \frac{1}{5} \begin{pmatrix} 4 & -1 & -1 & -1 \\ -1 & 4 & -1 & -1 \\ -1 & -1 & 4 & -1 \\ -1 & -1 & -1 & 4 \end{pmatrix} \dots$

Aufgabe 12.9 (vgl. [PS], Bd. II, Kap. 7, A7 sowie [L], Bsp. 2.2.2)

(a) Es sei $A := \begin{pmatrix} x_1 & 1 & 1 & \ldots & 1 \\ 1 & x_2 & 1 & \ldots & 1 \\ 1 & 1 & x_3 & \ldots & 1 \\ \ldots & & & & \\ \ldots & & & & \\ 1 & 1 & 1 & \ldots & x_n \end{pmatrix}$. Bestimme $\det(A)$ in Abhängigkeit von

$x_1, \ldots, x_n$.

(b) Es sei $A := \begin{pmatrix} x_1 & a & a & \ldots & a \\ a & x_2 & a & \ldots & a \\ a & a & x_3 & \ldots & a \\ \ldots & & & & \\ \ldots & & & & \\ a & a & a & \ldots & x_n \end{pmatrix}$. Bestimme $\det(A)$ in Abhängigkeit von

$x_1, \ldots, x_n$ und a.

Aufgabe 12.10 Es sei A_n die folgende reelle $n \times n$-Matrix:

$$A_n := \begin{pmatrix} 4 & 3 & 0 & 0 & 0 & \ldots \\ 1 & 4 & 3 & 0 & 0 & \ldots \\ 0 & 1 & 4 & 3 & 0 & \ldots \\ 0 & 0 & 1 & 4 & 3 & \ldots \\ 0 & 0 & 0 & 1 & 4 & \ldots \\ & & \ldots & & & \\ & & \ldots & & & \\ 0 & 0 & \ldots & 1 & 4 & 3 \end{pmatrix}.$$

Bestimme (mit Beweis) $\det(A_n)$ in Abhängigkeit von $n \in \mathbb{N}$.

Aufgabe 12.11 Es sei R ein endlicher kommutativer Ring mit Einselement; wie üblich bezeichne $R^\times$ die Menge der multiplikativ invertierbaren Element von R. Zeige: Es ist $\prod_{x \in R^\times} x^2 = 1$.

Aufgabe 12.12 Beweise erneut, diesmal mit vollständiger Induktion: Es seien x und y teilerfremde ganze Zahlen. Dann existieren ganze Zahlen $a, b \in \mathbb{Z}$ so, dass $ax + by = 1$.

Aufgabe 12.13 ([E], Kap. 8, E4) Die Fibonaccifolge $(F_n)_{n \in \mathbb{N}_0}$ ist definiert durch $F_0 = 0$, $F_1 = 1$ und $F_{n+2} = F_n + F_{n+1}$ für $n \in \mathbb{N}_0$.

Es sei $A := \begin{pmatrix} 1 & 1 \\ 1 & 0 \end{pmatrix}$.

(a) Zeige: Für alle $n \in \mathbb{N}$ ist $A^n = \begin{pmatrix} F_{n+1} & F_n \\ F_n & F_{n-1} \end{pmatrix}$.

(b) Drücke F_{3n} für alle $n \in \mathbb{N}$ möglichst einfach durch F_{n-1}, F_n und F_{n+1} aus. (Tipp: Benutze (a).)

Aufgabe 12.14

(a) Es sei p ein Polynom mit reellen Koeffizienten. Zeige: Hat p mehr als $\deg(p)$ Nullstellen, so sind alle Koeffizienten von p gleich 0.

(b) Es sei K ein Körper mit Charakteristik 0 und $p \in K[X]$. Zeige: Hat p mehr als $\deg(p)$ Nullstellen, so sind alle Koeffizienten von p gleich 0.

(c) Gilt die Aussage aus (b) auch noch, wenn die Bedingung über die Charakteristik von K fortgelassen wird?

Aufgabe 12.15 Zeige: Für jede natürliche Zahl n existiert ein Polynom q mit reellen Koeffizienten so, dass $(X + 1)q = X^{2n+1} + 1$.

Aufgabe 12.16 Zeige: Ist p ein Polynom mit reellen Koeffizienten und $a \in \mathbb{R}$, so existiert ein Polynom q mit reellen Koeffizienten so, dass $(X - a)q = p - p(a)$.

Aufgabe 12.17 Ist A eine reelle $n \times n$-Matrix, so bezeichnen wir mit $\tilde{A}$ die reelle $n \times n$-Matrix mit den Einträgen $\tilde{A}_{ij} = A_{n+1-i,n+1-j}$. Finde alle reellen $n \times n$-Matrizen B so, dass $AB = \tilde{B}A$ für alle reellen $n \times n$-Matrizen A.

Aufgabe 12.18 ([HK], S.116, A5) Es sei $n \in \mathbb{N}$.

(a) Bestimme alle reellen $n \times n$-Matrizen A mit $AA^t = 0$.

(b) Formuliere eine allgemeinere Behauptung und beweise sie.

Aufgabe 12.19 ([AG], A200) Es sei $n \in \mathbb{N}$.

(a) Existieren $A, B \in \mathbb{R}^{n \times n}$ so, dass $AB - BA = I_n$?

(b) Existieren $k \in \mathbb{N}$, eine Permutation π von $\{1, \ldots, k\}$ und $A_1, \ldots, A_k \in \mathbb{R}^{n \times n}$ so, dass $\prod_{i=1}^k A_i - \prod_{i=1}^k A_{\pi(i)} = I_n$?

Aufgabe 12.20 Es seien $r, s \in \mathbb{N}$, $p = \sum_{i=0}^r a_i X^i$ und $q = \sum_{j=0}^s b_j X^j$ Polynome mit Koeffizienten in $\mathbb{N}_0$ und $pq = \sum_{k=0}^{r+s} X^k$. Zeige: Dann ist $\{a_0, \ldots, a_r, b_0, \ldots, b_s\} \subseteq \{0, 1\}$. Finde solche Polynome p, q mit $r > 1$ und $s > 1$.

Aufgabe 12.21 Welche der folgenden Gruppen sind zueinander isomorph? Beweise deine Antworten!

(a) $(S_n, \circ)$ (die Gruppe der Permutation auf einer n-elementigen Menge) und $(\mathbb{Z}/n!\mathbb{Z}, +)$ (wobei $n \geq 3$)

(b) $(\mathbb{Z}^2, +)$ und $(\mathbb{Z}, +)$

(c) $(\mathbb{Z}/12\mathbb{Z}, +)$ und $(\mathbb{Z}/13\mathbb{Z})^\times$

Aufgabe 12.22 Es sei V ein endlich-dimensionaler Vektorraum über einem Körper K. Ein „Turm von Unterräumen" ist eine Folge $(V_1, \ldots, V_k)$ von Unterräumen von V so, dass $V_i \subsetneq V_{i+1}$ für $1 \leq i < k$. Zeige: Die maximale Länge eines Turmes von Unterräumen von V ist gleich der Dimension von V.

Aufgabe 12.23 Entscheide für jedes der folgenden Paare (K, V) aus einem Körper K und einer abelschen Gruppe V, ob eine Abbildung $\cdot : K \times V \to V$ so existiert, dass V mit $\cdot$ als Skalarmultiplikation zu einem K-Vektorraum wird. Beweise deine Antworten.

(a) $K = \mathbb{Z}/2\mathbb{Z}$, $V = (\mathbb{Q}, +)$

(b) $K = \mathbb{Q}$, $V \neq \{0\}$ eine beliebige endliche abelsche Gruppe

(c) $K = \mathbb{R}$, $V = \mathbb{Q}$

(d) $K = \mathbb{Q}$, $V = (\mathbb{Z}, +)$

Aufgabe 12.24 Bestimme zu jedem $n \in \mathbb{N}$ Polynome $q_n, r_n \in \mathbb{Q}[X]$ so, dass $\deg(r_n) < 2$ und $(1 - (-X)^{3n}) = (X^2 - X + 1)q_n + r_n$. Beweise deine Antwort.

Aufgabe 12.25 Für $n \in \mathbb{N}$ sei $p_n = \sum_{i=1}^{2n} X^i \in \mathbb{R}[X]$ und $q_n = \sum_{i=1}^{2n} (-1)^i X^i \in \mathbb{R}[X]$. Ferner sei $p_n q_n = \sum_{i=0}^{\infty} c_{n,i} X^i$. Zeige, dass für alle $n \in \mathbb{N}$ gilt: Ist $u \in \mathbb{N}$ ungerade, so ist $c_{n,u} = 0$.

Aufgabe 12.26 Es sei V ein n-dimensionaler Vektorraum über einem endlichen Körper K mit $|K| = k$.

(a) Bestimme die Anzahl der Basen von V.

(b) Bestimme die Anzahl der Unterräume von V.

Aufgabe 12.27 Es sei $V = \mathbb{R}^{n \times n}$ der reelle Vektorraum der $n \times n$-Matrizen mit reellen Einträgen.

(a) Bestimme die Dimension des Unterraumes der „punktsymmetrischen" Matrizen, d. h. derjenigen $A \in V$ mit $A_{ij} = A_{n+1-i,n+1-j}$ für alle $1 \leq i, j \leq n$.

(b) Bestimme die Dimension des Unterraumes der „achsensymmetrischen" Matrizen, d. h. derjenigen $A \in V$ mit $A_{ij} = A_{n+1-i,j}$ für alle $1 \leq i, j \leq n$.

Aufgabe 12.28 Es sei K ein endlicher Körper mit k Elementen, $n \in \mathbb{N}$.

(a) Wie viele invertierbare $n \times n$-Matrizen mit Einträgen aus K gibt es?
(b) Wie viele $n \times n$-Matrizen A mit Einträgen aus K gibt es so, dass $A^m = I_n$ für ein $m \in \mathbb{N}$?

Aufgabe 12.29 Es seien $k, n \in \mathbb{N}$, ferner für $1 \leq i \leq k$ die Matrix A_i eine reelle $n_i \times n_i$-Matrix und $\sum_{i=1}^{k} n_i = n$.

(a) ([HK], Kap. 5.4, A7) Zeige: Es ist $\det \begin{pmatrix} A_1 & & & * \\ 0 & A_2 & & \\ & & \ddots & \\ 0 & \dots & 0 & A_k \end{pmatrix} = \prod_{i=1}^{k} \det(A_i)$.

(b) Bestimme $\det \begin{pmatrix} * & & & A_1 \\ & & A_2 & 0 \\ & \cdot\cdot\cdot & & 0 \\ A_k & 0 & & \dots \end{pmatrix}$ in Abhängigkeit von $\det(A_1), \dots, \det(A_k)$.

Aufgabe 12.30[6] Es sei $n \in \mathbb{N}$. Die Permanente $\mathrm{perm}(A)$ einer Matrix $A \in \mathbb{R}^{n \times n}$ ist definiert durch $\mathrm{perm}(A) := \sum_{\pi \in S_n} \prod_{i=1}^{n} A_{i\pi(i)}$[7].

(a) Zeige: Hat A eine Nullzeile, so ist $\mathrm{perm}(A) = 0$.
(b) Zeige: Ist $A = (a_1|a_2|\dots|a_n)$, $A' = (a_1'|a_2|\dots|a_n)$, so ist
$\mathrm{perm}(a_1 + a_1'|a_2|\dots|a_n) = \mathrm{perm}(A) + \mathrm{perm}(A')$.
(c) Zeige: Für alle $A \in \mathbb{R}^{n \times n}$ ist $\mathrm{perm}(A) = \mathrm{perm}(A^t)$.
(d) Zeige: $\mathrm{perm} \begin{pmatrix} a_1 & 0 & 0 & \dots & 0 \\ 0 & a_2 & 0 & \dots & 0 \\ 0 & 0 & a_3 & \dots & 0 \\ & \cdot & \cdot & \cdot & \\ 0 & 0 & 0 & \dots & a_n \end{pmatrix} = \prod_{i=1}^{n} a_i$.

Aufgabe 12.31 Es seien U und W Unterräume eines n-dimensionalen Vektorraumes V. Zeige: Dann ist $\dim(U \cap W) \geq \dim(U) + \dim(W) - n$.

Aufgabe 12.32 Es sei $n \in \mathbb{N}$ und $\mathcal{M} \subseteq \mathbb{R}^{n \times n}$ eine Menge mit mindestens zwei Elementen; gelte für alle $A, B \in \mathcal{M} \setminus \{0\}$, $X \in \mathbb{R}^{n \times n}$, dass $AX + XB \in \mathcal{M}$. Zeige: Es ist $\mathcal{M} = \mathbb{R}^{n \times n}$.

---

[6] Die Aufgabe verdanke ich M. Schweighofer.
[7] Hier bezeichnet S_n die Menge der Permutationen der Menge $\{1, \dots, n\}$.

Aufgabe 12.33 Es sei V ein Vektorraum und U ein Unterraum von V. Zeige: Es existiert ein Unterraum W von V so, dass jedes $v \in V$ auf genau eine Weise als $v = u + w$ mit $u \in U$ und $w \in W$ darstellbar ist.

Aufgabe 12.34 (vgl. [AG], A224)
(a) Es seien K ein Körper und $X \in \mathbb{K}^{n \times n}$ nilpotent, d. h. es sei $A^k = 0$ für eine natürliche Zahl k. Zeige, dass $I + X$ invertierbar ist.
(b) Es seien K ein Körper und $A, B \in K^{n \times n}$ so, dass $AB = BA$, A invertierbar und B nilpotent. Zeige, dass $A - B$ und $A + B$ invertierbar sind.
(c) Es sei $X \in \mathbb{R}^{n \times n}$ so, dass die Summe der Quadrate aller Einträge von X kleiner ist als 1. Zeige, dass $I - X$ und $I + X$ invertierbar sind.

Aufgabe 12.35 Es seien K ein Körper und V, W zwei endlich-dimensionale K-Vektorräume.

Zeige, dass dann stets (mindestens) einer der folgenden Aussagen richtig ist:

(1) Es existiert eine lineare Injektion von V nach W.
(2) Es existiert eine lineare Surjektion von V nach W.

Aufgabe 12.36 (vgl. z. B. [Go2], Bsp. 1) Zeige: Es existiert eine Funktion $f : \mathbb{R} \to \mathbb{R}$, die $f(a + b) = f(a) + f(b)$ für alle $a, b \in \mathbb{R}$ erfüllt, aber im Punkt 1 nicht stetig ist.[8]

Aufgabe 12.37
(a) Für $n \in \mathbb{N}$ sei $A_n \in \mathbb{R}^{n \times n}$ die reelle $n \times n$-Matrix, deren sämtliche Einträge gleich 1 sind. Bestimme für alle $k, n \in \mathbb{N}$ die Potenz A_k^n in Abhängigkeit von k und n.

(b) Für jedes $n \in \mathbb{N}$ sei $A_n \in \mathbb{R}^{n \times n}$ die Matrix
$$\begin{pmatrix} 1 & 1 & 0 & \dots & 0 \\ 0 & 1 & 1 & \dots & 0 \\ 0 & 0 & 1 & \dots & 0 \\ & & \dots & & \\ & & \dots & & \\ 0 & 0 & 0 & \dots & 1 \\ 0 & 0 & 0 & \dots & 1 \end{pmatrix}.$$
Bestimme für alle $k, n \in \mathbb{N}$ die Potenz $(A_n)^k$ in Abhängigkeit von k und n.[9]

---

[8] Tipp: Betrachte $\mathbb{R}$ als Vektorraum über $\mathbb{Q}$ und **wähle eine Basis**, die 1 enthält.
[9] Tipp: Betrachte Spezialfälle – und betrachte dazu das Pascalsche Dreieck.

(c) ([AG], A204) Für jedes $n \in \mathbb{N}$, $x \in \mathbb{R}$ sei $A_n(x) \in \mathbb{R}^{n \times n}$ die Matrix

$$
\begin{pmatrix}
x & 1 & 0 & \cdots & 0 \\
0 & x & 1 & \cdots & 0 \\
0 & 0 & x & \cdots & 0 \\
& & \cdots & & \\
& & \cdots & & \\
0 & 0 & 0 & \cdots & 1 \\
0 & 0 & 0 & \cdots & x
\end{pmatrix}
$$

. Bestimme $(A_n(x))^k$ in Abhängigkeit von $k, n \in \mathbb{N}$ und $x \in \mathbb{R}$.

(d) Für $n \in \mathbb{N}$ sei $A_n \in \mathbb{R}^{n \times n}$ die reelle $n \times n$-Matrix, bei der alle Einträge auf und über der Hauptdiagonalen gleich 1 und alle übrigen gleich 0 sind; z. B. ist $A_4 =$

$$
\begin{pmatrix}
1 & 1 & 1 & 1 \\
0 & 1 & 1 & 1 \\
0 & 0 & 1 & 1 \\
0 & 0 & 0 & 1
\end{pmatrix}
$$

. Bestimme A_n^k in Abhängigkeit von $k, n \in \mathbb{N}$.[10]

Aufgabe 12.38 Beende die Lösung von Beispiel 12.21.

12.10   Literatur und weitere Beispiele

Eine Sammlung mit Aufgaben und Lösungen zur (linearen Algebra) in deutscher Sprache ist [FW].

Beispiele 3.14, 3.16, 3.17, 3.18, 3.19, 5.6, 5.8, 6.7, 7.4, 7.5, 8.5, 11.2, 11.3, 14.1, 14.3, 14.5, Aufgaben 3.6, 3.7, 4.6(g), 6.6, 7.2, 7.5, 8.3, 14.1, 14.2, 14.3, 14.4, 14.13, 14.14.

Literatur

[AG] Andreescu, T., Gelca, R.: Putnam and Beyond. Springer, New York (2007)

[E]   Engel, A.: Problem Solving Strategies. Springer, New York (1998)

[FW] Fuchs, C., Wüstholz, G.: Übungen zur Algebra. Aufgaben – Lösungen – Probeklausuren. Springer Spektrum (2014)

[Go2] Gowers, T.: How to use Zorn's Lemma. https://gowers.wordpress.com/2008/08/12/how-to-use-zorns-lemma/. Zugegriffen: 29.05.2017

[HW] Hardy, G., Wright, E.: An Introduction to the Theory of Numbers. Fifth Edition. Oxford Science Publications, New York (1979)

[HK] K. Hoffman, R. Kunze. Linear Algebra. Prentice-Hall, Inc., Englewood Cliffs, New Jersey (1971)

---

[10] Auch hier hilft es, das Pascalsche Dreieck zurate zu ziehen.

[HR] Hancl, J., Rucki, P.: Increase your Mathematical Intelligence. University of Ostrava (2008)

[K]   Knuth, D.: The Art and Craft of Computer Programming. Vol. 1. Fundamental Algorithms, Third Edition. Addison-Wesley Westford, Massachusetts (1997)

[KT] Komjath, P., Totik, V.: Problems and Theorems in Classical Set Theory. Springer, New York (2006)

[L]   Larson, L.: Problem-Solving Through Problems. Springer, New York (1983)

[P2] Polya, G.: Mathematik und plausibles Schließen. Induktion und Analogie in der Mathematik. Zweite Auflage. Birkhäuser Verlag, Basel und Stuttgart (1969)

[PS] Polya, G., Szegö, G.: Aufgaben und Lehrsätze aus der Analysis I und II. Vierte Auflage. Springer, Heidelberg New York (1971)

[Si] Simpson, S.: Subsystems of Second Order Arithmetic. The Association for Symbolic Logic, Cambridge University Press, New York (2009)

In diesem Kapitel werden wir anhand einiger Beispiele sehen, dass und wie sich die bisher erarbeiteten Lösungsstrategien in der Analysis anwenden lassen. Anschließend werden wir einige für die Analysis typische Lösungsstrategien betrachten.

13.1 Zwei Anwendungen von Interpretation bzw. Visualisierung

Im Abschnitt über kombinatorische Interpretation haben wir gesehen, dass die „Interpretation" eines Terms im Umgang mit einem Term sehr hilfreich sein kann. Das gilt auch für die Analysis, bei der sich häufig geometrische Interpretationen als Längen oder Flächen anbieten. Insbesondere Grenzwerte von Summen lassen sich oft als (Flächen-, Längen- oder sonstige) Integrale interpretieren und berechnen.

Beispiel 13.1 ([HR], A38.2)

Bestimme den Grenzwert $\lim_{n\to\infty} \frac{1}{n} \left(\sin\left(\frac{\pi}{n}\right) + \sin\left(\frac{2\pi}{n}\right) + \ldots + \sin\left(\frac{(n-1)\pi}{n}\right) \right)$.

Lösung Dieser Term sieht ziemlich unzugänglich aus. Versuchen wir, ihn zu interpretieren! Ausmultiplizieren liefert $\sum_{k=1}^{n-1} \frac{1}{n} \sin(\frac{k\pi}{n})$. Nun können wir $\frac{1}{n} \sin(\frac{k\pi}{n})$ interpretieren als Flächeninhalt eines Rechtecks mit den Seitenlängen $\frac{1}{n}$ und $\sin(\frac{k\pi}{n})$. Für gegebenes n ist der Term in der Klammer gerade die n-te Riemannsumme des Integrals $\int_0^1 \sin(\pi x) \mathrm{d}x$! Also ist $\lim_{n\to\infty} \frac{1}{n} \left(\sin\left(\frac{\pi}{n}\right) + \sin\left(\frac{2\pi}{n}\right) + \ldots \sin\left(\frac{(n-1)\pi}{n}\right) \right) = \int_0^1 \sin(\pi x) dx = -\frac{1}{\pi} \cos(\pi x)\big|_0^1 = \frac{2}{\pi}$. $\square$

© Springer Fachmedien Wiesbaden GmbH 2017
M. Carl, *Wie kommt man darauf?*, DOI 10.1007/978-3-658-18250-2_13

Beispiel 13.2 ([HR], A34.2)

Bestimme den Grenzwert $\lim_{n\to\infty} \sqrt[n]{\exp(\frac{1}{n})\exp(\frac{2}{n})\dots\exp(\frac{n}{n})}$.

Lösung Das unendliche Produkt ist nicht so offensichtlich zu interpretieren wie die Summe in der letzten Aufgabe. Vielleicht können wir sie aber auf die gleiche Form bringen? In der Tat: Logarithmieren liefert $\ln\left(\sqrt[n]{\exp(\frac{1}{n})\exp(\frac{2}{n})\dots\exp(\frac{n}{n})}\right) = \frac{1}{n}(\sum_{i=1}^{n}\ln(\exp(\frac{i}{n}))) = \sum_{i=1}^{n}\frac{i}{n}\frac{1}{n}$, also die n-te Riemannsumme des Integrals $\int_0^1 x\,dx$. Damit folgt

$$\lim_{n\to\infty}\ln\left(\sqrt[n]{\exp\left(\frac{1}{n}\right)\exp\left(\frac{2}{n}\right)\dots\exp\left(\frac{n}{n}\right)}\right) = \int_0^1 x\,dx = \frac{1}{2}x^2\big|_0^1 = \frac{1}{2}, \text{ also ist}$$

$$\lim_{n\to\infty}\sqrt[n]{\exp\left(\frac{1}{n}\right)\exp\left(\frac{2}{n}\right)\dots\exp\left(\frac{n}{n}\right)} = e^{\frac{1}{2}}. \qquad\square$$

13.2 Anwendungen des Induktionsprinzips

Wie in der linearen Algebra ist das Induktionsprinzip auch in der Analysis häufig nützlich. Insbesondere sollte man an das Induktionsprinzip denken, wenn man es mit Polynomen zu tun hat.

Definition (Für die Definition und das folgende Beispiel vgl. [PS], Kap. 1, A17–A36.) Ein Vorzeichenwechsel in der Folge $(x_1,\dots,x_n)$ reeller Zahlen ist eine Stelle $i \in \{1,\dots,n-1\}$ derart, dass für das kleinste $j > i$ mit $c_j \neq 0$ die Zahl c_j ein anderes Vorzeichen hat als c_i (d. h. es ist $c_i < 0$ und $c_j > 0$ oder $c_j > 0$ und $c_j < 0$ – oder, kürzer: $c_i c_j < 0$). Ist $p = \sum_{i=0}^{n} d_i X i$ ein Polynom mit reellen Koeffizienten, so verstehen wir unter der Anzahl der Vorzeichenwechsel von p die Anzahl der Vorzeichenwechsel von $(d_0,\dots,d_n)$.

Beispiel 13.3 ([PS], Kap. 1, A17–A36)

(Die Zeichenregel von Descartes) Es sei $p = \sum_{i=0}^{n} c_i X^i$ ein Polynom mit reellen Koeffizienten. In der Koeffizientenfolge $(c_0,\dots,c_n)$ gebe es W_p viele Vorzeichenwechsel. Ferner habe p genau N_p viele positive Nullstellen. Zeige: Es ist $N_p \leq W_p$.

Lösung ([PS], Kap. 1, A17–A36)

Es gibt mehrere Kandidaten für Induktionsvariable: N_p, W_p, n (der Grad von p). Es lohnt sich, alle einmal auszuprobieren. Wir versuchen die Anzahl positiver Nullstellen: Darin scheint die meiste verwertbare Information zu liegen: Nullstellen kann man abspalten!

Der Fall $N_p = 0$ ist trivial.

Angenommen nun, die Behauptung stimmt für Polynome q mit $N_q < N$; wir wollen zeigen, dass sie dann auch für Polynome p mit $N_p = N$ gilt. Es sei also p ein Polynom mit N positiven Nullstellen $a_1, \dots, a_N$. Dann können wir p in der Form $(X - a_N)q$ schreiben, wobei q noch $N - 1$ positive Nullstellen hat. Nach Induktionsannahme hat q dann mindestens $N - 1$ viele Vorzeichenwechsel. Wenn wir daraus folgern wollen, dass p mindestens N Vorzeichenwechsel hat, müssen wir Folgendes zeigen:

Ist $q = \sum_{i=0}^{n} d_i X^i$ ein reelles Polynom mit $N - 1$ Vorzeichenwechseln und $a > 0$, so ist $(X - a)q$ ein reelles Polynom mit mindestens N Vorzeichenwechseln.

Lösung Nach Annahme ist die Koeffizientenfolge von q gerade $(d_0, \dots, d_n)$. Weiter ist
$$(X - a)q = -ad_0 + (d_0 - ad_1)X + (d_1 - ad_2)X^2 + \dots + (d_{n-1} - ad_n)X^n + d_n X^{n+1},$$
die Koeffizientenfolge von $(X - a)q$ ist also $(b_0, \dots, b_{n+1}) = (-ad_0, d_0 - ad_1, d_1 - ad_2, \dots, d_{n-1} - ad_n, d_n)$. Wir wollen die Vorzeichenwechsel in der zweiten Koeffizientenfolge zählen. Dazu machen wir folgende Beobachtungen: Ist $d_i < 0$ und $d_{i+1} \geq 0$, so ist $d_i - ad_{i+1} < 0$ und ist $d_i > 0$ und $d_{i+1} \leq 0$, so ist $d_i - ad_{i+1} > 0$. Außerdem hat $b_0 = -ad_0$ ein anderes Vorzeichen als d_0 und $b_{n+1} = d_n$ hat offenbar das gleiche Vorzeichen wie d_n. Diese Beobachtungen genügen (Aufgabe 13.4).

Mithilfe dieser Aussage folgt nun, dass p mindestens einen Vorzeichenwechsel mehr haben muss als q, womit der Induktionsschritt fertig ist. $\square$

Beispiel 13.4 ([PS], Bd. I, Kap. 2, A70; [L], 7.1.6)

Sei $f : \mathbb{R} \to \mathbb{R}$ eine Funktion so, dass $f(\frac{x+y}{2}) \leq \frac{f(x)+f(y)}{2}$, $k \in \mathbb{N}$, $k \geq 2$. Zeige:

Sind $x_1, \dots, x_k \in \mathbb{R}$, so ist $f\left(\frac{\sum_{i=1}^{k} x_i}{k}\right) \leq \frac{\sum_{i=1}^{k} f(x_i)}{k}$.

Lösung Betrachten wir zunächst Spezialfälle und setzen $k = 2$, so ergibt sich gerade die gegebene Ungleichung. Diese sollen wir also von $k = 2$ auf beliebige natürliche k verallgemeinern. Das legt es nahe, es mit Induktion zu versuchen.

Also suchen wir nach Paaren (n, m) natürlicher Zahlen, so dass die Aussage für $k = m$ sich aus der für $k = n$ ergibt. Wir kürzen die Behauptung, dass $f(\frac{\sum_{i=1}^{k} x_i}{k}) \leq \frac{\sum_{i=1}^{k} f(x_i)}{k}$ für alle $x_1, \dots, x_k$ gilt, mit A_k ab. Zunächst liegt es nahe, die gegebene Ungleichung zu iterieren:

$$f\left(\frac{x_1 + x_2 + x_3 + x_4}{4}\right) = f\left(\frac{\frac{x_1+x_2}{2} + \frac{x_3+x_4}{2}}{2}\right) \le \frac{f\left(\frac{x_1+x_2}{2}\right) + f\left(\frac{x_3+x_4}{2}\right)}{2}$$

$$\le \frac{\frac{f(x_1)+f(x_2)}{2} + \frac{f(x_3)+f(x_4)}{2}}{2}$$

$$= \frac{f(x_1) + f(x_2) + f(x_3) + f(x_4)}{4}.$$

Allgemeiner erhalten wir auf diese Weise, dass A_k schon A_{2k} impliziert. Da A_2 gegeben ist, folgen also $A_4, A_8, A_{16}, \ldots$ – allgemein A_{2^n} für alle $n \in \mathbb{N}$.

Das haben wir schon einmal gesehen, nämlich bei Cauchys Beweis für die Ungleichung zwischen dem arithmetischen und dem geometrischen Mittel (siehe Beispiel 4.5). Um die Behauptung für alle natürliche Zahlen k zu erhalten, versuchen wir also als nächstes, ob wir A_n aus A_{n+1} beweisen können. Dazu müssen wir uns überlegen, wie wir $\frac{x_1+\ldots+x_n}{n}$ in der Form $\frac{y_1+\ldots+y_{n+1}}{n+1}$ schreiben können. Eine naheliegende Variante ist, $\frac{\sum_{i=1}^n x_i}{n} = \frac{\sum_{i=1}^n x_i + \frac{\sum_{i=1}^n x_i}{n}}{n+1}$ auszuprobieren. Und in der Tat, mit einigen Umformungen erhalten wir:

$$f\left(\frac{\sum_{i=1}^n x_i}{n}\right) = f\left(\frac{\sum_{i=1}^n x_i + \frac{\sum_{i=1}^n x_i}{n}}{n+1}\right) \le \frac{\sum_{i=1}^n f(x_i) + f\left(\frac{\sum_{i=1}^n x_i}{n}\right)}{n+1},$$

also $\frac{n+1}{n} f\left(\frac{\sum_{i=1}^n x_i}{n}\right) \le \frac{\sum_{i=1}^n f(x_i) + f\left(\sum_{i=1}^n \frac{x_i}{n}\right)}{n}$, also $\left(\frac{n+1}{n} - \frac{1}{n}\right) f\left(\frac{\sum_{i=1}^n x_i}{n}\right) =$ $f\left(\frac{\sum_{i=1}^n x_i}{n}\right) \le \frac{\sum_{i=1}^n f(x_i)}{n}$, was zu zeigen war. $\qquad\square$

13.3 Das Extremalprinzip in der Analysis

In der Analysis hat man es typischerweise mit Mengen reeller Zahlen zu tun, oder allgemeiner mit Bereichen, in denen nichtleere Teilmengen im Allgemeinen kein kleinstes Element besitzen. Gerade in der Analysis ist das Extremalprinzip aber eine wichtige Lösungsstrategie! Beispiele für Sätze, die seinen Einsatz in vielen Fällen ermöglichen, sind die folgenden:

▶ **Theorem (Extremalprinzip für reelle Zahlen)**

   (i)   Stetige Funktionen auf Kompakta nehmen ihr Minimum und Maximum an.
   (ii) Jede nichtleere, nach unten beschränkte Menge X reeller Zahlen besitzt ein Infimum (das aber nicht unbedingt in X enthalten sein muss).
   (iii) Jede nichtleere, nach oben beschränkte Menge X reeller Zahlen besitzt ein Supremum (das aber nicht unbedingt in X enthalten sein muss).

Wir erinnern daran, dass wir im Kap. 6 zum Extremalprinzip bereits ein Beispiel dazu gesehen haben, nämlich Beispiel 6.6. Wir betrachten nun einige Anwendungen mit deutlicher analytischem Charakter:

> **Beispiel 13.5 (Das Beispiel und die Behandlung stammen aus [Go])**
> Eine Funktion $f : \mathbb{R} \to \mathbb{R}$ heißt „örtlich wachsend", falls zu jedem $x \in \mathbb{R}$ ein $\varepsilon > 0$ so existiert, dass $f(y) \leq f(x) \leq f(z)$ für alle $y \in [x - \varepsilon, x)$ und alle $z \in (x, x + \varepsilon]$. Zeige: Eine Funktion $g : \mathbb{R} \to \mathbb{R}$ ist genau dann monoton wachsend, wenn sie örtlich wachsend ist.

Lösung Sicherlich ist jede monoton wachsende Funktion auch örtlich wachsend: Ist g monoton wachsend und $x \in \mathbb{R}$, so ist die Bedingung für örtliches Wachstum sogar für jedes $\varepsilon > 0$ erfüllt. Kümmern wir uns also um die Gegenrichtung.

Nehmen wir nun an, g sei örtlich wachsend, aber nicht monoton wachsend. **Mache die Daten so konkret wie möglich! Führe geeignete Bezeichnungen ein!** Da g örtlich wachsend ist, muss zu jedem $x \in \mathbb{R}$ ein ε mit den in der Aufgabenstellung genannten Eigenschaften existieren. Wählen wir zu jedem x ein solches ε und nennen es ε_x. Da g nicht monoton wachsend ist, existieren außerdem reelle Zahlen $a < b$ so, dass $g(a) > g(b)$.

Betrachte extremale Gegenbeispiele! Führe hilfreiche Zusatzannahmen ein! Nehmen wir einmal an, a wäre maximal mit den Eigenschaften $a < b$ und $g(a) > g(b)$. Dann ist also $g(x) \leq g(b)$ für alle $x \in (a, b]$, und zusammen mit $g(a) > g(b)$ folgt $g(a) > g(x)$ für alle $x \in (a, b]$. Liegt nun x sowohl in $(a, b]$ als auch in $(a, a + \varepsilon_a]$, so gilt folglich einerseits $g(a) > g(x)$ und andererseits, nach Definition von ε_a, $g(a) \leq g(x)$, ein Widerspruch.

Wir wären also fertig, wenn wir wüssten, dass a ein maximales Gegenbeispiel ist bzw. wenn wir wüssten, dass es überhaupt ein maximales Gegenbeispiel gibt. Wir versuchen also, unser Theorem anzuwenden und betrachten das Supremum aller Gegenbeispiele, also $s := \sup\{x < b : g(x) > f(b)\}$. Dieses Supremum existiert nach Formulierung (iii) des Extremalprinzips für reelle Zahlen.

Sicherlich ist dann $g(x) \leq g(b)$ für alle $x \in (s, b]$. Wenn also $g(s) > g(b)$ gilt, so ist s unterhalb von b auch maximal mit dieser Eigenschaft. Es bleibt also zu zeigen, dass $g(s) > g(b)$ gilt. Falls nicht, dann ist $g(s) \leq g(b)$. Andererseits existieren nach Definition von s beliebig nahe an s liegende $x < s$ mit $g(x) > g(b) \geq g(s)$, also $g(x) > g(s)$, was nun aber der Annahme widerspricht, es sei $g(x) \leq g(x)$ für alle $x \in [s - \varepsilon_s, s)$. Also ist s tatsächlich maximal mit den gewünschten Eigenschaften, und das Argument oben liefert uns den gesuchten Widerspruch. $\qquad\square$

Eine der berühmtesten Anwendungen des Extremalprinzips in der Analysis ist (trotz ihres Namens) die folgende:

Beispiel 13.6 (vgl. z. B. [Wa], Kap. 7.5; [D], S. 69) (Der Fundamentalsatz der Algebra)
Es sei $f = \sum_{i=0}^{n} c_i X^i$ ein nichtkonstantes Polynom mit komplexen Koeffizienten. Zeige: f hat eine komplexe Nullstelle.

Lösung Der Einfachheit halber nehmen wir an, dass f als führenden Koeffizienten 1 hat, also $f = X^n + c_{n-1} X^{n-1} + \ldots + c_0$. Wir haben es mit einer Existenzaussage zu tun und denken daher an das Extremalprinzip. Gesucht ist eine Nullstelle. Ist eine Nullstelle in irgend einem Sinn „extremal"? Sicher: An einer Nullstelle x_0 nimmt der Betrag $|f(x_0)|$ von f ein Minimum an. Wir könnten also versuchen, das betragsmäßige Minimum von f zu suchen und zu zeigen, dass es gleich 0 sein muss.

Aber gibt es so ein Minimum überhaupt? Immerhin ist f auf ganz $\mathbb{C}$ definiert und das Extremalprinzip für reelle Zahlen (i) ist also nicht direkt anwendbar. Dazu müssten wir f auf einer kompakten Menge betrachten.

Es ist allerdings nicht schwer zu sehen, dass $|f(x)|$ „groß wird", wenn $|x|$ „groß wird"; genauer ist, für $|X| > 1$: $|X^n + c_{n-1} X^{n-1} + \ldots + c_0| \geq |X|^n - (|c_{n-1}| + \ldots + |c_0|)|X|^{n-1} = |X|^{n-1}(|X| - (|c_{n-1}| + \ldots + |c_0|))$ (die Details der Abschätzung überlassen wir der Leserin bzw. dem Leser), und sobald $|X| > (|c_{n-1}| + \ldots + |c_0|)$ wird die rechte Seite offenbar monoton wachsen. Es gibt also ein $r \in \mathbb{R}^+$ so, dass $|f(x)| > |c_0| = |f(0)|$ für $|X| > r$. Jedes $x \in \mathbb{C}$, das außerhalb des Kreises mit Radius r um den Ursprung liegt, wird also $|f(x)| > |f(0)|$ erfüllen und damit auf keinen Fall ein betragsmäßiges Minimum von f sein. Wenn wir so ein Minimum suchen, können wir uns also auf diesen Kreis K einschränken.

Aber dieser Kreis ist ein Kompaktum! Also muss die stetige Funktion $|f|$ nach dem Extremalprinzip für reelle Zahlen (i) auf K ein Minimum annehmen, das zugleich ein Minimum von $|f|$ auf ganz $\mathbb{C}$ ist. Sei $c \in K$ so, dass $|f(c)|$ minimal ist.

Wir wollen nun zeigen, dass c eine Nullstelle von f (oder, äquivalent, von $|f|$) ist. Wie üblich bei einem Beweis mithilfe des Extremalprinzips nehmen wir das Gegenteil $|f(c)| > 0$ an und arbeiten auf einen Widerspruch zur Minimalität von $|f(c)|$ hin. Indem wir ggf. in f die Variable X durch $X + c$ ersetzen (also f um c verschieben), können wir OBdA annehmen, dass $c = 0$. Dann ist also $f(c) = f(0) = c_0$.

Sei also $f(0) = a + bi \neq 0$. Anschaulich ist $f(0)$ ein „Pfeil" einer gewissen positiven Länge und mit einer gewissen Richtung. Die Idee ist nun, ein $d \in \mathbb{C}$ so zu finden, dass $\sum_{i=1}^{n} c_i d^i$ ein kleines Stück ‚ungefähr' in die Gegenrichtung von diesem Pfeil $f(0)$ verläuft und dadurch $c_0 + \sum_{i=1}^{n} c_i d^i = f(d)$ eine kürzere Länge hat als $f(0)$, was schon den gewünschte Widerspruch liefert.

Wie finden wir eine solche Richtung? **Betrachte zugänglichere Spezialfälle!** Wenn f Grad 1 hat, also $f = X + c_0$ ist, so brauchen wir nur $X = -\frac{c_0}{2}$ zu setzen, oder allgemeiner $X = -\frac{c_0}{n}$ für ein beliebiges $n > 0$. Aber in diesem Fall ist die Aussage des Fundamentalsatzes natürlich ohnehin trivial, denn $X = -c_0$ ist eine Nullstelle von f.

Betrachten wir also den Fall, dass f Grad 2 hat, also $f = X^2 + c_1 X + c_0$ ist. Wir wollen X so wählen, dass $|X^2 + c_1 X + c_0| < |c_0|$. Wenn $|X|$ sehr klein ist, dann wird der Beitrag von X^2 zu diesem Betrag auch nur einen sehr kleinen Anteil des Betrags ausmachen – der entscheidende Term ist also $c_1 X$, den wir behandeln können wie im „trivialen" Fall $\deg(f) = 1$. Das ist die entscheidende Beobachtung! Setze $X = -\frac{c_0}{c_1}\varepsilon$ für ein sehr kleines $\varepsilon \in \mathbb{R}^+$. Dann ist $|X^2 + c_1 X + c_0| = |(\frac{c_0}{c_1}\varepsilon)^2 - c_0\varepsilon + c_0| = |(\frac{c_0}{c_1}\varepsilon)^2 + c_0(1-\varepsilon)| \le |(\frac{c_0}{c_1})^2\varepsilon^2| + (1-\varepsilon)|c_0|$. Wählt man ε ausreichend klein, so ist das $< |c_0|$, was wir erreichen wollten. Dabei haben wir allerdings stillschweigend $c_1 \ne 0$ vorausgesetzt – sonst ergibt $\frac{c_0}{c_1}$ nicht viel Sinn. Aber für $c_1 = 0$ ist $f = X^2 + c_0$ und wir können $X = \sqrt{-\frac{c_0}{2}}$ wählen.

Jetzt ist es nicht mehr schwierig, die Betrachtung auf ein Polynom von beliebigem Grad n auszudehnen, und zu zeigen, dass für $|f(0)| > 0$ ein $x \in \mathbb{C}$ existiert mit $|f(x)| < |f(0)|$ (Aufgabe 13.36).

Also muss in der Tat $|f(0)| = 0$, d. h. $f(0) = 0$ sein, was wir zeigen wollten. $\qquad\square$

Beispiel 13.7[1]
Es sei X eine kompakte Teilmenge von $\mathbb{R}^2$, ferner $f : X \to X$ eine stetige Funktion mit $|f(x) - f(y)| < |x - y|$ für alle $x, y \in X$. Zeige: f hat einen Fixpunkt.

Lösung Betrachte die Funktion $g(x) = |f(x) - x|$; g ist stetig, nimmt also auf X ein Minimum an. Sei $x_0 \in X$ eine Stelle, an der dieses Minimum angenommen wird. Dann folgt nach unserer Annahme über f, dass $|f(f(x_0)) - f(x_0)| < |f(x_0) - x_0|$, d. h. der Wert von $|f(x) - x|$ an der Stelle $x = x_0$ wird an der Stelle $x = f(x_0)$ noch unterschritten, im Widerspruch zur Minimalität. $\qquad\square$

Bemerkung Dies ist zugleich ein Beispiel für eine andere, ebenfalls häufig nützliche Strategie: Betrachte Differenzen! Insbesondere dann, wenn zu zeigen ist, dass zwei Funktionen f, g gleich sind oder an gewissen Stellen $f > g$ gilt, sollte man die Differenzfunktion $f - g$ betrachten. Häufig hat $f - g$ angenehme Eigenschaften und man kann darauf Sätze der Analysis anwenden. Wir betrachten rasch noch ein kleines weiteres Beispiel für diese Technik:

Beispiel 13.8 ([AG], A404)
Zeige: Für alle $x \in \mathbb{R}^{>0}$ ist $e^x > 1 + x$.

---

[1] Nach einem Vorschlag von Oliver Schnürer.

Lösung Wir benutzen den „Differenztrick", betrachten die Funktion $f : x \mapsto e^x - x - 1$ und zeigen, dass sie überall auf $\mathbb{R}^{>0}$ strikt positiv ist. Offenbar ist $e^x - x - 1$ differenzierbar. Es ist $f(0) = 0$ und $f'(x) = e^x - 1 > 0$ für $x > 0$. Also ist f auf $\mathbb{R}^+$ überall streng monoton wachsend und hat insbesondere nur Werte oberhalb von $f(0) = 1$. $\square$

13.4 Das Schubfachprinzip und Königs Lemma in der Analysis[2]

Auch das Schubfachprinzip, vor allem aber Königs Lemma, haben zahlreiche Anwendungen in der Analysis. Wir beginnen mit einer Anwendung des Schubfachprinzips:

Beispiel 13.9

(a) Es sei $\mathcal{M}$ eine überabzählbare Menge von positiven reellen Zahlen. Zeige, dass es eine abzählbare Teilmenge $C \subseteq \mathcal{M}$ so gibt, dass $\sum_{x \in C} x = \infty$.

(b) Es sei $f : \mathbb{R} \to \mathbb{R}$ eine monoton wachsende Funktion. Zeige: Für alle bis auf höchstens abzählbar viele $x \in \mathbb{R}$ ist f an der Stelle x stetig, d. h. es ist $\sup\{f(y) : y < x\} = f(x) = \inf\{f(z) : z > x\}$.

Lösung (a) Die Form der Aussage „unter überabzählbar vielen ... gibt es abzählbar viele, so dass ... " erinnert an die unendliche Version des Schubfachprinzips: Verteilt man überabzählbar viele Dinge auf abzählbar viele Schubfächer, so landen überabzählbar viele von ihnen im gleichen Schubfach.

Wenn das bei unserer Aufgabe helfen soll, brauchen wir also abzählbar viele Schubfächer $S_0, S_1, S_2, S_3, \ldots$ so, dass je unendlich viele Elemente aus einem Schubfach eine unendliche Summe haben. Das ist nicht weiter schwierig: Eine Summe mit unendlich vielen Summanden ist jedenfalls dann unendlich, wenn alle Summanden über einer gewissen reellen Zahl $\varepsilon > 0$ liegen. Also wollen wir abzählbar viele Schubfächer, d. h. hier Mengen von reellen Zahlen, so, dass jede positive reelle Zahl in eines davon gehört und jede dieser Mengen eine positive untere Schranke hat. Das ist einfach: Es genügt z. B. $S_0 = [1, \infty)$ und, für $i > 0$, $S_i = [\frac{1}{i+1}, \frac{1}{i})$ zu setzen.

Nach der unendlichen Version des SFP liegen dann von den überabzählbar vielen Elementen von X sogar überabzählbar viele im gleichen S_i, und jede abzählbare Teilmenge von $X \cap S_i$ ist wie gewünscht.

(b) Wir betrachten beide Teile der Folgerung getrennt und zeigen zunächst, dass für alle bis auf höchstens abzählbar viele $x \in \mathbb{R}$ die Behauptung $\sup\{f(y) : y < x\} = f(x)$ erfüllt ist. Der Einfachheit halber schreiben wir s_x für $\sup\{f(y) : y < x\}$.

---

[2] Dass die Bsp. 10, 11 und 12 als Anwendungen von Königs Lemma aufgefasst werden können, ist ein Ergebnis der „reversen Mathematik"; siehe [Si].

Angenommen nicht. Dann gibt es eine überabzählbare Menge $X \subseteq \mathbb{R}$ so, dass $s_x \neq f(x)$ für alle $x \in X$; aus der Monotonie von f folgt $s_x < f(x)$ bzw. $f(x) - s_x > 0$. Nach (a) gibt es also eine abzählbare Menge $\{x_i : i \in \mathbb{N}\} \subseteq X$ so, dass $\sum_{i=1}^{\infty}(f(x) - s_x) = \infty$. Das scheint aber noch kein großes Problem zu sein: Die Funktion f hat eben einige Sprungstellen, zusammen sind diese Sprünge unendlich groß. Etwas anderes wäre es, wenn wir wüssten, dass die Werte der $f(x_i)$ alle in einem gewissen beschränkten Intervall I liegen: Dann ist die Summe der $f(x) - s_x$ durch die Länge von I nach oben beschränkt und kann also nicht unendlich sein.

Diese Situation ist aber durch einen weiteren Schubfachschluss leicht zu erreichen: Betrachten wir die abzählbar vielen Intervalle $[z, z + 1)$ mit $z \in \mathbb{Z}$, so gibt es nach dem unendlichen SFP ein $z \in \mathbb{Z}$ so, dass $f(x)$ für überabzählbar viele $x \in X$ in $[z, z+1)$ liegt. Ist nun X' die Menge dieser x, führt das oben gegebene Argument zum Widerspruch.

Völlig analog lässt sich zeigen, dass auch die Bedingung $\inf\{f(z) : z > x\}$ für alle bis auf höchstens abzählbar viele x erfüllt ist. Da eine Vereinigung von zwei abzählbaren Mengen wieder abzählbar ist, haben wir damit insgesamt die Behauptung bewiesen. $\quad\square$

Wir kommen nun zu Anwendungen von Königs Lemma.

Beispiel 13.10 (Satz von Bolzano-Weierstraß) ([Ka], Kap. 1, Bsp. 1.15)
Es sei $X := (x_i : i \in \mathbb{N})$ eine unendliche Folge reeller Zahlen aus dem Intervall $[0, 1]$. Zeige: X enthält eine konvergente Teilfolge.

Lösung Wir beweisen den Satz zunächst durch iterierte Anwendung des unendlichen Schubfachprinzips. Später sehen wir uns eine Variante an, die direkt mit Königs Lemma arbeitet (Aufgabe 13.26).

Wir bilden sukzessive eine konvergente Teilfolge $(z_i : i \in \mathbb{N})$. Sei zunächst $z_0 = x_0$. Wir teilen $[0, 1]$ in zwei Teilintervalle auf, $[0, \frac{1}{2}]$ und $[\frac{1}{2}, 1]$. Nach dem unendlichen Schubfachprinzip muss eines dieser zwei Intervalle unendlich viele der unendlich vielen Folgenglieder enthalten. Nennen wir dieses Intervall I_1. Es sei x_{i_1} das erste Folgenglied nach x_1, das in I_1 liegt und $z_1 := x_{i_1}$. I_1 können wir erneut in eine obere und seine untere Hälfte aufteilen, eine davon, I_2, muss unendlich viele Glieder der Folge X enthalten. Sei x_{i_2} das erste Folgenglied nach x_2, das in I_2 liegt und $z_2 := x_{i_2}$. So fahren wir allgemein fort: Sind das Intervall I_n und die reelle Zahl $z_n = x_{i_n}$ gegeben, wobei I_n unendlich viele Folgenglieder von X enthält, so teilen wir I_n in eine obere und eine untere Hälfte; wenigstens eine davon wird unendlich viele Folgenglieder von X enthalten, wir wählen eine Hälfte, die unendlich viele Folgenglieder von X enthält und nennen sie I_{n+1}; dann ist $x_{i_{n+1}}$ das erste Folgenglied von X nach x_{i_n}, das in I_{n+1} liegt und $z_{n+1} := x_{i_{n+1}}$.

Dann ist $Z := (z_i : i \in \mathbb{N})$ offenbar eine Teilfolge von X. Ab dem k-ten Folgenglied von Z liegen zudem alle Folgenglieder von Z in einem Intervall der Länge 2^{-n}; die Folge Z ist also konvergent. $\quad\square$

In jedem der folgenden Beweise verwenden wir Königs Lemma. Es lohnt sich, sich die gleichen Beweise als iterierte Anwendungen des unendlichen Schubfachprinzips zu überlegen (siehe Aufgabe 13.27).

Beispiel 13.11 (Satz von Heine-Borel) ([C], Thm. 4)

Es sei $\mathcal{F} = (X_i : i \in \mathbb{N})$ eine Folge offener Intervalle mit $[0, 1] \subseteq \bigcup \mathcal{F}$. Zeige: Es existiert eine endliche Teilfolge $\mathcal{F}' \subseteq \mathcal{F}$ so, dass $[0, 1] \subseteq \bigcup \mathcal{F}'$.

Lösung Die Existenz einer solchen endlichen Teilfamilie scheint nicht leicht direkt zu zeigen zu sein. Wir versuchen es daher einmal mit einem Widerspruchsbeweis: Angenommen, es existiert **keine** solche Familie, dann existiert ein $x \in [0, 1]$ mit $x \notin \bigcup \mathcal{F}$. Auch hier ist die Bedingung noch etwas sperrig. Vielleicht können wir sie so modifizieren, dass sie handlicher wird?

In der Tat: Jede endliche Teilfolge von $(X_i : i \in \mathbb{N})$ ist auch Teilfolge einer Folge der Form $(X_i : i < n)$; und wenn eine Teilfolge von $(X_i : i < n)$ das ganze Einheitsintervall überdeckt, dann erst recht die ganze Folge. Wir können uns also auf folgende, äquivalente Formulierung konzentrieren: Ist $[0, 1] \subseteq \bigcup_{i \in \mathbb{N}} X_i$, so existiert ein $n \in \mathbb{N}$ mit $[0, 1] \subseteq \bigcup_{i < n} X_i$. Für einen Widerspruchsbeweis haben wir dann zu zeigen: Existiert kein $n \in \mathbb{N}$ mit $[0, 1] \subseteq \bigcup_{i < n} X_i$, so ist $[0, 1] \not\subseteq \bigcup_{i \in \mathbb{N}} X_i$.

Dazu benutzen wir Königs Lemma und konstruieren einen Baum B wie folgt: Die Wurzel von B ist das Einheitsintervall $I_0^0 := [0, 1]$. Das zerlegen wir jetzt in die Teilintervalle $I_1^0 := [0, \frac{1}{2})$ und $I_1^1 := [\frac{1}{2}, 1]$. Die zerlegen wir weiter in die Intervalle $I_2^0 = [0, \frac{1}{4})$, $I_2^1 := [\frac{1}{4}, \frac{1}{2})$, $I_2^2 = [\frac{1}{2}, \frac{3}{4})$ und $I_2^3 = [\frac{3}{4}, 1]$, und so weiter. Allgemein definieren wir $I_n^k := [k(\frac{1}{2})^n, (k + 1)(\frac{1}{2})^n)$ für $(k + 1) < 2^n$ und $I_n^{2^n - 1} = [(2^n - 1)(\frac{1}{2})^n, 1]$. Wir machen I_{n+1}^k zu einem direkten Nachfolger von I_n^l, wenn $I_{n+1}^k \subseteq I_n^l$ und wenn I_{n+1}^k ein Element enthält, das nicht in $\bigcup_{i < n+1} X_i$ liegt.

Damit ist B offenbar endlich verzweigt, denn jedes Intervall hat höchstens zwei direkte Nachfolger. Falls kein $n \in \mathbb{N}$ mit $[0, 1] \subseteq \bigcup_{i < n} X_i$ existiert, so ist B außerdem unendlich.

Nach Königs Lemma hat B also einen unendlichen Zweig $Z = (z_i : i \in \mathbb{N})$. Dieser Zweig Z ist eine Folge von ineinander liegenden Intervallen, deren Länge gegen 0 konvergiert. Es existiert also genau eine reelle Zahl $z \in [0, 1]$, die in allen diesen Intervallen liegt. Angenommen, wir hätten $z \in \bigcup_{i \in \mathbb{N}} X_i$. Dann existiert ein $j \in \mathbb{N}$ mit $z \in X_j$. Da X_j offen ist, existiert ein $\varepsilon > 0$ so, dass $(z - \varepsilon, z + \varepsilon) \subseteq X_j$. Insbesondere ist $z_k \subseteq X_j$ für hinreichend große k, ein Widerspruch. $\qquad\qquad \square$

Beispiel 13.12 ([Si], Thm. IV.2.3)

Zeige: Jede stetige Funktion $f : [0, 1] \to \mathbb{R}$ ist beschränkt.

Lösung Versuchen wir es mit einem Widerspruchsbeweis: Angenommen, $f : [0, 1] \to \mathbb{R}$ ist stetig und unbeschränkt. **Mache die Daten so konkret wie möglich!** f ist unbeschränkt. Das heißt zu jeder natürlichen Zahl n existiert ein $x_n \in [0, 1]$ so, dass $|f(x_n)| > n$. Wir betrachten die unendliche Menge $X := \{x_i : i \in \mathbb{N}\}$. Wir konstruieren einen Baum B wie beim Beweis des Satzes von Heine-Borel: Die Knoten von B sind Intervalle der Form $I_j^k := [k2^{-j}, (k+1)2^{-j})$ mit $0 \le k \le j - 1$, und I_{j+1}^l ist genau dann direkter Nachfolger von I_j^k, wenn $I_{j+1}^l \subseteq I_j^k$ und I_{j+1}^l unendlich viele Elemente von X enthält. (Wir haben also in jedem Schritt ein Intervall vor uns, in dem unendlich viele Elemente von X liegen, halbieren es und verbinden es mit der einen, der anderen oder beiden Hälften, je nachdem, ob unendlich viele Elemente von X darin liegen.)

B ist offenbar endlich verzweigt, denn jeder Knoten hat höchstens zwei direkte Nachfolger. Ferner ist B unendlich, denn für jedes $j \in \mathbb{N}$ muss eines der Intervalle $I_j^0, \ldots, I_j^{j-1}$ nach dem unendlichen Schubfachprinzip unendlich viele Elemente von X enthalten. Nach Königs Lemma hat B also einen unendlichen Zweig $Z = (z_i : i \in \omega)$. Dieser Zweig Z ist eine Folge ineinander liegender Intervalle, deren Länge gegen 0 konvergiert; es existiert also genau eine reelle Zahl z, die in allen z_i liegt.

Die Idee ist nun folgende: Einerseits ist $f(z)$ eine gewisse reelle Zahl. Andererseits liegen in jeder noch so kleinen Umgebung von z unendlich viele Elemente von X, deren Bilder unter f beliebig große Beträge annehmen. Das widerspricht der Stetigkeit von f. Wir führen diesen Schritt noch genauer aus:

Es sei $\varepsilon > 0$. Wegen der Stetigkeit von f existiert ein $\delta > 0$ so, dass $|f(z) - f(x)| < \varepsilon$ für $|z - x| < \delta$. Wähle $k \in \mathbb{N}$ groß genug so, dass $z_k \subseteq (z - \delta, z + \delta)$. Dann ist für jedes $x \in z_k$ also $|f(x) - f(z)| < \varepsilon$. Nach Konstruktion enthält z_k aber unendlich viele Elemente von X, insbesondere also ein Element y mit $|f(y)| > |f(x)| + 2$, ein Widerspruch. $\qquad\square$

13.5 Gebietsspezifische Strategien

Wir betrachten nun noch einige Lösungsstrategien, die speziell in der Analysis nützlich sind.

13.5.1 Das Teleskopprinzip

Das Teleskopprinzip behandeln wir beispielhaft als eine Strategie, die häufig bei der Berechnung von unendlichen Summen und Summen mit variabler Länge nützlich ist. Wir beginnen mit einem bekannten Beispiel:

Beispiel 13.13

(a) Sei $n \in \mathbb{N}$. Berechne $\sum_{i=1}^{n} \frac{1}{i(i+1)}$

(b) Berechne $\sum_{i=1}^{\infty} \frac{1}{i(i+1)}$.

Lösung (a) Wir beobachten, dass $\frac{1}{i(i+1)} = \frac{1}{i} - \frac{1}{i+1}$. Damit lässt die Summe sich umschreiben als $\sum_{i=1}^{n} \left(\frac{1}{i} - \frac{1}{i+1} \right)$, d. h. $\sum_{i=1}^{n} \frac{1}{i(i+1)} = \frac{1}{1 \cdot 2} + \frac{1}{2 \cdot 3} + \frac{1}{3 \cdot 4} + \ldots + \frac{1}{n(n+1)} = \left(\frac{1}{1} - \frac{1}{2} \right) + \left(\frac{1}{2} - \frac{1}{3} \right) + \left(\frac{1}{3} - \frac{1}{4} \right) + \ldots + \left(\frac{1}{n} - \frac{1}{n+1} \right) = \frac{1}{1} - \frac{1}{2} + \frac{1}{2} - \frac{1}{3} + \frac{1}{3} - \frac{1}{4} + \frac{1}{4} - \ldots - \frac{1}{n} + \frac{1}{n} - \frac{1}{n+1} = \frac{1}{1} - \frac{1}{n+1} = \frac{n}{n+1}$, da alle übrigen Summanden sich sofort aufheben.

(b) Aus (a) erhalten wir $\sum_{i=1}^{\infty} \frac{1}{i(i+1)} = \lim_{n \to \infty} \frac{n}{n+1} = 1$. $\qquad \square$

Die allgemeine Idee hinter dieser Technik ist folgende: Wenn eine Summe $a_1 + \ldots + a_n$ zu berechnen ist, so versuchen wir, eine Folge $q_1, \ldots, q_{n+1}$ so zu finden, dass $a_i = q_i - q_{i+1}$. Dann ist $a_1 + \ldots + a_n = (q_1 - q_2) + (q_2 - q_3) + \ldots + (q_n - q_{n+1}) = q_1 - q_{n+1}$. Bei einer unendlichen Summe bestimmen wir auf diese Weise zunächst die Partialsummen und dann deren Grenzwert.

Wie finden wir solche eine Folge? Ein naiver Ansatz ist, zunächst q_1 beliebig zu wählen. Ist q_1 fixiert, so auch die übrigen q_i: Da $a_1 = q_1 - q_2$ sein soll, muss $q_2 = q_1 - a_1$ sein, da $q_2 - q_3 = a_2$ sein soll, folgt $q_3 = q_2 - a_2 = (q_1 - a_1) - a_2$ usw. Auf diese Weise lässt sich immer eine Folge $q_1, \ldots, q_{n+1}$ mit den gewünschten Eigenschaften finden.

So erhält man also immer $a_1 + \ldots + a_n = q_1 - q_{n+1}$. Nützlich für die Bestimmung der Summe $a_1 + \ldots + a_n$ ist das aber nur, wenn sich q_{n+1} in Abhängigkeit von n leicht berechnen lässt, d. h. wenn sich (1) eine Regelmäßigkeit in der Folge q_i erkennen und (2) auch beweisen lässt. Ob das klappt, kann erheblich von der Wahl des „beliebigen" Anfangsgliedes q_1 abhängen: Hätten wir z. B. oben $q_1 = 3$ statt $q_1 = 1$ gewählt, hätten wir die Folge $3, \frac{5}{2}, \frac{13}{6}, \frac{25}{12}, \frac{61}{30}$ erhalten, der man ihr Bildungsgesetz nicht so leicht ansieht.

An das Teleskopprinzip sollte man vor allem dann denken, wenn man es mit Summen der Form $\sum_{i=1}^{n} \frac{a_n}{b_n c_n}$ zu tun hat: Denn wegen $\frac{a}{x} + \frac{b}{y} = \frac{ay+bx}{xy}$ lassen sich Summanden der Form $\frac{a_n}{b_n c_n}$ oft als Differenzen darstellen. Hat man im Nenner kein Produkt, sondern z. B. eine Summe, so sollte man versuchen, sie zu faktorisieren und dann das Teleskopprinzip anzuwenden:

Beispiel 13.14

Bestimme $\sum_{i=1}^{n} \frac{1}{i^2+i}$ in Abhängigkeit von n.

Lösung Der Nenner lässt sich in $i(i+1)$ faktorisieren, womit die Summe die gleiche ist, die wir im ersten Beispiel betrachtet haben. $\qquad \square$

Eine analoge Technik funktioniert auch für Produkte variabler Länge: Hier wird man, um $a_1 \cdot \ldots \cdot a_n$ zu bestimmen, nach $q_1, \ldots, q_{n+1}$ mit $a_i = \frac{q_i}{q_{i+1}}$ suchen und $a_1 \cdot \ldots \cdot a_n = \frac{q_1}{q_{n+1}}$ erhalten.

Beispiel 13.15

Bestimme $\prod_{i=1}^{n}(1 + \frac{1}{i})$ in Abhängigkeit von n.

Lösung Es ist $1 + \frac{1}{i} = \frac{i+1}{i}$; also ist $\prod_{i=1}^{n}(1 + \frac{1}{i}) = \frac{2}{1}\frac{3}{2}\frac{4}{3} \ldots \frac{n+1}{n} = n + 1$. $\square$

Anwendungsfall „Multiple" Teleskope. Bisweilen ist das Teleskopprinzip zwar nicht direkt auf eine Folge $a_1, \ldots, a_n$ anwendbar, doch die Folge lässt sich in Teilfolgen zerlegen, auf die es anwendbar ist.

Beispiel 13.16

Es sei $n \in \mathbb{N}$. Bestimme $\prod_{k=2}^{n} \frac{k+1}{k-1}$.

Lösung Hier haben wir es mit dem Produkt $\frac{3}{1}\frac{4}{2}\frac{5}{3} \ldots \frac{n}{n-2}\frac{n+1}{n-1}$ zu tun. Offenbar hilft der jeweils nächste Faktor wenig, wenn man kürzen möchte; dafür der übernächste umso mehr!

Wir spalten das Produkt also auf in die Teilprodukte P_g bzw. P_u der Faktoren mit geradem bzw. ungeradem Nenner und erhalten:

Für n gerade, etwa $n = 2m$: $P_u = \frac{3}{1}\frac{5}{3} \ldots \frac{2m+1}{2m-1} = \frac{2m+1}{1} = 2m + 1$ und $P_g = \frac{4}{2}\frac{6}{4} \ldots \frac{2m}{2m-2} = \frac{2m}{2} = m$.

Für n ungerade, etwa $n = 2m + 1$: $P_u = \frac{3}{1}\frac{5}{3} \ldots \frac{2m-1}{2m-3}\frac{2m+1}{2m-1} = 2m + 1$ und $P_g = \frac{4}{2}\frac{6}{4} \ldots \frac{2m+2}{2m} = \frac{2m+2}{2} = m + 1$.

In beiden Fällen ist $P_u P_g = \frac{n(n+1)}{2}$, was dann auch das gesuchte Ergebnis ist. $\square$

Gerade bei unendlichen Produkten empfiehlt sich der Versuch, die Folgenglieder, falls möglich, weiter zu faktorisieren, um evtl. eine Anwendung des Teleskopprinzips zu ermöglichen.

Beispiel 13.17 ([PC] 1977; [Z] A5.3.23)

Es sei $n \in \mathbb{N}$. Bestimme $\prod_{k=2}^{n} \frac{k^3-1}{k^3+1}$.

Lösung Die Folgen der Zähler bzw. Nenner der Faktoren haben offenbar keine gemeinsamen Glieder; direkt lässt sich das Teleskopprinzip also nicht anwenden. Nun haben aber

Zähler und Nenner bekannte (bzw. leicht zu findende) Faktorisierungen: Es ist $k^3 - 1 = (k-1)(k^2 + k + 1)$ und $k^3 + 1 = (k+1)(k^2 - k + 1)$. Damit ist $\prod_{k=2}^n \frac{k^3-1}{k^3+1} = \prod_{k=2}^n \frac{(k-1)(k^2+k+1)}{(k+1)(k^2-k+1)}$.

Immerhin! Die ersten Faktoren $k-1$ und $k+1$ in Zähler und Nenner erlauben eine Anwendung des „multiplen" Teleskopprinzips, wie wir im letzten Beispiel demonstriert haben.

Was ist mit den anderen beiden Faktoren $k^2 + k + 1$ und $k^2 - k + 1$? Setzt man probehalber einige Werte ein, erhält man rasch die Vermutung, dass $k^2 + k + 1 = (k+1)^2 - (k+1) + 1$, was sich durch ein paar einfache Umformungen auch sofort bestätigen lässt. Auch diese Faktoren bilden also ein „Teleskop", und wir erhalten insgesamt (unter Verwendung des letzten Beispiels):

$$\prod_{k=2}^n \frac{k^3-1}{k^3+1} = \prod_{k=2}^n \frac{k-1}{k+1}\frac{k^2+k+1}{k^2-k+1} = \left(\prod_{k=2}^n \frac{k+1}{k-1}\right)^{-1} \prod_{k=2}^n \frac{k^2+k+1}{k^2-k+1}$$

$$= \frac{2}{n(n+1)}\frac{n^2+n+1}{3} = \frac{2n^2+2n+2}{3(n^2+n)} = \frac{2}{3} + \frac{2}{3n(n+1)},$$

was für $n \to \infty$ gegen $\frac{2}{3}$ konvergiert. $\qquad\square$

Anwendungsfall Gezielte Suche nach den Gliedern einer Teleskopsumme.

Nicht immer ist die Folge $q_1, \ldots, q_{n+1}$ so leicht zu finden wie in Beispiel 13.13. Das Teleskopprinzip kann in schwierigeren Fällen aber die gezielte Suche nach einer solchen Folge leiten.

Beispiel 13.18 ([L], A5.3.9(d))
Es sei F_k die k-te Fibonaccizahl (also $F_0 = F_1 = 1$, $F_{n+2} = F_{n+1} + F_n$ für $n \geq 0$). Bestimme $\sum_{i=1}^n \frac{1}{F_i F_{i+2}}$.

Lösung Da wir es im Nenner mit einem Produkt zu tun haben, denken wir an das Teleskopprinzip und versuchen, geeignete q_i zu finden. Ein sinnvoller erster Ansatz, um $\frac{1}{a_n b_n}$ als Differenz darzustellen, ist, $\frac{1}{a_n} - \frac{1}{b_n}$ zu betrachten. Das führt in unserem Fall auf $\frac{1}{F_n} - \frac{1}{F_{n+2}} = \frac{F_{n+2}-F_n}{F_n F_{n+2}}$; da $F_n + F_{n+1} = F_{n+2}$, ist der Zähler $F_{n+2} - F_n$ gleich F_{n+1}, also folgt $\frac{1}{F_n} - \frac{1}{F_{n+2}} = \frac{F_{n+1}}{F_n F_{n+2}}$.

Immerhin, der Nenner stimmt – aber der Zähler leider noch nicht. Versuchen wir einmal, ihn herauszukürzen und betrachten $\frac{1}{F_n F_{n+1}} - \frac{1}{F_{n+1} F_{n+2}}$. Dann erhalten wir: $\frac{1}{F_n F_{n+1}} - \frac{1}{F_{n+1} F_{n+2}} = \frac{F_n F_{n+2} - F_n F_{n+1}}{F_n F_{n+1}^2 F_{n+2}} = \frac{F_{n+1}(F_{n+2}-F_n)}{F_n F_{n+1}^2 F_{n+2}} = \frac{F_{n+1} F_{n+1}}{F_n F_{n+1}^2 F_{n+2}} = \frac{1}{F_n F_{n+2}}$, was genau unser n-ter Summand ist!

Setzen wir also $q_i = \frac{1}{F_i F_{i+1}}$, dann ist $\frac{1}{F_i F_{i+2}} = q_i - q_{i+1}$ und also $\sum_{i=1}^n \frac{1}{F_i F_{i+2}} = q_1 - q_{n+1} = \frac{1}{1 \cdot 1} - \frac{1}{F_{n+1} F_{n+2}} = 1 - \frac{1}{F_{n+1} F_{n+2}}$. $\qquad\square$

Beispiel 13.19 ([PC] 1984)

Es sei $n \in \mathbb{N}$. Bestimme die Summe $\sum_{i=1}^{n} \frac{6^i}{(3^{i+1}-2^{i+1})(3^i-2^i)}$.

Lösung Die Summanden sind von der Form $\frac{a_n}{b_n c_n}$ (s. o.); das bringt uns auf die Idee, das Teleskopprinzip anzusetzen. Wir suchen also reelle Zahlen $q_1, \ldots, q_{n+1}$ so, dass $q_{i+1} - q_i = \frac{6^i}{(3^{i+1}-2^{i+1})(3^i-2^i)}$. Das Produkt im Nenner legt nahe (s. o.), nach q_i mit der Form $q_i = \frac{r_i}{3^i-2^i}$ zu suchen. Dann ist $q_{i+1} - q_i = \frac{r_i(3^{i+1}-2^{i+1})-r_{i+1}(3^i-2^i)}{(3^{i+1}-2^{i+1})(3^i-2^i)}$ – und der Nenner ist schon wie gewünscht. Wenn das klappen soll, müssen wir also $r_1, \ldots, r_n$ so finden, dass $r_i(3^{i+1} - 2^{i+1}) - r_{i+1}(3^i - 2^i) = 6^i$ für alle $i \in \{1, \ldots, n + 1\}$ gilt.

Betrachten wir einige Beispiele! Es ist $3^1 - 2^1 = 1$, $3^2 - 2^2 = 5$, $3^3 - 2^3 = 19$ und $3^4 - 2^4 = 65$. Es muss also gelten:

(1) $5r_1 - r_2 = 6^1 = 6$, (2) $19r_2 - 5r_3 = 6^2 = 36$ und (3) $65r_3 - 19r_4 = 6^3 = 216$.

Offenbar sind alle anderen r_i festgelegt, sobald wir r_1 gewählt haben. Zur Wahl von r_1 scheint sich aber erst einmal nichts anzubieten. Probieren wir also einmal verschiedene Werte von r_1 aus!

Setzen wir $r_1 = 1$, so wird die erste Gleichung zu $5 - r_2 = 6$, also ist $r_2 = (-1)$. Damit folgt aus (2), dass $(-19) - 5r_3 = 36$, also $5r_3 = -55$, also $r_3 = -11$. Mit (3) kommt dann $-65 \cdot 11 - 216 = 19r_4$, also $19r_4 = -931$, d. h. $r_4 = -49$. Eine gewisse Bestätigung für unseren Ansatz erkennen wir darin, dass sich für r_3 und r_4 ganzzahlige Werte ergeben haben: Es ist ja nicht offensichtlich, dass das mit der Teilbarkeit durch 5 und 19 klappt! Das motiviert uns, den Ansatz weiter zu verfolgen: Irgendwas ist da! Aber eine Regelmäßigkeit springt bei der bisherigen Folge noch nicht ins Auge.[3] Wir könnten einen weiteren Wert r_5 berechnen, um besser raten zu können.

Aber dann werden die Werte, mit denen wir umgehen müssen, allmählich groß und schwer zu behandeln. Versuchen wir daher zunächst, ob eine andere Wahl für r_1 nicht weiter führt. Sei also $r_1 = 2$. Dann führen uns die Gleichungen (1)–(3) auf $r_2 = 4$, $r_3 = 8$ und $r_4 = 16$. Der neue Ansatz hat sich gelohnt! Wir vermuten, dass $r_i = 2^i$ eine geeignete Wahl ist.

In der Tat! Wie ein paar einfache Umformungen zeigen, ist $\frac{2^i}{3^i-2^i} - \frac{2^{i+1}}{3^{i+1}-2^{i+1}} = \frac{6^i}{(3^i-2^i)(3^{i+1}-2^{i+1})}$!

Damit ist das Teleskopprinzip anwendbar und wir erhalten $\sum_{i=1}^{n} \frac{6^i}{(3^{i+1}-2^{i+1})(3^i-2^i)} = \frac{2^1}{3^1-2^1} - \frac{2^{n+1}}{3^{n+1}-2^{n+1}} = 2 - \frac{2^{n+1}}{3^{n+1}-2^{n+1}}$ (was für $n \to \infty$ gegen 2 konvergiert). $\qquad \square$

---

[3] Wer sehr geschickt im Raten ist, kann durch $1, -1, -11, -49$ auf die Bildungsvorschrift $2^i - 3^{i-1}$ kommen, mit der die Aufgabe sich auch tatsächlich lösen lässt.

Anwendungsfall Ist man nicht am genauen Wert, sondern nur an Abschätzungen interessiert, kann es sinnvoll sein, ein Produkt oder eine Summe gezielt um einige Faktoren oder Summanden zu ergänzen, um das Teleskopprinzip anwenden zu können:

Beispiel 13.20 ([E], Kap. 7, A14)

(i) Zeige: Es ist $P_n := \frac{1\cdot 3\cdot\ldots\cdot 4n^2-1}{2\cdot 4\cdot\ldots\cdot 4n^2} < \frac{1}{2n}$.

(ii) Bestimme $\lim_{n\to\infty} \frac{1\cdot 3\cdot\ldots\cdot 4n^2-1}{2\cdot 4\cdot\ldots\cdot 4n^2}$.

Lösung (i) Wir können das Produkt P_n auch schreiben als $\frac{1}{2}\frac{3}{4}\frac{5}{6}\cdots\frac{4n^2-1}{4n}$. Nun wollen wir das Teleskopprinzip anwenden. Das Produkt hat ja schon eine gewisse Ähnlichkeit mit dem „Teleskopprodukt" $\frac{1}{2}\frac{2}{3}\frac{3}{4}\cdots\frac{4n^2-1}{4n^2} = \frac{1}{4n^2}$. Nur „fehlt" eben jeder zweite Faktor. Aber immerhin halten wir fest: $\left(\frac{1}{2}\frac{3}{4}\frac{5}{6}\cdots\frac{4n^2-1}{4n}\right)\left(\frac{2}{3}\frac{4}{5}\cdots\frac{4n^2}{4n^2+1}\right) = \frac{1}{2}\frac{2}{3}\frac{3}{4}\cdots\frac{4n^2-1}{4n^2} = \frac{1}{4n^2}$.

Aber nun sind wir fast fertig! Denn für $i \in \{1,2,\ldots,2n^2-1\}$ ist der i-te Faktor $\frac{2i}{2i+1}$ des Produktes $\left(\frac{2}{3}\frac{4}{5}\cdots\frac{4n^2}{4n^2+1}\right)$ größer als der i-te Faktor $\frac{2i-1}{2i}$ von P_n. Damit ist also $P_n < \left(\frac{2}{3}\frac{4}{5}\cdots\frac{4n^2}{4n^2+1}\right) =: S_n$. Damit ist nun $P_n^2 < P_n S_n = \frac{1}{4n^2}$, also $P_n < \frac{1}{2n}$, wie gewünscht.

(ii) Die Abschätzung aus (i) genügt, um zu sehen, dass der Grenzwert 0 ist. $\square$

13.5.2 Wähle Schranken![4]

Ein nützliches Werkzeug für Ungleichungen im Kontext stetiger Funktionen ist das folgende Prinzip (vgl. [L], A6.4.3):

▶   Ist $f : \mathbb{R} \to \mathbb{R}$ stetig, $x \in \mathbb{R}$ und $f(x) > 0$, so existieren reelle Zahlen $\varepsilon, \varepsilon' > 0$ so, dass $f(y) > \varepsilon$ für alle $y \in [x - \varepsilon', x + \varepsilon']$.

Lösung Wegen der Stetigkeit von f existiert ein $\delta > 0$ so, dass $|f(y) - f(x)| < |\frac{f(x)}{3}|$ für alle $y \in [x - \delta, x + \delta]$. In diesem Bereich gilt also insbesondere $f(y) > \frac{f(x)}{3}$, was wegen $f(x) > 0$ größer als 0 ist. $\square$

Dieses Prinzip erlaubt es uns, die echte untere Schranke 0 in einem gewissen Bereich durch eine untere Schranke zu ersetzen, die echt größer ist als 0. Wir betrachten ein Beispiel.

---

[4] Dieser Abschnitt ist angeregt durch [T], Abschnitt (2): „Give yourself an ε of room".

Beispiel 13.21 ([AG], 3.2.10)

Es seien a, b reelle Zahlen, $a < b$ und $f : (a, b) \to \mathbb{R}^{\geq 0}$ stetig. Zeige: Genau dann ist f die Nullfunktion, wenn $\int_a^b f(x)dx = 0$.

Lösung Sicherlich verschwindet das Integral, falls f die Nullfunktion ist. Wir wollen die Gegenrichtung zeigen: Ist $\int_a^b f(x)dx = 0$, so ist f die Nullfunktion. Wir versuchen einen Widerspruchsbeweis und nehmen an, dass $\int_a^b f(x)dx = 0$, während f nicht die Nullfunktion ist. **Mache die Daten so konkret wie möglich!** Da f nicht die Nullfunktion ist, existiert ein $x \in [a, b]$ so, dass $f(x) \neq 0$; wegen $f(x) \geq 0$ folgt also $f(x) > 0$. Nun können wir unser Prinzip anwenden: Es existieren $\varepsilon, \varepsilon' > 0$ so, dass $f(y) > \varepsilon$ für alle $y \in [x - \varepsilon', x + \varepsilon']$. Indem wir ε' nötigenfalls kleiner machen (wodurch die letzte Ungleichung sicherlich wahr bleibt), können wir annehmen, dass $[x - \varepsilon', x + \varepsilon'] \subseteq (a, b)$. Damit folgt aber $\int_a^b f(x)dx \geq \int_{x-\varepsilon'}^{x+\varepsilon'} f(x)dx \geq \int_{x-\varepsilon'}^{x+\varepsilon'} \varepsilon dx = 2\varepsilon'\varepsilon > 0$, während das Integral doch nach Annahme gleich 0 sein sollte! – ein Widerspruch. $\qquad\square$

13.5.3 Approximation[5]

Die Analysis hat es oft mit Kontexten zu tun, in denen Objekte durch Folgen „einfacherer" Objekte beliebig gut approximierbar sind. Diesen Umstand kann man zum Problemlösen nutzen: Statt eines „komplizierten" Objektes x betrachtet man eine Folge einfacherer Objekte $(x_i : i \in \mathbb{N})$, die x beliebig gut approximiert, und zeigt die gewünschte Eigenschaft für diese einfacheren Objekte. Dann zeigt man, dass die fragliche Eigenschaft bei Grenzübergängen erhalten bleibt.

Typische Beispiele für Eigenschaften, die sich unter Grenzübergängen erhalten sind Gleichheit sowie „Kleinergleichheit". Aber Vorsicht: Strikte Ungleichheiten bleiben von Grenzübergängen im Allgemeinen nicht erhalten: Z. B. gilt für die beiden Folgen $a = (\frac{1}{i} : i \in \mathbb{N})$ und $b = (\frac{1}{i^2} : i \in \mathbb{N})$, dass $a_i < b_i$ für alle $i \in \mathbb{N}$, aber es ist $\lim_{i \to \infty} a_i = 0 = \lim_{i \to \infty} b_i$.

Wir betrachten einige Beispiele für Approximationen und ihren Einsatz beim Aufgabenlösen:

Fall 1 Approximation stetiger Funktionen durch Einschränkung auf eine geeignete dichte Teilmenge. Das hier zugrunde liegende Prinzip lautet: „Stimmen zwei stetige Funktionen $f : \mathbb{R} \to \mathbb{R}$ auf einer dichten Teilmenge von $\mathbb{R}$ überein, so sind sie gleich.

---

[5] Dieser Abschnitt ist angelehnt an [T], Abschnitt (3): „Decompose or approximate a rough or general object by a smooth or simpler one".

Beispiel 13.22 ([L], A6.1.4; PC 1947, A2)

Es sei $f : \mathbb{R} \to \mathbb{R}$ eine stetige Funktion so, dass für alle $x, y \in \mathbb{R}$ gilt: $f(\sqrt{x^2 + y^2}) = f(x)f(y)$ und $f(1) \neq 0$. Zeige: Es ist $f(x) = f(1)^{x^2}$ für alle $x \in \mathbb{R}$.

Lösung Wir arbeiten rückwärts. Wir nehmen also an, ein f mit der gewünschten Eigenschaft sei gegeben. Aus den Bedingungen an f versuchen wir nun, möglichst viel Information über f herzuleiten. Hoffentlich reicht die zum Schluss, um f eindeutig zu bestimmen!

Die Funktionalgleichung sieht unangenehm aus. Mit Wurzeln aus Summen von zwei Quadraten ist erst einmal nicht viel anzufangen. Gibt es vielleicht hilfreiche Spezialfälle? In der Tat! Wenn $x = y$, so kommt $f(\sqrt{2}x) = f(x)^2$. Also ist insbesondere $f(\sqrt{2}) = f(1)^2 = f(1)^{(\sqrt{2})^2}$. Immerhin ein Anfang.

Was kriegt man auf diese Weise noch? Versuchen wir, die Idee oben zu iterieren, um möglichst viel Information über dieses f zu erhalten. Es ist $f(2x) = f(\sqrt{2}(\sqrt{2}x)) = f(\sqrt{2}x)^2 = (f(x)^2)^2 = f(x)^4$. Also folgt induktiv $f(2^k x) = f(x)^{4^k}$. Insbesondere ist also $f(2^k) = f(1)^{4^k} = f(1)^{(2^k)^2}$. Die Behauptung stimmt also für unendlich viele Werte von x. Schon besser!

Weiter kommen wir mit der „Verdopplungsidee" zunächst nicht: Es gibt keine weiteren Werte von x, die wir durch Multiplikation von Werten aus $\{2^i : i \in \mathbb{N}\}$ mit 2 erhalten. Können wir die Idee trotzdem noch verwenden?

Sicher, in die andere Richtung: Die Doppelten von Werten aus $\{2^i : i \in \mathbb{N}\}$ sind wieder in dieser Menge, aber wovon ist z. B. 1 das Doppelte? Es ist $f(1) = f(2 \cdot \frac{1}{2})$; also $f(1) = f(\frac{1}{2})^4$. Und aus demselben Grund $f(\frac{1}{2}) = (f(\frac{1}{4}))^4$. Iteration liefert allgemein (und Induktion beweist es): $f(\frac{1}{2^k}) = (f(1))^{(\frac{1}{2^k})^2}$. Unendlich viele weitere Werte, für die die Vermutung stimmt.

Und jetzt? Die linke Seite $f\left(\sqrt{x^2 + y^2}\right)$ der Funktionalgleichung legt es vielleicht nahe, jetzt einmal Summen von ganzzahligen Potenzen von 2 zu betrachten. Für $a, b \in \mathbb{Z}$ ist $f\left(\sqrt{\frac{1}{2^{2a}} + \frac{1}{2^{2b}}}\right) = f\left(\frac{1}{2^a}\right) f\left(\frac{1}{2^b}\right) = f(1)^{(\frac{1}{2^a})^2} f(1)^{(\frac{1}{2^b})^2} = f(1)^{\frac{1}{2^{2a}} + \frac{1}{2^{2b}}}$. Noch einmal mehr Werte, für die die Vermutung stimmt.

Aber das klappt doch genauso nicht nur für zwei, sondern für eine beliebige Anzahl von Summanden! Denn es ist $f\left(\sqrt{a^2 + b^2 + c^2}\right) = f\left(\sqrt{a^2 + \sqrt{b^2 + c^2}^2}\right) = f(a)f(\sqrt{b^2 + c^2}) = f(a)f(b)f(c)$, und induktiv kommt $f\left(\sqrt{\sum_{i=1}^{n} x_i^2}\right) = f\left(\sqrt{\sqrt{\sum_{i=1}^{n-1} x_i^2}^2 + x_n^2}\right) = f\left(\sqrt{\sum_{i=1}^{n-1} x_i^2}\right) f(x_n) = f(x_1)f(x_2)\dots f(x_n)$. Sind

$x_1, \ldots, x_n$ ganzzahlige Potenzen von 2, so ist also insbesondere $f\left(\sqrt{\sum_{i=1}^{n} x_i^2}\right) = f(1)^{x_1^2} f(1)^{x_2^2} \ldots f(1)^{x_n^2} = f(1)^{x_1^2 + \ldots + x_n^2}$.

Gut, nun wissen wir also, dass die Behauptung für alle x stimmt, die sich als Wurzel aus einer Summe von endlich vielen (nicht notwendigerweise verschiedenen) Potenzen von 4 darstellen lassen. Die Menge dieser Summen ist aber offenbar dicht in $\mathbb{R}$. Und wenn $X \subseteq \mathbb{R}^+$ dicht ist, so auch $\{\sqrt{x} : x \in X\}$. Die Behauptung gilt also auf einer dichten Menge! Also sind $x \mapsto f(x)$ und $x \mapsto f(1)^{x^2}$ zwei stetige Funktionen, die auf einer dichten Teilmenge von $\mathbb{R}_0^+$ übereinstimmen. Folglich stimmen sie schon überall auf $\mathbb{R}_0^+$ überein!

Fehlen noch die negativen reellen Zahlen. Aber es ist $f(-x) = f(-x) \cdot 1 = f(-x)f(0) = f(\sqrt{(-x)^2 + 0^2}) = f(\sqrt{x^2 + 0^2}) = f(x)f(0) = f(x)$, also ist die Funktion symmetrisch. $\qquad \square$

Fall 2 Approximation von Integralen durch Summen.

Beispiel 13.23 ([PS], Bd I, Pt II, Chap. 2, A69)

Es sei f eine im Intervall $[0, 1]$ stetige Funktion mit positiven reellen Werten. Dann gilt $e^{\int_0^1 \ln(f(x))dx} \leq \int_0^1 f(x)dx$.

Lösung Die linke Seite sieht etwas wüst aus. Versuchen wir einmal, das Integral durch eine Partialsumme zu ersetzen. Als einfachen Spezialfall wollen wir zunächst $S_2 := \ln(f(0))\frac{1}{2} + \ln(f(\frac{1}{2}))\frac{1}{2}$ betrachten. Dann ist $e^{S_2} = e^{\ln(f(0))\frac{1}{2} + \ln(f(\frac{1}{2}))\frac{1}{2}} = e^{\ln(f(0))\frac{1}{2}} e^{\ln(f(\frac{1}{2}))\frac{1}{2}} = f(0)^{\frac{1}{2}} f(\frac{1}{2})^{\frac{1}{2}} = (f(0)f(\frac{1}{2}))^{\frac{1}{2}} = \sqrt{f(0)f(\frac{1}{2})}$. Die entsprechende Partialsumme S_2' auf der rechten Seite ist $f(0)\frac{1}{2} + f(\frac{1}{2})\frac{1}{2} = \frac{f(0) + f(\frac{1}{2})}{2}$. Damit lautet die fragliche Ungleichung für diese Partialsummen $e^{S_2} \leq S_2'$, oder $\sqrt{f(0)f(\frac{1}{2})} \leq \frac{f(0) + f(\frac{1}{2})}{2}$, also die Ungleichung zwischen dem arithmetischen und dem geometrischen Mittel![6]

Auf die gleiche Weise erhalten für die k-ten Partialsummen $S_k = \sum_{i=0}^{k-1} \ln(f(\frac{i}{k}))\frac{1}{k}$ und $S_k' = \sum_{i=0}^{k-1} f(\frac{i}{k})\frac{1}{k}$, dass $e^{S_k} = \sqrt[k]{\prod_{i=0}^{k-1} f(\frac{i}{k})}$, $S_k' = \sum_{i=0}^{k-1} f(\frac{i}{k})\frac{1}{k}$; wieder ist also $e^{S_k} \leq S_k'$ einfach die Ungleichung zwischen dem arithmetischen und dem geometrischen Mittel.

Mit den Grenzübergängen $\lim_{k \to \infty} e^{S_k} = e^{\int_0^1 \ln(f(x))dx}$ und $\lim_{k \to \infty} S_k' = \int_0^1 f(x)dx$ erhalten wir also die gewünschte Ungleichung $e^{\int_0^1 \ln(f(x))dx} \leq \int_0^1 f(x)dx$. $\qquad \square$

---

[6] Vgl. Kap. 3, Bsp. 5.

Fall 3 Approximation stetiger Funktionen durch Polynome.

Der Satz von Stone und Weierstrass garantiert, dass zu jeder stetigen Funktion $f :$ $[a, b] \to \mathbb{R}$ (mit $a < b$) und jedem $\varepsilon > 0$ ein Polynom $p \in \mathbb{R}[x]$ so existiert, dass $|f(x) - p(x)| < \varepsilon$ für alle $x \in [a, b]$. Insbesondere existiert also zu jedem reellen Intervall $[a, b]$ und jeder stetigen Funktion $f : [a, b] \to \mathbb{R}$ eine Folge $(p_i : i \in \mathbb{N})$ von Polynomen, die auf $[a, b]$ gleichmäßig gegen f konvergiert.

Das erlaubt es bisweilen, Polynome statt stetiger Funktionen zu betrachten und anschließend einen Grenzübergang vorzunehmen.

Beispiel 13.24 ([Su], S. 8)

Es sei $f : [0, 1] \to \mathbb{R}$ stetig. Ferner gelte $\int_0^1 x^n f(x) dx = 0$ für alle $n \in \mathbb{N}$. Zeige: Es ist $f(x) = 0$ für alle $x \in [0, 1]$.

Lösung ([Su], S. 8) Zunächst einmal ist hier kaum zu sehen, wie man die Bedingung an f einsetzen kann. Über das Produkt einer stetigen Funktion mit x^n wissen wir wenig, außer, dass wieder eine stetige Funktion herauskommt. **Betrachte zugängliche Spezialfälle!** Alles wäre viel einfacher, wenn f ebenfalls ein Polynom wäre.

Da Integrale für Polynome leicht auszurechnen sind, Multiplikation mit dem Vorfaktor x^n aus einem Polynom für $n \in \mathbb{N}$ ein Polynom macht und Gleichheit sich unter Grenzübergängen erhält, liegt es nahe, den Satz von Stone und Weierstrass anzuwenden: Denn nach diesem reicht es, die Behauptung für Polynome statt allgemein für stetige Funktionen zu beweisen!

Wir können daher annehmen, dass f ein Polynom ist. Aus der Bedingung $\int_0^1 x^n f(x) dx = 0$ für alle $n \in \mathbb{N}$ folgt, dass $\int_0^1 p(x) f(x) = 0$ für beliebige reelle Polynome p gilt – insbesondere auch für f selbst! Damit folgt $\int_0^1 f(x) f(x) dx = \int_0^1 f^2(x) dx = 0$. Nun ist $f^2 : [0, 1] \to \mathbb{R}^{\geq 0}$ aber eine stetige Funktion und nach Beispiel 13.21 verschwindet ihr Integral über dem Intervall $[0, 1]$ nur dann, wenn sie dort die Nullfunktion ist. $\square$

Bemerkung Ein weiteres wichtiges Beispiel ist die beliebig genaue Approximierbarkeit von reellen durch rationale Zahlen. Siehe dazu Aufgabe 13.14.

13.5.4 Der Zwischenwertsatz[7]

In zahlreichen Aufgaben zur Analysis ist nach einem Objekt mit gewissen Eigenschaften gefragt. Eine wichtige Idee ist dann, ein Objekt zu finden, das die gewünschte Eigenschaft in irgend einem Sinn „zu viel" hat, ein zweites, das sie „zu wenig" hat und schließlich

---

[7] Dieser Abschnitt ist angeregt durch [L], Kap. 6.2.

einen stetigen Übergang zwischen beiden. Diese Strategie nennen wir das „Stetigkeitsprinzip".

Formal leistet das der Zwischenwertsatz:

▶ **Theorem (Der Zwischenwertsatz)** Es sei $f : \mathbb{R}^n \to \mathbb{R}$ eine stetige Funktion, $a, b \in \mathbb{R}^n$, $f(a) < x < f(b)$. Dann existiert ein $c \in \mathbb{R}^n$ mit $f(c) = x$.

Beispiel 13.25

Zeige, dass die Funktion $f(x) = e^x - x^{12} + 9x^5 + 3 + \sin(x)$ eine Nullstelle besitzt.

Lösung Der Funktionsterm macht einem wenig Hoffnung, so eine Nullstelle explizit finden zu können. Wir versuchen es daher mit dem Zwischenwertsatz. Sicherlich ist f als Summe stetiger Funktionen stetig. Es genügt also, zu zeigen, dass f sowohl positive als auch negative Werte annimmt.

Nun wissen wir, dass e^x viel schneller wächst als x^{12}. Für alle ausreichend großen $x > 0$ ist also $e^x > X^{12}$; da außerdem $|\sin(x)| \leq 1$ für alle x gilt, ist für solche x also $e^x - x^{12} + 9x^5 + 3 > 0$. Positive Werte hätten wir schon mal!

Für die negativen Werte beachten wir, dass e^x sich an 0 annähert, wenn x gegen $-\infty$ strebt. Damit ist $e^x + 3 + \sin(x)$ für ausreichend kleine x jedenfalls kleiner als 5. Außerdem streben sowohl $-x^{12}$ als auch $9x^5$ gegen $-\infty$, wenn x gegen $-\infty$ strebt; für ausreichend kleine x (z. B. $x = -1$) ist also $-x^{12} + 9x^5 < -5$ und also $f(x) < 0$.

Damit sind alle Voraussetzungen erfüllt und der Zwischenwertsatz liefert die Existenz der gewünschten Nullstelle. $\square$

Nicht immer sind die Elemente des Zwischenwertsatzes – stetige Funktion, „größere" und „kleinere" Stelle – offensichtlich; wir geben noch ein prominentes Beispiel für eine „versteckte" Anwendung:

Beispiel 13.26 ([L], A6.2.12, [CR], Kap. VI, §6)[8]

Es seien F_1, F_2 zwei Polygone in der Ebene $\mathbb{R}^2$, die sich nicht schneiden.

(a) Zeige: Zu jeder Richtung $\vec{v}$ gibt es genau eine (nicht notwendigerweise durch den Ursprung verlaufende) Gerade g mit dieser Richtung, die F_1 halbiert (d. h. die Fläche von F_1 auf der einen Seite von g ist genau so groß wie die auf der anderen).

(b) Zeige, dass es eine Gerade g gibt, die zugleich F_1 und F_2 halbiert.

---

[8] Dies ist ein Sonderfall des 'Satzes vom Schinkenbrot' in zwei Dimensionen, der auch in höheren Dimensionen gilt – Nachlesen lohnt sich!

Lösung (a) Wir versuchen, das Stetigkeitsprinzip bzw. den Zwischenwertsatz anzuwenden. Ein geeigneter stetiger Übergang wäre der von einer Geraden g_0 in Richtung $\vec{v}$, die F_1 ganz auf ihrer linken Seite hat und einer zweiten, g_1, für die F_1 ganz rechts von g_1 liegt. Solche g_0 und g_1 existieren sicherlich, da F_1 beschränkt ist. Nun verschieben wir g_0 parallel in Richtung g_1, bis wir g_1 erreichen. Die Fläche von F_1, die links von der verschobenen Geraden liegt, ist stetig von der Position dieser Geraden abhängig. Zu Beginn ist diese Fläche gleich der Fläche von F_1, am Ende gleich 0. Nach dem Zwischenwertsatz muss sie also zwischendurch an einer Stelle gleich $\frac{F_1}{2}$ gewesen sein, wie gewünscht. (Die Eindeutigkeit von g ist leicht zu sehen: Verschiebt man einen solchen „Halbierer" parallel, so wird die Fläche offenbar auf einer Seite größer und auf der anderen kleiner, das Ergebnis der Verschiebung kann also nicht wieder ein „Halbierer" sein.)

  (b) (Vgl. z. B. [CR], Kap. VI, §6)[9] **Schwäche die Folgerung ab, bis du zu einer Aussage gelangst, die du beweisen kannst!** Konzentrieren wir uns zunächst darauf, F_1 zu halbieren. Dazu liefert uns (a) eine wertvolle Information: Zu jedem Richtungsvektor $\vec{v}$ betrachten wir die Gerade $g_{\vec{v}}$ mit Richtung $\vec{v}$, die F_1 halbiert. Die Behauptung ist, dass eine davon auch F_2 halbiert. Wir suchen also nach einem stetigen Übergang zwischen zwei F_1-Halbierern, von denen einer einen Teil von F_2 auf seiner linken Seite hat, dessen Fläche $\leq \frac{|F_2|}{2}$ ist und einem anderen, für den diese Fläche $\geq \frac{|F_2|}{2}$ ist. Nun ist es nicht schwer, mit dem Argument für (a) auch zu zeigen, dass $g_{\vec{v}}$ stetig von $\vec{v}$ abhängt: Dazu denke man sich $g_{\vec{v}}$ z. B. als gegeben durch die Schnittpunkte von $g_{\vec{v}}$ mit dem Rand von F_1. Wie erhalten wir aber den gewünschten Übergang? Wieder geht es uns darum, dass der Flächenteil l_g von F_2 links von g gerade den Flächeninhalt $\frac{|F_2|}{2}$ hat. Wählen wir zunächst einen beliebigen F_1-Halbierer $g_{\vec{v}}$. Wenn wir die Richtung von $g_{\vec{v}}$ um 180 Grad drehen (also zu $g_{-\vec{v}}$ übergehen), ist alles, was zuvor links von $g_{\vec{v}}$ war, anschließend rechts und umgekehrt. Ist zu Beginn also $|l_{g_{\vec{v}}}| \leq \frac{|F_2|}{2}$, so ist er zum Schluss $\geq \frac{|F_2|}{2}$ – und umgekehrt. Da $|l_{g_{\vec{v}}}|$ stetig von $\vec{v}$ abhängt, muss also ein $\vec{w}$ existieren mit $|l_{g_{\vec{w}}}| = \frac{|F_2|}{2}$, wie gewünscht. $\square$

13.6 Aufgaben

Aufgabe 13.1 ([L], S. 227)[10] Bestimme den Grenzwert $\lim_{n\to\infty}\left(\frac{1}{n+1} + \frac{1}{n+2} + \ldots + \frac{1}{2n}\right)$.

Aufgabe 13.2 (vgl. [E], Kap. 10, A46) Bestimme (mit Beweis) alle reellen Polynome $p \in \mathbb{R}[X]$ so, dass für alle $x \in \mathbb{R}$ gilt:

(a)[11] $(X - 4)p(X) = (X - 5)p(X + 1)$
(b)[12] $(X - 3)p(X) = (X - 6)p(X + 1)$

---

[9] Vgl. auch https://www.ocf.berkeley.edu/~wwu/cgi-bin/yabb/YaBB.cgi?board=riddles_hard; action=display;num=1211883178.
[10] Tipp: $\frac{1}{n+1} + \frac{1}{n+2} + \ldots + \frac{1}{2n} = \frac{n}{n+1}\frac{1}{n} + \frac{n}{n+2}\frac{1}{n} + \ldots + \frac{n}{2n}\frac{1}{n}$, siehe nun Abschnitt 13.1.
[11] Tipp: Was wissen wir über $p(5)$? Wie kann man p also darstellen?
[12] Tipp: Was wissen wir über $p(4)$ und $p(6)$? Benutze (a).

(c) $(X - 2)p(X) = (X - 7)p(X + 1)$

(d) $(X + k - 4)p(X) = (X - 5 - k)p(X + 1)$, $k \in \mathbb{N}$.

Aufgabe 13.3 (Vgl. [L], A6.2.6) Zeige: Es existiert keine stetige Funktion $f : \mathbb{R} \to \mathbb{R}$, die jeden reellen Wert genau zweimal annimmt.

Aufgabe 13.4 ([PS], Kap.1, A9, A30, A37)

(a) Folgere aus den in Beispiel 13.3 angestellten Beobachtungen: Sind i und j Vorzeichenwechsel in $(d_0, \ldots, d_n)$, so gibt es zwischen i und j einen Vorzeichenwechsel in $(b_0, \ldots, b_{n+1})$. Benutze dies und die übrigen Beobachtungen, um den Beweis von Beispiel 13.3 zu beenden.

(b) Zeige: Für jedes $n \in \mathbb{N}$ hat $(X - 1)(X^0 + X^1 + \ldots + X^n)$ genau einen Vorzeichenwechsel mehr als $X_0 + X^1 + \ldots + X^n$.

(c) Zeige: Ist p ein Polynom mit reellen Koeffizienten, so hat $(X - 1)p$ eine ungerade Anzahl von Vorzeichenwechseln mehr als p.

(d) Zeige: Ist p ein Polynom mir reellen Koeffizienten und $a > 0$, so hat $(X - a)p$ eine ungerade Anzahl von Vorzeichenwechseln mehr als p.

(e) Zeige: Ist p ein Polynom mit reellen Koeffizienten, so ist die Differenz zwischen der Anzahl der Vorzeichenwechsel von p und der Anzahl der positiven Nullstellen von p eine gerade Zahl.

(f) Die „alternierende Koeffizientenfolge" des reellen Polynoms $p = \sum_{i=0}^{n} d_i X^i$ ist die Folge $(d_0, -d_1, d_2, -d_3, \ldots, (-1)^n d_n)$. Finde einen Zusammenhang zwischen der Anzahl der negativen Nullstellen und der alternierenden Koeffizientenfolge von p und beweise ihn.

Aufgabe 13.5 Gilt die Zeichenregel von Descartes (siehe Beispiel 13.3) weiterhin, wenn wir $\mathbb{R}$ durch $\mathbb{Q}$ ersetzen?

Aufgabe 13.6

(a) Sei $f : \mathbb{R} \to \mathbb{R}$ eine Funktion so, dass $f(\frac{x+y+z}{3}) \leq \frac{f(x)+f(y)+f(z)}{3}$, $k \in \mathbb{N}$, $k \geq 2$. Zeige: Sind $x_1, \ldots, x_k \in \mathbb{R}$, so ist $f(\frac{\sum_{i=1}^{k} x_i}{k}) \leq \frac{\sum_{i=1}^{k} f(x_i)}{k}$.

(b) Es seien $2 \leq k, n \in \mathbb{N}$. Sei $f : \mathbb{R} \to \mathbb{R}$ eine Funktion so, dass $f(\frac{x_1 + \ldots + x_n}{n}) \leq \frac{f(x_1) + \ldots + f(x_n)}{n}$. Zeige: Sind $x_1, \ldots, x_k \in \mathbb{R}$, so ist $f(\frac{\sum_{i=1}^{k} x_i}{k}) \leq \frac{\sum_{i=1}^{k} f(x_i)}{k}$.

Aufgabe 13.7

(a) Bestimme die Summe $\sum_{i=1}^{n} \frac{1}{i(i+3)}$ in Abhängigkeit von n.

(b) Es sei $k \in \mathbb{N}$. Bestimme die Summe $\sum_{i=1}^{n} \frac{1}{i(i+k)}$ in Abhängigkeit von n und k.

Aufgabe 13.8 (vgl. [HR], A 23.2)

(a) Bestimme die Summe $\sum_{i=2}^{n} \frac{1}{i^2-1}$ in Abhängigkeit von n.

(b) Bestimme die Summe $\sum_{i=1}^{n} \frac{1}{4i^2-1}$ in Abhängigkeit von n.

(c) Zeige: Für alle $n \in \mathbb{N}$ ist $P_n := \frac{1 \cdot 3 \cdot \ldots \cdot 4n^2-1}{2 \cdot 4 \cdot \ldots \cdot 4n^2} < \frac{1}{\sqrt{4n^2+1}}$.

Aufgabe 13.9 Wir betrachten erneut unsere Behandlung von Beispiel 13.19.

(a) Löse die Aufgabe aus Beispiel 13.19 erneut, diesmal mit $r_1 = 3$.

(b) Löse die Aufgabe aus Beispiel 13.19 erneut, diesmal mit $r_1 = 1$.

(c) Versuche, ein allgemeines Gesetz zu raten, das die Aufgabe aus Beispiel 13.19 für einen beliebigen Anfangswert r_1 löst und beweise es.

Aufgabe 13.10 ([PS], Bd I, Kap. 2, A69)

(a) Es sei f eine im Intervall $[0, 1]$ stetige Funktion mit positiven Werten. Zeige: Dann ist $\dfrac{1}{\int_0^1 \frac{1}{f(x)}\, dx} \leq e^{\int_0^1 \ln(f(x))\,dx}$.

(b) Beweise (a) für beliebiges Intervall $[a, b]$ statt $[0, 1]$.

Aufgabe 13.11 (vgl. [AG], 3.2.10)

(a) Es sei $f : [a, b] \to \mathbb{R}^{\geq 0}$ mit $f(a) = 0$ stetig differenzierbar. Zeige: Genau dann ist $\int_a^b f(x)dx = 0$, wenn $f'(x) = 0$ für alle $x \in [a, b]$.

(b) Es sei $f : [a, b] \to \mathbb{R}^{\geq 0}$ n mal stetig differenzierbar. Ferner gelte $f(a) = f'(a) = f''(a) = \ldots = f^{(n-1)}(a) = 0$. Zeige: Genau dann ist $\int_a^b f(x)dx = 0$, wenn $f^{(n)}(x) = 0$ für alle $x \in [a, b]$.

Aufgabe 13.12

(a) Es sei $f : \mathbb{R} \to \mathbb{R}$ stetig. Zeige: Ist f nicht die Nullfunktion, so existiert eine offene Kreisscheibe K, die vollständig zwischen dem Graphen von f und der x-Achse liegt.

(b) Es sei $f : \mathbb{R}^2 \to \mathbb{R}$ stetig. Zeige: Ist f nicht die Nullfunktion, so existiert eine offene Kugel K, die vollständig zwischen dem Graphen von f und der x-y-Ebene liegt.

Aufgabe 13.13 Es sei $f : [a, b] \to \mathbb{R}^{\geq 0}$ stetig. Zeige: Es ist $\sqrt{\frac{1}{b-a} \int_a^b f^2(x)dx} \geq \frac{1}{b-a} \int_a^b f(x)dx$.

Aufgabe 13.14 ([L], A6.1.7) Es sei $f : \mathbb{R} \to \mathbb{R}$ gegeben durch $f(x) = 0$ falls $x \in \mathbb{Q}$ und $f(x) = 1$ sonst. Zeige, dass f nirgends stetig ist.

Aufgabe 13.15

(a) [[L], A6.2.4] Es sei $f : [a, b] \to [a, b]$ stetig. Zeige, dass f einen Fixpunkt hat.

(b) Es seien $f, g : [a, b] \to [a, b]$ stetig. Zeige, dass ein $x \in [a, b]$ mit $f(x) = g(x)$ existiert.

Aufgabe 13.16

(a) Zeige, dass jedes reelle Polynom von ungeradem Grad eine reelle Nullstelle besitzt.

(b) Es sei $f : \mathbb{R} \to \mathbb{R}$ eine beschränkte stetige Funktion und $g : \mathbb{R} \to \mathbb{R}$ eine stetige Funktion mit $\lim_{x \to -\infty} g(x) = -\infty$ sowie $\lim_{x \to \infty} g(x) = \infty$. Zeige, dass $f + g$ eine Nullstelle besitzt.

(c) Es sei $f : \mathbb{R} \to \mathbb{R}$ eine stetige Funktion mit $\lim_{x \to -\infty} f(x) = -\infty$ sowie $\lim_{x \to \infty} f(x) = \infty$. Ferner sei $g : \mathbb{R} \to \mathbb{R}$ eine stetige Funktion mit $|g(|x|)| \leq |\frac{f(x)}{x}|$ für alle $|x| > M$, wobei $M \in \mathbb{R}^+$. Zeige, dass $f + g$ eine Nullstelle besitzt.

(d) Vermute und beweise eine Verallgemeinerung von (c).

Aufgabe 13.17 Zeige: Jede beschränkte konvexe[13] Funktion $f : \mathbb{R} \to \mathbb{R}$ ist konstant.

Aufgabe 13.18 Zeige: Das Bild eines abgeschlossenen Intervalls unter einer stetigen Funktion $f : \mathbb{R} \to \mathbb{R}$ ist wieder ein abgeschlossenes Intervall.

Aufgabe 13.19

(a) Zeige: Es ist $e^x > 1 + x + \frac{x^2}{2}$ für $x > 0$.

(b) Zeige: Ist $n \in \mathbb{N}$ und $x > 0$, so ist $e^x > 1 + x + \frac{x^2}{2!} + \frac{x^3}{3!} + \ldots + \frac{x^n}{n!}$.

Aufgabe 13.20 ([PS], Bd. II, Kap. 1, A12) Es sei $f : \mathbb{R} \to \mathbb{R}$ eine n mal stetig differenzierbare Funktion mit k Nullstellen. Zeige, dass $f^{(i)}$ mindestens $(k - i)$ viele Nullstellen hat.

Aufgabe 13.21

(a) Es sei $k \in \mathbb{N}$, ferner seien k gelbe und k blaue Punkte in der Ebene gegeben, von denen keine drei auf einer Geraden liegen. Außerdem sei ein weiterer Punkt P gegeben, der nicht auf einer Verbindung zweier farbiger Punkte liegt. Zeige: Es gibt eine Gerade g durch P, so dass auf beiden Seiten von g die Anzahl der blauen Punkte gleich der Anzahl der gelben Punkte ist.

(b) Es seien $k, n \in \mathbb{N}$, ferner seien k gelbe und n blaue Punkte in der Ebene gegeben, von denen keine drei auf einer Geraden liegen, $k \geq n$. Außerdem sei ein weiterer Punkt P gegeben, der nicht auf einer Verbindung zweier farbiger Punkte liegt. Zeige: Es gibt eine Gerade g durch P so, dass auf beiden Seiten von g die Anzahl der gelben Punkte mindestens so groß ist wie die Anzahl der blauen Punkte.

Aufgabe 13.22 Für $n \in \mathbb{N}$ sei $0 \neq p_n \in \mathbb{R}[X_1, \ldots, X_n]$. Für jede endliche Menge M der p_k kann man reelle Zahlen X_i so wählen, dass alle Elemente von M zugleich den Wert 0 annehmen. Zeige: Man kann reelle Zahlen X_i so wählen, dass alle p_k zugleich den Wert 0 annehmen.

Aufgabe 13.23 Zu jedem $x \in [0, 1]$ sei I_x ein offenes Intervall mit $x \in I_x$. Zeige: Es existieren endlich viele $x_1, \ldots, x_n \in [0, 1]$ mit $[0, 1] \subseteq \bigcup_{1 \leq i \leq n} I_{x_n}$. (Hinweis: Benutze Königs Lemma)

---

[13] Eine Funktion $f : \mathbb{R} \to \mathbb{R}$ heißt „konvex", falls $f(ax + by) \leq af(x) + bf(y)$ für alle $x, y \in \mathbb{R}$ und $a, b \in \mathbb{R}^+$ mit $a + b = 1$.

Aufgabe 13.24 [Go] Eine Funktion $f : \mathbb{R} \to \mathbb{R}$ heißt „örtlich stark wachsend", falls zu jedem $x \in \mathbb{R}$ ein $\varepsilon > 0$ so existiert, dass $f(y) < f(x) < f(z)$ für alle $y \in [x - \varepsilon, x)$ und alle $z \in (x, x + \varepsilon]$. Zeige: Eine Funktion $g : \mathbb{R} \to \mathbb{R}$ ist genau dann streng monoton wachsend, wenn sie örtlich stark wachsend ist.

Aufgabe 13.25 (vgl. [Fr], S. 84) Eine Funktion $t : [0, 1) \to \mathbb{R}$ heißt „Treppenfunktion", falls endlich viele halboffene Intervalle $I_1, \ldots, I_n$ der Form $[a, b)$ so existieren, dass $[0, 1) = \bigcup_{1 \leq k \leq n} I_i$ und t auf jedem I_k konstant ist.

Zeige: Ist $f : [0, 1) \to \mathbb{R}^+$ stetig, so existieren Treppenfunktionen $(t_i : i \in \mathbb{N})$ mit $\sum_{i=1}^{\infty} t_i(x) = f(x)$ und $\sum_{i=1}^{\infty} |t_i(x)| < \infty$ für alle $x \in [0, 1)$.

Aufgabe 13.26 Führe den Beweis in Beispiel 13.10 mit Königs Lemma statt mit iterierter Anwendung des Schubfachprinzips.

Aufgabe 13.27 Führe die Beweise der Beispiele 13.11 und 13.12 mit iterierter Anwendung des unendlichen Schubfachprinzips[14] statt mit Königs Lemma.

Aufgabe 13.28 Es sei f ein nichtkonstantes Polynom mit komplexen Koeffizienten, $c \in \mathbb{C}$ beliebig. Zeige: Es existiert ein $x \in \mathbb{C}$ mit $f(x) = c$.

Aufgabe 13.29 Es seien P_1, P_2 zwei Polyeder im $\mathbb{R}^3$. Zeige, dass es eine Ebene gibt, die beide gleichzeitig halbiert.

Aufgabe 13.30 ([L], A6.2.2(b)) Es sei f eine stetige Funktion auf dem Intervall $[0, 1]$. Zeige: Es existiert ein $a \in [0, 1]$ mit $\int_0^a f(x)dx = 2 \int_a^1 f(x)dx$.

Aufgabe 13.31 Es sei $f : \mathbb{R} \to \mathbb{R}$ eine Funktion so, dass $f(cx + dy) \leq cf(x) + df(y)$ für alle $x, y \in \mathbb{R}$ und alle $c, d \in \mathbb{R}^{>0}$ mit $c + d = 1$. Zeige: Sind $x_1, \ldots, x_n \in \mathbb{R}$ und sind $c_1, \ldots, c_n \in \mathbb{R}^{>0}$ so, dass $c_1 + \ldots + c_n = 1$, so ist $f(\sum_{i=1}^n c_i x_i) \leq \sum_{i=1}^n c_i f(x_i)$.

Aufgabe 13.32 Es sei $f : [0, 1] \to \mathbb{R}$ stetig, $x_0 \in [0, 1]$ und $f(x_0) > 0$. Zeige: Es existiert ein $\varepsilon > 0$ so, dass $f(y) > \varepsilon$ für alle $y \in [x_0 - \varepsilon, x_0 + \varepsilon]$.

Aufgabe 13.33 ([L], A5.3.6) Bestimme $S_n := \sum_{i=1}^n \frac{i}{(i+1)!}$ mit dem Teleskopprinzip.

Aufgabe 13.34 ([E], Kap. 4, A52) Es sei $\alpha \in \mathbb{R}^+$ irrational, $\varepsilon > 0$.

(a) Zeige: Es existieren natürliche Zahlen n, m so, dass $n < m\alpha < n + \varepsilon$. (D. h. Vielfachen von α kommen beliebig nahe an natürliche Zahlen heran.)[15]

---

[14] Vgl. Kap. 2.

[15] Tipp: Benutze das Schubfachprinzip. Wähle $k \in \mathbb{N}$ groß genug, dass $\frac{1}{k} < \varepsilon$ und unterteile $\mathbb{R}_0^+$ in Intervalle der Länge $\frac{1}{k}$. Betrachte als Objekte die Zahlen der Form $n\alpha, n \in \mathbb{N}$ und als Schubfächer

(b) Es seien $0 \leq x < y \leq 1$. Zeige: Es existieren natürliche Zahlen n, m so, dass $n + x < m\alpha < n + y$.

Aufgabe 13.35 ([L], Bsp. 6.2.2) Es sei f eine stetige Funktion auf dem Intervall $[0, 1]$. Zeige: Es existiert ein $a \in [0, 1]$ so, dass $\int_0^1 f(x)dx = f(a)$.

Aufgabe 13.36 Beende den Beweis von Beispiel 13.6: Sei $f = \sum_{i=0}^n c_i X^i$ so, dass $f(0) \neq 0$.

(a) Zeige: Ist $c_1 \neq 0$, so existiert $\varepsilon > 0$ so, dass $|f(-\frac{c_0}{c_1}\varepsilon)| < |f(0)|$.
(b) Zeige: Es existiert $\varepsilon > 0$ so, dass $|f(-\frac{c_0}{c_1}\varepsilon)| < |f(0)|$. (Tipp: Die Rolle, die c_1 in Teil (a) gespielt hat, wird nun von c_k übernommen, wobei $k > 0$ minimal so ist, dass $c_k \neq 0$.)

13.7 Abschließende Bemerkungen

Weitere heuristisch wichtige Sätze der Analysis sind z. B. der Mittelwertsatz und der Satz von Rolle; Beispiele hierzu finden sich z. B. in [L] und [AG]. Auch das Zornsche Lemma hat zahlreiche Anwendungen in der Analysis. Wir verweisen dafür auf das Kap. 14.

Für eine umfassendere Liste von Strategien verweisen wir auf Kapitel 2.1 aus [T1]. Für eine ausführliche Darstellung des Aufgabenlösens in der Analysis mit einem schier unerschöpflichen Vorrat an Aufgaben und Ideen siehe [PS]. Weitere Beispiele und Aufgaben finden sich in [Go], [L] und [C]. [Go] und [L] heben beide den Zwischenwertsatz als heuristische Strategie hervor. Zu Königs Lemma verweisen wir auf Kapitel 1 aus [Ka].

Weitere Beispiele: 3.10, 4.6, 5.6, 5.13, 6.6, 7.1, 7.4, 7.7, 8.2, 8.3, 8.8, 12.18, 12.19, 14.5, Aufgaben 4.5, 4.6(b–e), 4.8, 4.9, 4.11, 6.3, 6.4, 8.1, 8.6, 12.14, 12.15, 12.16.

Literatur

[AG] Andreescu, T., Gelca, R.: Putnam and Beyond. Springer, New York (2007)
[C]   Caicedo, A.: Teaching Blog, Post 502. https://caicedoteaching.wordpress.com/2009/08/24/502-konigs-lemma/ (2012). Zugegriffen: 01.03.2017
[CR] Courant, R., Robbins, H.: Was ist Mathematik? Springer Verlag, Berlin Heidelberg (1967)
[D]   Dawson, J.: Why prove it again? Alternative Proofs in Mathematical Practice. Birkhäuser (2015)
[E]   Engel, A.: Problem Solving Strategies. Springer, New York (1998)
[Fr] Fritzsche, Klaus. Trainingsbuch zur Analysis 1: Tutorium, Aufgaben und Lösungen. Springer Spektrum (2013)

die k Mengen $S_j = \bigcup_{i \in \mathbb{N}}[i + \frac{j-1}{k}, i + \frac{j}{k}]$ mit $j \in \{1, \ldots, k\}$. Wenn $m\alpha$ und $n\alpha$ im gleichen Schubfach landen, betrachte $(m - n)\alpha$.

[Go] Gowers, T.: What is the point of the mean value theorem? https://www.dpmms.cam.ac.uk/
      ~wtg10/meanvalue.html. Zugegriffen: 11.04.2017
[HR] Hancl, J., Rucki, P.: Increase your Mathematical Intelligence. University of Ostrava (2008)
[Ka] Kaye, R.: The Mathematics of Logic. A Guide to Completeness Theorems and their Applica-
      tions. Cambridge University Press, New York (2007)
[L]   Larson, L.: Problem-Solving Through Problems. Springer, New York (1983)
[PC] Putnam Competition. Die Aufgaben sind online verfügbar unter http://kskedlaya.org/putnam-
      archive/. Zugegriffen 04.04.2017
[PS] Polya, G., Szegö, G.: Aufgaben und Lehrsätze aus der Analysis I und II. Vierte Auflage.
      Springer, Heidelberg New York (1971)
[Si] Simpson, S.: Subsystems of Second Order Arithmetic. The Association for Symbolic Logic,
      Cambridge University Press, New York (2009)
[Su] Sury, B.: Weierstrass's theorem – leaving no 'Stone' unturned. Resonance **16**(341) Springer
      (2011)
[T]   Tao, T.: Blog Post 254A: Problem Solving Strategies. https://terrytao.wordpress.com/2010/
      10/21/245a-problem-solving-strategies/ (2010). Zugegriffen 04.04.2017.
[T1] Tao, T.: An Introduction to Measure Theory. American Mathematical Society Providence RI
      (2011)
[Wa] Walter, R.: Einführung in die Analysis 1. De Gruyter, Berlin (2007)
[Z]   Zeitz, P.: The Art and Craft of Problem Solving. Wiley, New York (2006)

14.1 Das Zornsche Lemma

Das Zornsche Lemma liegt als Beweisprinzip zahlreichen wichtigen Aussagen u. a. in der Algebra, Analysis und Topologie zugrunde. Grob gesprochen garantiert es in sehr allgemeiner Form die Existenz von Objekten, die sich in einem gewissen Sinn „systematisch approximieren" lassen.

Etwas genauer: Es sei P eine Menge von „Annäherungen" an ein Objekt X, dessen Existenz wir beweisen wollen. Auf P sei eine zweistellige Relation $\leq$ definiert, die ausdrückt, dass eine Annäherung p „mindestens so gut ist" wie eine andere q – in diesem Fall schreiben wir $p \geq q$. Sinnvollerweise sollte $\leq$ folgende Gesetze erfüllen:

(1) Reflexivität: Jedes p ist „mindestens so gut" wie es selbst, d. h. $p \geq p$ für alle $p \in P$.

(2) Transitivität: Ist p „mindestens so gut" wie q und q „mindestens so gut" wie r, so ist p „mindestens so gut" wie r, d. h. für alle $p, q, r \in P$ folgt aus $p \geq q$ und $q \geq r$ schon $p \geq r$.

(3) Antisymmetrie: Ist p „mindestens so gut" wie q und q „mindestens so gut" wie p, so ist $p = q$, d. h. für alle $p, q \in P$ folgt aus $p \geq q$ und $q \geq p$ schon $p = q$.

Zusammen sagen (1)–(3), dass $\leq$ auf P eine sogenannte „partielle Ordnung" ist. Das gewünschte Objekt soll nun eines sein, das „so gut wie möglich" ist, d. h. so, dass kein Objekt in P existiert, das echt besser ist. Dafür reichen die bisherigen Bedingungen natürlich nicht aus: Wenn wir z. B. $P = \mathbb{N}$ setzen und sagen, dass eine natürliche Zahl m „mindestens so gut" wie eine andere natürliche Zahl n ist wenn $m \geq n$, so gibt es offenbar keine „optimale" (also größte) natürliche Zahl!

Was fehlt, ist die folgende Forderung:

(4) Ist $X \subseteq P$ eine Teilmenge von P, die durch $\leq$ linear geordnet wird, d. h. so dass für $x, y \in X$ stets $x \leq y$ oder $y \leq x$ gilt, so enthält P ein Element p_X mit $p_X \geq x$ für alle $x \in X$.

© Springer Fachmedien Wiesbaden GmbH 2017
M. Carl, *Wie kommt man darauf?*, DOI 10.1007/978-3-658-18250-2_14

Anschaulich sagt diese letzte Bedingung, dass es keine Ketten von Verbesserungen gibt, ohne ein Objekt, das mindestens so gut ist wie jede davon.

Diese vier Bedingungen reichen tatsächlich aus, um die Existenz eines „optimalen" Objektes zu garantieren:[1]

> **Theorem (Zornsches Lemma, ZL)** Es sei P eine beliebige Menge und $\leq$ eine binäre, transitive, reflexive und antisymmetrische Relation auf P. Ferner gelte für jedes $X \subseteq P$ mit $x \leq y$ oder $y \leq x$ für alle $x, y \in X$, dass ein $q \in P$ existiert mit $q \geq x$ für alle $x \in X$.
> Dann enthält P ein maximales Element, d. h. es existiert ein $p \in P$ so, dass kein $q \in P$ mit $q > p$ existiert.

Es ist nicht schwer, zu sehen, dass $\subseteq$ auf jeder Familie $\mathcal{F}$ von Mengen eine partielle Ordnung ist. Ist $(X_i : i \in I)$ eine Folge von Mengen, die bezüglich $\subseteq$ aufsteigt, so ist ihre Vereinigung $\bigcup_{i \in I} X_i$ offenbar eine Obermenge jedes der X_i. Für eine durch $\subseteq$ geordnete Familie $\mathcal{F}$ von Mengen lässt sich die Bedingung, dass jede aufsteigende Kette eine obere Schranke besitzt, also z. B. dadurch erfüllen, dass mit jeder $\subseteq$-aufsteigenden Folge $(X_i : i \in I)$ von Elementen von $\mathcal{F}$ auch $\bigcup_{i \in I} X_i$ in $\mathcal{F}$ liegt. Das ist die häufigste Anwendungssituation für das Zornsche Lemma, die wir gesondert notieren:

> **Zornsches Lemma, spezielle Form** Es sei $\mathcal{F}$ eine Familie von Mengen. Ferner gelte: Ist $X \subseteq \mathcal{F}$ so, dass $x \subseteq y$ oder $y \subseteq x$ für alle $x, y \in X$ gilt, so ist $\bigcup X \in \mathcal{F}$.
> Dann enthält $\mathcal{F}$ ein $\subseteq$-maximales Element, also ein F derart, dass kein $F' \in \mathcal{F}$ existiert mit $F \subsetneq F'$.

Die meisten Anwendungen, die wir in diesem Kapitel betrachten, sind von dieser Form.

Das Zornsche Lemma ist oft hilfreich bei Existenzaussagen über unendliche Mengen, besonders dann, wenn die Existenz eines Objektes behauptet wird, das in irgend einem Sinn als „maximal" aufgefasst werden kann.

Die Beispiele in diesem Kapitel gehören nahezu alle zu den Standardanwendungen des Zornschen Lemmas; sie finden sich z. B. in Kapitel 14 von [KT], oder in vielen Lehrbüchern zur Mengenlehre.

14.2 Anwendungen

Die meisten Anwendungen von Zorns Lemma funktionieren nach folgendem Schema:

Zu beweisen ist eine Behauptung der Art „Es existiert ein X, für das die Bedingung B gilt". B lässt sich nun aufspalten in eine „Maximalitätsbedingung" M und eine „Restbedingung" R. Die partielle geordnete Menge P besteht dann aus allen Objekten, die R

---

[1] Wir werden das Zornsche Lemma hier nicht beweisen. Es ist eine von vielen äquivalenten Formulierungen des Auswahlaxioms. Interessierte seien an [De] bzw. [Eb] verwiesen.

erfüllen, die Ordnungsrelation $\leq_P$ gibt an, wann ein Objekt die Maximalitätsbedingung „besser" erfüllt als ein anderes bzw. ein anderes „erweitert".

Oft ist die „Maximalitätsbedingung" M offensichtlich:

Definition Es sei $(R, +, \cdot)$ ein Ring. $I \subseteq R$ heißt „Ideal" von R, falls $(I, +)$ eine Untergruppe von $(R, +)$ ist und für alle $r \in R$, $i \in I$ gilt, dass $ri \in I$. Ist $I \subsetneq R$, so heißt I „echtes Ideal" von R.

> **Beispiel 14.1 ([KT], Kap. 14, A6(b))**
> Es sei R ein kommutativer Ring mit Einselement 1. Dann existiert ein maximales Ideal $I \subseteq R$.

Lösung Zu zeigen ist die Existenz eines Objektes I, das (1) ein Ideal und (2) maximal sein soll (d. h. I ist echtes Ideal, $I \subsetneq R$ und es existiert kein echtes Ideal J von R mit $J \supsetneq I$). Hier ist also die „Maximalitätsbedingung" die $\subseteq$-Maximalität und die „Restbedingung" die Eigenschaft „echtes Ideal".

Es sei folglich P die Menge aller echten Ideale von R; und für $I_1, I_2 \in P$ sei $I_1 \leq_P I_2$, falls $I_1 \subseteq I_2$.

Das sieht aus, als ob die spezielle Form des Zornschen Lemmas hier anwendbar ist. Dazu müssen wir prüfen, ob jede $\subseteq$-aufsteigende Kette echter Ideale wieder ein echtes Ideal ist. Sei also $(I_\iota : \iota \in J)$ eine solche Kette, $\mathbb{I} := \bigcup_{\iota \in J} I_\iota$ ihre Vereinigung.

Sicherlich ist $\mathbb{I}$ ein Ideal: Sind $x, y \in \mathbb{I}$ und $r \in R$, so existieren $\iota_1, \iota_2 \in J$ mit $x \in I_{\iota_1}$ und $y \in I_{\iota_2}$; nun ist $I_{\iota_1} \subseteq I_{\iota_2}$ oder $I_{\iota_2} \subseteq I_{\iota_1}$ (da wir mit einer $\subseteq$-aufsteigenden Kette arbeiten). Im ersten Fall ist $x + y \in I_{\iota_2} \subseteq \mathbb{I}$. Ferner ist $r \cdot x \in I_{\iota_2} \subseteq \mathbb{I}$, $-x \in I_{\iota_2} \subseteq \mathbb{I}$, $0 \in I_{\iota_2} \subseteq \mathbb{I}$.

Ist $\mathbb{I}$ aber auch ein **echtes** Ideal? Das ist nicht ganz klar: Eine aufsteigende Vereinigung echter Teilmengen einer Menge X kann ja durchaus das ganze X sein, wie das Beispiel $\bigcup_{i \in \mathbb{N}} \{1, 2, \ldots, i\} = \mathbb{N}$ zeigt.

Bisher haben wir die Voraussetzung noch nicht benutzt, dass R ein Einselement hat. Hilft das nun vielleicht weiter?

Allerdings! Ein Ideal von R, das 1 enthält, ist wegen $r \cdot 1 = r$ nicht echt. Und ein Ideal von R, das die 1 nicht enthält, ist offenbar echt. Wir können echte Ideale für Ringe mit 1 also einfach als diejenigen charakterisieren, die nicht das Einselement von R enthalten. Und wenn wir lauter Teilmengen von R vereinigen, die die 1 nicht enthalten, so wird auch die Vereinigung die 1 nicht enthalten. Also ist $\mathbb{I}$ tatsächlich ein echtes Ideal von R!

Damit ist die spezielle Form des Zornschen Lemmas anwendbar und liefert uns die Existenz eines maximalen Elementes von $(P, \leq_P)$, d. h. eines echten Ideals I von R so, dass kein anderes echtes Ideal I' von R mit $I' \supsetneq I$ existiert. Und das ist genau das, was wir zeigen wollten. $\qquad\square$

Nicht immer ist die Maximalitätsbedingung so offensichtlich in der zu beweisenden Behauptung enthalten. Manchmal ist sie in einer Definition „versteckt". Häufig hilft auch folgender Tipp:

Eine Bedingung der Form „Für alle x gilt $C(x, Z)$" kann als Maximalitätsbedingung an ein Objekt Z aufgefasst werden: Man betrachtet Objekte Z so, dass $C(x, Z)$ nur für einige x gilt und ordnet sie anhand der Teilmengenrelation $\subseteq$ für die Menge der x, für die C erfüllt ist.

Ein Beispiel für diese zweite Strategie ist:

Beispiel 14.2 ([KT], Kap. 14, A5)
Das Auswahlaxiom (Existenz von Repräsentantensystemen) Es sei $\mathcal{F}$ eine Familie paarweise disjunkter, nichtleerer Menge. Dann existiert eine Menge R, die mit jedem Element X von $\mathcal{F}$ genau ein Element gemeinsam hat. R heißt auch „Repräsentantensystem" von $\mathcal{F}$.

Lösung Hier haben wir es mit einer Existenzaussage (auch) über unendliche Mengen zu tun und denken daher an das Zornsche Lemma. Um es anwenden zu können, müssen wir uns also überlegen, was eine „Approximation" an ein Repräsentantensystem sein soll und wann eine solche Approximation „besser" ist als eine andere.

Anschaulich ist unsere Aufgabe, aus jeder Menge in $\mathcal{F}$ genau ein Element auszuwählen. Eine naheliegende Idee ist es da, als Approximationen „partielle" Repräsentantensysteme zu betrachten, d. h. Mengen S, die mit jedem Element von $\mathcal{F}$ **höchstens** ein Element gemeinsam haben.[2] Sei also P die Menge aller partiellen Repräsentantensysteme für $\mathcal{F}$.

Wann ist ein solches partielles Repräsentantensystem p „mindestens so gut" wie ein anderes, q? Sicherlich nähern wir uns einem fertigen Repräsentantensystem stärker an, wenn wir einem partiellen Repräsentantensystem weitere Vertreter von Elementen von $\mathcal{F}$ hinzufügen und bleiben „mindestens so gut", wenn alle von q repräsentierten Mengen in $\mathcal{F}$ auch von p repräsentiert werden. Das heißt aber einfach, dass $p \supseteq q$.

Betrachten wir also $(P, \subseteq)$. Um die spezielle Form des Zornschen Lemmas anwenden zu können, müssen wir noch prüfen, dass die Vereinigung $V = \bigcup_{i \in I} X_i$ einer $\subseteq$-aufsteigenden Folge $(X_i : i \in I)$ von partiellen Repräsentantensystemen wieder ein partielles Repräsentantensystem ist: Falls nicht, so hätte V mit einem $F \in \mathcal{F}$ mindestens zwei Elemente gemeinsam, etwa x und y. Dann gäbe es also $i_1, i_2 \in I$ mit $x \in X_{i_1}$ und $y \in X_{i_2}$. Da $(X_i : i \in I)$ bezüglich $\subseteq$ aufsteigend ist, ist $X_{i_1} \subseteq X_{i_2}$ oder $X_{i_2} \subseteq X_{i_1}$; OBdA sei ersteres der Fall. Dann sind $x, y \in X_{i_2}$ und also hat X_{i_2} mit F mindestens zwei Elemente gemeinsam und ist also kein partielles Repräsentantensystem, ein Widerspruch.

---

[2] Wir machen außerdem die stillschweigende Annahme (die nun natürlich nicht mehr „stillschweigend" ist), dass ein partielles Repräsentantensystem S keine „überflüssigen" Elemente enthält, also $S \subseteq \bigcup \mathcal{F}$ gilt.

Wir können die spezielle Form des Zornschen Lemmas also anwenden und erhalten die Existenz eines $\subseteq$-maximalen partiellen Repräsentantensystemes p für $\mathcal{F}$.

Wir hoffen nun, dass p mit jeder Menge in $\mathcal{F}$ ein Element gemeinsam hat. Und tatsächlich: Wäre $F \in \mathcal{F}$ von p disjunkt, so könnten wir, für ein beliebiges $x \in F$, $p' := p \cup \{x\}$ bilden, was ein echt größeres Element von P wäre, im Widerspruch zur Maximalität von p. Damit ist der Beweis beendet. $\qquad\square$

Ein Beispiel für eine in der zu beweisenden Behauptung „versteckte" Maximalitätsbedingung zeigt folgende Aufgabe:

Beispiel 14.3 ([KT], Kap. 14, A6(d))
Es sei K ein Körper und V ein K-Vektorraum. Zeige, dass V eine Basis besitzt.

Lösung Wenn wir hier Zorns Lemma ansetzen wollen, müssen wir zunächst die gewünschte Bedingung „Basis" geeignet in eine Maximalitäts- und eine Restbedingung zerlegen. Das Wort „Basis" allein hat solche Aspekte zunächst nicht offensichtlich an sich. Aber vielleicht zeigen sie sich, wenn wir die Definition auffalten. **Gehe auf die Definition zurück!** Eine Basis ist eine Teilmenge $\mathbb{B}$ von V so, die zugleich linear unabhängig und aufspannend ist. „Aufspannend" wiederum heißt: Jedes Element $v \in V$ ist eine Linearkombination von Elementen von $\mathbb{B}$. Diese zweite Bedingung sieht danach aus, als ob wir die spezielle Form des Zornschen Lemmas darauf anwenden könnten!

Unsere Ordnung P besteht also aus linear unabhängigen Teilmengen von V; und wenn X, Y zwei solche Teilmengen sind, so setzen wir $X \leq_P Y$, wenn $(X) \subseteq (Y)$.

Prüfen wir, ob die Voraussetzungen für das Zornsche Lemma erfüllt sind. Sei C eine Menge linear unabhängiger Teilmengen von V, die durch $\subseteq$ linear geordnet sei. Wir müssen prüfen, ob dann auch $\bigcup C$ linear unabhängig ist.

Falls nicht, so existieren $x_1, \ldots, x_n \in \bigcup C$ und $c_1, \ldots, c_n \in K$ so, dass $\sum_{i=1}^{n} c_i x_i = 0$. Also existieren $X_1, \ldots, X_n \in K$ mit $x_i \in X_i$ für $i \in \{1, \ldots, n\}$. Die span(X_i) sind durch die Teilmengenrelation linear geordnet, also ist eine darunter, etwa span(X_n), von der die anderen Teilmengen sind. Dann sind aber schon $x_1, \ldots, x_n \in$ span(X_n) und X_n ist selbst nicht linear unabhängig, ein Widerspruch.

Also ist Zorns Lemma anwendbar und liefert uns ein maximales Element M von P. Nach Definition ist M linear unabhängig. Ist M auch eine Basis von V, also aufspannend?

Nicht immer ist bei einer Anwendung des Zornschen Lemmas sofort klar, dass das maximale Objekt A, das man konstruiert hat, schon die gewünschte Eigenschaft E hat. In diesem Fall kommt man oft weiter, wenn man annimmt, dass A die Eigenschaft E nicht hat und dann auf einen Widerspruch zur Maximalität hinarbeitet. Die folgende Überlegung ist ein typisches Beispiel:

Angenommen, M ist nicht aufspannend. Dann existiert ein $v \in V$ mit $v \notin \operatorname{span}(M)$. Damit ist aber $M \cup \{v\}$ linear unabhängig und $\operatorname{span}(M \cup \{v\}) \supsetneq \operatorname{span}(M)$, im Widerspruch zur Maximalität von M. Also muss M doch aufspannend sein. $\square$

Bemerkung Die verwendete Maximalitätsbedingung ist nicht die einzige, die hier funktioniert – siehe Aufgabe 11.

Bemerkung „Linear unabhängig" bedeutet: „Jede Linearkombination, die gleich 0 ist, ist trivial". Auch das können wir als Maximalitätbedingung auffassen! Wenn wir so an die Aufgabe herangehen, nehmen wir als P die Menge aller aufspannenden Teilmengen von V und für zwei solche Mengen X und Y setzen wir $X \leq_P Y$, wenn jede Nullkombination über X auch eine über Y ist. Ein durchaus kluger Ansatz! Leider funktioniert er nicht, denn die Bedingung von Zorns Lemma ist nicht erfüllt: Z. B. bilden die Mengen $(0, \varepsilon)$ mit $\varepsilon > 0$ eine in $\leq_P$ aufsteigende Folge von aufspannenden Teilmengen von $\mathbb{R}$ ohne eine obere Schranke: Der Schnitt ist leer, also sicherlich nicht aufspannend!

Wir merken uns:

▶   **Warnung** Der Schnitt über eine durch $\supseteq$ linear geordnete Folge von nichtleeren Mengen kann leer sein. Man lasse also Vorsicht walten, wenn man Zorns Lemma in solchen Kontexten anwenden will!

Auch die Wahl der Ordnungsrelation $\leq_P$ erfordert bisweilen Umsicht und Überlegung, wie man an folgendem Beispiel erkennen kann:

Definition Eine partielle Ordnung $(P, \leq_P)$ heißt „linear" oder „total", falls für alle $x, y \in P$ gilt, dass $x \leq_P y$ oder $y \leq_P x$.

Eine partielle Ordnung $(P, \leq_P)$ heißt „wohlfundiert", wenn keine unendliche $\leq_P$-absteigende Folge in P existiert, also keine Folge $(p_i : i \in \mathbb{N})$ von Elementen von P mit $p_i > p_{i+1}$ für alle $i \in \mathbb{N}$.

Eine partielle Ordnung, die sowohl linear als auch wohlfundiert ist heißt „Wohlordnung".

Zur Verdeutlichung betrachten wir einige

Beispiele
(i) $(\mathbb{N}, |)$, wobei $a | b$ genau dann, wenn a ein Teiler von b ist, ist eine partielle und wohlfundierte Ordnung, die nicht linear ist.
(ii) $(\mathbb{R}, \leq)$, wobei $\leq$ die übliche Ordnung der reellen Zahlen bezeichnet, ist linear, aber nicht wohlfundiert, denn $-1 > -2 > -3 > \ldots$ ist eine unendliche absteigende Folge.
(iii) $(\mathbb{N}, \leq)$, wobei $\leq$ die übliche Ordnung der natürlichen Zahlen bezeichnet, ist linear und wohlfundiert, also Wohlordnung.

Beispiel 14.4 ([KT], Kap. 14, A15) (Der Wohlordnungssatz)
Ist X eine beliebige Menge, so existiert eine binäre Relation $\leq_X \subseteq X \times X$ so, dass $(X, \leq_X)$ eine Wohlordnung ist.

Lösung [Vgl. [Go2]]

Die gewünschte Ordnungsrelation $\leq_X$ ist eine binäre Relation auf X (also eine Teilmenge von $X \times X$), die reflexiv, transitiv, symmetrisch, wohlfundiert und total ist. Diese Bedingung wollen wir nun in eine Maximalitäts- und eine Restbedingung aufspalten. Sicherlich bietet es sich da an, die Totalität als Maximalitätsbedingung zu betrachten (man versuche es aber ruhig einmal probehalber mit den anderen). Das lässt sich nun wiederum auf mehrere Arten verstehen: Z. B. könnten wir partielle wohlfundierte Ordnungen auf X betrachten, oder, spezieller, Wohlordnungen von Teilmengen von X. Wir entscheiden uns hier für die zweite Variante (für die andere siehe Aufgabe 6).

Unsere Menge P besteht also aus Wohlordnungen von Teilmengen von X. Wann ist eine solche Wohlordnung $(X_1, \leq_1)$ „besser" als eine andere, $(X_2, \leq_2)$? Offenbar dann, wenn sie mehr Elemente von X einbezieht.

Versuchen wir es also mit $(X_1, \leq_1) \leq_P (X_2, \leq_2)$, wenn $X_1 \subseteq X_2$ und $\leq_2 \restriction X_1 = \leq_1$.

Sind die Voraussetzungen für das Zornsche Lemma erfüllt? Leider nicht, wie uns folgende $\leq_P$-Kette von Ordnungen auf $\mathbb{N}$ zeigt:

$$1, 2 < 1, 3 < 2 < 1, 4 < 3 < 2 < 1, \ldots$$

Jede obere Schranke für diese Ordnungen enthält zwar alle natürlichen Zahlen, aber auch die unendliche absteigende Folge $1 > 2 > 3 > \ldots$, ist also nicht wohlfundiert!

So kann es also nicht gehen. Vermutlich waren wir in unserer Definition von $\leq_P$ zu unvorsichtig: Indem wir es erlaubt haben, Ordnungen nach „links" fortzusetzen, haben wir unendlichen absteigenden Folgen den Eintritt erlaubt.

Versuchen wir es erneut, diesmal vorsichtiger: Mit Erweiterungen „nach links" gibt es Probleme – vielleicht geht es, wenn man nur Erweiterungen „nach rechts" zulässt? Wir definieren also: $((X_1, \leq_1) \leq_P (X_2, \leq_2)$, wenn $X_1 \subseteq X_2$, $\leq_2 \restriction X_1 = \leq_1$ und jedes Element von $X_2 \setminus X_1$ in $\leq_2$ größer ist als jedes Element von X_1.

So funktioniert es: Ist $((Y_\iota, \leq_\iota) : \iota \in I)$ eine durch $\leq_P$ linear geordnete Teilmenge von P, so ist $(Y, \leq_Y) := (\bigcup_{\iota \in I} Y_\iota, \bigcup_{\iota \in I} \leq_\iota)$ sicherlich wieder eine lineare Ordnung auf einer Teilmenge von Y. Wir haben noch zu zeigen, dass sie auch wohlfundiert ist – aber dafür haben wir ja nun Sorge getragen! Ist $(y_i : i \in \mathbb{N})$ eine unendliche absteigende Folge in $(Y, \leq_Y)$, so existiert ein Y_ι mit $y_1 \in Y_\iota$. Ist nun $y_i \in Y_{\iota'}$, so ist, wegen $y_i < y_1$, $Y_\iota \leq_P Y_{\iota'}$ oder $Y_{\iota'} \leq_P Y_\iota$ und nach Definition von P, auch $y_i \in Y_\iota$. Die ganze unendliche absteigende Folge liegt also schon in Y_ι, das aber wohlfundiert sein sollte! Ein Widerspruch.

Also liefert uns das Zornsche Lemma ein maximales Element $(M, \leq_M)$ von P. Wieder müssen wir prüfen, ob es sich hier schon um eine Wohlordnung von X handelt, d. h. ob

$M = X$ ist. Dazu benutzen wir die im letzten Beispiel beschriebene Strategie: Angenommen nicht, dann ist $M \subseteq X$ und es existiert ein $x \in X \setminus M$. Dann können wir $(M, \leq)$ erweitern, indem wir x „rechts" hinzufügen: Setze $M' = M \cup \{x\}$ und definiere $y \leq_{M'} x$ für alle $y \in M$ und $y \leq_{M'} z$ gdw. $y \leq_M z$ für alle $y, z \in M$. Dann ist $(M', \leq_{M'})$ eine Wohlordnung: Die Linearität ist leicht zu sehen, und eine unendliche absteigende Folge in $(M', \leq_{M'})$ liegt offenbar spätestens ab dem zweiten Glied in M, was der Annahme widerspricht, $(M, \leq_M)$ sei Wohlordnung. Also ist $(M', \leq_{M'}) >_P (M, \leq_M)$, im Widerspruch zur Maximalität von $(M, \leq_M)$. Und also ist $X = M$, d. h. $(M, \leq_M)$ ist eine Wohlordnung von X. $\qquad\qquad\square$

Zum Abschluss betrachten wir noch ein wichtiges Beispiel aus der Analysis, in dem das Zornsche Lemma zwar einen wichtigen Schritt zur Lösung darstellt, der Nachweis, dass das maximale Objekt die gewünschte Eigenschaft besitzt, aber noch einige Arbeit erfordert:

Definition Es sei V ein $\mathbb{R}$-Vektorraum. Eine Abbildung $\eta : V \to \mathbb{R}^{\geq 0}$ heißt „Norm", falls sie folgende Bedingungen erfüllt:

(i)   Für alle $v \in V$ ist $\eta(v) \geq 0$ und für $v \neq 0$ ist $\eta(v) > 0$.

(ii)   Für alle $x, y \in V$ ist $\eta(x + y) \leq \eta(x) + \eta(y)$ (Dreiecksungleichung)

(iii) Für alle $r \in \mathbb{R}$ und alle $v \in V$ ist $\eta(rv) = |r|\eta(v)$.

Beispiel 14.5 ([Na], Kap. 12.3) (Satz von Hahn-Banach)

Es sei V ein $\mathbb{R}$-Vektorraum mit einer Norm η, ferner U ein Unterraum von V und $f : U \to \mathbb{R}$ linear mit der Eigenschaft, dass $f(v) \leq \eta(v)$ für alle $v \in V$.

Dann existiert eine lineare Abbildung $\hat{f} : V \to \mathbb{R}$, die

(1) f erweitert, d. h. für $u \in U$ ist $\hat{f}(u) = f(u)$ und

(2) $\hat{f}(v) \leq \eta(v)$ für alle $v \in V$ erfüllt.

Lösung (Der hier gegebene Beweis ist der aus [Na], S. 53–54.)

Hier bietet es sich an, als Maximalitätsbedingung die Forderung anzusetzen, dass $\hat{f}$ auf ganz V definiert sein soll, und (1) und (2) als Restbedingungen aufzufassen. Wir wollen also partielle Funktionen g von V nach $\mathbb{R}$ betrachten, die (1) und (2) erfüllen. Damit die Linearitätsforderung für g einen Sinn ergibt, muss der Definitionsbereich von g ein Unterraum von V sein. Ferner ergibt die Forderung (1) nur dann einen Sinn, wenn der Definitionsbereich von g den von f umfasst. Wir betrachten also die Menge P aller linearen Funktionen g, die einen Unterraum $U_g \supseteq U$ von V nach $\mathbb{R}$ abbilden und (1) und (2) erfüllen. Das ist die Menge unserer Approximationen.

Wann ist eine solche Funktion g' mit Definitionsbereich $U_{g'}$ eine „Verbesserung" oder „Erweiterung" einer anderen solchen Funktion g mit Definitionsbereich U_g? Das nächstliegende ist wohl, zu sagen, dass $g \leq_P g'$ genau dann gilt, wenn $g' \upharpoonright U_g = g$. Fassen wir Funktionen als Mengen geordneter Paare auf, so ist also $g \leq_P g'$ genau dann, wenn $g \subseteq g'$. Das sieht nach der speziellen Form des Zornschen Lemmas aus. Versuchen wir es damit!

Ist $(g_\iota : \iota \in I)$ eine durch $\subseteq$ linear geordnete Menge von Elementen von P, so ist $\hat{g} := \bigcup_{\iota \in I} g_\iota$ sicherlich eine partielle Funktion von V nach $\mathbb{R}$; $\hat{g}$ erweitert f, weil schon alle g_ι Erweiterungen von f sind und $\hat{g}$ alle g_ι erweitert, und aus dem gleichen Grund ist (2) erfüllt. Auch die Linearität ergibt sich unmittelbar. Es ist also $\hat{g} \in P$ und die Voraussetzungen für die spezielle Form des Zornschen Lemmas sind erfüllt.

Sei F ein maximales Element von P. Dann ist F linear und erfüllt (1) und (2). Wir müssen prüfen, ob F auf ganz V definiert ist. Wieder verwenden wir den Ansatz aus Beispiel 14.3: Angenommen nicht. Dann existiert ein $w \in V$, für das F nicht definiert ist. Wir arbeiten auf einen Widerspruch zur Maximalität von F hin, indem wir versuchen, F auf w zu erweitern. Dazu sei U_F der Definitionsbereich von F und $U' = \mathrm{span}(U_F \cup \{w\})$. Gesucht ist eine lineare Funktion $F' \supseteq F$, deren Definitionsbereich U' ist und die (1) und (2) erfüllt. Als Erweiterung von F wird F' die Forderung (1) automatisch erfüllen.

Wegen der Linearitätsforderung genügt es, F' auf w festzulegen. Welche Bedingungen folgen aus (2) für $F'(w)$?

Ist $v \in U'$, so existieren $u \in U_F$ und $r \in \mathbb{R}$ mit $v = u + rw$. Wegen (2) folgt $F'(v) = F'(u + rw) \leq \eta(u + rw)$; mit der Dreiecksungleichung (ii) dann $\eta(u + rw) \leq \eta(u) + \eta(rw)$. Es bietet sich nun an, (iii) zu verwenden, um $\eta(rw)$ weiter umzuformen; allerdings fordert (iii), dass der Skalar nichtnegativ ist. Wir machen also eine Fallunterscheidung:

Fall 1: Ist $r \geq 0$, so ist $\eta(rw) = r\eta(w)$ und also insgesamt $F'(u + rw) \leq \eta(u) + r\eta(w)$; wegen der Linearität von F' (und $F'(u) = f(u)$) erhalten wir weiter $f(u) + rF'(w) \leq \eta(u) + r\eta(w)$, also $F'(w) \leq \frac{1}{r}(\eta(u) + r\eta(w) - f(u))$ für alle $u \in U_F$ und alle $r \geq 0$.

Fall 2: Ist $r < 0$, so ist $-r > 0$ und also $\eta(rw) = (-r)\eta(w)$. Damit erhalten wir $F'(u) + F'(rw) = F'(u + rw) \leq \eta(u + rw) = \eta(u) + \eta(rw) = \eta(u) + (-r)\eta(w)$, also $F'(w) \geq \frac{1}{r}(\eta(u) - r\eta(w) - f(u))$ für alle $u \in U_F$ und alle $r < 0$.

Da alle Umformungen Äquivalenzumformungen waren, wird andererseits jede reelle Zahl s, die den Bedingungen aus Fall 1 und Fall 2 genügt, ein geeigneter Wert für $F'(w)$ sein. Es reicht also, zu zeigen, dass so ein s existiert; mit anderen Worten, wir müssen zeigen, dass eine reelle Zahl s so existiert, dass $\frac{1}{-r}(\eta(u) + r\eta(w) - F'(u)) \leq s \leq \frac{1}{r}(\eta(u) + r\eta(w) - F'(u))$ für alle $u \in U_F$ und alle $r \geq 0$.

Seien also $r_1, r_2 \geq 0$ und $u_1, u_2 \in U$. Wir zeigen $-\frac{1}{r_1}(\eta(u_1) + r_1\eta(w) - f(u_1)) \leq \frac{1}{r_2}(\eta(u_2) + r_2\eta(w) - f(u_2))$. Nach einigen elementaren Umformungen und unter Ausnutzung der Linearität von f sowie von (ii) und (iii) gelangt man zu der äquivalenten Aussage

$$f(r_1 u_2 + r_2 u_1) \leq \eta(r_1 u_2 + r_2 u_1) + 2r_1 r_2 \eta(w).$$

Nun ist nach Annahme über f schon $f(r_1u_2+r_2u_1) \leq \eta(r_1u_2+r_2u_1)$; ferner ist, nach (i), $\eta(w) \geq 0$, also $2r_1r_2 \geq 0$, also $\eta(r_1u_2 + r_2u_1) \leq \eta(r_1u_2 + r_2u_1) + 2r_1r_2\eta(w)$. Damit ist die Behauptung gezeigt, es existiert also ein s, das den gewünschten Bedingungen genügt; und also ist F zu F' echt erweiterbar, was nun endlich der gewünschte Widerspruch zur Maximalität von F ist. $\qquad\square$

Bemerkung In dieser Aufgabe war zu zeigen, dass ein Objekt einer gewissen Art – eine durch die Norm beschränkte lineare Abbildung – existiert, das ein gewisses vorgegebenes Objekt der gleichen Art – hier die Abbildung f – erweitert. Der Lösungsansatz hierzu war, Zorns Lemma auf eine Menge von Annäherungen anzuwenden, die selbst bereits f erweitern. Das ist häufig die richtige Strategie, wenn zu zeigen ist, dass gewisse Objekte zu maximalen Objekten der gleichen Art erweiterbar sind. Weitere Beispiele dazu sind die Aufgaben 14.1, 14.2, 14.5, 14.6, 14.14, 14.15, 14.16.

14.3 Aufgaben

Aufgabe 14.1 ([KT], Kap. 14, A6(d)) Zeige: Jede linear unabhängige Teilmenge eines Vektorraumes ist zu einer Basis erweiterbar.

Aufgabe 14.2 ([KT], Kap. 14, A6(e)) Zeige: Jede erzeugende Teilmenge eines Vektorraumes enthält eine Basis als Teilmenge.

Aufgabe 14.3 Es sei G eine endlich erzeugte Gruppe (d. h. es existiert eine endliche Teilmenge $X \subseteq G$ so, dass G die kleinste Untergruppe von G ist, die X als Teilmenge enthält). Es sei weiter H eine echte Untergruppe von G. Zeige: Es existiert eine maximale echte Untergruppe U von G, die H als Teilmenge enthält. („Maximal" heißt hier: Die einzigen Untergruppen von G, die U als Teilmenge enthalten, sind G und U selbst.)

Aufgabe 14.4 Eine Menge X heißt unendlich, wenn für kein $n \in \mathbb{N}$ eine Surjektion $f : \{1, 2, \ldots, n\} \to X$ existiert. Zeige: Ist X eine unendliche Menge, so existiert eine injektive Abbildung $f : \mathbb{N} \to X$.

Aufgabe 14.5 ([KT], Kap. 14, A7(a)) Es sei $(X, \leq_X)$ eine partielle Ordnung. Zeige, dass eine totale Ordnung $\leq^*$ auf X existiert, die $\leq_X$ respektiert (d. h. für $x, y \in X$ folgt aus $x \leq_X y$ schon $x \leq^* y$). (D. h. jede partielle Ordnung ist zu einer totalen Ordnung erweiterbar.)

Aufgabe 14.6 ([KT], Kap. 14, A7(c)) Es sei $(X, \leq_X)$ eine wohlfundierte partielle Ordnung. Zeige, dass eine Wohlordnung $\leq^*$ auf X existiert, die $\leq_X$ respektiert (siehe Aufgabe 5). (D. h. jede wohlfundierte Ordnung ist zu einer Wohlordnung erweiterbar.)

Aufgabe 14.7 ([KT], Kap. 14, A7) Zeige, dass ZL das Auswahlprinzip AC$'$ impliziert. Hier bezeichnet AC$'$ die Behauptung, dass zu jeder Familie nichtleerer Mengen $\mathcal{F}$ eine Funktion $f : \mathcal{F} \to \bigcup \mathcal{F}$ so existiert, dass $f(x) \in x$ für alle $x \in \mathcal{F}$.

Die folgenden drei Aufgaben befassen sich mit Tukeys Lemma. Eine Familie $\mathcal{F}$ von Mengen hat „endlichen Charakter", falls für alle $x \subseteq \bigcup \mathcal{F}$ gilt: x ist genau dann ein Element von $\mathcal{F}$, wenn jede endliche Teilmenge von x ein Element von $\mathcal{F}$ ist. Tukeys Lemma besagt nun, dass jede Familie von endlichem Charakter ein $\subseteq$-maximales Element enthält.

Aufgabe 14.8 ([De], S. 62 ff) Zeige, dass ZL Tukeys Lemma impliziert.

Aufgabe 14.9 Beweise mit Tukeys Lemma, dass jeder Vektorraum eine Basis hat.

Aufgabe 14.10 Beweise mit Tukeys Lemma das Zornsche Lemma.

Aufgabe 14.11 Beweise erneut mit Zorns Lemma, dass jeder Vektorraum eine Basis hat, lege diesmal aber die Charakterisierung „maximale linear unabhängige Menge" zugrunde.

Aufgabe 14.12 ([KT], Kap. 14, A6(l)) (Für die Definitionen von Graph, Baum und zusammenhängend siehe Kap. 9 zur Graphentheorie; der Graph $G = (V, E)$ heißt „Teilgraph" des Graphen $G' = (V', E')$, falls $V \subseteq V'$ und $E \subseteq E'$.) Ist $G = (V, E)$ ein (endlicher oder unendlicher) Graph, so heißt der Teilgraph T von G ein „aufspannender Baum" von G, wenn $T = (V', E')$ ein Baum ist und $V' = V$ ist. Zeige, dass jeder zusammenhängende Graph einen aufspannenden Baum besitzt.

Aufgabe 14.13
(a) Zeige: Ist G ein (endlicher, abzählbarer oder überabzählbarer) Graph, so ist die Kantenmenge von G eine disjunkte Vereinigung von Pfaden in G.
(b) Zeige: Ist G ein (endlicher, abzählbarer oder überabzählbarer) Graph, so ist die Kantenmenge von G eine disjunkte Vereinigung von Kreisen und einem Teilgraphen von G, der keine Kreise enthält.

Aufgabe 14.14 ([KT], Kap. 14, A6(b)) Es sei R ein kommutativer Ring mit Einselement und J ein Ideal von R. Zeige: Es existiert ein maximales Ideal I von R mit $I \supseteq J$. (D. h. jedes Ideal ist zu einem maximalen Ideal erweiterbar.)

Aufgabe 14.15 ([KT], Kap. 14, A6(l)) Es sei $G = (V, E)$ ein (endlicher oder unendlicher) Graph, C ein zyklenfreier Teilgraph von G. Zeige, dass G einen aufspannenden Baum T besitzt, so dass C ein Teilgraph von T ist. (D. h. jeder zyklenfreie Teilgraph ist zu einem aufspannenden Baum erweiterbar.)

Aufgabe 14.16 ([KT], Kap. 14, A2)

(a) Es sei X eine Familie paarweise disjunkter, nichtleerer Mengen und Y ein partielles Repräsentantensystem für X (siehe Beispiel 14.2). Zeige: Es existiert ein Repräsentantensystem R für X mit $R \supseteq X$.

(b) Es sei X eine Familie nichtleerer Mengen und $f : U \to \bigcup X$ eine Funktion mit $U \subseteq X$. Zeige, dass eine Auswahlfunktion (siehe Aufgabe 7) $\hat{f}$ für X so existiert, dass $\hat{f}(u) = f(u)$ für alle $u \in U$.

Aufgabe 14.17

(a) Prüfe folgendes Argument für die Behauptung, dass aus dem Zornschen Lemma das Auswahlaxiom folgt:

„Es sei $\mathcal{F}$ eine Familie paarweise disjunkter, nichtleerer Mengen. Ein Überrepräsentantensystem für $\mathcal{F}$ ist eine Menge $U \subseteq \bigcup \mathcal{F}$ so, dass $U \cap X \neq \emptyset$ für alle $X \in \mathcal{F}$ (d. h. jedes Element von $\mathcal{F}$ ist repräsentiert, und zwar beliebig oft). Es sei $\mathcal{U}$ die Menge aller Überrepräsentantensysteme für $\mathcal{F}$; sind $U_1, U_2 \in \mathcal{U}$, so definieren wir $U_1 \leq U_2$ durch $U_1 \supseteq U_2$. Ist nun $(U_\iota : \iota \in I)$ eine aufsteigende Kette in $(\mathcal{U}, \leq)$, so ist $\bigcap_{\iota \in I} U_\iota$ eine obere Schranke. Außerdem ist $\bigcup \mathcal{F} \in \mathcal{U}$, d. h. $\mathcal{U}$ ist nicht leer. Also enthält $\mathcal{U}$ ein maximales Element M. Hätte M mit einem $X \in \mathcal{F}$ mehr als ein Element gemeinsam, so könnten wir eines davon aus M entfernen und ein strikt größeres Element von $\mathcal{U}$ enthalten, im Widerspruch zur Maximalität von M. Also ist M ein Repräsentantensystem für $\mathcal{F}$.“

(b) Mit $\mathrm{AC}_{\mathrm{endl}}$ bezeichnen wir die Behauptung, dass jede Familie $\mathcal{F}$ von paarweise disjunkten, nichtleeren und **endlichen** Mengen ein Repräsentantensytem besitzt. Versuche, die Beweisidee auf (a) anzuwenden, um zu zeigen, dass $\mathrm{AC}_{\mathrm{endl}}$ aus dem Zornschen Lemma folgt.

14.4 Literatur

Eine heuristische Einführung in die Verwendung des Zornschen Lemmas, aus der wir auch für unsere Darstellung, besonders die Lösung zu Beispiel 14.4, einige Anregungen erhalten haben, ist https://gowers.wordpress.com/2008/08/12/how-to-use-zorns-lemma/. Zum Weiterlesen empfehlen wir Kapitel 14 aus der Aufgabensammlung [KT], wo sich auch die meisten unserer Beispiele und Aufgaben finden, sowie [Eb] sowie [De].

Literatur

[De]   Devlin, K.: The Joy of Sets. Fundamentals of Contemporary Set Theory. Second Edition. Springer, New York (1993)

[Eb]   Ebbinghaus, H.: Einführung in die Mengenlehre. Springer Spektrum (2003)

[Go2]   Gowers, T.: How to use Zorn's Lemma. https://gowers.wordpress.com/2008/08/12/how-to-use-zorns-lemma/. Zugegriffen: 29.05.2017

[KT]   Komjath, P., Totik, V.: Problems and Theorems in Classical Set Theory. Springer, New York (2006)

[Na]   Nagy, G.: Real Analysis. https://www.math.ksu.edu/~nagy/real-an/real-an-old/notes.pdf (2001). Zugegriffen 04.04.2017

Ihr habt nun einige Strategien zum Lösen mathematischer Probleme kennen gelernt. Es gibt noch viele weitere. Jeder Mathematiker entwickelt im Laufe seiner Arbeit eine Fülle von Strategien und Tricks, von denen einige allgemein nützlich sind, während viele auf sehr spezielle Themengebiete und Arten von Beweiszielen zugeschnitten sind. Um sie kennen, verwenden und beherrschen zu lernen muss man vor allem eines tun: Mathematische Probleme lösen, Lösungen anderer studieren – und dabei auf Ansätze, Prinzipien und Strategien achten, die allgemeiner anwendbar sind. Wann immer man einen Beweis liest, sollte man sich überlegen, wie man darauf hätte kommen können. Welche Prinzipien wurden verwendet? Welche Spezialfälle oder analogen Fragen hätten einen auf den einen oder anderen Schritt bringen können? Was mag die Einführung eines überraschenden Hilfsobjektes motiviert haben? Weiter: Was ist die Grundidee des Beweises? Bei welchen gegenüber der behandelten Aussage allgemeineren, stärkeren oder ähnlichen Aussagen funktioniert sie? Wie hängt sie mit anderen Beweisideen und -strategien zusammen, die man bereits kennt? Ist sie z. B. gegenüber einer bereits bekannten Strategie spezieller, allgemeiner, einfacher, umständlicher, äquivalent?

Um die Anwendung der Strategien in diesem Buch zu üben, muss man also vor allem selbst Aufgaben lösen – und dabei nicht bei den Aufgaben in diesem Buch stehen bleiben. Neben den Übungsaufgaben, die man im Studium bekommt, gibt es viele gute Aufgabensammlungen in Buchform und im Internet. Einige davon sind im Literaturverzeichnis aufgeführt. Wer das Lösen lernen und seine bereits erworbenen Fähigkeiten erproben will, kann sich hier ein ums andere Mal herausfordern lassen, um das Gelernte zu festigen und sich stetig zu verbessern.

▸ **Alles Gute dabei!**

© Springer Fachmedien Wiesbaden GmbH 2017

M. Carl, *Wie kommt man darauf?*, DOI 10.1007/978-3-658-18250-2